笠原三紀夫・東野 達［編］

エアロゾルの大気環境影響

京都大学学術出版会

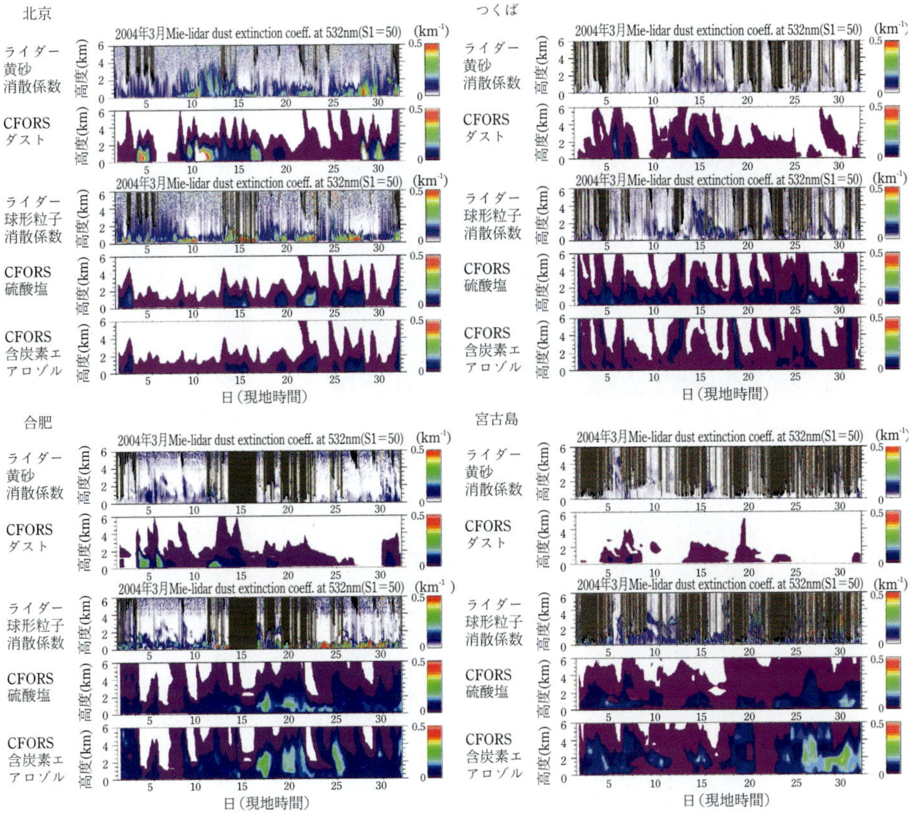

口絵1　2004年3月の北京，合肥，つくば，宮古島における消散係数のライダー観測とモデル計算(CFORS)の結果．それぞれ上から，ライダーによる黄砂，CFORSの黄砂，ライダーの球形粒子，CFORSの硫酸塩，CFORSの含炭素エアロゾル（BCとOCの和）．ライダーの図中で黒く表示されている部分は雲を表し，灰色は雲の上でデータが得られない部分，または欠測の期間を表す．

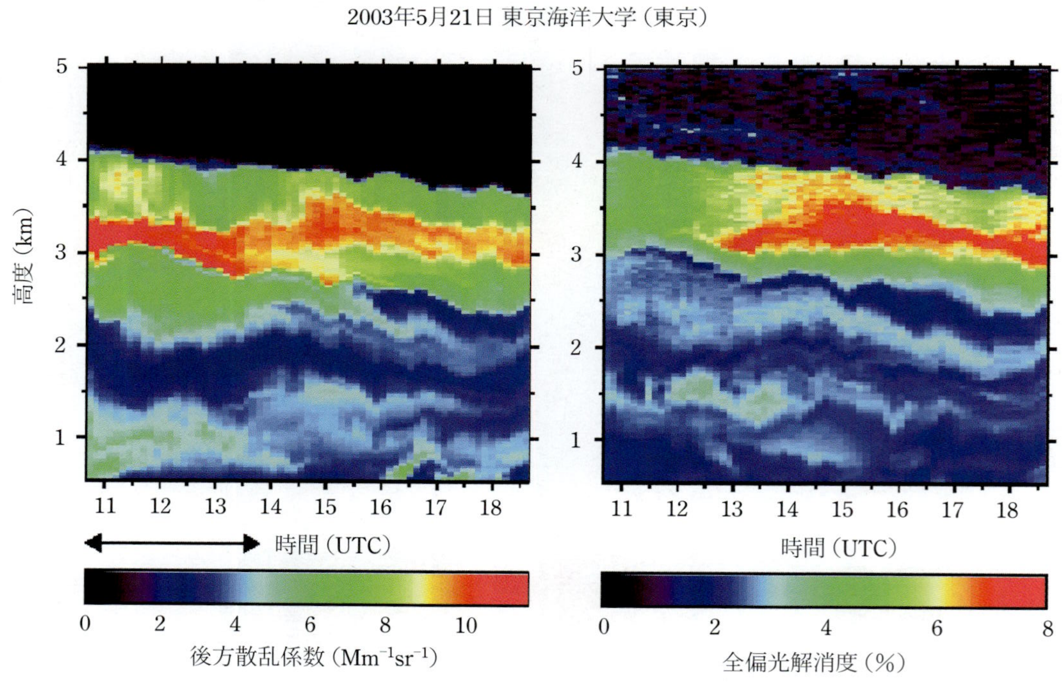

口絵２　ライダーを用いて 2003 年 5 月 21 日に東京で観測されたシベリア森林起源エアロゾルの高度時間断面図（532 nm における後方散乱係数（左）及び全偏光解消度（右））.

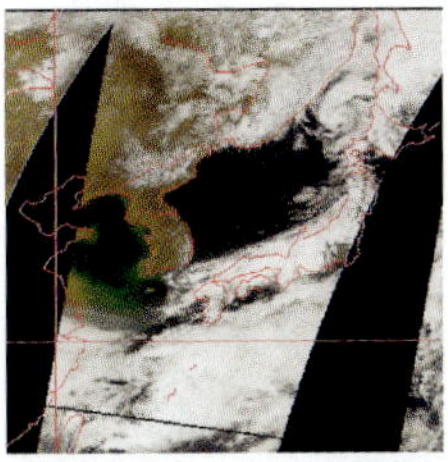

(a) カラー合成画像

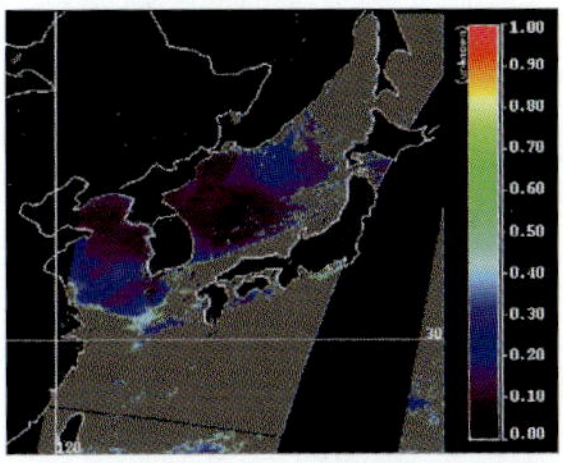

(b) エアロゾル光学厚さ(AOT)

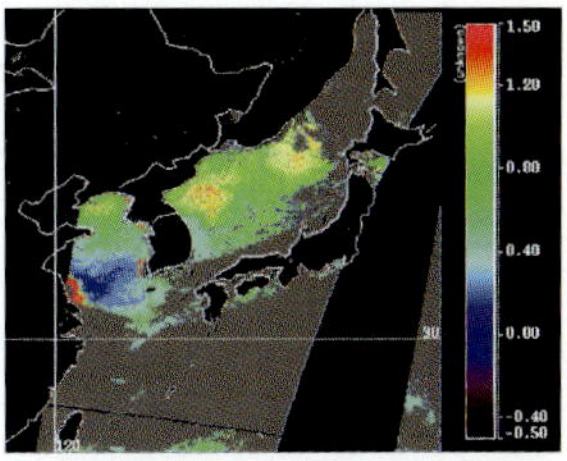

(c) オングストローム指数

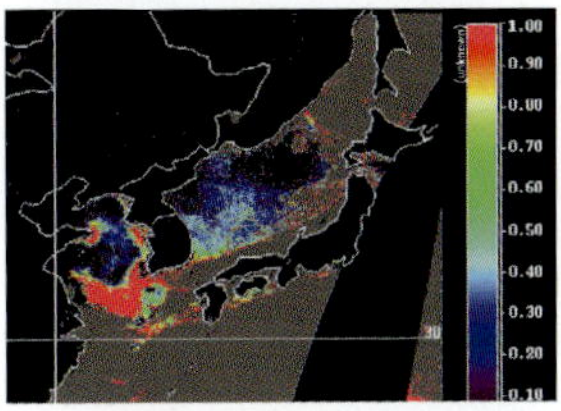

(d) 海水放射輝度(412 nm帯)

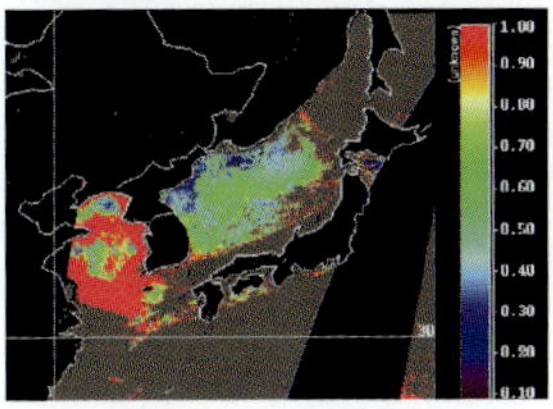

(e) 海水放射輝度(490 nm帯)

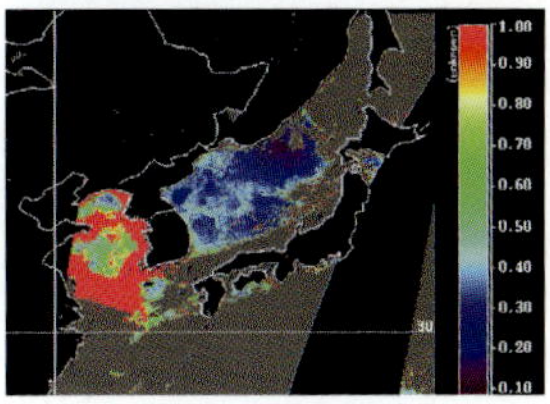

(f) 海水放射輝度(555 nm帯)

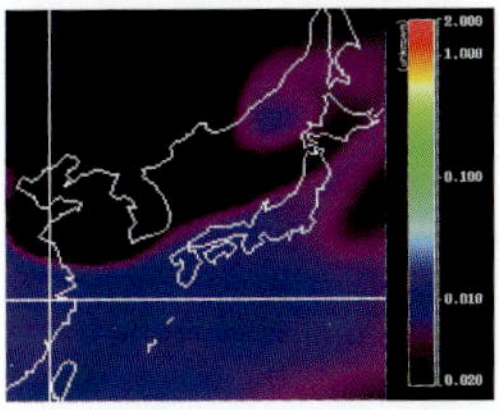

(g) CFORS予測AOT (BC/OC)

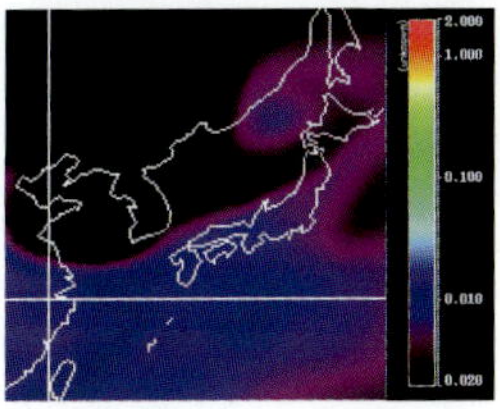

(h) CFORS予測AOT (硫酸塩)

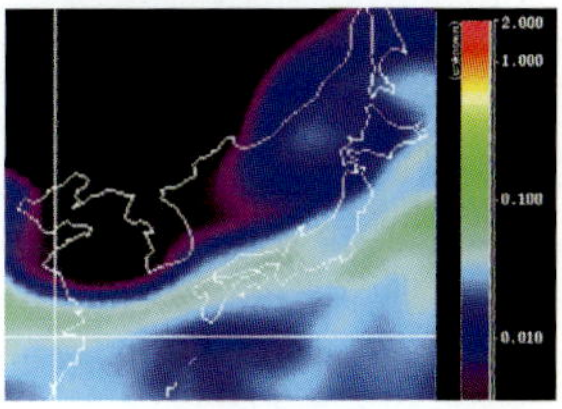

(i) CFORS予測AOT (全体)

口絵 3　2001 年 4 月 3 日の SeaWiFS エアロゾル・海色画像と CFORS によるエアロゾル種ごとの光学的厚さ予測値の比較. (a) カラー合成画像, (b) エアロゾル光学厚さ (865 nm 帯), (c) オングストローム指数 (490/865 nm 帯), (d) 正規化海水射出放射輝度 (412 nm 帯, 単位は $\mu W\ cm^{-2} nm^{-1} sr^{-1}$), (e) 同 (490 nm 帯), (f) 同 (555 nm 帯), (g) 化学天気予報 CFORS による黒色炭素・有機炭素エアロゾルの光学的厚さ予測値分布図, (h) 同硫酸塩エアロゾルの光学的厚さ予測値, (i) エアロゾル種全体の光学的厚さ予測値.

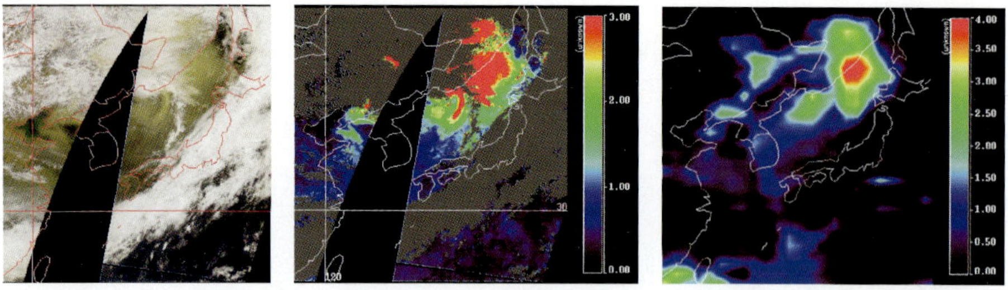

(a) カラー合成画像　(b) SeaWiFS 黄砂指数画像　(c) TOMS エアロゾル指数画像

口絵 4　SeaWiFS 画像と TOMS エアロゾル画像（2002 年 4 月 9 日）.（a）SeaWiFS カラー合成画像,（b）経験的黄砂指数（DVI）画像,（c）TOMS エアロゾル指数（AI）画像. TOMS データの解像度が 50 km 程度であるのに対し, SeaWiFS データの解像度は最大で 1 km 程度であり, エアロゾルの空間分布の細かな特徴がよく捉えられている. ただし SeaWiFS の一軌道あたりの観測幅は TOMS より狭いので, 欠測となる領域（画像で黒く表示されている部分）がある.

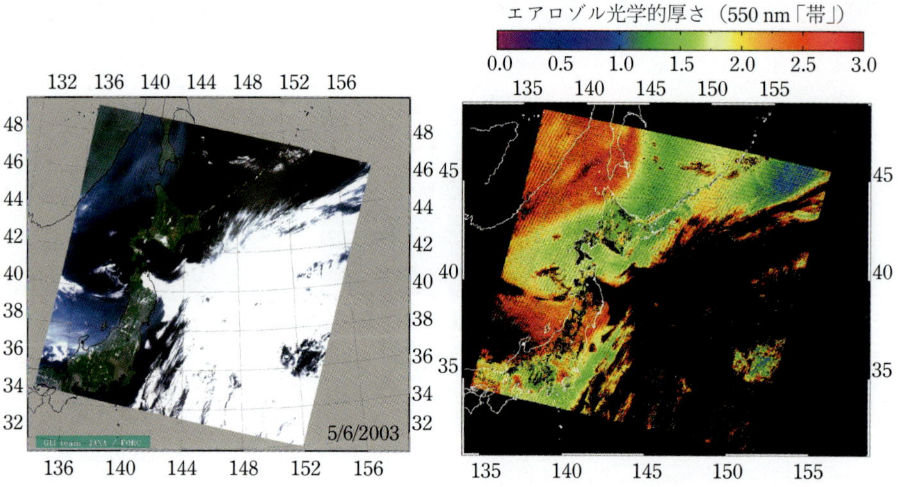

(a)　(b)

口絵 5　2003 年 6 月 5 日の GLI 画像.（a）RGB カラー合成画像.（b）380 nm/400 nm 帯を用いたエアロゾル光学的厚さ推定画像. シベリア森林火災起源のスモークエアロゾルがロシア沿岸および日本海から東北地方にかけて見えている.

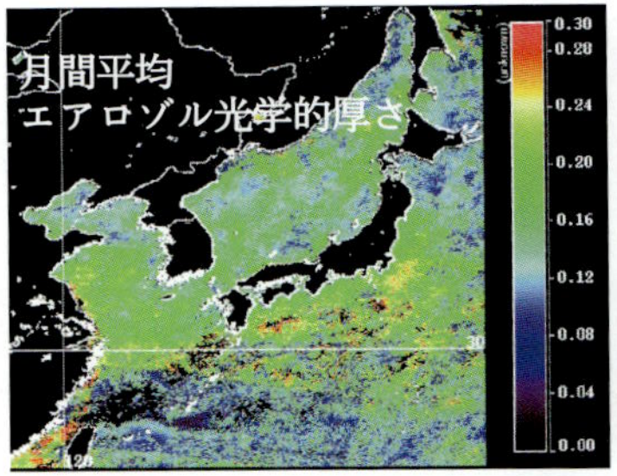

(a) 2001 年 5 月

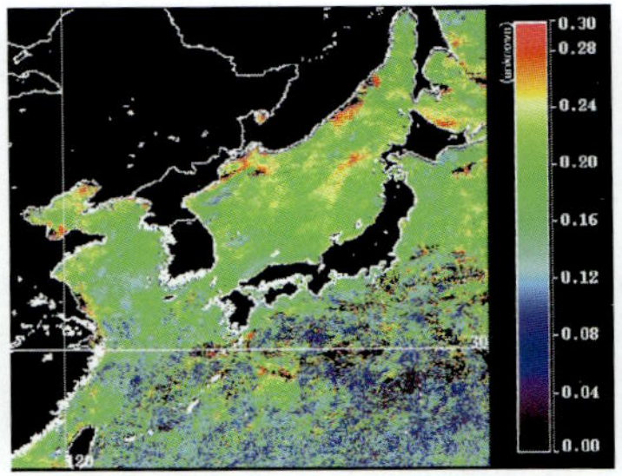

(b) 2003 年 5 月

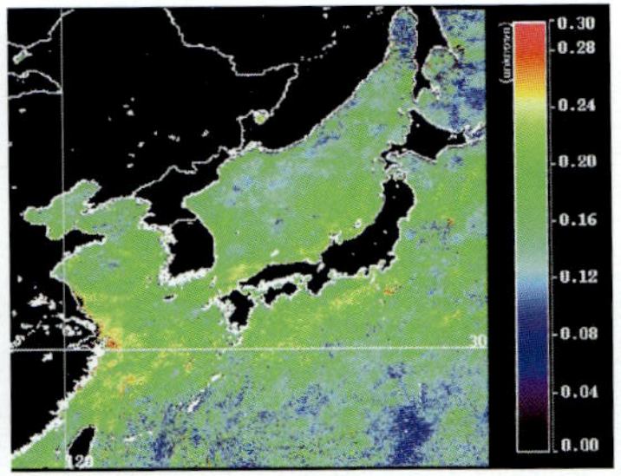

(c) 2004 年 5 月

口絵 6　5 月の SeaWiFS エアロゾル光学的厚さ月間平均画像．2001，2004 年に比べ，シベリア森林火災の影響を受けた 2003 年の平均光学的厚さは著しく大きく，また 2001 年，2004 年に比べて北偏している．

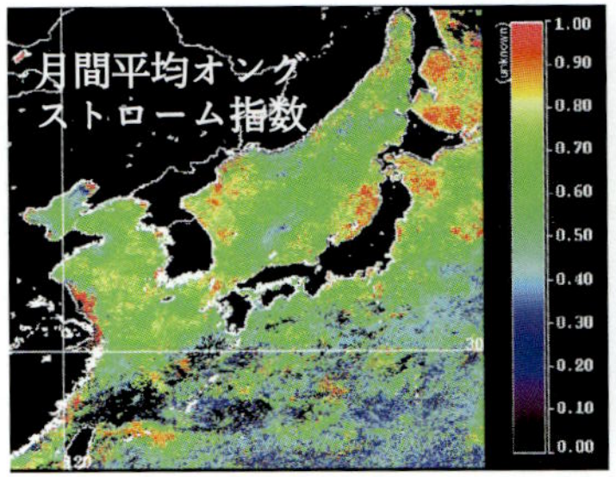

(a) 2001 年 5 月

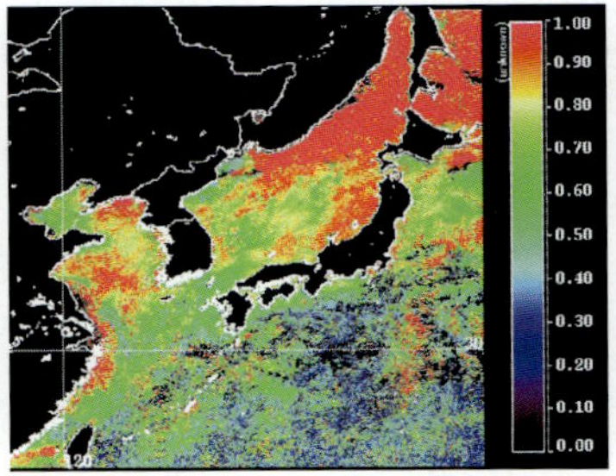

(b) 2003 年 5 月

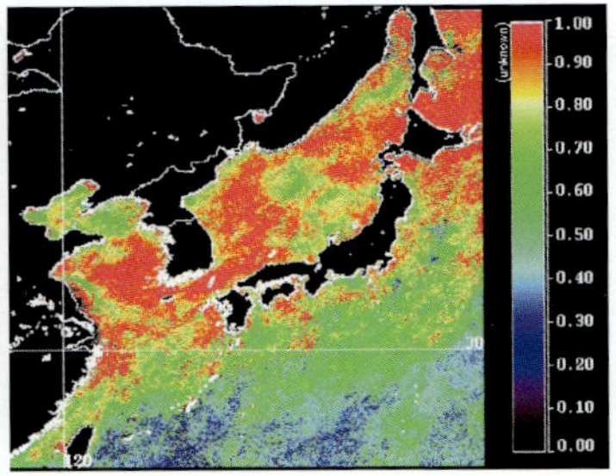

(c) 2004 年 5 月

口絵 7　5 月の SeaWiFS オングストローム指数月間平均画像．図 5.2.6 に対応している．2001 年は黄砂が頻繁に観測されており，オングストローム指数は高くはない．2003 年は逆に光学的厚さの大きい水域でオングストローム指数が高くなっており，森林火災起源の小粒径エアロゾルが卓越していたことを示す．2004 年もオングストローム指数が高いが，これは中国大陸からの小粒径粒子が支配的であったことを反映していると考えられる．

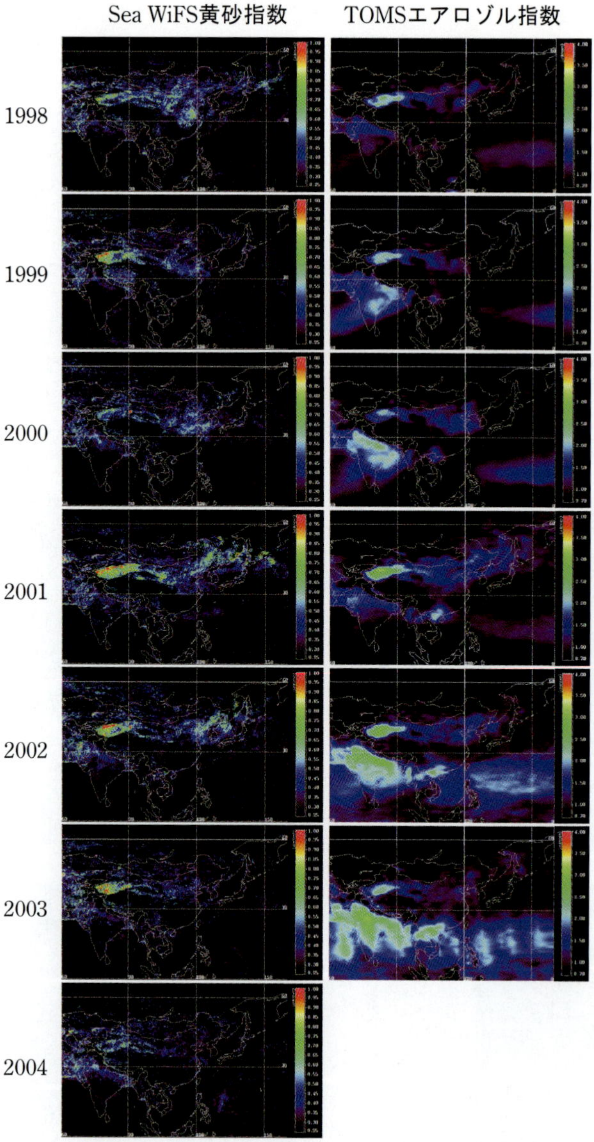

口絵 8　SeaWiFS による 1998 ～ 2004 年の各年 4 月の経験的黄砂指数（DVI）の月間平均画像（左側）．右は TOMS エアロゾル指数（AI）月間平均画像．SewWiFS 画像から黄砂の活動レベルの年次変動を見ることが出来る．Earth Probe/TOMS には感度校正に問題があり，2001 年春期以降の AI の絶対値は信頼できない．なお，TOMS/AI（Version 8）の原データは TOMS ホームページ http://jwocky.gsfc.nasa.gov/aerosols/aerosols.html より得たものである．

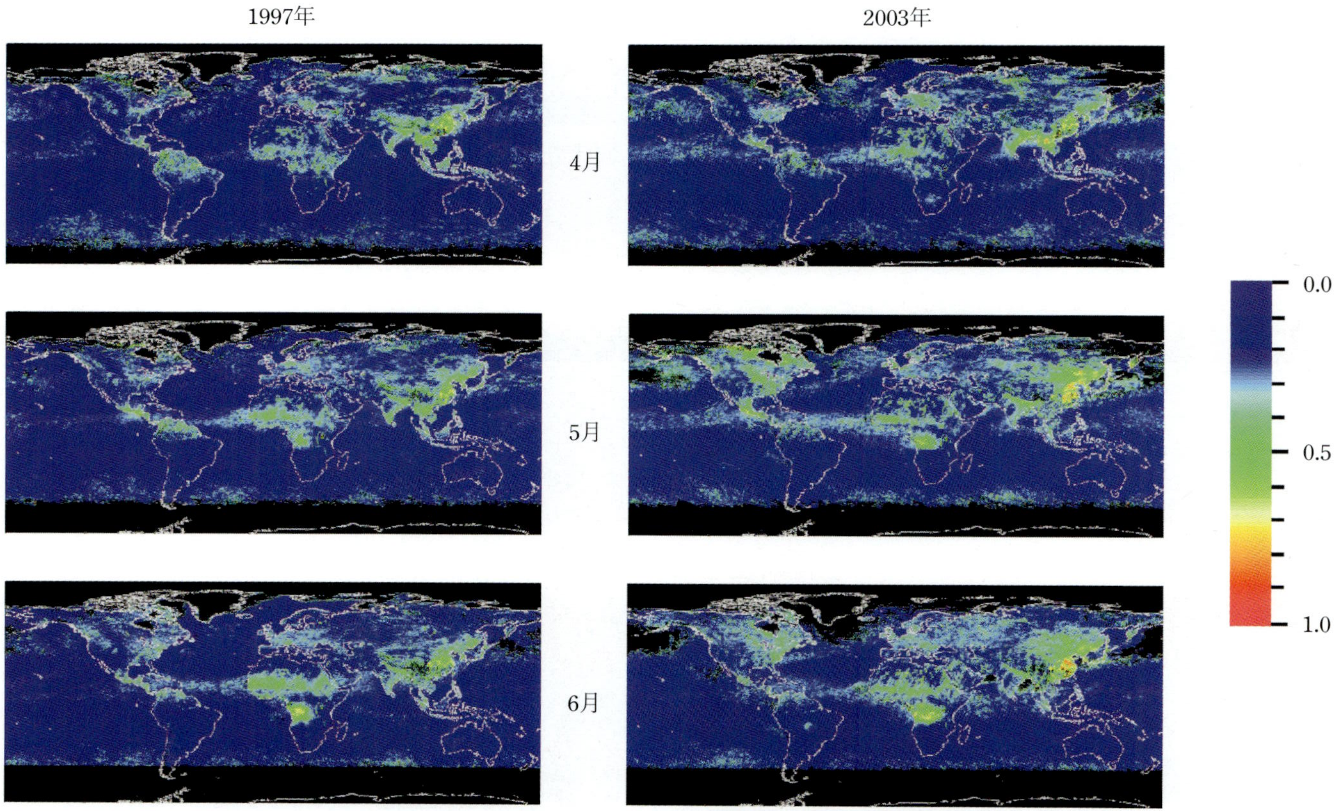

口絵 9　ADEOS/POLDER から導出したエアロゾルの光学的厚さ分布．1997 年（左図），2003 年（右図）．

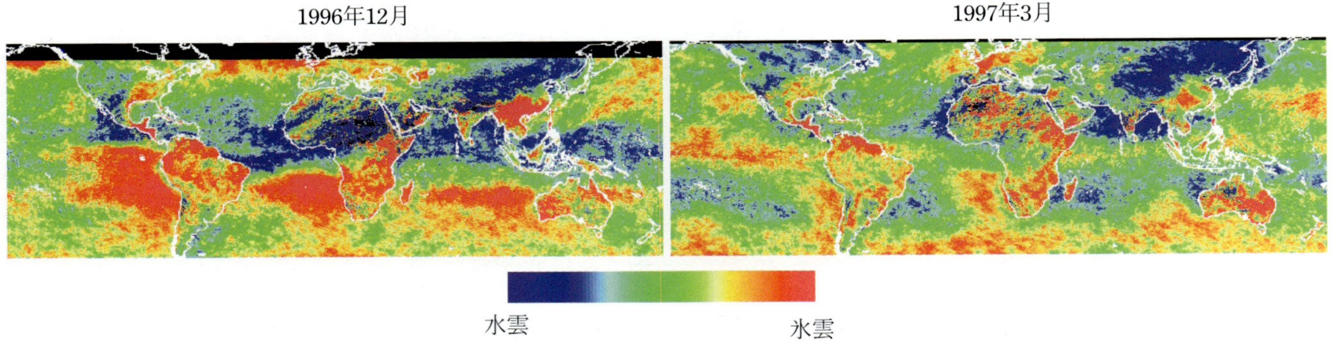

口絵 10　ADEOS/POLDER から導出した水雲，氷雲の出現頻度．1996 年 12 月（左図），1997 年 3 月（右図）．

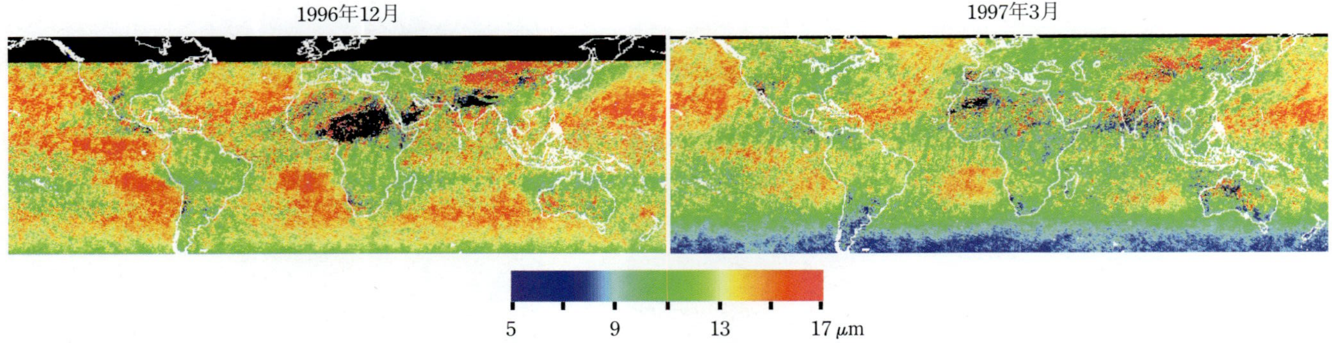

口絵 11　ADEOS/POLDER から導出した水雲粒子の有効半径分布．1996 年 12 月（左図），1997 年 3 月（右図）．

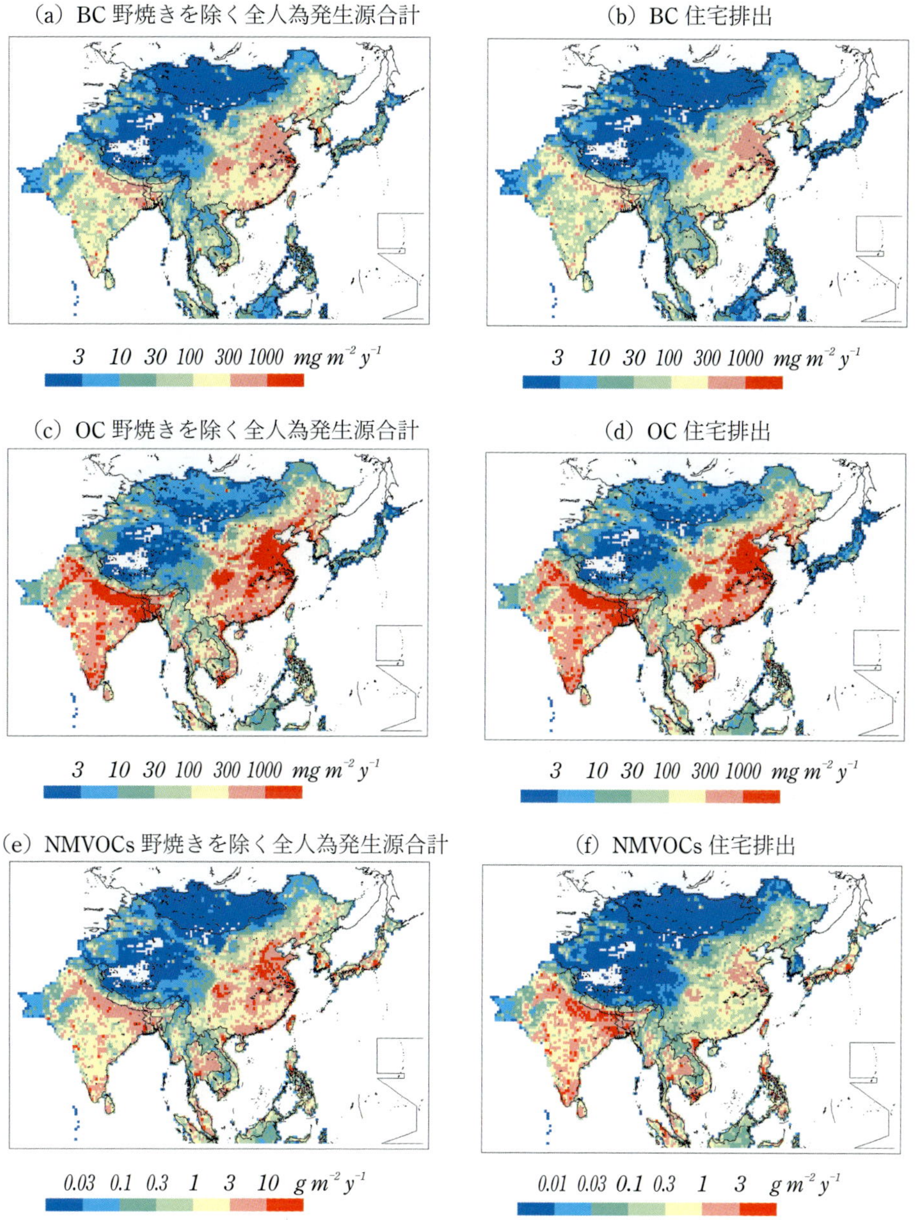

口絵 12　アジア地域における各種大気汚染物質の排出分布（2002 年）.

(g) CO 野焼きを除く全人為発生源合計

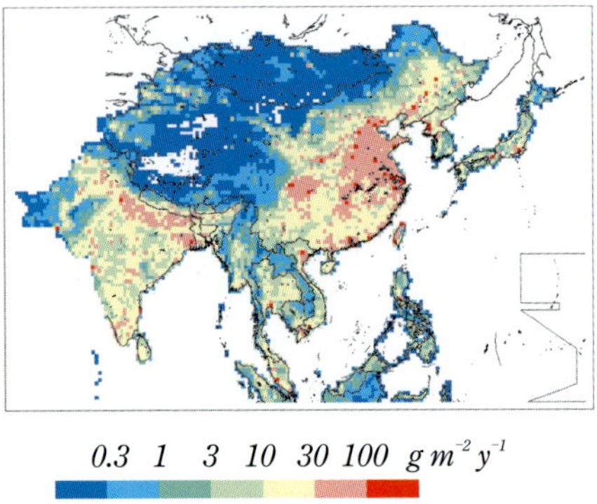

(h) CO 住宅排出

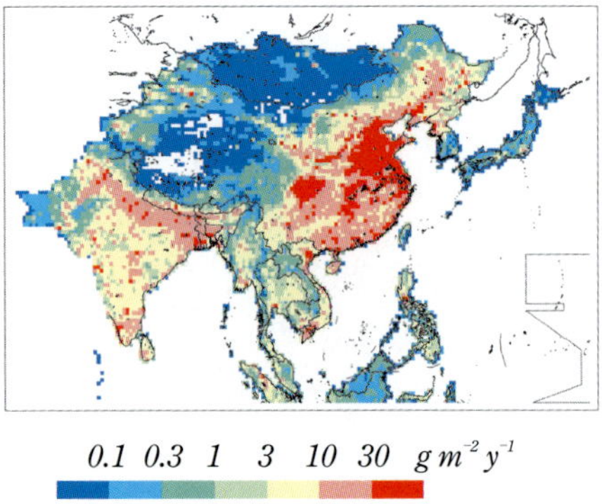

(i) SO_2 野焼きを除く全人為発生源合計

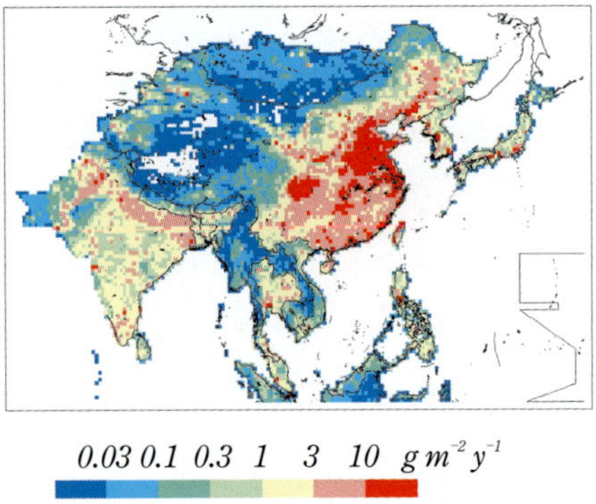

(j) SO_2 住宅排出

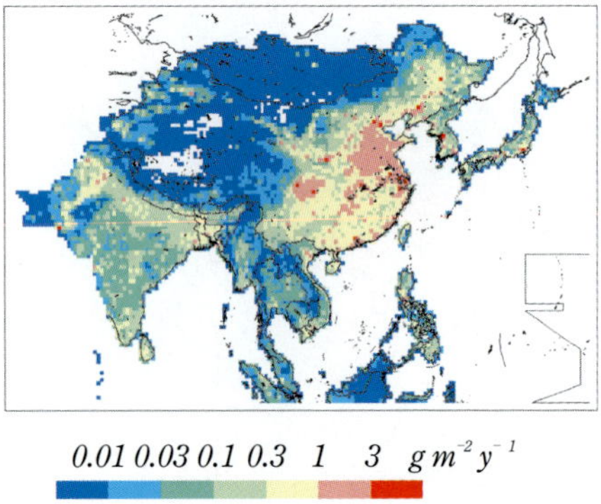

(j) NOx 野焼きを除く全人為発生源合計

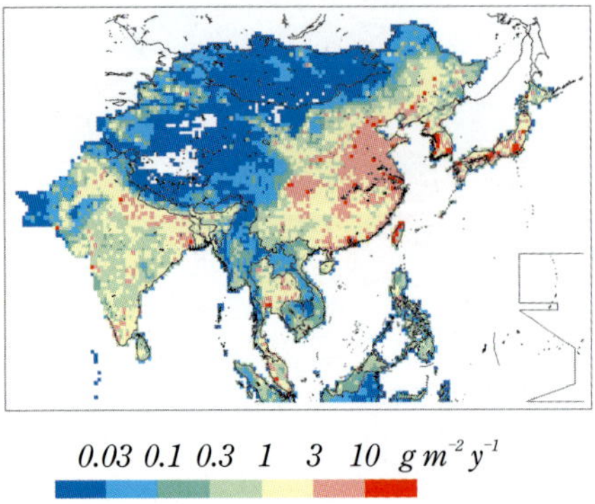

(k) NOx 住宅排出

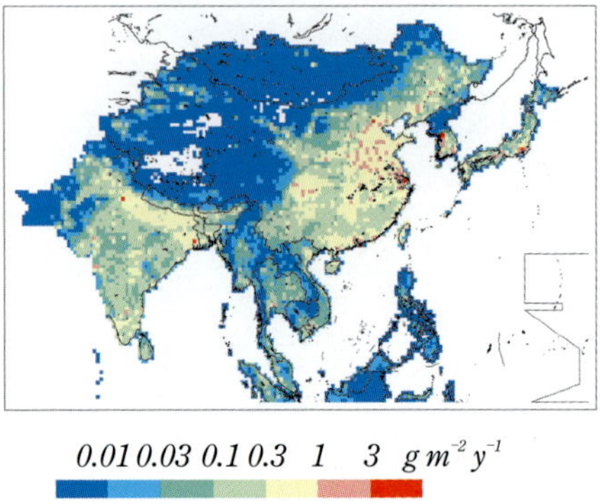

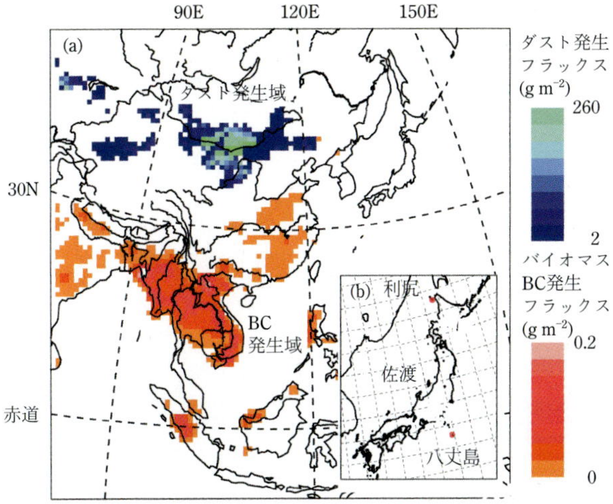

口絵 13　CFORS 物質輸送モデルの計算領域と 2001 年 3 月–4 月にダストと焼き畑に伴う BC の全発生量の水平分布と VMAP 観測点.

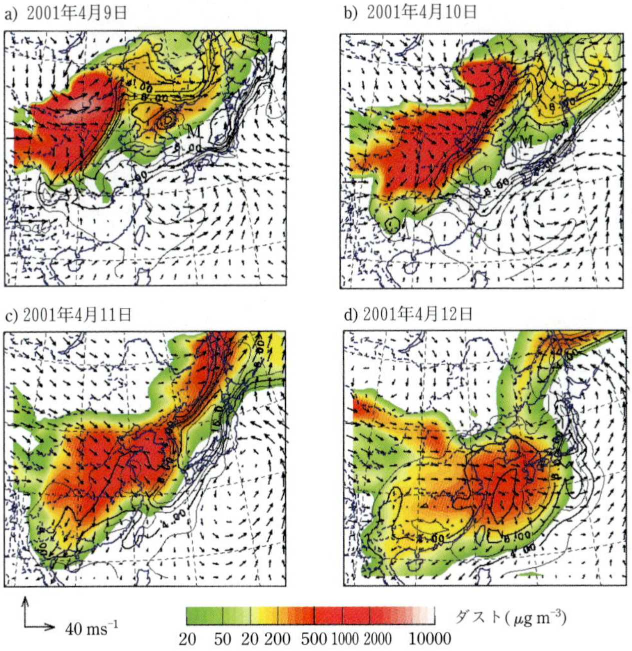

口絵 14　2001 年 4 月 9 日から 12 日のダストと硫酸塩エアロゾルの濃度分布. トーンは境界層中の平均ダスト濃度, コンター線は平均硫酸塩濃度, ベクトルは地上 500 m の風向・風速を示す.

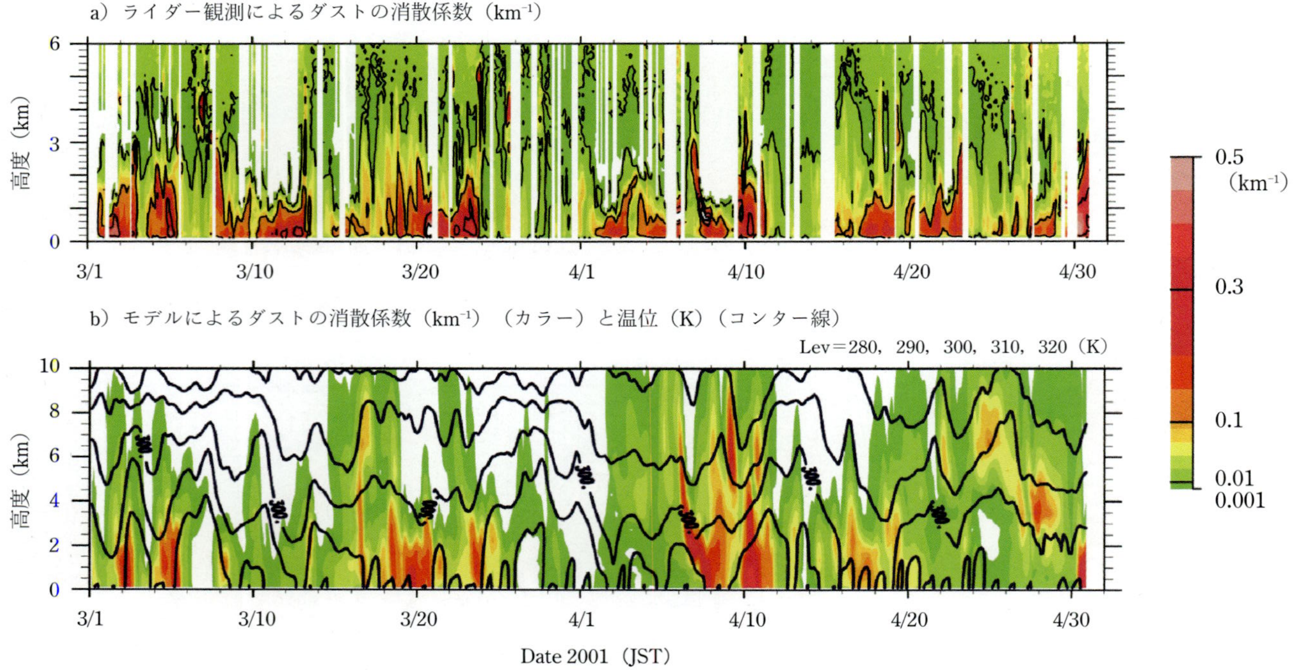

口絵15　中国，北京におけるa）ライダー観測によるダストの消散係数（km⁻¹）とb）モデルによる温位（K）とダストの消散係数（km⁻¹）の時空間分布．

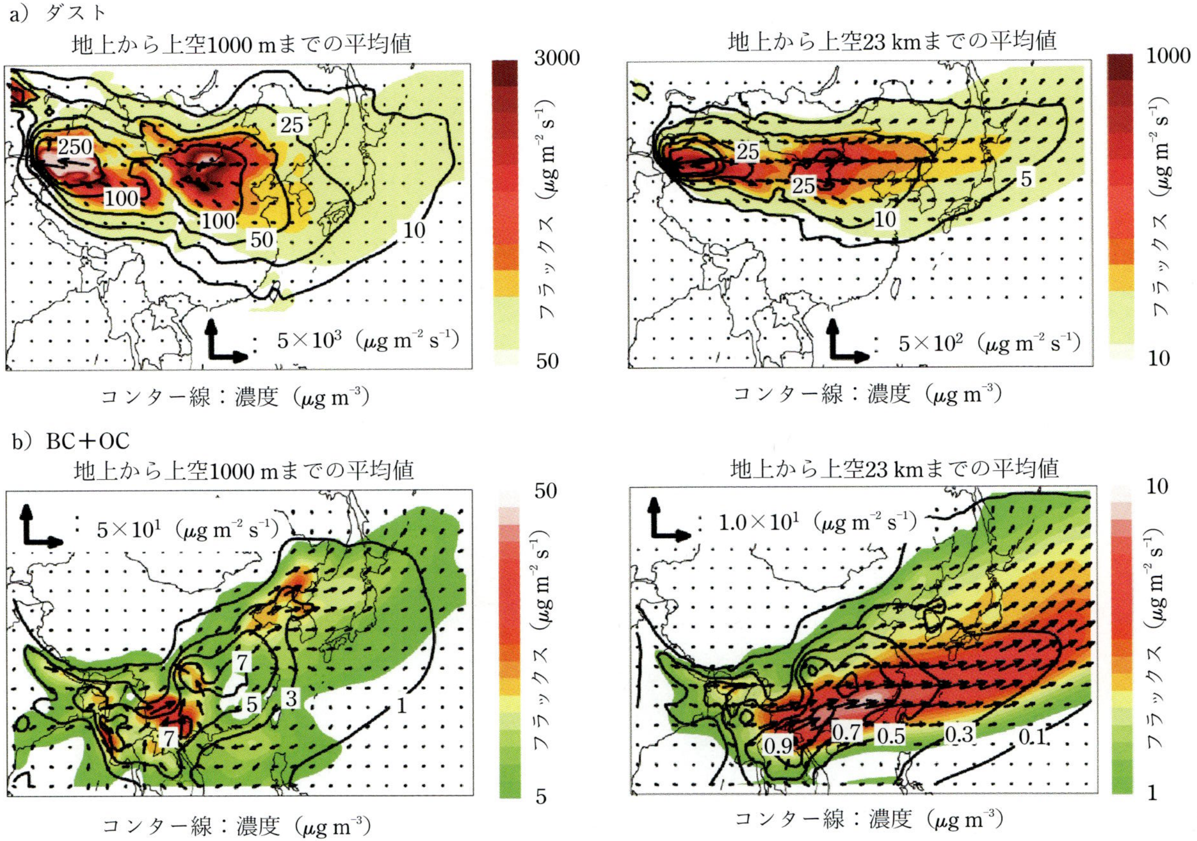

口絵 16　a）ダストとb）含炭素エアロゾルの平均濃度と平均水平輸送フラックス．（左側）地上から境界層内（高度 1000 m 以下）での平均濃度（$\mu g\ m^{-3}$）（コンター線）と平均水平方向輸送フラックス（$\mu g\ m^{-2}\ s^{-1}$）（カラー）．（右側）地表からモデル最上端までの平均濃度（$\mu g\ m^{-3}$）（コンター線）と平均水平方向輸送フラックス（$\mu g\ m^{-2}\ s^{-1}$）（カラー）．

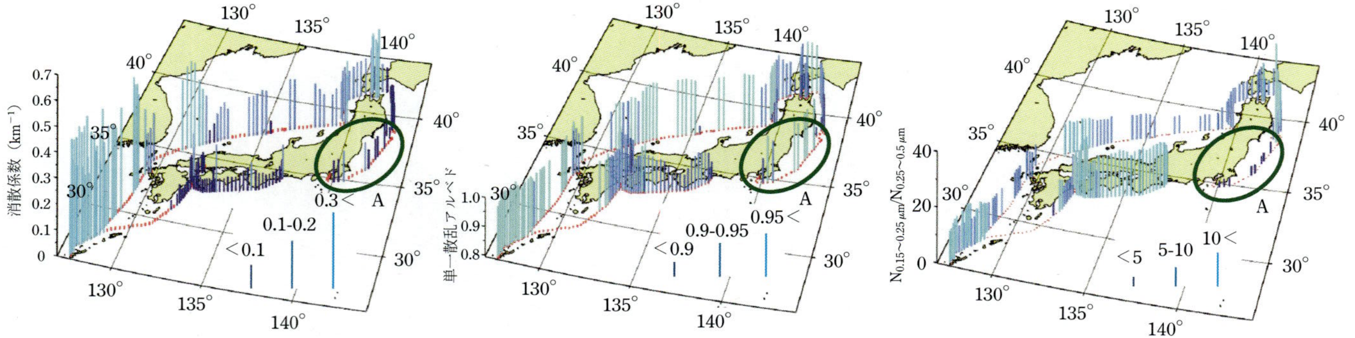

口絵 17　2002 年の航海で観測されたエアロゾルの消散係数（左図），単一散乱アルベド（中図），および大小粒子数濃度比（右図）.

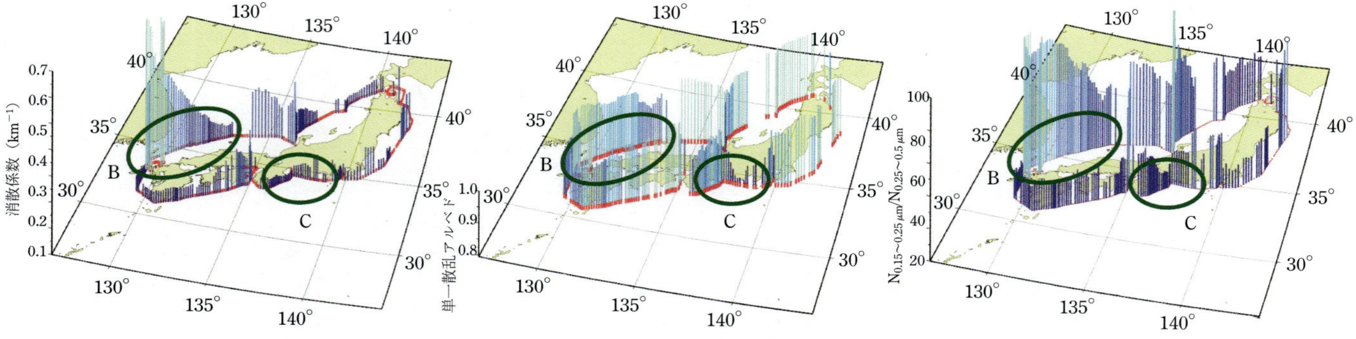

口絵 18　同上，ただし 2003 年の観測結果．

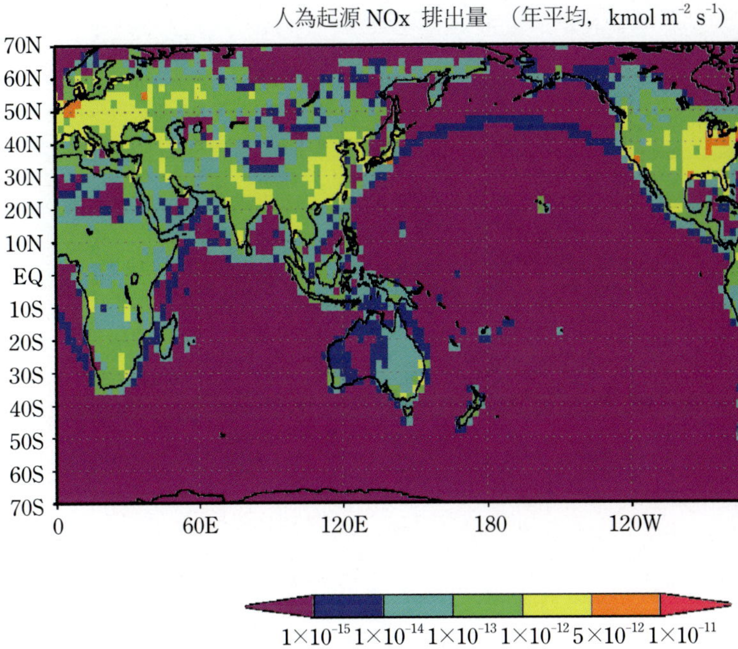

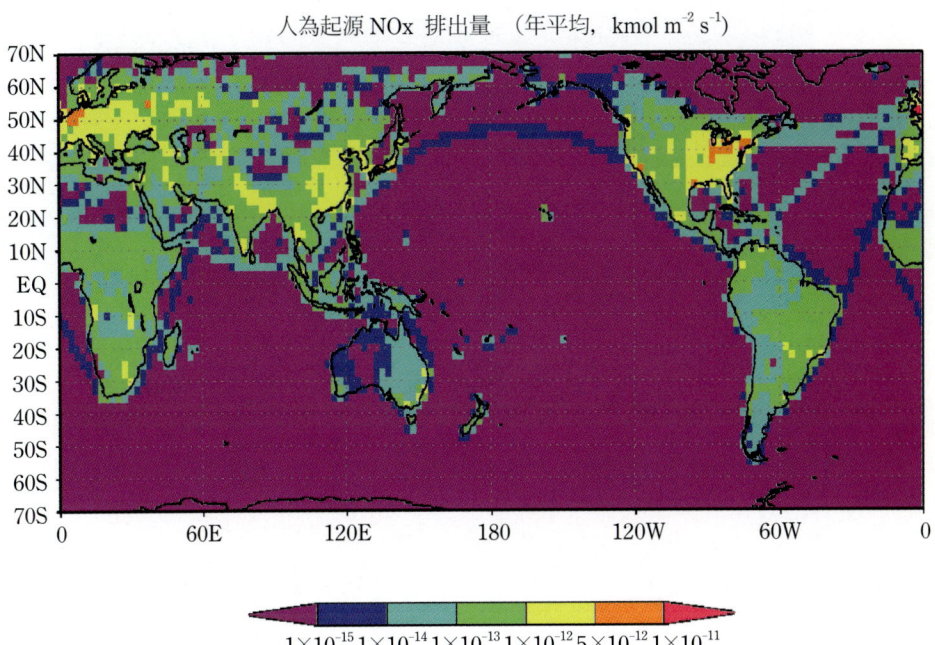

口絵 19　燃焼による NOx 排出量（EDGAR 年平均）（kmol m^{-2} s^{-1}）.

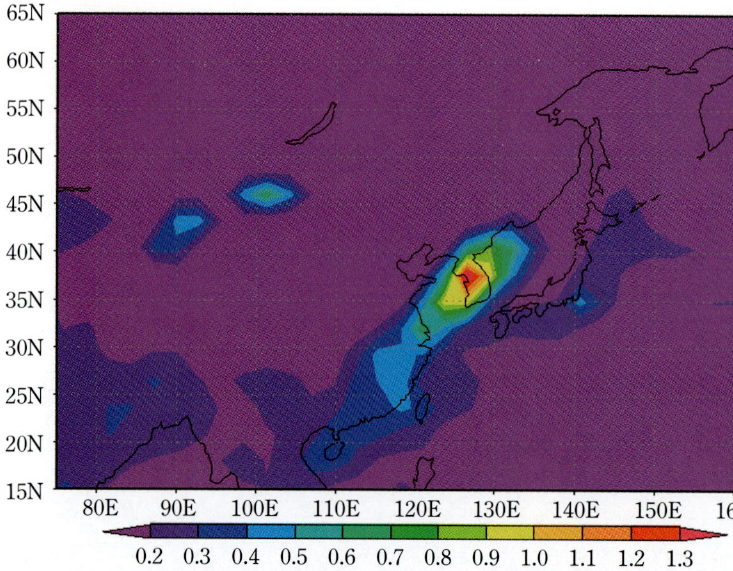

口絵 20　エアロゾル輸送モデル SPRINTARS[14] と大気大循環モデル CCSR/NIES AGCM[13] を用いて計算された 2002 年 3 月のある瞬間のエアロゾルの光学的厚さ（550 nm）.

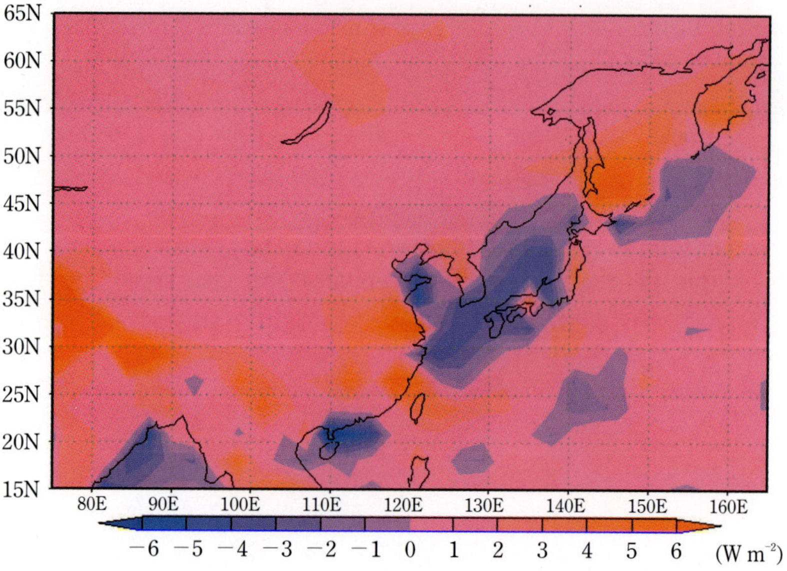

口絵 21　含炭素エアロゾルのみによる放射強制力の計算例．計算条件は口絵 20 と同じ．

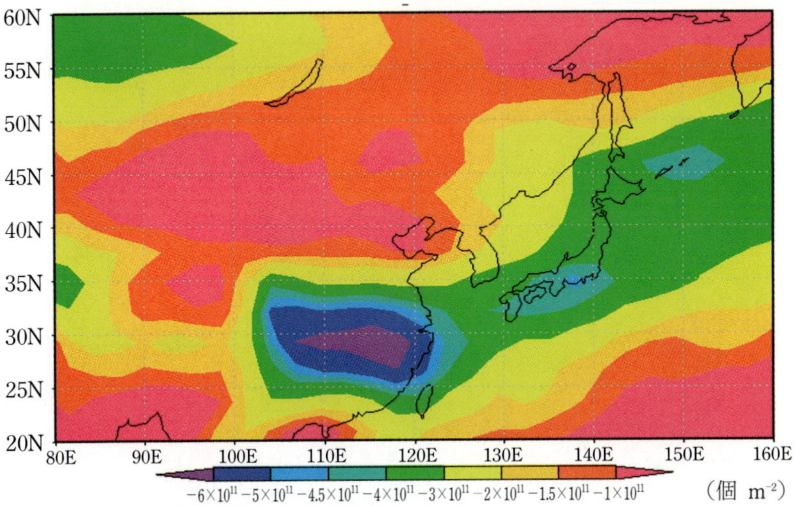

口絵 22　CCSR/NIES AGCM 中で用いる N_a-N_c 関係式として既存式と立坑実験により得られた式とを用いた場合の，生成される雲粒数密度の差．典型的な 4 月の 1 ヶ月平均値として示してある．（N_a-N_c 関係式提供：北大・山形定氏，改良版 AGCM 提供：九大・竹村俊彦助教授）

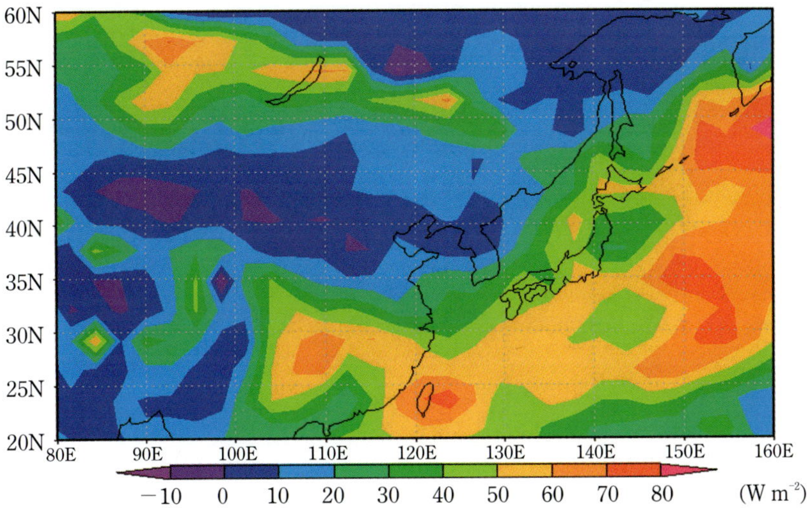

口絵 23　口絵 22 と同じ．ただし，大気上端における放射強制力．

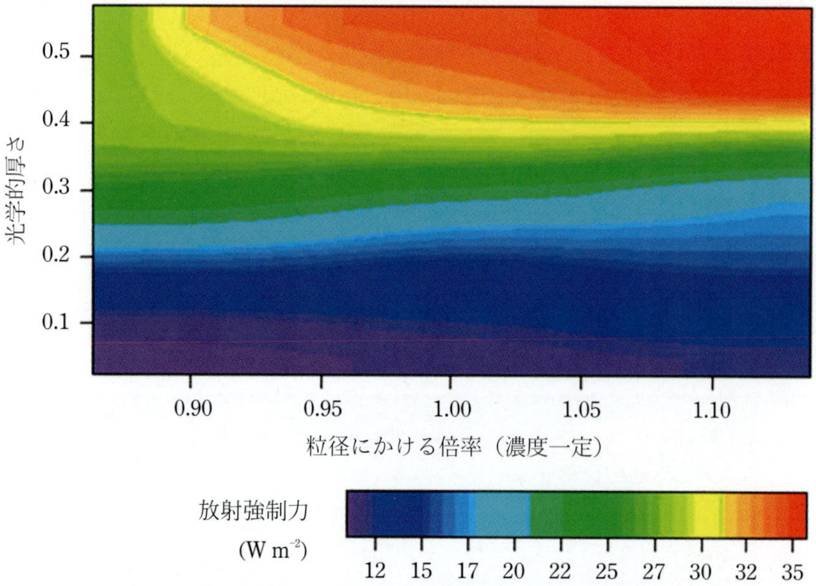

口絵 24　CCSR/NIES AGCM において，エアロゾルの質量混合比を一定に保ったまま平均粒径を変化させた場合の地表における放射強制力の変化の様子．計算では日本付近の典型的な大気状態を仮定し，冷却を正として表現している．

まえがき

エアロゾル (aerosol) とは空気中に微粒子が浮遊し分散した状態あるいは粒子自身を指すが，その大きさ故に通常は肉眼でとらえることはできず，ディーゼル車からの黒煙，スモッグや黄砂飛来時にみられる霞や靄のように，粒子が大量に存在することで初めてその存在が認識されることが多い．エアロゾルの和訳として「煙霧質 (体)」という言葉が用いられるが，まさに粒子が多数存在し視覚的に捉えられた状況を言い表している．目に見えない状態であっても，仮に電子顕微鏡並の性能を有する眼鏡を装着したならば，浮遊する粒子のあまりの多さに驚愕するであろう．

このように，エアロゾルは環境中ではごくありふれた存在であるが，実は大気汚染，酸性雨，地球温暖化などの大気環境問題に直接・間接的に深く関わっている．特に，東アジア地域では，驚異的な経済成長，人口増加，都市化の進展などに伴う化石燃料に依存したエネルギー消費の増大によって，大量の酸性ガスや粒子状物質が排出され，地域レベルでの深刻な大気汚染が問題となっている．現在の成長が継続した場合，東アジアに点在するメガシティなどから排出される莫大な量のエアロゾルや前駆物質による大気環境への影響は，越境酸性雨や地球温暖化など地球規模にまで急速に拡大すると予測され，その早急な対策が迫られている．また，この地域では，自然起源の黄砂粒子の存在と人為起源エアロゾルや酸性ガスとの相互作用が，大気環境への影響を複雑にしている．

二酸化炭素などの温室効果ガスと異なり，エアロゾルは大きさや化学成分などがきわめて多様で，かつ地域的にも時間的にも大きく変動する．このため，エアロゾルの大気環境への影響に関する総合的かつ体系的な知見は欠如しており不確実性も大きいことから，エアロゾルや前駆体に関わる現象の解明や酸性雨や地球温暖化などに対する影響の定量的評価が喫緊の課題となっている．本書は，こうした課題に取り組んだ文部科学省科学研究費特定領域研究「東アジアにおけるエアロゾルの大気環境インパクト」の5年間の研究成果に基づき，東アジアにおけるエアロゾル性状の空間分布，計測法，地球温暖化や酸性雨に及ぼす影響などについて最新の知見をまとめたものである．このプロジェクトには合計43機関，約90名（大学院生等を含め実質200名）が参加するとともに，わが国のみならず中国や韓国，台湾等の研究者との共同作業から生まれた貴重な成果が本書の随所で紹介されている．特に，中国上空において航空機により観測されたエアロゾルや前駆物質の三次元分布データは従来不可能とされていたものである．また，2001年に米国を中心として実施された地球環境国際プロジェクト研究「ACE-Asia (Aerosol Characterization Experiments)」の成果も含まれている．

本書は大気環境問題に関わる研究者はもとより，エアロゾルと大気環境問題に関心をもつ多くの方々，特に学生・院生の方々にわが国の研究の最前線を知ってもらうことも意図している．次代を担う若い頭脳がこれらの問題に興味を抱き，新たな視点から研究をはじめる契機となれば幸いである．

2007年2月

笠原三紀夫，東野　達

主な略語一覧

ABC: Atmospheric Brown Clouds
ACE: Aerosol Characterization Experiments
ACES: Artificial Cloud Experimental System
ADEC: Aeolian Dust Experiment on Climate impact
ADEOS: ADvanced Earth Observing Satellite
AERONET: AErosol RObotic NETwork
AGCM: Atmospheric General Circulation Model
AI: Aerosol Index
AIE: Atmospheric environmental Impacts of aerosols in East Asia
AMS: Aerosol Mass Spectrometer
APEX: Asian Atmospheric Particle Environmental Change Studies
ASE: Accelerated Solvent Extraction
ATOFMS: Aerosol Time-Of-Flight Mass Spectrometry
AVHRR: Advanced Very High Resolution Radiometer
AVN: AviatioN run

BC: Black Carbon
BJEPB: Beijing Environmental Protection Bureau
BSRN: Baseline Surface Radiation Network

CC: Carbonate Carbon
CCSR/NIES GCM: Center for Climate System Research, university of Tokyo/National Institute for Environmental Studies General Circulation Model
CFORS: Chemical weather FORecasting System
CLRTAP: Convention on Long-range Transboundary Air Pollution
CNC: Condensation Nucleus Counter
COC: Condensable Organic Compounds
CORINAIR: CO-oRdinated INformation on the Environment in the European Community - AIR
CTM: Chemical Transport Model

DEP: Diesel Exhaust Particles
DMA: Differential Mobility Analyzer
DVI: Dust Veil Index
DUSEL: Deep Underground Science and Engineering Laboratory

EANET: Acid deposition monitoring NETwork in East Asia
EC: Elemental Carbon
ECMWF: European Centre for Medium-range Weather Forecasts
EDGAR: Emission Database for Global Atmospheric Research
EDX: Energy Dispersive X-ray spectroscopy
EMEP: European Monitoring and Evaluation Program
EPXMA: Electron Probe X-ray Micro-Analysis

FCE: Faraday Cup Electrometer

GAINS: Greenhouse gas and Air pollution INteractions and Synergies
GCE: Ground-based Cloud Experiment
GEBA: Global Energy Balance Archive
GEIA: Global Emissions Inventory Activity
GEWEX/SRB: Global Energy and Water cycle EXperiment/Surface Radiation Budget
GISS: Goddard Institute for Space Studies
GLI: Global Imager
GOCART: GOddard Chemistry Aerosol Radiation and Transport
GOME: Global Ozone Monitoring Experiment

HYPACT: HYbrid PArticle and Concentration Transport model

IC: Ion Chromatography
IEA: International Energy Agency
IGAC: International Global Atmospheric Chemistry project
IGBP: International Geosphere-Biosphere Programme
IIASA: International Institute for Applied Systems Analysis
IMPROVE: Interagency Monitoring of PROtected Visual Environments
INDOEX: INDian Ocean EXperiment
IPCC: Intergovernmental Panel on Climate Change
ISCCP/FD: International Satellite Cloud Climatology Project/Flux Data

JMA-ASM: Japan Meteorological Agency-Asian Spectral Model

LA/ICP-MS: Laser Ablation/Inductively Coupled Plasma-Mass Spectrometry
LTP: Long-range Trans-boundary air Pollutants in northeast Asia
LVA: Low Volume Andersen air sampler

MICS: Model InterComparison Study
MM5: 5th Generation Mesoscale Model
MODIS: MODerate Reslution Imaging Spectororadiometer
MVI: Mid-Volume Impactor

NAAPS: Navy Aerosol Analysis and Prediction System
NADP: National Atmospheric Deposition Program
NCEP: National Center for Environmental Prediction
NIOSH: National Institute of Occupational Safety and Health

OC: Organic Carbon
OCTS: Ocean Color and Temperature Scanner
OGCM: Ocean General Circulation Model
OM: Organic Matter
OPC: Optical Particle Counter

PAHs: Polycyclic Aromatic Hydrocarbons
PAN: Peroxy Aacetyl Nitrate
PILS: Particle-Into-Liquid Sampler
PIXE: Particle Induced X-ray Emission
PM: Particulate Matter
POLDER: POLarization and Directionality of Earth's Reflectance
PSAP: Particle/Soot Absorption Photometer
PSM: Particle Size Magnifier

RAIR: Reflection Absorption InfraRed
RAINS: Regional Acidification INformation and Simulation
RAMS: Regional Atmospheric Modeling System
REA: Relaxed Eddy Accumulation,
REAS: Regional Emission inventory in ASia

SeaWiFS: Sea Wide Field Sensor
SEPA: State Environmental Protection Administration of China
SMPS: Scanning Mobility Particle Sizer
SOA: Secondary Organic Aerosol
SOLAS: Surface Ocean and Lower Atmospheric Study
SPM: Suspended Particulate Matter
SPRINTARS: SPectral Radiation-Transport Model for Aerosol Species

SR: Synchrotron Radiation
SST: Sea Surface Temperature

TARFOX: Tropospheric Aerosol Radiative Forcing Experiment
TEOM: Tapered Element Oscillating Microbalance
TMO: Thermal Manganese dioxide Oxidation method
TOMS: Total Ozone Mapping Spectrometer
TOR: Thermal Optical Reflectance
TOT: Thermal Optical Transmittance
TPD: Temperature Programmed Desorption
TRACE-P: TRAnsport and Chemical Evolution over the Pacific
TSP: Total Suspended Particulates

VMAP: Variability of Marine Aerosol Properties
VOC: Volatile Organic Compounds

WSOC: Water-Soluble Organic Carbon

XRD: X-Ray Diffraction
XAFS: X-ray Absorption Fine Structure
XANES: X-ray Absorption Near Edge Structure
XRF: X-Ray Fluorescence

目　次

1 エアロゾルの性状と発生源

1.1 エアロゾルとは

エアロゾルは，空気中に微小な液体粒子や固体粒子が浮遊している分散系，あるいはこれらの微小な粒子そのものを意味する．後者の微小粒子そのものを意味する場合には，本来，エアロゾル粒子と呼び区別することが望ましいが，通常は区別することなく用いる場合が多い．また，エアロゾルは生成過程の違いから，粉じん，フューム，ミスト，ばいじんなど，また気象学的には，視程や色の違いなどから，霧，もや，煙霧，スモッグなどと呼ばれることもある．

私たちの身の回りには，図 1.1 に例示したように，ディーゼル自動車の黒煙粒子や硫酸塩粒子，たばこ煙，黄砂粒子，花粉粒子など，エアロゾル粒子の具体例を容易にみることができる．図 1.2 は，エアロゾル粒子の大気中における挙動と環境に及ぼす影響をまとめたものである．エアロゾル粒子の発生源は，工場や自動車など人間の活動に伴い排出される人為起源と，樹木や土壌，海水など自然界から放出される自然起源とに大別される．大気中に排出されたエアロゾル粒子は，風によって輸送・拡散され，またその間に物理・化学的に反応し変質するとともに，乾性沈着や湿性沈着により大気中から除去される．エアロゾルは大気中にはごく微量にしか存在しないが，人間の健康や生活環境，自然環境に及ぼす影響は極めて大きい．

従来，大気中のエアロゾルは，重金属粒子やディーゼル黒煙粒子，たばこ煙，

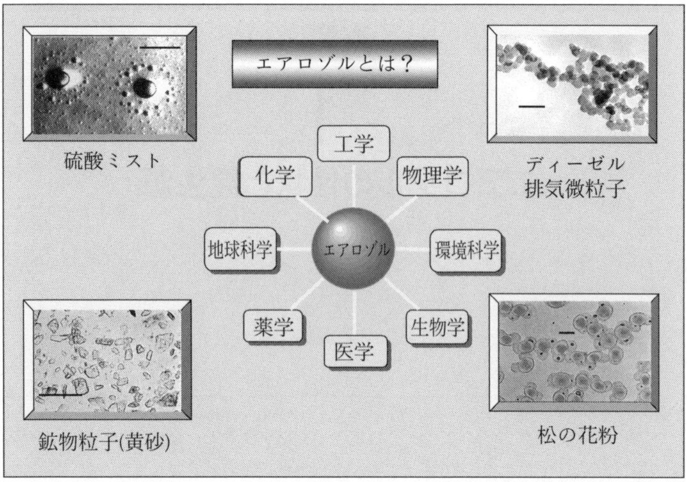

図 1.1　大気エアロゾルとは.

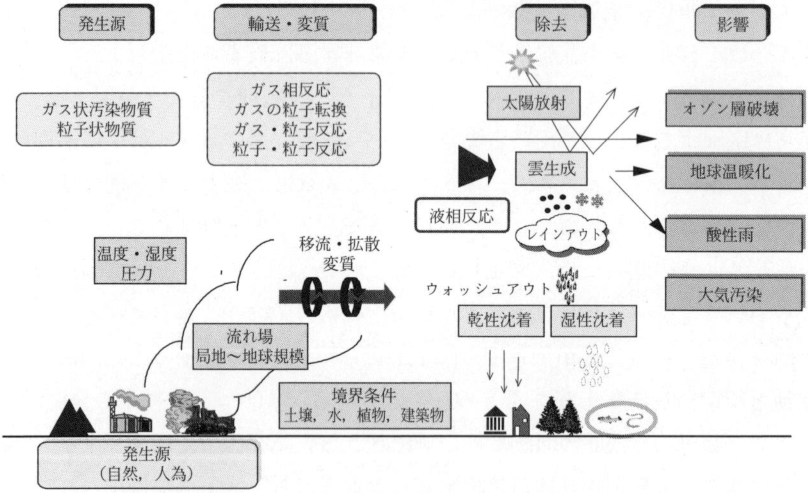

図 1.2　エアロゾル粒子の大気中における動態と環境影響.

放射性粒子，そして最近大きな社会的問題となっているアスベスト粒子など，有害粒子の観点から取り上げられてきた．

特に1990年代以降は，エアロゾルの大気環境影響として，地球温暖化や酸性雨，成層圏オゾン層破壊など，地球環境に及ぼすエアロゾルの影響に注目が集まっている．しかしながら，エアロゾルの多様でかつ広範にわたる性状特性や測定における技術的限界に加え，性状の地域的・時間的変動性のために，大気環境に及ぼすエアロゾルの影響は極めて複雑であり，大気中におけるエアロゾルの性状，動態，影響に関する知見は十分でない．また，地球温暖化や酸性雨などの地球環境問題では，エアロゾルの性状をも含めた3次元分布の情報が不可欠であるが，測定の困難さから垂直分布はもとより水平分布に関する情報も十分でない．今後，ライダーや衛星による観測技術・解析技術がさらに高まれば，エアロゾルの3次元的情報が増大し，精度の高い環境影響予測が可能となるものと期待される．

一方，エアロゾルの化学プロセスにおける粉体としての利用，より効果的な作用を持つ薬剤や医薬品，農薬の開発と利用など，私たちの生活に役立つ有用粒子としてのエアロゾルにも少なからぬ関心が持たれてきた．特に最近では，ナノメートルオーダーの超微小粒子，すなわちナノ粒子が持つ高機能性を生かした新素材の開発など，ナノテクノロジーの一環として，ナノ粒子の製造法や利用法に強い関心が寄せられている．

1.2 エアロゾルの発生・生成

1.2.1 エアロゾルの発生・生成過程

エアロゾルの生成過程は，冷却や膨張，化学反応により蒸気が凝縮して粒子化する過程と，破砕や飛散，噴霧など機械的な力を受けて生成する過程に大別できる．そして，凝縮過程による粒子生成の場合には，発生源においてもともと粒子として放出される「一次粒子 (primary particles)」と，大気中にいったんガス状物質として放出されたものが大気中で粒子化してできる「二次粒子 (secondary particles)」とに分けることができる．一方，排出起源からみた発生源は，土壌粒子や海塩粒子のような自然起源と，ばいじんやディーゼル黒煙のような人為起源とに分けることができる．自然起源粒子は機械的な力により，一方，人為起源粒子は，燃焼など凝縮過程を経て生成されるものが多い．

このように大気エアロゾルの発生源は多岐にわたる上に，ガス状物質と比べた場合，①ガス状物質の場合には通常無視できる自然発生源の割合が都市域でも 20 ～ 40%と大きい，②二次粒子の割合が大きく，地球規模的には 40 ～ 50% に及ぶと推測される，③多種多様の化学成分を含み複雑であるが，逆に発生源に関する多量の情報を有する，などの特徴を持っている．

エアロゾルの発生・生成過程は，エアロゾルの性状と密接な関係がある．図 1.3 は凝縮および機械的に生成されたエアロゾルの粒径依存性と除去過程との関係を示したものである．粒径からみれば，エアロゾルは発生・生成過程の異なる三つの粒子群すなわち，小粒子群 (Nuclei mode)，中間粒子群 (Accumulation mode)，大粒子群 (Mechanical Mode) の集合体と考えることができる．個数濃度で表した場合その大部分を占める小粒子群は，発生源においては高温ガスが冷却・凝縮することにより，また大気中においてはガス状汚染物質がガス相反応により低揮発性物質を生成し凝縮することにより，ガスから粒子化し新たに生成した粒子群である．中間粒子群は，これらの小粒子群にさらに他のガス分子が凝縮したり，小粒子同士が凝集することにより成長し形成された粒子群である．一方，大粒子群は土壌粒子や海塩粒子のように，主として機械的分散により発生した自然起源の粒子を中心とした粒子群よりなる．そして，(小粒子群＋中間粒子群) を微小粒子 (fine particles)，大粒子群を粗大粒子 (coarse particles) と呼んでいる．微小粒子と粗大粒子間の移行は小さく，大気エアロゾルの質量粒度分布は，第 1.3 節で述べるように微小，粗大領域にそれぞれピークを持つ二山型分布となり，両者の化学的性状は図 1.3 に見られるように発生過程，起源に応じ大きく異なる．

1.2.2 二次粒子生成・成長

大気中でガスから粒子が生成される過程を二次粒子生成，生成された粒子を二次粒子という．二次粒子は，大気エアロゾル中で微小粒子の主要な供給源となっている．ガスの粒子転換過程は，図 1.4 に示したように大きくは均一相核

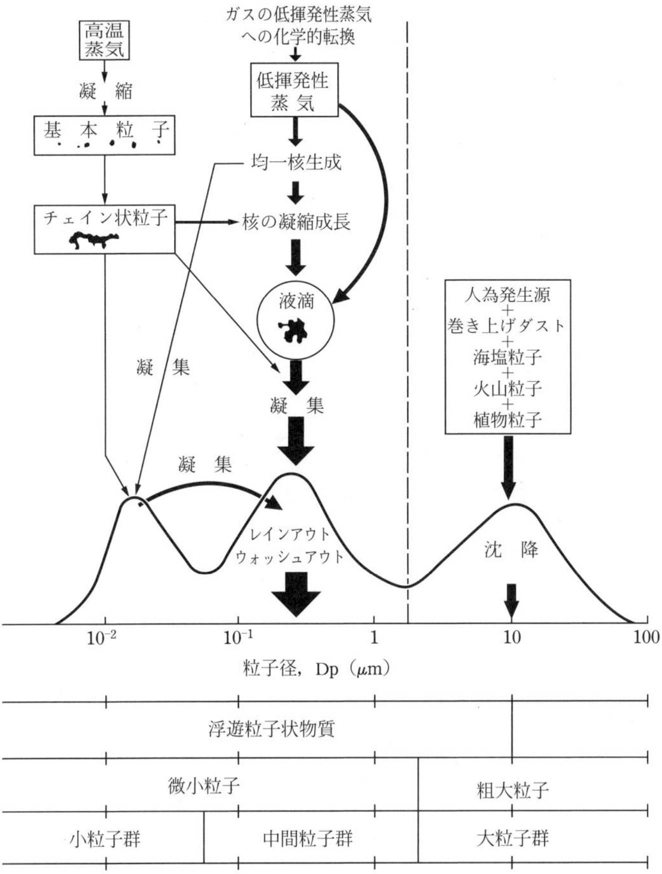

図 1.3　粒径別大気エアロゾル粒子の主要発生過程・除去機構[1].

生成（均一粒子生成）と不均一相核生成（不均一粒子生成）とに分けることができる．均一粒子生成は，ガス分子同士が衝突合体し新たに粒子を生成する過程を意味し，無核自己凝縮とも呼ばれる．一方，不均一粒子生成は，ガス分子が既存の微粒子に凝縮（凝結）し粒子に転換する過程を意味し，ガス側からみれば「ガスの粒子化」，粒子側からみれば「粒子成長」となる．

硫酸塩，硝酸塩，有機粒子などの二次粒子生成は，微小エアロゾル粒子そのものとしての地域汚染や地球温暖化／冷却化，酸性雨などの直接的な大気環境影響ばかりでなく，雲を生成する際の核（nuclei）としても作用し，間接的にも地

- ガスの粒子転換（gas-to-particle conversion）
  - ○均一相核生成
    ＝新粒子生成
    （homogeneous nucleation）
    - ●単成分系
      （homogeneous homomolecular nucleation）
      ＝過飽和による物理的プロセスでの粒子生成
    - ●多成分系
      （homogeneous heteromolecular nucleation）
      ＝ガス相の化学反応による凝縮性ガスの生成に引き続く粒子生成
  - ○不均一相核生成（heterogeneous nucleation）
    ＝微小粒子への凝縮
    ＝粒子へのガス分子の移行（粒子表面での化学反応や粒子中への吸収を伴う場合のある）

図 1.4　ガスの粒子転換機構.

球温暖化／冷却化，酸性雨へ大きな影響を及ぼす.

1.3　エアロゾルの性状と環境影響

1.3.1　エアロゾルの性状因子

エアロゾル粒子の性状は，図 1.5 に示したように粒径，濃度，化学組成，形状，光学的特性，電気的特性，水溶性，反応性など多数の因子により表される. そしてそれらの性状は，個々の粒子が持つ固有の性状はもとより，媒質である空気の温度や湿度，圧力，他の物質との反応といった物理・化学的な条件とともに建物や土壌，森林といった境界条件などと密接な関係を持ちながら，時々刻々と変化していく. このようにエアロゾル粒子は，多数の因子に依存することに加え，たとえば粒径に関しては対象となる粒径範囲は分子に近い 1 nm (10^{-9} m) ～ 1 mm (10^{-3} m) オーダーまでおよそ 6 桁にわたり，また質量濃度に関しては pg m^{-3} (10^{-12} g m^{-3}) ～ mg m^{-3} (10^{-3} g m^{-3}) オーダーまで 9 桁にわたるといったように，対象範囲が微小・微量である上に，数桁に及ぶ広い範囲を対象とせねばならないことが多い. さらには，化学性状についても代表的な化学成分だけをとっても有機物，元素状炭素，硫酸ミスト，硫酸アンモニウム，硝酸アンモニウム，海塩，重金属など極めて多種類の粒子が存在している. このた

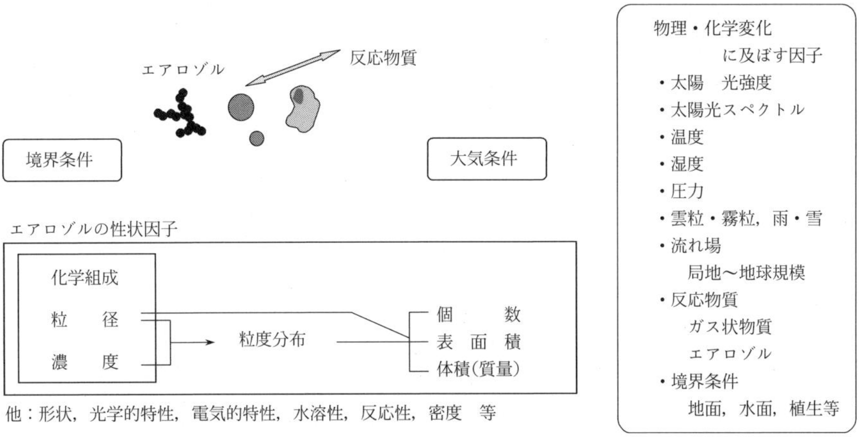

図 1.5　エアロゾル粒子の性状とそれに及ぼす因子.

め，エアロゾル研究の基本となるエアロゾル粒子の粒径測定一つをとっても，単一の方法はもとより同一の原理に基づく方法により全域をカバーすることは容易でなく，これらの性状特性がエアロゾルの計測技術や現象の解明などを困難とする大きな原因となっている.

エアロゾルに係る大気環境問題においては，一般に粒径，濃度，化学組成が最も重要な因子となるが，対象となる問題によっては，他の因子も重要となる.たとえば，エアロゾルの地球温暖化／冷却化効果においては粒子の光学的特性が，また酸性雨においては粒子の水溶性や反応性が，上記 3 因子とともに重要となる.

粒子濃度は，さらに個数，表面積または体積（質量）を基準として表される.雲粒の生成ではエアロゾル粒子の個数濃度が，不均一粒子生成のようなガス—粒子反応では表面積濃度が，またエアロゾル粒子の健康影響では質量濃度が，といったように，問題となる事象により重要となる基準は異なり，的確な基準を選択する必要がある．なお，粒径と濃度は組み合わせて図 1.6 に示したように，個数粒度分布，表面積粒度分布，体積粒度分布（または質量粒度分布）として表される．大気エアロゾルの体積粒度分布は，多くの場合，1 〜 2 μm 付近を谷とした二山型分布として表され，微小粒子と粗大粒子では生成・発生機構および除去機構の違いにより，図 1.6 にみられるように化学組成が異なる.

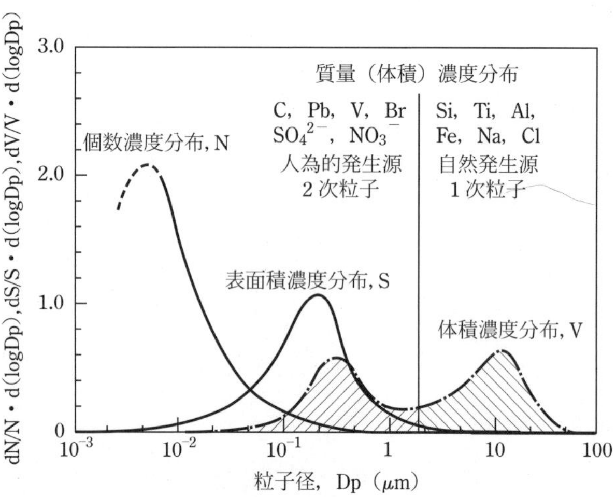

図1.6　個数, 表面積, 体積基準で示した大気エアロゾル粒子の典型的粒度分布と主要化学組成.

なお最近では, 超微量分析技術の進展により, 化学組成ごとの質量粒度分布といったように主要3因子を同時に表すことも可能となっている. さらには通常は, エアロゾルの性状や現象解析は, バルクとしてのエアロゾル粒子群に対しマクロ的に取り扱われているが, 測定・分析技術の進展により, 個別粒子に対するミクロ的な性状解析・現象解析も可能となりつつある.

1.3.2　エアロゾルの性状と環境影響, 健康影響

エアロゾルの人間・自然環境に及ぼす影響については, 初期には公害問題をはじめとした地域の大気汚染問題としての健康影響が主体であった. 1990年頃から, 酸性雨や地球温暖化, 成層圏オゾン層破壊などの地球規模での環境問題がクローズアップされるようになってきたが, これら地球環境問題においてもエアロゾルが大きく関与していることが明らかとなっている. しかしながら, 大気エアロゾルの性状は前述したように極めて多様でかつ広範囲に及ぶことから, エアロゾルが環境や健康影響に及ぼすメカニズムや影響の度合いなどについては, 未知, 不確かな問題が多い.

エアロゾルの健康影響に関しては, わが国では, 粒径10 μm以下の粒子は大

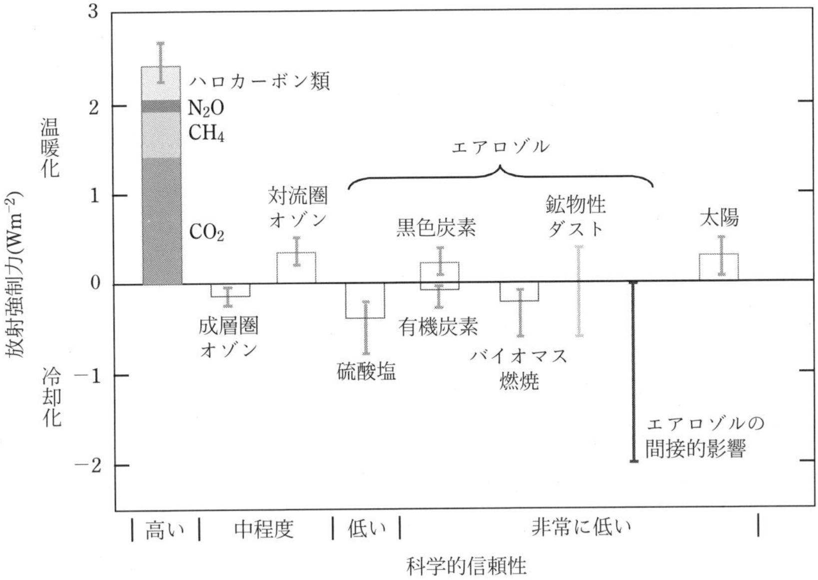

図 1.7　温室効果ガスとエアロゾルの 1750 ～ 2000 年間における変化に伴う地球温暖化 / 冷却化効果：
IPCC 推定による全球平均放射強制力（W m^{-2}）
＋は温暖化効果，－は冷却化効果を意味する．
（IPCC 2001 Report[2] より作成）

気中に長時間滞留し，また肺や気管等に沈着し呼吸器に悪影響を及ぼす恐れがあることから，特に浮遊粒子状物質（Suspended Particulate Matter: SPM）と呼び，質量濃度に基づく環境基準［1 時間値の 1 日平均値が 0.10 mg m^{-3} 以下，1 時間値が 0.20 mg m^{-3} 以下］を設け，汚染レベルの評価を行ってきた．すなわち，エアロゾルの粒径と濃度に着目した評価であり，化学成分については配慮されていない．しかしながら，ダイオキシンや揮発性有機化合物（VOC），さらには最近話題となっているアスベストといったように，特に発がん性や変異原性の高いエアロゾルについては，個別に環境基準を設けて規制し，対策を行う方式がとられ始めている．

一方，エアロゾルの環境影響については，図 1.7 の IPCC による地球温暖化に及ぼす温室効果ガスやエアロゾルの影響の総合評価に典型的に見られるように，定量的にも定性的にも未知，不確かな問題が多い．

エアロゾルの環境影響の解明においては，室内基礎実験，人工衛星からのデータの活用を含む野外観測・実験，さらにはシミュレーションモデルによる数値計算・解析の三つの手法を適切に組み合わせ，各データを相互に比較検討し，精度を高める一方，最終的には将来を含む環境影響評価（予測）を行う必要がある．特に，「酸性雨・酸性沈着，地球温暖化／冷却化効果」に関しては，過去にはあまりデータのない垂直分布を含むエアロゾル性状の3次元情報が重要となる．また，エアロゾルの性状は，時間的変動が大きく，地域的にも大きく異なることから，継続的に測定を続けるとともに，空間的にもより多くの地点で測定することが望まれる．

一方大気中では，1.2節で述べたように，ガスから粒子に相変換を起こす二次粒子生成が重要な役割を果たしている．雲の生成をはじめ，二酸化硫黄からの硫酸塩粒子生成や窒素酸化物からの硝酸塩粒子生成はその典型例である．また，揮発性有機化合物（VOC）から光化学的に生成される有機炭素（OC）は，元素状炭素（EC）とともに含炭素粒子の大部分を占め，地球温暖化などエアロゾルの環境影響で重要な役割を果たしているが，OC，ECの分離を含めた分析法には精度上問題があり，含炭素粒子の分析法の確立は重点課題の一つといえる．

1.4 国内におけるエアロゾル汚染

1.4.1 SPM総合対策の必要性

わが国では大気汚染から人の健康を保護するために，NO_2，SO_2，CO，光化学オキシダント，浮遊粒子状物質（SPM），ベンゼン，テトラクロロエチレン，トリクロロエチレン，ダイオキシンについて環境基準が定められている．この中で環境基準達成率の低いものは，NO_2，光化学オキシダント，SPMである．光化学オキシダントは直接発生源から排出される一次発生はなく，その全ては二次生成によるものである．一方，NO_2はごくわずかが一次発生，大部分が二次生成で構成されているが，SPMは一次発生と二次生成の多種類の混合物からなる粒子状物質であり，粒径に応じて呼吸器系の各部位へ沈着し，人の健康に影響を与える．そのため，わが国では，1.3.2で述べられたようにSPMの環境

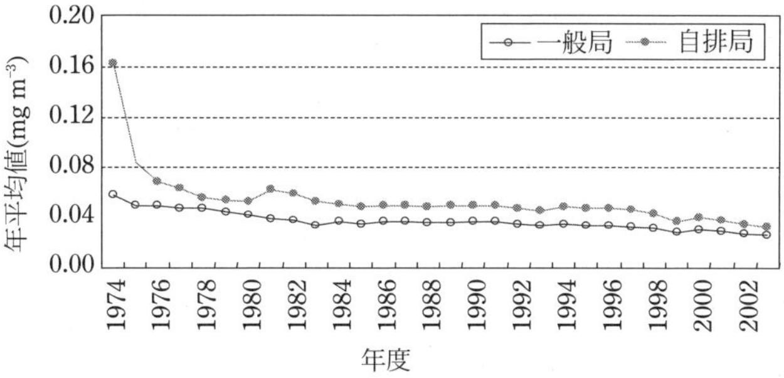

	1974	1975	1976	1977	1978	1979	1980	1981	1982	1983
一般局	0.058	0.050	0.049	0.047	0.047	0.044	0.042	0.039	0.038	0.034
自排局	0.162	0.084	0.068	0.063	0.056	0.054	0.053	0.062	0.059	0.053
	1984	1985	1986	1987	1988	1989	1990	1991	1992	1993
一般局	0.037	0.035	0.037	0.037	0.036	0.036	0.037	0.037	0.035	0.034
自排局	0.051	0.048	0.050	0.050	0.048	0.049	0.050	0.050	0.047	0.045
	1994	1995	1996	1997	1998	1999	2000	2001	2002	2003
一般局	0.035	0.034	0.034	0.033	0.032	0.028	0.031	0.030	0.027	0.026
自排局	0.048	0.047	0.047	0.046	0.043	0.037	0.040	0.038	0.035	0.033

図 1.8　浮遊粒子状物質濃度の年平均値の推移[3].

基準を「10 μm 以下の粒子について，1 時間値の 1 日平均値が 0.10 mg m^{-3} 以下であり，かつ 1 時間値が 0.20 mg m^{-3} 以下であること」と定められている．測定開始（1974 年）以来の継続測定局における SPM 濃度は，図 1.8[3] に見られるように 1980 年頃までは急速に低下していったが，その後暫減傾向が続いており，最近までの環境基準達成率は芳しくなく，効果的な対策の実施のため，SPM の生成機構や発生源寄与率に関する調査研究や，それを受けた SPM 総合対策が検討されてきている．

一方，米国では，これまで定められていた 10 μm 以下の浮遊粒子状物質（PM_{10}：年平均値 50 μg m^{-3}，24 時間平均値 150 μg m^{-3}）についての環境基準より低い濃度で，2.5 μm 以下の浮遊粒子状物質（微小粒子＝ $PM_{2.5}$）濃度と死亡率などの健康影響との関係[4–6] が，また，幾つかの研究では，これらの健康影響には，

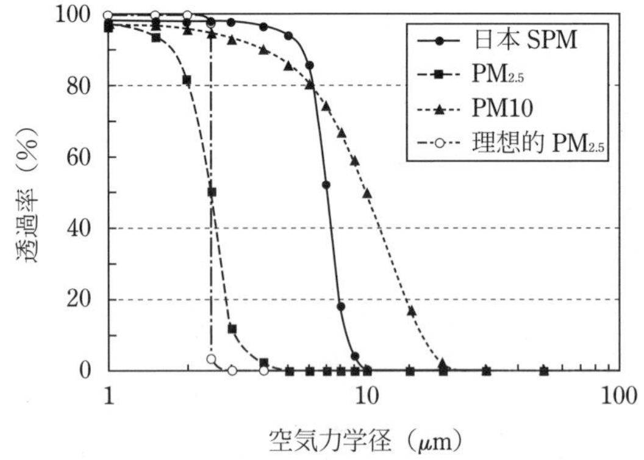

図 1.9　PM_{10}，$PM_{2.5}$，SPM 採取における粒径別透過率曲線[7]．

2.5 μm 以上 10 μm 以下の浮遊粒子状物質（粗大粒子）よりも $PM_{2.5}$ に関連しているとの指摘がなされている．このような疫学調査等の結果を考慮して，1998 年に米国では $PM_{2.5}$ に係わる新しい環境基準として，$PM_{2.5}$ に対し年平均値 15 $\mu g\ m^{-3}$，24 時間平均値 65 $\mu g\ m^{-3}$ を設定している．

$PM_{2.5}$ と PM_{10} ならびに SPM のサンプリングにおける粒径別透過率曲線を図 1.9[7] に示す．$PM_{2.5}$，PM_{10} の空気力学カットオフ粒径は，図 1.9 に示したようにそれぞれ 2.5, 10 μm で 50%と定義されている．一方，わが国の SPM では 10 μm で 100%カットと定義されており，図 1.9 から 50%カットオフ粒径はおよそ 7 μm 程度と考えられる．このような各国における浮遊粒子状物質に係わる環境基準の定義の違いは，各国のモニタリングデータの直接比較を困難にしている．

わが国でも，従来からの SPM に関する環境基準の低い達成率と関連して，測定法，発生機構，発生源寄与率，さらには発生源対策などに関する様々な調査研究がなされてきた．さらに，最近になって，米国における $PM_{2.5}$ の環境基準設定に係わる動向と対応した調査研究も実施されつつある．ここでは，わが国の SPM 汚染状況の推移と環境基準達成率向上のために実施されてきた対策ならびに，$PM_{2.5}$ や道路沿道における微小粒子の測定に関する最近の調査結果をまとめる．

表 1.1　最近の環境基準達成率の推移[3)]

		1994	1995	1996	1997	1998	1999	2000	2001	2002	2003
一般環境大気測定局	測定局数	1,485	1,511	1,533	1,526	1,528	1,529	1,529	1,539	1,538	1,520
	達成局数	918	960	1,070	944	1,029	1,378	1,290	1,025	807	1,410
	達成率	61.8%	63.5%	69.8%	61.9%	67.3%	90.1%	84.4%	66.6%	52.5%	92.8%
自動車排出ガス測定局	測定局数	210	216	229	250	269	282	301	319	359	390
	達成局数	69	76	97	85	96	215	199	150	123	301
	達成率	32.9%	35.2%	42.4%	34.0%	35.7%	76.2%	66.1%	47.0%	34.3%	77.2%

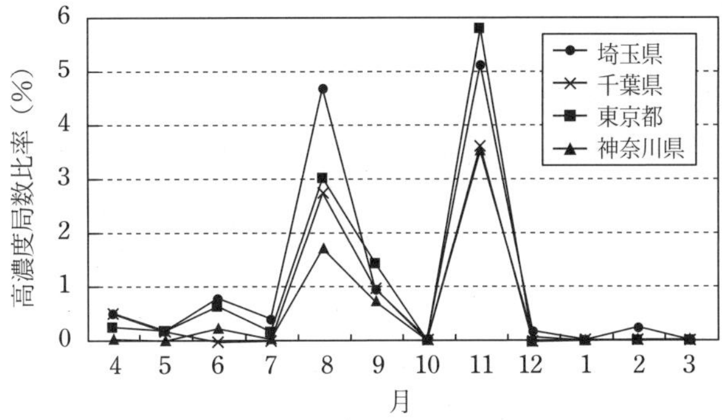

図 1.10　2003 年度月別 SPM の 2 日平均値高濃度（0.10 mg m^{-3} 超）局数比率（首都圏対策地域）[3)].

一般環境大気測定局

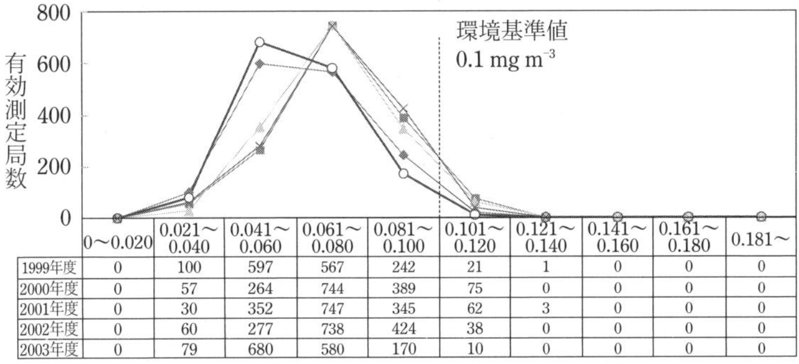

	0～0.020	0.021～0.040	0.041～0.060	0.061～0.080	0.081～0.100	0.101～0.120	0.121～0.140	0.141～0.160	0.161～0.180	0.181～
1999年度	0	100	597	567	242	21	1	0	0	0
2000年度	0	57	264	744	389	75	0	0	0	0
2001年度	0	30	352	747	345	62	3	0	0	0
2002年度	0	60	277	738	424	38	0	0	0	0
2003年度	0	79	680	580	170	10	0	0	0	0

1 日平均値の年間 2 %除外値(mg m^{-3})

1999年度　2000年度　2001年度　2002年度　2003年度

図 1.11　浮遊粒子状物質の 1 日平均値の年間 2%除外値の濃度別測定局分布[3)].

1.4.2　SPM汚染と環境基準達成率の推移

わが国の最近の環境基準達成率を表1.1に，自動車NOx・PM法対策地域である首都圏の2003年度の月別SPM日平均値高濃度局数比率を図1.10に，最近5か年間の階級別濃度分布を図1.11に示す[3]．SPMの環境基準の達成とは，二条件（条件1：年間にわたる1日平均値のうち高い方から2％の範囲内にあるものを除外した最高値が，環境基準以内であること，条件2：1日平均値が，2日以上連続して環境基準値を超えないこと）を満たす場合である．SPM濃度自体が高かった時期はこの二条件の乖離がなかったが，SPM濃度が低下するにつれて，条件2のみを満たさないために環境基準非達成となる影響が大きくなっている．図1.8に示した一般環境測定局における濃度変動の推移を併せ考えると，図1.11に示したように，環境基準の達成率の高い1999，2003年度とその間の2000，2001，2002年度とを比較すると，前者では明らかに高濃度の出現頻度が減少していることが分かる．

図1.10に示した，首都圏地域の2003年度における月別SPMの2日平均高濃度局数比率を見ると，夏季，初冬季に高濃度が現れやすく，光化学反応による二次生成，接地逆転層の発生が大きく関わっているものと推定される．それぞれの高濃度時のSPM組成には特徴があり，初春は土壌など地殻由来成分が，夏季には硫酸塩や極性の高い有機物などの二次生成が，冬季には自動車排出ガス由来のスス，元素状炭素（EC）などの割合が増加している．なお，西日本では，初春に大陸からの黄砂の飛来による高濃度も観測されている．二次生成成分や自動車排出ガス由来成分は明確に人為起源であるが，黄砂は気象条件により大陸から飛来する自然起源であるため，環境基準達成率の評価や有効な対策の立案には，環境基準非達成時の濃度増加要因を考慮する必要がある．

1.4.3　浮遊粒子状物質の発生源別寄与率とディーゼル自動車排出ガス対策

SPMの発生源としては，移動発生源（自動車），固定発生源，土壌，海塩，二次生成等が挙げられるが，その中でも移動発生源からの寄与が最も高い．図1.12[8]に1987～1988年の東京都のSPMに対する発生源寄与率を示すが，ディー

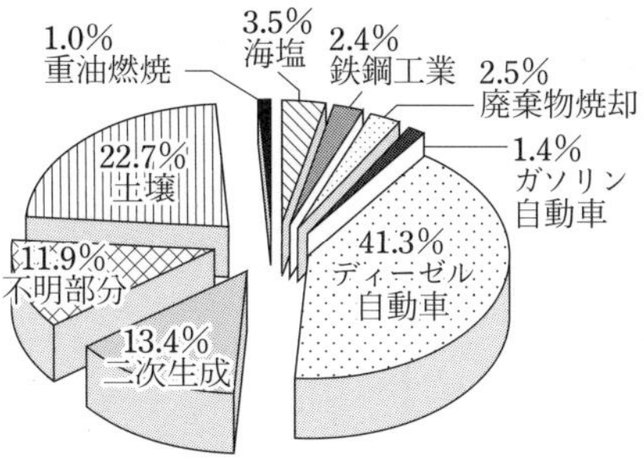

図 1.12　東京都内の SPM に対する発生源寄与率（1987 ～ 1988 年）[8].

表 1.2　東京都内の浮遊粒子状物質の発生源寄与率 [8]

	自動車排ガス	二次生成粒子	土壌系	不明	固定発生源	海塩
1987 年[a]（S 62 年）	全浮遊粒子状物質（SPM）中の割合					
	42.7%[c]	13.4%	22.7%	11.9%	5.9%	3.5%
	（56.1%）					
1992 年[b]（H 4 年）	全浮遊粒子状物質（SPM）中の割合					
	47.7%	18.2%	15.2%	13.8%	2.6%	2.5%
	（65.9%）					
	微小粒子（$PM_{2.5}$）中の割合					
	56.1%	22.1%	2.7%	14.2%	4.2%	0.7%
	（78.2%）					
	粗大粒子（PM_{10}–$PM_{2.5}$）中の割合					
	25.6%	9.7%	30.5%	28.7%	−	5.5%
	（35.3%）					

a）東京都環境科学研究所年報　pp. 3 ～ 10（1989）
b）東京都浮遊粒子状物質削減計画（平成 8 年 4 月）
c）自動車排ガス粒子の 96 ～ 97%はディーゼル車由来，残りがガソリン車由来

ゼル自動車，土壌（自動車走行等による巻上げを含む），二次生成の寄与はそれぞれ 41，23，13%を占め，ディーゼル自動車が最大の発生源となっている．1992 年の粗大粒子（PM_{10} − $PM_{2.5}$）と微小粒子（$PM_{2.5}$）の発生源別寄与率を表 1.2[8] に示す．これによれば，$PM_{2.5}$ ではさらにディーゼル自動車と二次生成粒子の寄与

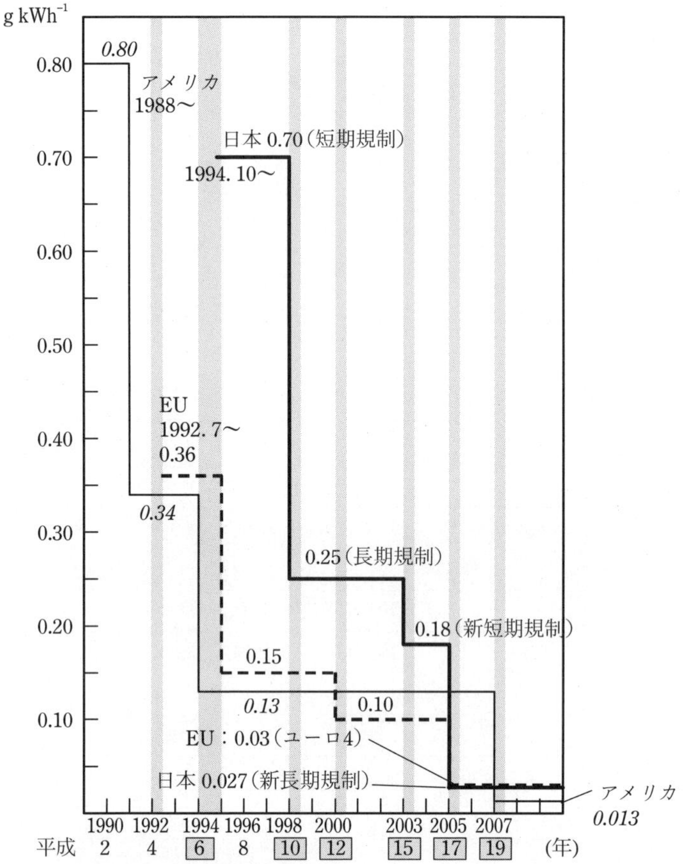

（注）規制値は，
アメリカ：車両重量　約3.8 t超の車両
E　　U：車両総重量　3.5 t超の車両
日　　本：車両総重量　2.5 t超の車両
（2005年以降は3.5 t超の車両に対するもの）

図 1.13　粒子状物質（PM）規制の推移[9]．

が増大し，土壌の寄与は著しく小さくなっている．このことは，人為起源のSPM削減対策として，ディーゼル自動車排出ガス対策の重要性を明確に示している．

SPMの中でもディーゼル排気微粒子（DEP）は，微小粒子域に存在し，発が

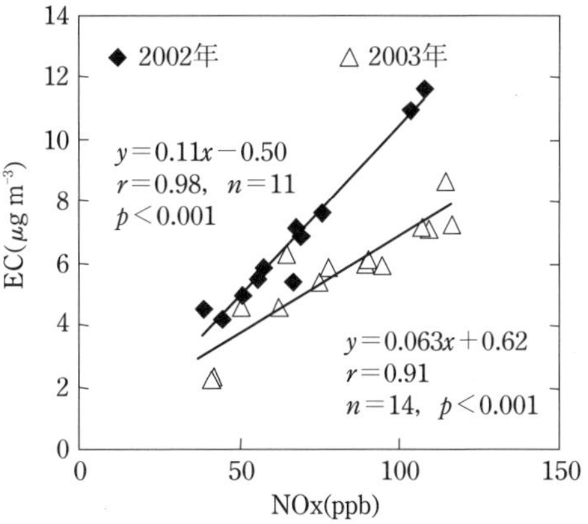

図 1.14　ディーゼル車運行規制前後の EC/NOx 比の変化[10].

ん性や呼吸器疾患などによる健康影響が懸念されているものである．わが国におけるディーゼル車の粒子状物質規制は，1994 ～ 1995 年の短期規制からであり，その規制値も欧米に比べ 5 倍以上緩やかなものであった．長期規制（1998 ～ 1999 年），新短期規制（2003 ～ 2004 年），新長期規制（2005 年）と数次にわたって強化されてきたが，1990 年代初頭の欧米の規制に追いついたのは 1998 年の長期規制からであり，規制レベルから見て日本の PM 規制は，欧米から 10 年近く遅れたと言える（図 1.13）[9]．さらに，これらの規制は新車に対する規制であり，使用過程車については規制がなされていなかったため，ディーゼル自動車からの排出ガス汚染の寄与が特に大きい首都圏地域では，東京都，埼玉，千葉，神奈川等の 8 都県市による条例，使用過程車規制を盛り込んだ「粒子状物質排出基準に適合しないディーゼル車の運行禁止」が制定され，2003 年 10 月から規制が開始された．

使用過程車に対するこれらの規制では，NOx 濃度に比較して，SPM 濃度，特に道路近傍ではディーゼル車からの排出がほとんどと推定される微小粒子域の EC 濃度の著しい低減が期待される．自動車 NOx・PM 法による自動車排出ガス対策に加えて，ディーゼル自動車の運行規制による効果を検証するための調査が幾つかなされている．図 1.14[10] は，国道 17 号沿道の埼玉県鴻巣市天神の自動車排ガス測定局（自排局）や埼玉大学付近の道路端で粒子状物質を採取し，

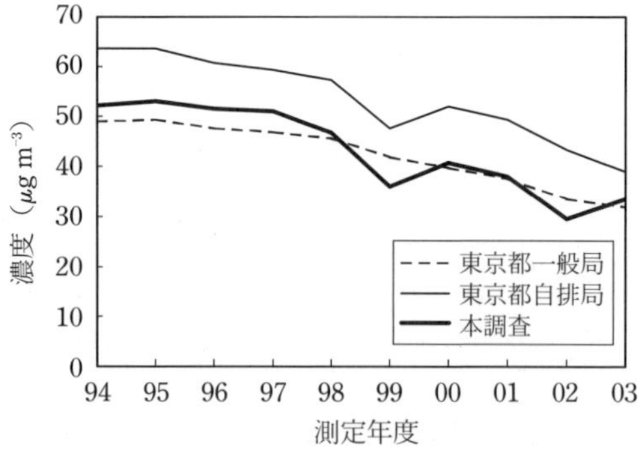

図 1.15　東京都の大気汚染常時監視測定局の SPM 年平均値と本調査結果の比較[12].

NOx 濃度に対する微小粒子中の EC 濃度の変化を調べた結果であるが，微小粒子中の EC 濃度の低減率，43%は，排出ガス規制が実施されても変化しないと推定される巻上げ土壌粉塵（粗大粒子の主要成分）中の金属元素，Al 濃度に対する微小粒子中の EC 濃度の低減率，39%とほぼ同程度であった．さらに，そのほとんどがディーゼル車と推定される大型車について，都内の自動車専用トンネルを用いて 2001 年 3 月と 2003 年 11 月における微小粒子中の EC 排出係数の変化が調べられているが，この低減率も約 49%となっていた[11]．ほぼ同時期になされた調査結果のいずれも，ディーゼル車の運行規制以前と以後の変化を比較した場合，微小粒子中の EC 濃度が約 40 ～ 50%程度減少しており，使用過程車に対する規制効果の大きさを示している．

1994 年から，都市部の SPM の実態把握を目的とし，東京都心部で SPM の長期定点観測が行われている（図 1.15）[12]．観測は β 線法による SPM とローボリウムアンダーセンエアサンプラ（LVA）による微小粒子（2.1 μm 以下）と粗大粒子（2.1 ～ 7.0 μm）であり，LVA では質量濃度のほかに熱分離法による EC と OC の分析も行われている．長期観測の結果から SPM 濃度は 1994 年の観測開始当初は夏季と初冬季に連続した高濃度が観測されていたが，次第に濃度が低下する傾向にある．LVA による粒径別測定では微小粒子の占める割合の低下，特に微小粒子中の炭素成分含有率の低下が顕著になっていた．これらの傾向は自動車の排気ガス規制と同期しており，自動車の単体規制が SPM 濃度の低下の要因として考えられる．

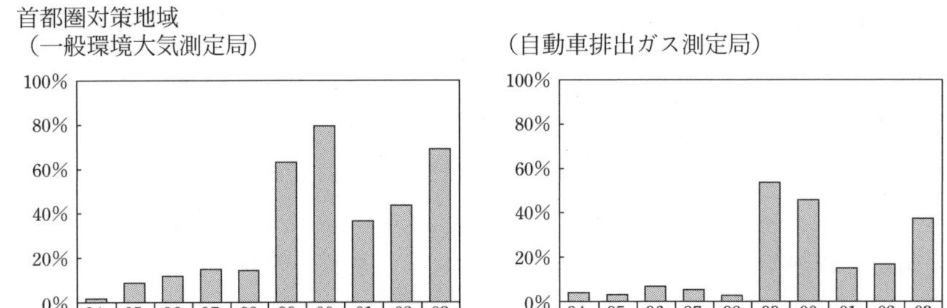

	94	95	96	97	98	99	00	01	02	03
達成率	1.8%	9.1%	12.0%	15.1%	14.5%	63.5%	80.0%	37.3%	43.9%	69.8%
有効局数	218	219	217	218	220	219	220	220	223	225
達成局数	4	20	26	33	32	139	176	82	98	157

	94	95	96	97	98	99	00	01	02	03
達成率	4.1%	2.6%	7.3%	5.6%	3.1%	53.5%	45.7%	15.1%	16.5%	37.2%
有効局数	74	78	82	90	96	101	105	106	109	113
達成局数	3	2	6	5	3	54	48	16	18	42

図 1.16　自動車 NOx・PM 法の首都圏対策地域における浮遊粒子状物質の環境基準達成率の推移[13].

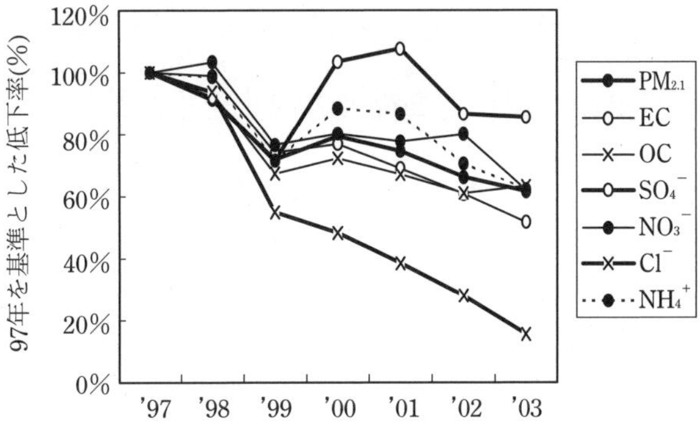

図 1.17　微小粒子中の炭素，水溶性イオン成分濃度の 1997 年度値に対するの低下率[14].

最近の 10 か年の環境基準達成率（表 1.1）を見ると，1998 年度までは一般環境大気測定局では 62 ～ 70%，自動車排出ガス測定局では 33 ～ 42%と依然として低い状況にあった．1999 年度に気象条件も加わって大きく改善したがその後また低下し，2003 年度には 1999 年度と同程度まで向上した．これまで，特に首都圏，大阪・兵庫圏，愛知・三重圏などの大都市およびその周辺地域では，SPM（図 1.16）[13] とともに窒素酸化物の環境基準達成率が低かったため，NOx 特定法地域，NOx・PM 法対策地域を定めて，重点的に自動車から排出される窒素酸化物および粒子状物質の特定地域における総量の削減対策が進められている．図 1.16 は自動車 NOx・PM 法の首都圏地域における SPM の環境基準達成率の推移であるが，全般に1999年度から達成率が大きく改善されてきている．

図1.17は，図1.15に示したSPM観測地点で2週間ごとにLVAで採取された微小粒子（$PM_{2.1}$），EC，OC，SO_4^{2-}，NO_3^-，Cl^-，NH_4^+濃度の1997年の濃度に対する割合を1997年基準の低下率の経年変化として示したものである[14]．最も顕著な低下はCl^-であり，ダイオキシン対策としての廃棄物焼却施設に対する規制効果が明確に現れたものと推定される．また，$PM_{2.1}$，EC，OCの低下傾向はかなり類似しており，前に述べたように，これらの傾向は自動車の排気ガス規制と同期しており，自動車の単体規制等が濃度低下要因として考えられる．一方，SO_4^{2-}は2000，2001年と急激に増加しているが，これは2000年6月の三宅島の地震活動に伴う7月8日からの雄山の噴火によるものであり，この対イオンとしてNH_4^+も同様の挙動を示している．最近では火山活動の低下から，噴火以前の長期的低下傾向に戻りつつある．

1.4.4　SPM汚染の広域化と揮発性有機化合物対策

図1.16に示したように，1998年度まで低い水準であった環境基準達成率も，1998年からのディーゼル車に対する長期規制が進むにつれて，改善されつつある．特に都市部の自動車NOx・PM法特定地域でのNO_2とSPMのさらなる環境基準達成率の向上を目指して，図1.13に示した自動車排気ガスの厳しい排出規制が実施されている．自動車排出ガス規制を考慮した環境省の浮遊粒子状物質総合対策検討会による将来予測[15]によれば，2010年の関東地域ならびに関西地域の平均予測濃度はそれぞれ41.6，33.2 μg m^{-3}であり，不明分等を除いた寄与率は図1.18の通りである．なお，この時点では，2010年度に至っても関東地域ではSPMの環境基準超過局は25局残ると予想されている．図1.18における一次排出・二次生成を含めた工場・事業場等の寄与は35%であり，これは自動車からの寄与21%を上回っており，固定発生源も含めた対策の必要性が理解される．工場・事業場では一次排出よりも二次生成による部分が多く，関東ではSPMの約29%に固定発生源からの二次生成が寄与すると推定されている．さらに炭化水素由来の有機粒子は単独で12%の寄与が予想されており，トルエン等に代表される有機エアロゾル前駆体，揮発性有機化合物（VOC）の固定発生源における排出抑制が重要となっている．

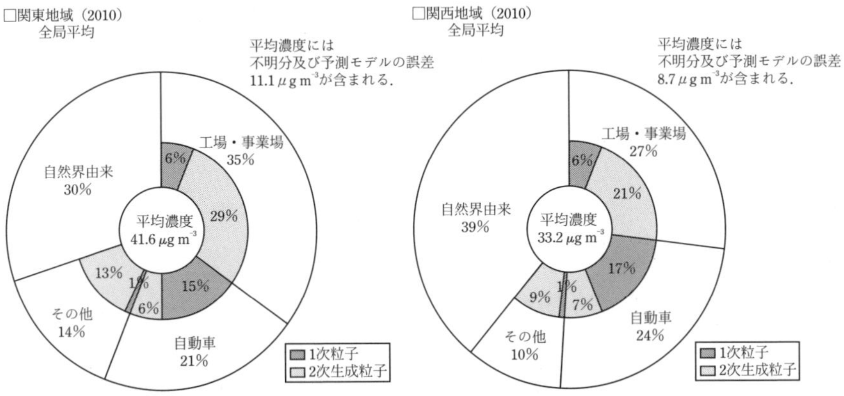

二次生成粒子の寄与割合（関東地域）

	工場・事業場	自動車
硫酸塩	9%	1%
硝酸塩	4%	3%
塩化物塩	4%	0%
炭化水素由来	12%	2%

二次生成粒子の寄与割合（関西地域）

	工場・事業場	自動車
硫酸塩	4%	1%
硝酸塩	3%	4%
塩化物塩	2%	0%
炭化水素由来	12%	2%

図 1.18　SPM 予測シミュレーションによる発生源別寄与割合の将来予測[15].

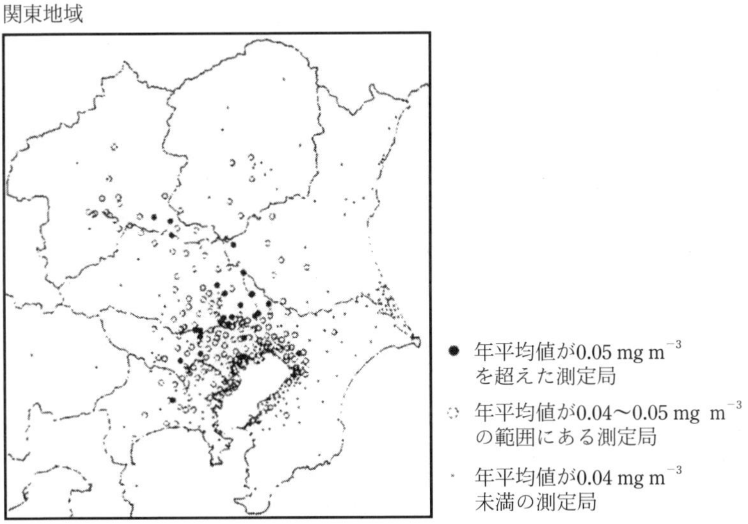

図 1.19　関東地域における SPM 年平均値の分布（1998 年度一般局）[16].

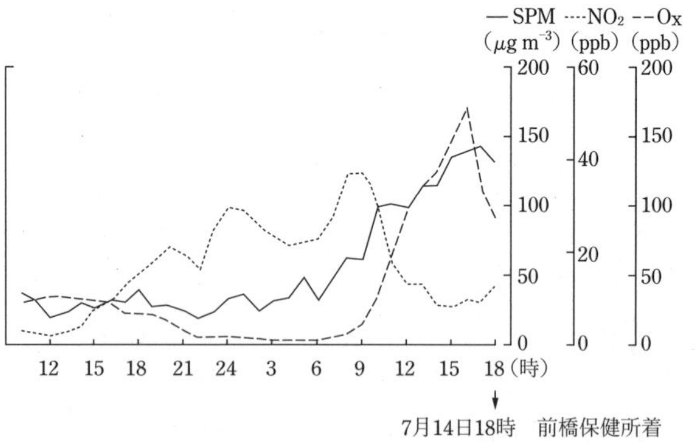

図 1.20　汚染気塊の移流中における NO_2，Ox，SPM の濃度変化（1994 年）[16]．

図 1.19 は，1998 年度の一般環境測定局における SPM 濃度の年平均値の分布である．これより，SPM が高濃度になっている地点の分布が，関東地域では，東京都心から埼玉県，群馬県などの内陸部に高濃度地点が多く現れているのに対して，NO_2 の場合は燃焼系の発生源が多い，都心部や京浜工業地帯に集中している [16]．このような分布の原因として，大気汚染物質の移流中における SPM の二次生成が考えられる．図 1.20 は 1994 年 7 月 13 ～ 14 日にかけての流跡線上の SPM，NO_2，オキシダント（Ox）濃度の変化である [16]．これより，都心部からの海陸風により汚染気塊が輸送されて，NO_2 から Ox が生成されるとともに SPM 濃度が上昇しており，ガス状の SO_2，NOx，VOC 等からの二次生成を示唆している．VOC/NOx 比の変化により，関東地方における Ox 最高濃度が年々北関東地域で発生する割合が増加している [17] が，これも気象条件と汚染物質濃度比が関係して，光化学二次生成による影響が内陸部へと広域化しつつあることを示している．

図 1.18 の SPM 濃度の将来予測において，自動車排出ガス規制の進行により，SPM に占める VOC からの二次生成の寄与が増大することが示唆されており，SPM 対策と光化学オキシダント対策としても VOC の排出抑制が不可欠であることから，2004 年の大気汚染防止法の改正により，規制的手法と自主的取組とを組み合わせて，2010 年までに，2000 年レベルの VOC 排出量から約 3 割の削減を行うものとしており，オキシダントを除く，大気汚染物質について概ね全ての測定局における環境基準達成を目指している [18]．

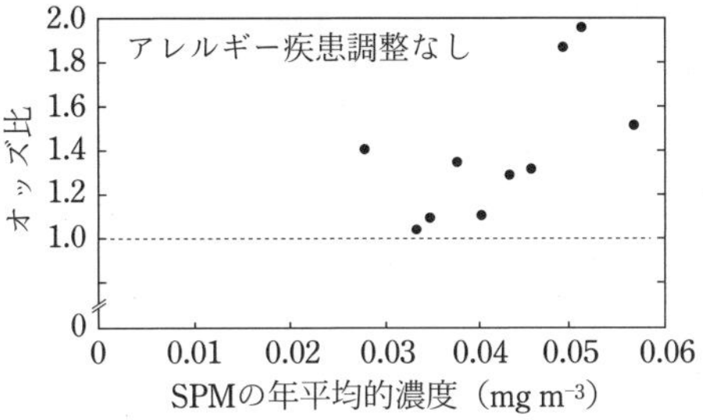

図 1.21　SPM 濃度と各地の学童の喘息様症状有症率との相関[19].

表 1.3　冬季，夏季における $PM_{2.5}$，SPM 濃度および $PM_{2.5}$/SPM 濃度比[21]

種類		SPM（μg m^{-3}）		$PM_{2.5}$（μg m^{-3}）		$PM_{2.5}$/SPM	
		冬季	夏季	冬季	夏季	冬季	夏季
A	都市	24	18	17	15	0.70	0.87
	バックグラウンド	15	12	11	10	0.70	0.89
B	都市	37	46	24	34	0.63	0.74
C	都市	25	25	18	22	0.72	0.88
	郊外	18	24	15	21	0.82	0.86
D	都市	37	27	28	23	0.77	0.82
	郊外	31	28	22	24	0.71	0.84

1.4.5　微小粒子状物質汚染の現状

欧米における $PM_{2.5}$ と呼吸器疾患や循環器疾患による死亡率との間の非常に高い相関についての報告は，米国における $PM_{2.5}$ 環境基準の設定に至っている．$PM_{2.5}$ ではないが，わが国においても，図 1.21 に示すように，SPM 濃度と学童の喘息発症率との間には有為な相関が見出されている[19]．1999 年から $PM_{2.5}$ に関わる疫学調査を含む曝露影響調査が実施されているが，さらに，2005 年から 2010 年にわたる，環境省による幹線道路沿道における自動車排出ガスへの曝露と気管支喘息の発症との関連性を疫学的に評価するための大規模な疫学調査が開始されている[20].

図 1.18 に示した SPM 濃度の将来予測によれば，2010 年の関東全局平均の予

測濃度は41.6 μg m^{-3}であり，ディーゼル自動車排出ガス対策の進展により，微小粒子の割合は減少しつつあるが，表1.3[21] にまとめられている日本各地における $PM_{2.5}$/SPMの濃度比，約0.7を用いて推定される $PM_{2.5}$ 濃度は約30 μg m^{-3}となり，これが半減されたとしても米国の $PM_{2.5}$ の環境基準，年平均値15 μg m^{-3}に匹敵する．このことは，今後の自動車排出ガス対策，固定発生源に対するVOC対策が功を奏してSPMの環境基準を全測定局で達成したとしても，$PM_{2.5}$ 濃度から考えた場合はまだ十分でない可能性が残る．よって，微小粒子に係わる健康影響等を考慮した場合，人為起源粒子の大部分は微小粒子であり，一次発生，二次生成を含めた更なる効果的な微小粒子発生抑制対策が強く望まれる．

100 nm以下の超微小粒子に関する観測やその健康影響も検討されつつあるが，ここでは省略した．

1.5 中国におけるエアロゾル汚染

中国の都市域における大気エアロゾルの主要な一次発生源は，石炭燃焼などによる人為起源と，内陸部の砂漠乾燥地帯から発生する砂塵嵐に起因する土壌粒子（黄砂）等の自然起源に大別できる．これら両起源のエアロゾル濃度は世界各国の首都圏と比較しても極めて高く，人為起源エアロゾルと土壌起源エアロゾルが高濃度で混合された大気汚染は，北京市をはじめとする中国北部の大都市に特有のものである．また，北京市をはじめ東アジアの各地で発生する高濃度のエアロゾルは，偏西風により日本周辺まで長距離輸送される．このような状況から，現在東アジア，とりわけ中国におけるエアロゾルの起源や長距離輸送過程の解明が重要かつ急務となっている．筆者らは，2001年3月より約5年の長期にわたり，北京市内においてエアロゾル質量濃度，エアロゾル中の微量金属，イオン成分および多環芳香族炭化水素類（Polycyclic Aromatic Hydrocarbons, PAHs）濃度の測定を行い，北京市におけるエアロゾル汚染の現状とその長期的動向の調査を行った．

表1.4　北京，上海，重慶，瀋陽，西安における，2000年6月5日～2004年12月31日の期間の PM_{10} 濃度[a]

PM_{10} 質量濃度 ($\mu g\ m^{-3}$)	平均値±標準偏差	データ数
北京	169.9 ± 89.7	1395
上海	113.1 ± 63.8	1362
重慶[b]	155.7 ± 64.7	1185
瀋陽	155.3 ± 68.7	1627
西安	149.0 ± 64.7	1653

a 中国国家環境保護局（2005）[22]．b 2001/3～2004/12.

1.5.1　中国主要都市の大気汚染状況

中国国家環境保護局(State Environmental Protection Administration of China, SEPA）のホームページ上では，中国の84都市における各環境保護局で観測された2000年6月5日からの PM_{10} 濃度が公開されている[22]．中国の主要都市である北京，上海，重慶，瀋陽，西安（人口600～1700万人の大都市）における，2000年6月5日～2004年12月31日の日平均 PM_{10} 濃度の期間平均値と標準偏差を表1.4にまとめた．これより，上海を除く各都市において，PM_{10} 濃度の年平均値は中国二級環境基準値である150 $\mu g\ m^{-3}$ をほぼ超えており，中国全土で広範囲にわたってエアロゾル汚染が進んでいることが分かる．一方で，これら5都市の中で一番人口の多い上海の PM_{10} 濃度は，他の都市と比較して有意に低かった．この理由は，上海は北京や瀋陽など他の都市より南部にあり，黄砂などの土壌粒子の影響を受けにくいことなどが考えられる．

1.5.2　中国北京市における大気観測

1）エアロゾルのサンプリングと分析

中国北京市の清華大学環境科学工学科校舎屋上を観測地点とし（図1.22），2001年3月より，ローボリュームエアーサンプラを用いてニトロセルロースフィルタ上にエアロゾルを1日ごとに採取し（10 L min^{-1}, 24 h），レーザーアブレーション/誘導結合プラズマ質量分析法（LA/ICP-MS）によりエアロゾル中の16種類（Al, Ca, Ti, V, Cr, Mn, Fe, Co, Ni, Cu, Zn, As, Se, Cd, Sb, Pb）の微量金

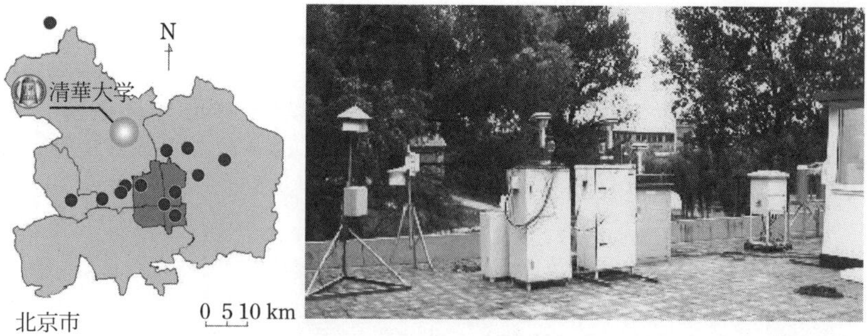

図1.22　中国北京市清華大学の位置と北京市環境保護局による市内13地点のPM_{10}濃度観測地点，および筆者らの観測地点である清華大学環境科学工学科校舎屋上概観．

属濃度を，またイオンクロマトグラフィにより9種類の水溶性イオン成分濃度をそれぞれ測定した[23]．LA/ICP-MSは酸分解等の前処理を必要とせず，エアロゾル粒子中の金属をレーザーにより溶発気化させ直接ICP-MSに導入することによって，1試料につき数分という極めて短時間での多成分同時分析が可能である[24]．筆者らは長期間連続して1,000を超える極めて多数のエアロゾル試料の分析を行った．また2001年9月より，TEOM（Tapered Element Oscillating Microbalance, R&P 1400）を用いてPM_{10}濃度をリアルタイムで測定した．さらに2003年9月より，ハイボリュームエアーサンプラを用いて石英繊維フィルタ上にエアロゾルを1週間に1回採取し（800 L min^{-1}, 24 h），高速溶媒抽出法（Accelerated Solvent Extraction, ASE）により有機溶媒を用いて有機物を抽出後HPLC/蛍光検出器にて15種類のPAHsを測定した[25]．

2）北京市におけるエアロゾルの性状特性

①　PM_{10}質量濃度

図1.23に2001年9月～2005年3月の北京市におけるPM_{10}質量濃度の変動（10日移動平均値）を示した．この期間における北京市のPM_{10}濃度の平均値は157±108 $\mu g\ m^{-3}$（n＝1082）であった．これは北京市環境保護局（Beijing Environmental Protection Bureau, BJEPB）が公開している市内13地点のPM_{10}濃度の平均値[26]（2001年9月～2005年3月，153±90 $\mu g\ m^{-3}$，n＝1239）とほぼ一致した（10日移動平均値同士の回帰式：PM_{10}（BJEPB）＝0.94×PM_{10}（Tsinghua），r＝0.79，n＝541）．し

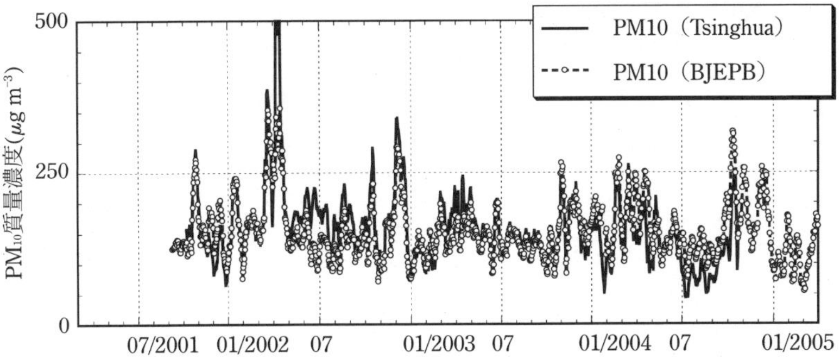

図1.23　2001年9月～2005年3月の北京市のPM_{10}質量濃度の変動（10日移動平均値）
Tsinghua：筆者らの観測結果　BJEPB：北京市環境保護局によるデータ[26].

たがって，筆者らのPM_{10}濃度の観測結果は，北京市内全域の値をほぼ代表しているといえる．北京市において観測されたPM_{10}濃度は横浜市（2001年9月～2003年7月，34.3 ± 19.2 μg m^{-3}, n = 614）[23] と比較した場合4.5倍の高濃度であった．また，このPM_{10}濃度はニューヨークやロンドンなど世界各国の主要都市と比較しても約5倍程度高く[27]，北京市におけるエアロゾル汚染は現在深刻な状況にあるといえる．

②　微量金属および水溶性イオン成分

表1.5に，2001年3月～2005年3月の北京市におけるエアロゾル中微量金属および水溶性イオン成分濃度を示した．図1.24に北京と東京[28-30] のエアロゾル中微量金属および水溶性イオン成分濃度を比較して示した．北京のエアロゾル中微量金属濃度は，全元素とも東京の濃度を上回った．特に，石炭燃焼起源と考えられるAs[31] に関しては約25倍と極めて高濃度であった．またPbについても5倍を超える高濃度であった．水溶性イオン成分濃度に関しても同様に，全イオン種とも北京の濃度は東京を上回った．特にCa^{2+}は約16倍と極めて高濃度であり，K^+，Mg^{2+}，NO_3^-，SO_4^{2-}の各イオンも5～7倍の値を示した．

ここでエアロゾル中の各成分濃度の長期的動向について，最小二乗法により統計的に回帰式を決定し各成分濃度の年変化率を求めた．筆者らは季節変化の項をsin関数を用いて表現し[32]，以下に示す回帰式の各パラメータを決定した．

$$\log C_t = \alpha + \beta t + \gamma \sin\{(2\pi/12)t + \phi\} \tag{1.1}$$

表1.5　2001年3月～2005年3月の期間における北京市の PM_{10} 質量濃度（$\mu g\ m^{-3}$），エアロゾル中微量金属および水溶性イオン成分濃度（$ng\ m^{-3}$）

エアロゾル質量濃度（$\mu g\ m^{-3}$）	平均値　標準偏差	データ数
PM_{10}（Tsinghua）[a]	157 ± 108	1082
PM_{10}（BJEPB）[b]	153 ± 90	1239
金属元素濃度（$ng\ m^{-3}$）	**平均値　標準偏差**	**データ数**
Al	3776 ± 2812	1262
Ca[c]	26431 ± 21579	498
Ti	424 ± 323	1254
V	14.1 ± 11.4	1216
Cr	22.6 ± 18.9	1102
Mn	291 ± 218	1271
Fe	6261 ± 4700	1262
Co	5.51 ± 5.40	1091
Ni	22.7 ± 21.7	1186
Cu	143 ± 147	1162
Zn	971 ± 847	1266
As	58.0 ± 60.1	1275
Se	12.8 ± 12.9	967
Cd	8.67 ± 9.74	1249
Sb	39.3 ± 41.3	1208
Pb	541 ± 621	1266
イオン成分濃度（$ng\ m^{-3}$）	**平均値　標準偏差**	**データ数**
Na^{+}	1089 ± 1304	1094
NH_4^{+}	3946 ± 3843	1074
K^{+}	1754 ± 2040	1137
Mg^{2+}	631 ± 488	1101
Ca^{2+}	8185 ± 6339	1140
F^{-}	813 ± 787	1124
Cl^{-}	2256 ± 2354	1126
NO_3^{-}	11742 ± 10622	1168
SO_4^{2-}	18032 ± 14923	1170

a 2001/9 ～ 2005/3．b 北京市環境保護局により公開された北京市13地点における PM_{10} 濃度の平均値[26)]．c 2003/10 ～ 2005/3.

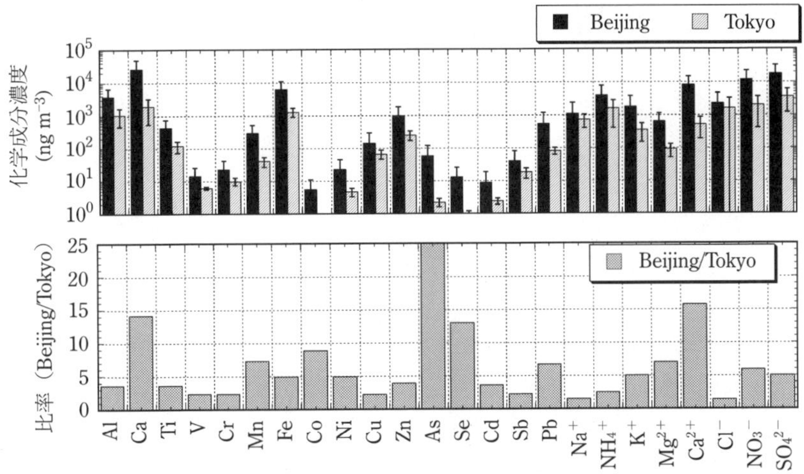

図 1.24　北京と東京[28-30]のエアロゾル中微量金属および水溶性イオン成分濃度の比較.

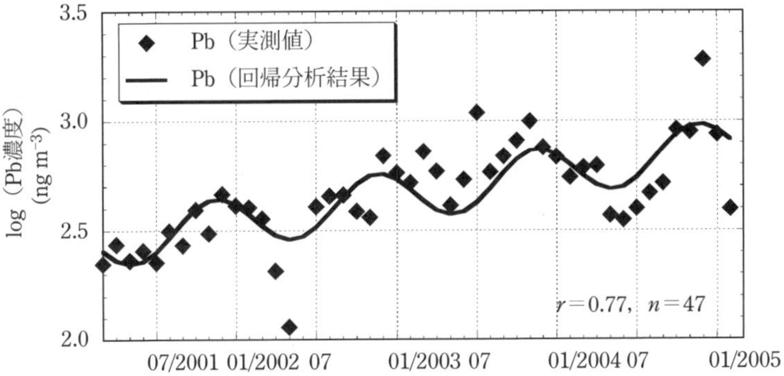

図 1.25　最小二乗法による回帰分析結果の一例.
(2001 年 3 月～ 2005 年 3 月，北京市エアロゾル中 Pb)

ただし t は測定開始月（ここでは 2001 年 3 月）を 0 とした時の t ケ月目を意味し，β は一月あたりの濃度変化率，γ は季節変動の振幅，ϕ は季節変動の位相のずれをそれぞれ表す．C_t はエアロゾル中微量金属濃度の t か月目の月平均値を表す．実際の計算例として，北京市のエアロゾル中 Pb 濃度の回帰分析結果を図 1.25 に示した．これより，北京市では Pb の濃度が近年上昇傾向にあることが示された．同様の回帰分析による各成分濃度の年変化率を表 1.6 にまとめ

表 1.6 回帰分析[a]により求められた北京市の PM_{10} 濃度およびエアロゾル中各化学成分濃度の年変化率

化学成分	年変化率[b] (% y^{-1})	r^{c}	データ数	p
PM_{10}	− 2.4	0.43	24	< 0.02
Al	3.8	0.49	47	< 0.001
Ti	− 17.2	0.62	47	< 0.001
V	4.1	0.62	47	< 0.001
Cr	8.4	0.62	47	< 0.001
Mn	13.1	0.68	47	< 0.001
Fe	6.9	0.40	47	< 0.01
Co	11.9	0.58	45	< 0.001
Ni	− 3.2	0.78	47	< 0.001
Cu	16.8	0.80	47	< 0.001
Zn	21.9	0.79	47	< 0.001
As	16.8	0.84	47	< 0.001
Se	9.1	0.80	45	< 0.001
Cd	36.7	0.81	47	< 0.001
Sb	11.0	0.65	47	< 0.001
Pb	29.8	0.77	47	< 0.001
Na^{+}	− 18.6	0.66	48	< 0.001
NH_4^{+}	7.5	0.46	48	< 0.001
K^{+}	− 3.4	0.21	48	> 0.1
Mg^{2+}	− 4.8	0.42	46	< 0.002
Ca^{2+}	− 5.3	0.49	48	< 0.001
F^{-}	15.4	0.30	48	> 0.02
Cl^{-}	− 6.5	0.84	48	< 0.001
NO_3^{-}	− 0.6	0.42	48	< 0.002
SO_4^{2-}	− 2.4	0.25	48	> 0.05

a $\log C_t = \alpha + \beta t + \gamma \sin(2\pi t/12 - \phi)$. b 年変化率＝ $(10^{12\beta} - 1) \times 100$ (%). c 相関係数.

た．これより，Cu，Zn，As，Cd，Pb については最近 4 年間で 15%を上回る年率で増加しており，近年および今後の重金属汚染の深刻化が懸念される結果となった．

③ 多環芳香族炭化水素類 (PAHs)

表 1.7 に 2003 年 9 月～2005 年 8 月の期間における北京市のエアロゾル中 PAHs 濃度を示した．測定対象である 15 種類の PAHs 濃度の合計を ΣPAHs とす

表1.7 2003年9月～2005年8月の期間における北京市のエアロゾル中PAHs濃度（ng m^{-3}）

エアロゾル中PAHs濃度（ng m^{-3}）	分子量	環数	全観測期間 [2003/9～2005/4]		A: 暖房期 [11/15～3/15]		B: 非暖房期 [3/16～11/14]		A/B
			平均値±標準偏差	データ数	平均値±標準偏差	データ数	平均値±標準偏差	データ数	
Phenanthrene	178.2	3	5.1±7.6	83	10.5±9.8	33	1.5±1.1	50	7.1
Anthracene	178.2	3	1.1±1.6	67	1.9±2.0	33	0.2±0.2	34	8.2
Fluoranthene	202.3	4	23.1±40.4	74	46.8±51.7	33	4.1±3.2	41	11.3
Pyrene	202.3	4	16.0±27.3	83	36.7±34.2	33	2.4±2.9	50	15.4
Triphenylene	228.3	4	4.1±7.1	83	9.3±9.0	33	0.7±0.8	50	12.6
1,3,5-triphenylbenzene	306.4	4	6.1±10.2	83	13.3±13.2	33	1.3±1.2	50	10.3
Benzo[*a*]anthracene	228.3	4	12.1±20.7	83	27.9±25.7	33	1.7±2.2	50	16.3
Chrysene	228.3	4	16.9±26.5	83	37.5±32.3	33	3.3±3.8	50	11.2
Benzo[*e*]pyrene	252.3	5	8.3±14.0	76	19.2±19.1	27	2.3±2.2	49	8.4
Benzo[*b*]fluoranthene	252.3	5	20.0±29.6	83	42.6±36.5	33	5.0±4.0	50	8.5
Benzo[*k*]fluoranthene	252.3	5	5.4±7.6	83	11.1±9.6	33	1.6±1.3	50	6.8
Benzo[*a*]pyrene	252.3	5	8.5±12.9	69	16.6±15.8	31	1.9±2.1	38	8.8
Benzo[*g,h,i*]perylene	276.3	6	9.6±12.8	79	18.3±15.9	33	3.3±2.7	46	5.6
Indeno[*1,2,3-cd*]pyrene	276.3	6	6.9±9.5	83	13.3±12.5	33	2.7±2.1	50	4.9
Coronene	300.4	7	3.3±4.1	82	4.8±4.8	33	2.2±3.3	49	2.2
ΣPAHs			141.0±221.1	83	305.1±279.0	33	32.7±28.9	50	9.3
cf. PM_{10}[a]（μg m^{-3}）			151.0±88.5	668	150.1±96.1	199	151.4±85.2	469	1.0

a 北京市環境保護局（2005）[26]

ると測定期間中のΣPAHsの平均濃度は141.0±221.1 ng m^{-3}（n＝83）となり，東京における測定値[33]の約10倍の濃度となった．また，この中国北京市におけるPAHsの濃度レベルは，小田ら[34]による結果と一致した．さらに，北京市において暖房が許可されている期間（11月15日～翌年3月15日）のΣPAHs濃度（305.1±279.0ng m^{-3}, n＝33）は，非暖房期（32.7±28.9ng m^{-3}, n＝50）と比較して9.3倍と顕著に高くなった．個々のPAHsに関しては，4環のPAHsは暖房期の濃度が非暖房期の10.3～16.3倍高くなるが，6，7環のPAHsは暖房期の濃度が非暖房期の2.2～5.6倍となった．石炭燃焼によって放出されるPAHsは4環のものが約40%と主たる成分であり，次いで3，5環の成分が多い（合わせて約50%）[35]ことから，この傾向は暖房期における北京市での石炭燃焼活動の増加を反映していると考えられる．

1.6 東アジアにおけるエアロゾルの大気環境インパクト

地域汚染や地球温暖化，酸性雨などの地球規模の大気環境問題が，人間の健康や人類の生存にも係わる問題として大きな関心を呼んでいる．特に東アジア地域では，21 世紀には急激な経済発展に伴う急速な大気環境の悪化が予想されており，その早急な対策が迫られている．

エアロゾルは，このような地域規模から地球規模の大気環境問題に，直接・間接的に深く関わっていることが明らかとなっている．しかしながら，エアロゾルは性状が極めて多様で，かつ地域的にも時間的にも大きく変動することなどから，エアロゾルの大気環境インパクトに関する知見ははなはだ乏しく，現象の解明や影響度合いの定量的評価が急務となっている．

1.6.1 エアロゾルの大気環境インパクト評価における問題点

エアロゾルの大気環境インパクトを解明する際，1.2 で述べたようなエアロゾルの性状特性を念頭に置く必要がある．すなわち，

1）大気エアロゾルの性状は，粒径，濃度，化学組成，形状，反応性，溶解性，光学的特性など多数の因子に依存し極めて複雑である上に，時間的に大きく変動し，また地域的にも偏りが大きい．
2）エアロゾルの大気環境影響で対象となる粒子の性状は，極めて広範囲にわたり，また対象となる粒子は極小，極微量である．
3）発生源は自然発生源と各種人為発生源に分かれる一方，エアロゾルとして直接放出される一次粒子と，大気中でガス状物質から生成する二次粒子とがある．

また，エアロゾルの大気環境インパクトに関する未知，不確かな問題として，以下のような点を指摘することができる．

1) エアロゾルの性状，大気中における動態が複雑であるため，地域的・時間的変動が大きく，大気環境に及ぼす影響も極めて複雑で，その変質過程や除去過程に関する信頼性の高いデータが不足している．
2) エアロゾルの物理・化学的性状は地域的に大きく変動し，その3次元的情報が必要となるが，特に垂直分布を含む空間的分布の知見が不足している．
3) 大気中でガス状物質，特に二酸化硫黄や有機化合物から生成される二次粒子の大気環境に及ぼす直接的・間接的影響は極めて大きいが，生成粒子の性状や生成速度，生成機構などについては，信頼性の高いデータが少なく，また未知な問題が多いため，二次粒子の大気環境に対する定量的なインパクト評価が難しい．
4) 酸性雨・酸性沈着問題は，発生源が複雑であり，輸送・変質・除去機構を考慮しなければならないことから，広域規模での解析が重要である．わが国の酸性雨問題においては，東アジア地域におけるエアロゾルの動態解析が不可欠であるが，東アジア地域における系統的な観測・測定，モデルを用いた解析はまだほとんど行われていない．
5) エアロゾルの大気中からの沈着除去過程には，雲や降雨に係わる湿性沈着と，地表に直接移行し除去される乾性沈着があるが，特に乾性沈着は各種因子に依存し，定量的評価が難しく信頼性のあるデータは極めて乏しい．
6) 温室効果ガスの地球温暖化効果はある精度をもって評価されているが，エアロゾルの地球冷却化効果，すなわちエアロゾルが日射を散乱・吸収する直接効果，およびエアロゾルが雲核となって雲を生成し，日射を反射して放射量を変化させる間接効果の定量的評価は不十分で，結果として地表気温の上昇の見積もりが，極めて信頼性の乏しいものとなっている．
7) エアロゾルの性状や動態の複雑性のため，またそれに起因した実験データの不足から，地域から地球規模に至る各種スケールでのエアロゾルのモデルによる動的挙動の解明と定量化，および大気環境インパクト評価が遅れている．

よりよい大気環境を保ち，さらに改善を行うためには，エアロゾルの大気環境インパクトについてのより正確で信頼性の高い定量的評価が必要である．

1.6.2　エアロゾルの大気環境影響で必要とされる研究課題

エアロゾルの大気環境に及ぼす影響をより正確に把握し，定量的評価を行うためには，1.6.1「エアロゾルの大気環境インパクト評価における問題点」で述べたような状況を考慮すれば，以下のような項目について検討する必要がある．

1) わが国の大気環境問題，特にエアロゾルの酸性雨，地球温暖化影響を評価するために，東アジア地域でのエアロゾル性状の空間分布，動態を実測・観測・モデル解析により明らかにする．
2) エアロゾルの大気中における物理•化学的性状とその変化を，より多くの地点で系統的に把握する．また，より密度の高い情報を得るために，性状測定の時間分解能の向上と個別粒子の性状特性に着目し，物理計測法，微量化学成分分析法の開発，改良を行う．
3) エアロゾルの大気環境インパクトで重要な二次粒子の生成機構や生成速度を系統的に明らかにし，二次粒子の酸性雨，地球温暖化に及ぼす影響を定量的に評価する．
4) エアロゾルの沈着除去，中でも信頼性の乏しい乾性沈着の測定を各種気象条件•環境条件下で系統的に実施し，わが国および東アジア地域における乾性沈着量を定量化する．
5) エアロゾルの気候変化に及ぼす直接的効果，間接的効果を，粒子の性状や空間的分布の関数として定量的に把握する．また，モデル化を行いエアロゾルの地球冷却化効果を定量的に評価する．
6) 酸性雨の発生や地球温暖化抑制に大きく影響する雲粒生成について，エアロゾルの役割を定量的に評価する．

このような背景，考察のもと，筆者らは，文部科学省科学研究費補助金特定領域研究「東アジアにおけるエアロゾルの大気環境インパクト」を企画・申請し，平成13年度に採択された．本書は，この特定領域研究で得られた価値ある成果をもとに編集されている．この特定領域研究の概要については本書「あとがき」に記している.

参考文献

1）Whitby, K. T.（1978）. The physical characteristics of sulfur aerosols, *Atmospheric Environment* **12**, 135.

2）Ed. McCarthy, J. J., *et al*.（2001）. *Climate Change* 2001: *The Scientific Basis*, Cambridge Univ. Press.

3）環境省環境管理局（2004）. 平成 15 年度大気汚染状況報告書，平成 16 年 12 月.

4）Dockery, D. W.; Pope, C., Xu, X., Spengler, J., Ware, J., Fay, M., Ferris, B., Speizer, F.（1993）. An association between air pollution and mortality in six U. S. Cities. *New. Engl. J. Med*. **329**, 1753–1759.

5）Wilson, W. E., Suh, H. H.（1997）. Fine and coarse particles: concentration relationships relevant to epidemiological studies. *J. Air. Waste Manage. Assos*. **47**, 1238–1249.

6）Wilson, W. E.（1998）. The U. S. Environmental Protection Agency promulgates new standards for fine particles, 大気環境学会誌，**33**，A67–A76.

7）笠原三紀夫（2002）. 粒子状大気汚染の現状と今後の課題，大気環境学会誌，**37**，96–107.

8）横山栄二，内山巌雄編（2000）. 大気中微小粒子の環境・健康影響，p. 113,（財）日本環境衛生センター.

9）保坂幸尚（2004）. 八都県市におけるディーゼル車規制，第 3 回大気環境学会産官学民地域連絡協議会講演会要旨集，pp. 5–8.

10）坂本和彦（2004）. 道路端における粒子状物質の組成変化，第 3 回大気環境学会産官学民地域連絡協議会講演会要旨集，pp. 17–20.

11）石井康一郎（2004）. 都内トンネル調査における排出係数による評価，第 3 回大気環境学会産官学民地域連絡協議会講演会要旨集，pp. 21–24.

12）箕浦宏明（2004）. ディーゼル排ガス規制と粒子状物質の経年変化，第 3 回大気環境学会産官学民地域連絡協議会講演会要旨集，pp. 13–15.

13）環境省環境管理局（2004）. 平成 15 年度大気汚染状況について，pp. 1–27，平成 16 年 9 月 10 日.

14）高橋克行ら，未発表.

15）浮遊粒子状物質総合対策検討会（1999）. 浮遊粒子状物質総合対策に係る調査及び検討結果報告書，平成 11 年 3 月.

16）横山栄二，内山巌雄編（2000）. 大気中微小粒子の環境・健康影響，pp. 35–36,（財）日本環境衛生センター.

17）若松伸司（2001）. 都市・広域大気汚染の生成機構について，大気環境学会誌，**36**，125 – 136（2001）.

18）関荘一郎（2004）. 大気汚染防止法の改正と VOC 排出抑制対策について，第 45 回大気環境学会年会講演要旨集，pp. 90–93.

19）横山栄二，内山巌雄編（2000）大気中微小粒子の環境・健康影響，p. 114,（財）日本環境衛生センター.

20）環境省総合環境政策局環境保険部（2005）. 局地大気汚染の健康影響に関する疫学調査・

学童コホート調査研究計画書，平成 17 年 6 月．
21）横山栄二，内山巌雄編（2000）．大気中微小粒子の環境・健康影響，p. 195，（財）日本環境衛生センター．
22）SEPA（State Environmental Protection Administration of China）（2005）．http://www.sepa.gov.cn/.
23）Okuda, T., *et al*. (2004a). Daily concentrations of trace metals in aerosols in Beijing, China, determined by using inductively coupled plasma mass spectrometry equipped with laser ablation analysis, and source identification of aerosols. *Sci. Total Environ*. **330**, 145–158.
24）Tanaka, S., *et al*.（1998）. Rapid and simultaneous multi-element analysis of atmospheric particulate matter using inductively coupled plasma mass spectrometry with laser ablation sample introduction. *J. Anal. Atom. Spectrom*. **13**, 135–140.
25）Okuda, T., *et al*.(2006). Polycyclic aromatic hydrocarbons（PAHs）in the aerosol in Beijing, China, measured by aminopropylsilane chemically-bonded stationary-phase column chromatography and HPLC/fluorescence detection. *Chemosphere* **65**, 427–435.
26）BJEPB（Beijing Environmental Protection Bureau）（2005）. http://www.bjepb.gov.cn/.
27）世界資源研究所ほか共編（1998）．「世界の資源と環境 1998–99」．中央法規出版．
28）溝畑　朗ら（2000）．道路沿道における大気浮遊粒子状物質の物理的・化学的特性．大気環境学会誌，**35**，77–102.
29）Matsuda, K., *et al*.（1999）. Atmospheric aerosol composition analyzed by X-ray fluorescence spectrometry and ion chromatography in the center of Tokyo from March 1995 to February 1996. 大気環境学会誌．**34**，251–259.
30）環境省（1997）．「国設大気測定網（NASN）浮遊粉じんおよび浮遊粒子状物質分析結果報告書」．日本環境衛生センター．
31）Kowalczyk, G. S., *et al*.（1978）. Chemical element balances and identification of air pollution sources in Washington, D. C. *Atmos. Environ*. **12**, 1143–1153.
32）Okuda, T., *et al*.(2005). Long-term trend of chemical constituents in precipitation in Tokyo metropolitan area, Japan, from 1990 to 2002. *Sci. Total Environ*. **339**, 127–141.
33）Okuda, T., *et al*.（2004）. Molecular composition and compound-specific stable carbon isotope ratio of polycyclic aromatic hydrocarbons（PAHs）in the atmosphere in suburban areas. *Geochem. J*. **38**, 89–100.
34）小田淳子ら（2003）．中国 3 都市における大気中の多環芳香族炭化水素類の汚染特性，環境化学，**13**，653–671.
35）Chen, Y., *et al*.（2005）. Emission factors for carbonaceous particles and polycyclic aromatic hydrocarbons from residential coal combustion in China. *Environ. Sci. Technol.* **39**, 1861–1867.

2 エアロゾルの二次生成（二次粒子生成）

大気中に放出されたガス状汚染物質は，物理・化学的変化を受け自己凝縮または既存のエアロゾルへ凝縮・吸収され粒子化する．この過程は二次粒子生成と呼ばれ，地球温暖化や酸性雨など，エアロゾルの大気環境インパクトへの寄与が大きい微小粒子中では，二次粒子の占める割合が 30 ～ 50%近くに及ぶが，その生成・成長機構については未解決の問題が少なくない．本章では，大気エアロゾルの二次粒子生成・成長機構を解明するために行われた，

1) 減圧場における紫外線照射の光化学反応による硫酸二次粒子の発生・成長実験と化学反応モデル
2) イオン誘発核生成によるクラスターイオンおよびナノ粒子の生成・成長機構を明らかにするために，3 章で述べる微分型静電分級器（DMA）を利用したイオン誘発核生成の新しい計測法
3) エアロゾル成長における気体状化学種，特に水蒸気の取り込み過程で重要となる適応係数の評価，および氷表面への気体状化学種の取り込み係数と吸着化学種の同時計測システム
4) 凝縮性有機成分から生成する二次粒子の性状と，核となる無機粒子上に有機成分が凝縮した混合粒子の吸湿特性の室内実験

の研究について述べる．

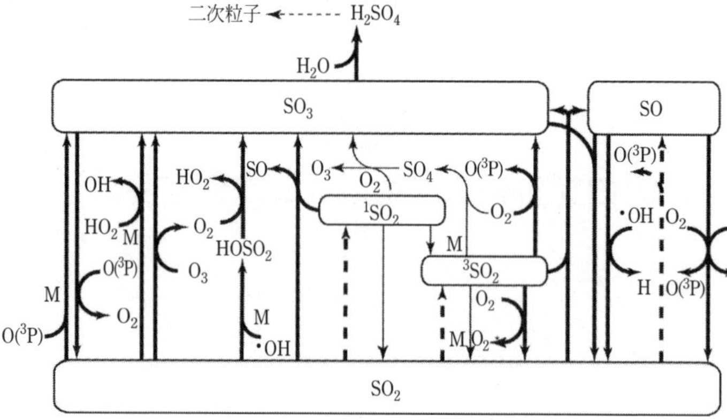

図 2.1　SO_2 からの硫酸二次粒子生成プロセス.

2.1　光化学反応による粒子生成

太陽から注がれる紫外線による光反応によって，SO_2 が大気中で酸化され，硫酸分子が発生し二次粒子となるメカニズムや，さらにその後の成長，さらに拡散，沈着による成長停止のメカニズムの検討は，実験系の複雑性，ナノサイズ粒子の計測技術の困難性から，十分に解決されていない重要な問題の一つであった．本節ではこの点に着目して，高層大気中を想定した減圧場において，モデル実験装置を用いて① SO_2 含有ガスの紫外光反応特性，反応速度の実験的検討，②ナノ粒子（二次粒子）の発生，粒子成長の実験的検討を行い，さらに③光反応を含む大気化学反応モデルの構築を試みた結果を示す．

2.1.1　硫酸二次粒子生成プロセス

図 2.1 に SO_2 からの硫酸二次粒子生成プロセスを文献[1-3] 調査に基づきまとめた結果を示す．SO_2 から硫酸二次粒子になる主な反応過程として，SO_2 が紫外光照射によって励起して SO_3 となる過程と，紫外光反応によって生成した OH ラジカルや HO_2 ラジカルと反応して SO_3 となる過程があることが分かる．SO_2 は反応により SO_3 となった後，水と反応して硫酸となり，水の凝縮や凝集によって二次粒子へと成長すると考えられる．硫黄酸化物が何段階かの反応によって

H_2SO_4となる反応[4]やオゾンの関与[5]に関してはかなり詳細に検討されており成著も多い．実際の大気中ではOHラジカルによる反応のみが支配的であるとされているが[4]，ここでは後述する光反応の解析法の妥当性を確認するための基礎データおよび粒子成長過程とカップリングした解析を行うための基礎データとして，SO_2の光反応速度に関する実験的検討を行った結果を示す．

2.1.2　回分型リアクタによるSO_2光反応実験

1）実験方法

回分型リアクタによるSO_2の光反応速度の実験的検討では，真空ラインにて回分型リアクタ内のSO_2とN_2，O_2，H_2Oを所定の濃度に調整した後，ϕ 50の合成石英の窓から紫外光（USHIO SX-UID500MAMQQ）を照射した．H_2O濃度5.0 Torr (9000 ppm)，空気550 Torr (73.3 kPa）とし，その他の実験条件は表2.1に示す．所定時間照射後，紫外分光光度計をセットし，波長約240～320 nmのSO_2の吸収スペクトル変化を測定した．SO_2の吸収ピークの面積から各照射時間におけるSO_2の濃度を計算し，SO_2分解速度定数の決定を試みた．

2）光反応速度の検討

全ての条件 (Run Nos. 1–6）において，光強度と光照射時間から算出した積算照射エネルギーと濃度変化の関係を図2.2に示した．積算照射エネルギーと濃度変化の関係が片対数プロット上で一直線上に示されており，SO_2の分解反応速度はSO_2濃度に対して近似的には一次の反応であり，且つ光強度に比例していることが分かる．

2.1.3　流通型リアクタによる二次粒子発生・成長実験

1）実験方法

図2.3に流通型リアクタを用いた二次粒子発生・成長実験装置の概略図を示す．N_2およびO_2とSO_2/N_2混合ガスの湿度を調整した後，紫外光を照射し，減圧型微分型静電分級器 (LPDMA)[6]とファラデーカップ電流計 (FCE）を用いて二次粒子のサイズ分布を測定した．

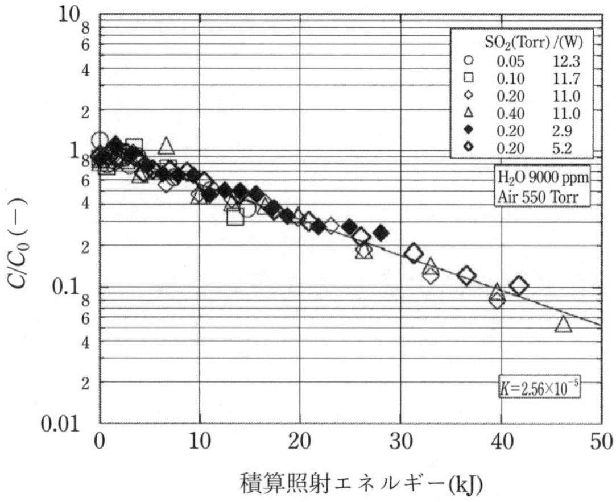

図 2.2　光エネルギーと SO_2 の分解速度の関係.

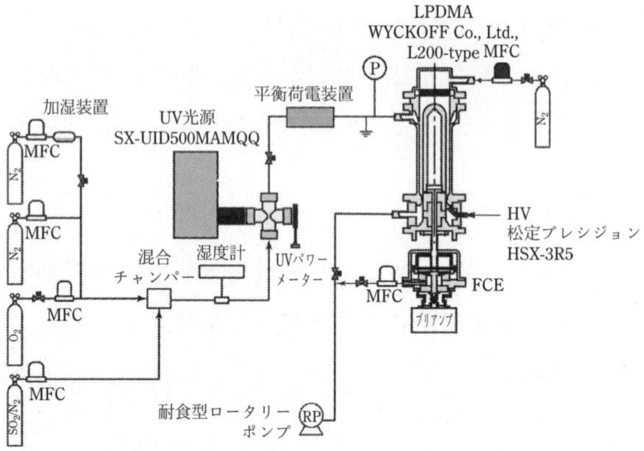

図 2.3　流通型リアクタを用いた二次粒子発生・成長実験装置.

2）粒子成長の関与要因

図 2.4 に実験結果の一例を示す．実験条件は圧力 550 Torr（73.3 kPa）で，湿度を 9000 ppm とし，SO_2 濃度を 0.5 ppm から 10 ppm まで変化させた．SO_2 濃度の増加に伴い，粒子の発生量は増加しているが，粒径分布の大粒子側へのシフトは小さいことから，粒子の成長には凝集と凝縮の両方が関与していることが示唆される．

図 2.5 には，SO_2 濃度を 1.0 ppm として，流通型リアクタ下流に粒子の成長時

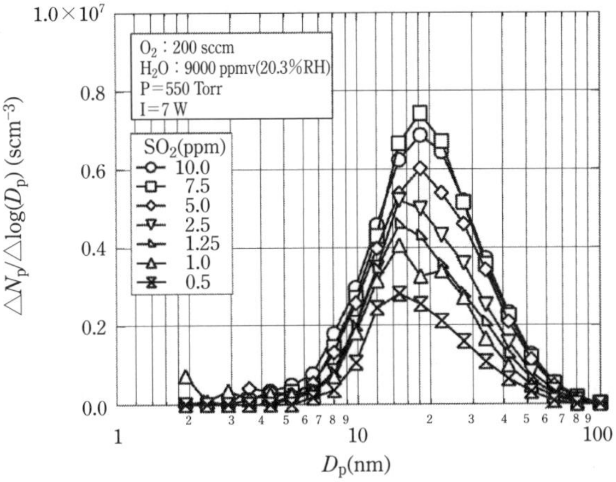

図 2.4　SO_2 濃度変化による粒径分布の変化.

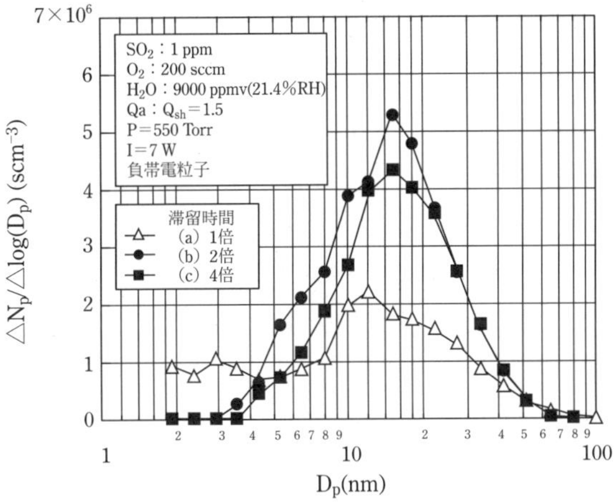

図 2.5　滞留時間変化による粒径分布の変化.

間を変化させるアダプタを取り付けた場合の結果を示す．(a) は粒子成長時間を変化させず，(b) は粒子成長時間を 2 倍，(c) は 4 倍に変化させている．(b)，(c) は (a) と比較して，未反応のラジカル種が粒子化に寄与し，粒子濃度が増加していると考えられる．しかし，本実験条件では SO_2 濃度がそれほど高くないため，粒子成長時間を 2 倍にした場合と 4 倍にした場合では粒子のプリカーサーとなる SO_2 がほとんど消費されてほぼ同じ結果が得られたと考えられる．

表 2.1　実験条件

Run No.	SO_2 分圧（Torr）	紫外光出力（W）
1	0.05	12.3
2	0.10	11.7
3	0.15	11.0
4	0.20	11.0
5	0.02	2.9
6	0.02	5.2

ただし，実験結果には再現性が乏しく，今後もより詳細に検討していく必要がある．

2.1.4　化学反応モデルの開発

筆者らは，流通型リアクタを用いた二次粒子発生実験の理論的検討を行うため，光反応とそれに誘起されるラジカル反応を含む大気化学モデルの開発も行った．光反応の速度定数は，紫外光源のスペクトルと各化学種の吸収断面積および反応の量子収率[1-3]から計算し，その他の化学反応，ラジカル反応に関する化学反応スキームは文献[1-3]を参照した．表 2.2 および表 2.3 にそれぞれ本数値シミュレーションで用いた化学反応のスキームと光反応のスキームを示す．計算条件としては，表 2.1 に示す実験条件を採用した．図 2.6 に表 2.1 の Run #1 に相当する条件での各化学種の濃度変化を示す．光反応やラジカル反応により SO_2 が酸化され，H_2SO_4 が生成することや，0.01 秒から 1 秒程度までは $O(^3P)$ や OH ラジカルの濃度が見かけ上一定となっていることが見て取れる．

図 2.7 には表 2.1 に示した種々の条件で行った実験結果と計算結果のプロットを示す．図 2.7 は横軸に反応時間，縦軸 1 cm^3 あたりの分子数を対数軸でプロットしており，計算結果はほぼ直線となり，回分型リアクタによる実験結果と同じく見かけ上 SO_2 の濃度に一次であることが分かる．初期 SO_2 濃度が異なる場合（Run No. 1, 2, 3, 4）は傾きがほぼ同じであり，初期 SO_2 濃度が一定の場合（Run No. 2, 5, 6），傾きは光強度に比例しており，これらは実験結果と一致した．しかし，現状ではまだ SO_2 の消費速度を過大評価しており，なお検討を要する．

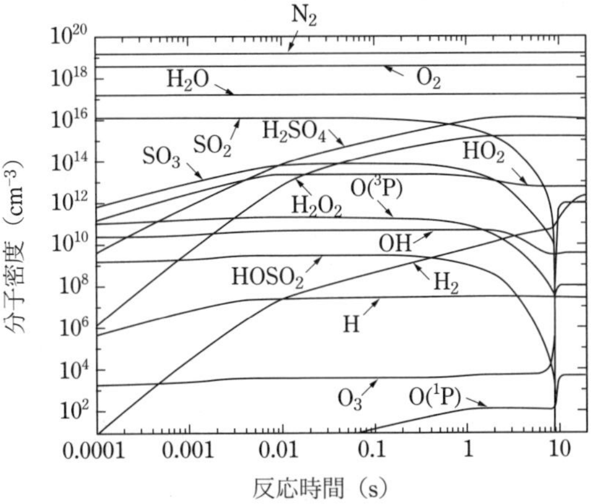

図 2.6　各化学種の濃度の経時変化の一例（Run #1).

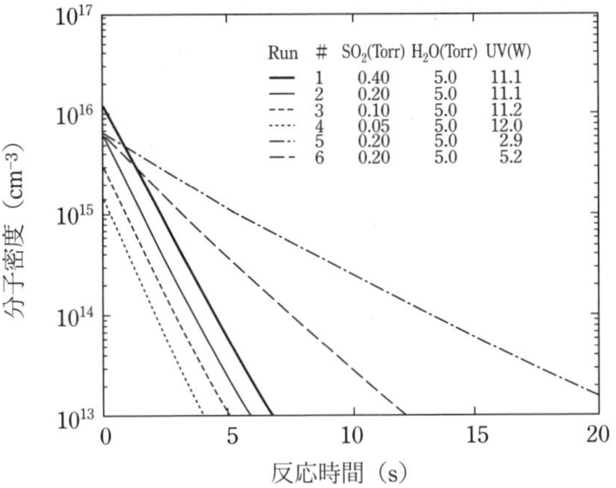

図 2.7　SO_2 濃度変化の比較.

筆者らは開発した大気化学反応モデルとエアロゾルの成長モデルをカップリングすることで，二次エアロゾル発生モデルに発展させる予定である.

表 2.2　化学反応スキームと反応速度定数

#	反応スキーム	速度定数	#	反応スキーム	速度定数
1	$SO + O_2 \rightarrow SO_2 + O(^3P)$	8.40E-17[*1]	24	$O(^3P) + HO_2 \rightarrow OH + O_2$	5.90E-11[*1]
2	$SO + O_3 \rightarrow SO_2 + O_2$	9.00E-14[*1]	25	$O(^3P) + H_2O_2 \rightarrow OH + HO_2$	1.70E-12[*1]
3	$SO + OH \rightarrow SO_2 + H$	8.60E-11[*1]	25	$O(^3P) + H_2O_2 \rightarrow OH + HO_2$	1.70E-12[*1]
4	$SO_2 + O(^3P) + M(N_2) \rightarrow SO_3 + M(N_2)$	1.40E-33[*2]	26	$O(^3P) + H_2 \rightarrow H + OH$	9.00E-18[*1]
5	$SO_2 + OH + M(N_2) \rightarrow HOSO_2 + M(N_2)$	4.00E-31[*2]	27	$O(^3P) + O(^3P) \rightarrow O_2$	2.50E-30[*1]
6	$SO_2 + HO_2 \rightarrow SO_3 + OH$	1.00E-18[*1]	28	$O(^3P) + H^2O \rightarrow OH + OH$	6.80E-14[*1]
7	$SO_3 + H_2O \rightarrow H_2SO_4$	1.00E-15[*1]	29	$OH + H_2 \rightarrow H + H_2O$	6.70E-15[*1]
8	$SO_3 + O(^3P) \rightarrow SO_2 + O_2$	6.00E-34[*1]	30	$OH + OH \rightarrow H_2O + O(^3P)$	1.50E-12[*1]
9	$HOSO_2 + O_2 \rightarrow SO_3 + HO_2$	4.00E-13[*1]	31	$OH + OH + M(N_2) \rightarrow H_2O_2$	6.90E-31[*2]
10	$O_3 + O(^3P) \rightarrow O_2 + O_2$	8.00E-15[*1]	32	$OH + HO_2 \rightarrow O_2 + H_2O$	1.10E-10[*1]
11	$O_3 + O(^1D) \rightarrow O(^3P) + O(^3P) + O_2$	1.20E-10[*1]	33	$OH + H_2O_2 \rightarrow H_2O + HO_2$	1.70E-12[*1]
12	$O_3 + O(^1D) \rightarrow O_2 + O_2$	1.20E-10[*1]	34	$HO_2 + HO_2 \rightarrow O_2 + H_2O_2$	1.70E-12[*1]
13	$O_3 + O_2^* \rightarrow O(^3P) + O_2 + O_2$	2.80E-15[*1]	35	$HO_2 + HO_2 + M(N_2) \rightarrow O_2 + H_2O_2 + M(N_2)$	5.20E-32[*2]
14	$O_3 + OH \rightarrow HO_2 + O_2$	7.30E-14[*1]	36	$HO_2 + H \rightarrow O_2 + H_2$	5.60E-12[*1]
15	$O_3 + HO_2 \rightarrow OH + O_2 + O_2$	1.90E-15[*1]	37	$HO_2 + H \rightarrow OH + OH$	7.20E-11[*1]
16	$O_3 + H \rightarrow OH + O_2$	2.80E-11[*1]	38	$HO_2 + H \rightarrow H_2O + O(^3P)$	2.40E-12[*1]
17	$O_2 + O(^1D) \rightarrow O_3$	5.70E-34[*1]	39	$H + O_2 + M(N_2) \rightarrow HO_2$	6.20E-32[*2]
18	$O_2 + O(^3P) + M(N_2) \rightarrow O_3 + M(N_2)$	6.00E-34[*2]	40	$SO_2 + O_3 + M(N_2) \rightarrow SO_3 + O_2 + M(N_2)$	8.00E-24[*2]
	$O_2 + O(^3P) + M(O_2) \rightarrow O_3 + M(O_2)$	6.00E-34[*2]	43	$^3SO_2 + O_2 \rightarrow SO_3 + O(^3P)$	3.00E-15[*1]
19	$O(^1D) + H_2 \rightarrow H + OH$	1.10E-10[*1]	45	$^3SO_2 + O_2 \rightarrow SO_2 + O_2(^1\Delta_g, {}^1\Sigma_g^+)$	1.60E-13[*1]
20	$O(^1D) + H_2O \rightarrow OH + OH$	2.20E-10[*1]	46	$^3SO_2 + SO_2 \rightarrow SO_3 + SO$	7.00E-14[*1]
21	$O(^1D) + M(N_2) \rightarrow O(^3P)$	2.60E-11[*1]	47	$O(^1D) + H_2O \rightarrow H_2 + O_2$	2.20E-10[*1]
22	$O(^1D) + M(O_2) \rightarrow O(^3P)$	4.00E-11[*1]	48	$O(^1D) + H_2O \rightarrow O(^3P) + H_2O$	2.20E-10[*1]
23	$O(^3P) + OH \rightarrow O_2 + H$	3.30E-11[*1]			

[*1] ($cm^3\ molecules^{-1}\ s^{-1}$), [*2] ($cm^6\ molecules^{-2}\ s^{-1}$)

表 2.3　光反応スキームと反応速度定数

#	反応スキーム	速度定数 (s^{-1})
49	$O_3 + h\upsilon \rightarrow O(^1D) + O_2$	1.66E＋00
50	$O_3 + h\upsilon \rightarrow O(^3P) + O_2$	1.89E－01
51	$O_2 + h\upsilon \rightarrow O(^3P) + O(^3P)$	1.09E－07
52	$O_2 + h\upsilon \rightarrow O_2^*$	0.00E＋00
53	$H_2O + h\upsilon \rightarrow H_2 + O(^3P)$	0.00E＋00
54	$H_2O + h\upsilon \rightarrow H_2 + O(^1D)$	0.00E＋00
55	$H_2O + h\upsilon \rightarrow H + OH$	0.00E＋00
56	$H_2O_2 + h\upsilon \rightarrow OH + OH$	0.00E＋00
57	$H_2O_2 + h\upsilon \rightarrow H_2O + O(^1D)$	2.51E－05
58	$H_2O_2 + h\upsilon \rightarrow O(^3P) + HO_2$	2.19E－02
59	$SO_2 + h\upsilon \rightarrow {}^1SO_2$	1.21E－01
60	$SO_2 + h\upsilon \rightarrow {}^3SO_2$	3.58E－05
61	$SO_2 + h\upsilon \rightarrow SO + O(^3P)$	1.37E－01

2.2 イオン誘発核生成

Svensmark と Friis-Christensen[7] が 1997 年に太陽の活動と雲の発生量の間に相関関係があることを示してから，雲核の発生におけるイオンの関与が注目されるようになった．このため，イオン誘発核生成に関する研究が，理論，実験，屋外観測の観点から，数多く行われた．理論および実験研究の結果は，イオン誘発核生成の関与を示したが，屋外観測結果はイオンの関与を明確にするには至っていない．これは，イオンを扱うことの困難さから，信頼性の高い定量的なデータを得る手法が確立していないためである．

本節では，まず，最近 5 年間のイオン誘発核生成の研究成果を紹介し，次に，著者らが提案するイオン誘発核生成の新しい計測法とその測定結果について述べる．

2.2.1　既存研究

理論研究のうち，核生成理論に関するものは，Nadykto と Yu[8]，Lovejoy ら[9]の研究で，他は観測結果を解析するためのシミュレーションモデルの研究[10-12]

である．実験研究は，用いる実験装置により，(1) 熱拡散型雲粒生成チャンバ，(2) 質量分析計，(3) 流通型反応器を用いた研究の三つに分かれるが，最近は，(2) および (3) が主流となっている．前者には Froyd と Lovejoy[13]，Wilhelm ら[14] の研究が，後者には Joutsensaari ら[15]，Nagato ら[16] などの研究がある．特に，後者については微分型静電分級器 (Differential Mobility Analyzer, DMA) の発展により，粒子サイズだけでなくイオンも測定できるようになったため，流通型反応器内でのイオンからナノ粒子への成長過程が連続的に計測されている．これら理論および実験研究の結果は，ともに，イオンが大気環境中での粒子の発生に関与しうることを示した．

一方，屋外観測研究では，直接的な証拠は見つかっていない．観測結果を前述のシミュレーションモデルを使って解析した結果から，イオン誘発核生成の関与を推測しているのが現状である．Harrisonto と Carslaw[17] は，自然放射線や宇宙線により生成されるイオンと大気エアロゾル粒子，雲の関係についてレビューを行い，宇宙線によるイオン発生と雲の特性には，つながりがあり，静電気的な影響が働いていると結論づけている．この静電気的影響としてイオン誘発核生成と粒子の荷電を挙げている．Lee ら[18] は，上部対流圏～下部成層圏での超微粒子 (4 ～ 1000 nm) の観測結果を解析し，イオン誘発核生成が働いていると結論づけた．Laaskso ら[19] は，森林地帯での観測結果を解析し，従来のイオン誘発核生成理論では説明できないが，硫酸分子のイオンへの選択的凝縮を考えることにより，説明できたと報告している．

2.2.2 イオン誘発核生成の測定法

DMA は，イオンからナノ粒子領域の電気移動度を測定することができる装置である．DMA は図 2.8 に示すように，二重円筒電極の間のスペースには清浄空気が流れており，外筒電極のスリットから流入したナノ粒子はこの気流に乗り流下する間に，中心電極にかけられた電圧により，清浄空気を横切り中心電極に向かって移動する．この時，中心電極に開けられたスリットには，特定の移動度を持ったナノ粒子だけが到達し，ファラデイカップ／電流計 (FCE) によりその電流値が測定される．

本書で筆者らがで提案するイオン誘発核生成の新しい測定法は，この DMA

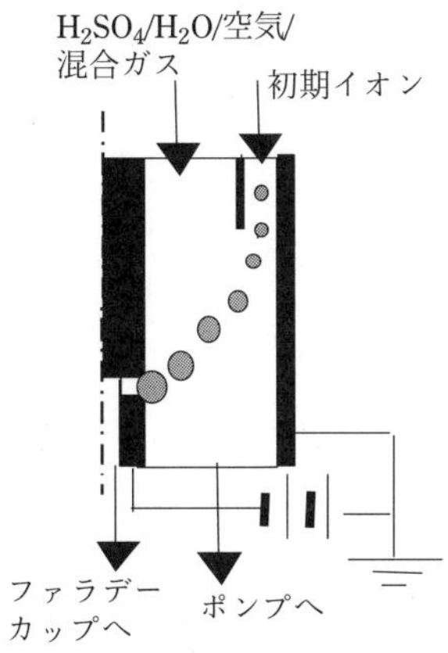

図 2.8　イオン誘発核生成測定手法.

気流中でイオンを成長させ，その移動度の変化を測定しようとするものである．清浄空気の代わりに H_2SO_4/H_2O/air 混合ガスを流す．外筒電極より導入したイオンは，この気流を横切る間に蒸気が凝縮し成長する．

2.2.3　実験装置と方法

図 2.9 に実験システムを示す．実験システムは，(1) イオン発生器，(2) DMA/FCE 移動度測定器，(3) H_2SO_4/H_2O/air 混合ガス発生用流通型光反応器よりなる．

1）水クラスターおよび H_2SO_4 イオンの発生

水クラスターイオンの発生装置の開発およびその評価を行った．図 2.10 に開発したイオン発生器を示す．本イオン発生装置は，2 ～ 0.8 $cm^2\ V^{-1}\ s^{-1}$ の移動度を持つ水クラスターイオンを 10^{10} cm^{-3} の高密度で発生することができる．H_2SO_4 イオンは，SO_2/H_2O/air 混合ガスをイオナイザーに導入し，コロナ放電により発生するラジカルと SO_2 の反応により生成した．

本装置で発生した，水クラスターイオンおよび H_2SO_4 イオンの移動度分布を図 2.11 および図 2.12 に示す．図 2.11 では，添加する水蒸気濃度を変えることにより，水クラスターイオンのサイズを 1 ～ 1.5 nm まで変えることができた．

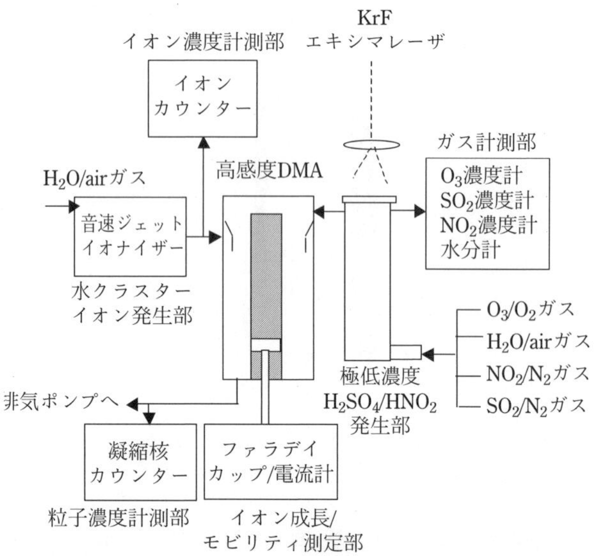

図 2.9　実験システム.

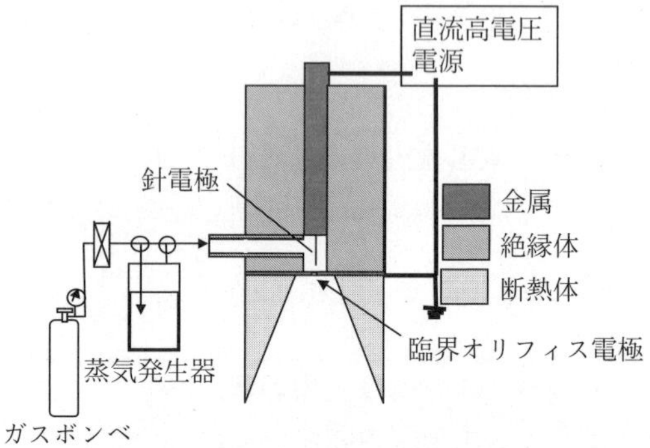

図 2.10　クラスターイオン発生器.

図 2.12 から，水蒸気濃度 4000 ppm では粒径 4 ～ 5 nm の H_2SO_4 粒子が発生するのに対し，水蒸気濃度を 300 ppm 程度に抑えると，H_2SO_4 イオンのみを発生できることが分かる.

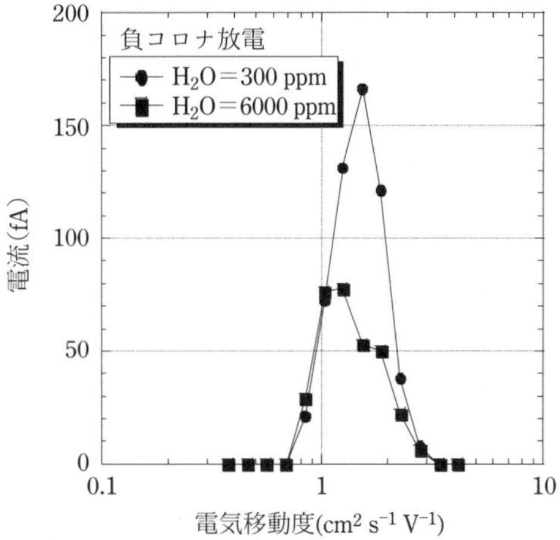

図 2.11　水クラスターイオンの移動度分布.

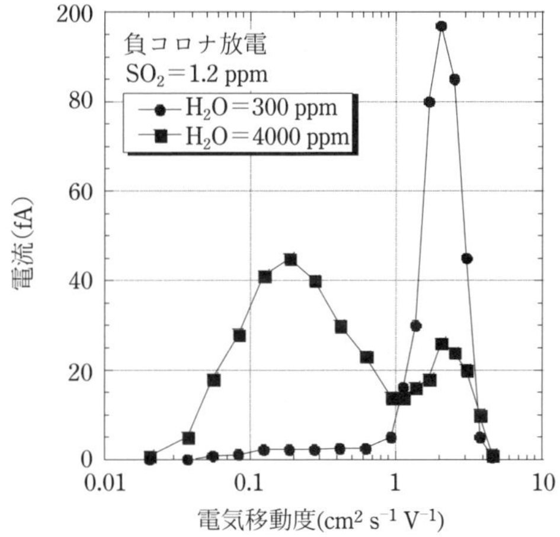

図 2.12　H_2SO_4 イオンの移動度.

2）H_2SO_4/H_2O/air 混合ガスの大量製造

DMA のシースエアーとして H_2SO_4 濃度が既知の H_2SO_4/H_2O/air 混合ガスを，導入しなければならない．H_2SO_4/H_2O/air 混合ガスを大量（10 ～ 20 ℓ min^{-1}）に合成するために，KrF エキシマレーザ流通型光反応器を用いる．$SO_2/O_3/H_2O$/air 混合ガスを反応器に導入すると，まず，波長 248 nm の UV 光によりオゾンが分

表 2.4　$SO_2/O_3/H_2O$/air 混合ガス光反応における主な反応式

No	反応	反応速度定数	単位
(1)	$O_3 \rightarrow O(^1D) + O_2$	1.81	s^{-1}
(2)	$O(^1D) + H_2O \rightarrow 2OH$	2.20×10^{-10}	$cm^3\ molecule^{-1}\ s^{-1}$
(3)	$O(^1D) + O_3 \rightarrow 2O(^3P) + O_2$	2.4×10^{-10}	$cm^3\ molecule^{-1}\ s^{-1}$
(4)	$O(^1D) + O_3 \rightarrow O(^3P) + O_3$	2.4×10^{-10}	$cm^3\ molecule^{-1}\ s^{-1}$
(5)	$O(^3P) + O_2 \rightarrow O_3$	8.0×10^{-15}	$cm^3\ molecule^{-1}\ s^{-1}$
(6)	$OH + OH + M \rightarrow H_2O_2 + M$	6.20×10^{-31}	$cm^6\ molecule^{-2}\ s^{-1}$
(7)	$SO_2 + OH \rightarrow HSO_3$	2.00×10^{-15}	$cm^3\ molecule^{-1}\ s^{-1}$
(8)	$HSO_3 + O_2 \rightarrow HO_2 + SO_3$	4.33×10^{-13}	$cm^3\ molecule^{-1}\ s^{-1}$
(9)	$SO_3 + H_2O \rightarrow H_2SO_4$	2.00×10^{-15}	$cm^3\ molecule^{-1}\ s^{-1}$

他に 37 の反応式を考慮

解し，O ラジカルを発生する．次に，O ラジカルが水分子と結合し，OH ラジカルを生成，さらに OH ラジカルが SO_2 と反応して硫酸を合成する．

本システムで合成される硫酸の濃度を推定するため，反応モデルの検討と数値解析を行った．用いた反応モデルの主な反応式を表 2.4 に示す．

本モデルの理論計算の妥当性を検討するため，オゾンの光分解実験を行い，計算結果（反応式 (1) ～ (6) のみを用いる）と比較した．図 2.13 に結果を示す．実験結果と計算結果は，よく一致しており，反応モデルおよび理論計算プログラムが，妥当であることが分かる．なお，反応式 (5) を用いない場合は，オゾンの分解は水分子濃度に関わらず一定となり，実験結果を説明することができなかった．

2.2.4　実験結果

図 2.14 は，DMA 内の湿度を，9 ～ 28%まで変えた時の，水クラスター負イオンの電気移動度である．湿度によって電気移動度が大きく変化しており，相対湿度 23%以下で，電気移動度のピーク位置は，高い移動度にシフトし，かつ減少している．15%でのピーク位置は $2\ cm^2\ V^{-1}\ s^{-1}$ であり，大気環境で安定に存在する負イオン（$O_2^- n(H_2O)$）と同じ移動度である．このことは，水クラスターイオンが DMA 内で蒸発したことを示している．また，蒸発の影響を受けずに水クラスター負イオンを測定するためには，DMA 内の相対湿度が 23%以上必

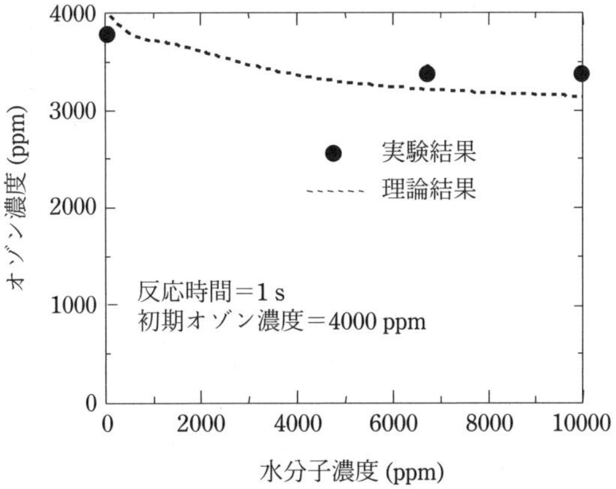

図 2.13　光分解反応によるオゾン濃度の変化.

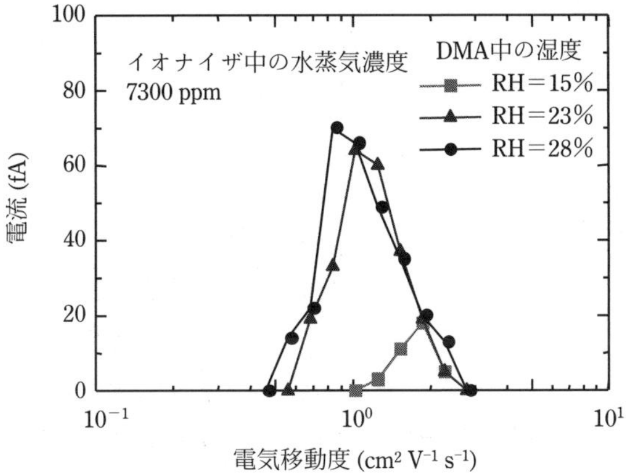

図 2.14　水クラスターイオンの電気移動度におよぼす DMA 内湿度の影響.

要なことが分かった.

図 2.15 は，イオン発生器に導入する高圧空気に添加する水蒸気濃度を変えた時の，水クラスター負イオンの電気移動度である．DMA 内の相対湿度は 23% に保持した．水蒸気量が増加することにより，移動度分布のピーク位置は移動度の遅い側にシフトしており，イオン発生器出口での断熱膨張により水分子がイオンに凝縮し，水クラスターイオンが成長したことが分かる.

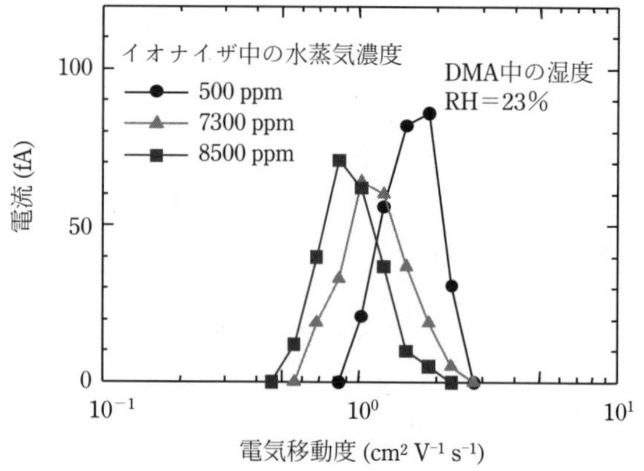

図 2.15　水クラスターイオンの電気移動度に与える添加水蒸気の影響.

2.3 気体状化学種と水・氷表面の相互作用

大気中のエアロゾルの発生，成長，大気中微量化学種の挙動に対する水や氷の微粒子の効果は非常に大きい．大気中の水蒸気は均一相，不均一相核生成による各種のエアロゾルの生成に直接・間接に関係し，また，エアロゾルの成長過程においては水蒸気のエアロゾルへの取り込みが速度に大きな役割を果たす．生じた水溶液エアロゾルは，さらに大気中の各種の気体状化学種を取り込み，それらの大気中の濃度を抑制し，同時にエアロゾル中での化学反応によって大気反応全体の進行にも大きく関係する．水溶液エアロゾルが雲粒子にまで発達すれば，大気の洗浄に大きな効果を持つ．同時に光の散乱効果を通して地球温暖化に強く関係する．水溶液エアロゾルと同時に，雪，成層圏雲などを構成する氷（固体の水）の状態も重要である．

気体状化学種とエアロゾル中の水や氷との相互作用において，速度論的に重要な役割を果たすのは大気からエアロゾルへの気体状化学種の取り込みである．本節では気体状化学種や水蒸気の水への取り込みの過程で重要な質量適応係数を取り上げ，次いで，氷表面への気体の取り込み過程の動的，分光学的測定法の開発についての試みを述べる．

2.3.1　気体状化学種の水液滴への取り込み過程

気相から液相エアロゾルへの取り込み係数γは，バルクからエアロゾル液面へ入射した分子のうち，エアロゾルに正味で取り込まれた分子の割合であり，適応係数αは，液面へ入射した分子のうち，その過程自体で液相側へ取り込まれた分子の割合である．取り込み係数γは適応係数α，気相拡散抵抗$1/\Gamma_g$，液相での溶解・拡散の抵抗$1/\Gamma_s$の関数である．このため，実験的に測定したγからαを算出するには$1/\Gamma_g$や$1/\Gamma_s$の見積もりが必要となる．いったん，αが定まると，エアロゾルのおかれた環境条件下における気相拡散抵抗分などを補正して，その条件下における取り込み係数が求められる．ここでは実験によるαの決定における気相抵抗分の取り扱い上の問題点を検討する．

エアロゾルへの取り込みの代表的な測定法に液滴列（droplet train）法がある．気相拡散抵抗の評価は従来，Fuchs-Sutugin式などを基にした補正によっているが，これらは流れのない単一液滴に対してのみ解析的に成立する．液滴列法では，流通管の中に液滴列を走らせて気相からの取り込みを行わせるので，上述の補正法の正しさは保証されていない．そこで液滴列での気相拡散抵抗の寄与の評価を，流体拡散方程式を解くことで取り扱った．実験との比較には水へのメタノールおよび水蒸気の取り込みを対象とした．特に水蒸気の取り込みはエアロゾルの成長過程の速度論に本質的な重要性を持っているが，最も新しい液滴列法実験からは$\alpha=0.23$(0℃における値)[20]とされ，MD計算や，液滴成長法[21]によるほぼ1の値から隔たっており，その矛盾を解決することは非常に重要である．

2.3.2　液滴列法による取り込み測定の理論的解析

液滴列法による気体状化学種の取り込みの測定では，一連の液滴を，対象気体化学種を含むバッファ気体中に飛行させ，取り込みの結果生じる当該化学種の濃度減少を測定し，その結果からγ，さらにαを算出する．従来の解析では液相における抵抗が無視できる場合，γ，Γ_g，αの間には，以下の関係式が成り立つとしている．

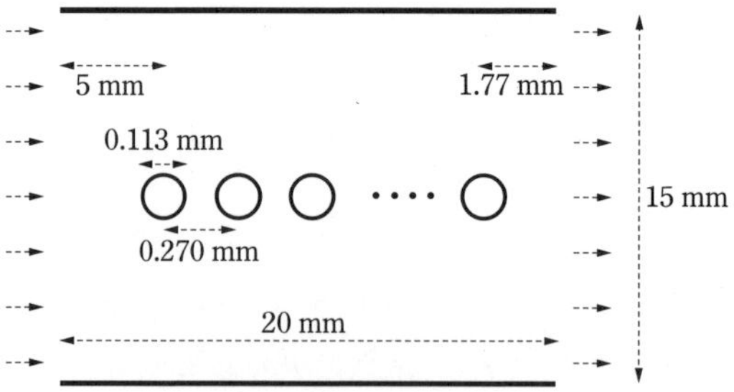

図 2.16　液滴列法の流れ場の計算モデル.

$$\frac{1}{\gamma}=\frac{1}{\Gamma_g+\alpha}=\frac{0.75+0.283Kn}{Kn(1+Kn)}+\frac{1}{\alpha} \tag{2.1}$$

ここにKnはクヌッセン数であり，気相拡散係数D_g，気相における当該分子の平均並進速度$\bar{c}$，粒子の直径dを用いて，

$$Kn=\frac{6D_g}{\bar{c}d} \tag{2.2}$$

である．なお，静的な場において球状の粒子のαが1の場合，取り込み速度R_{ideal}は，

$$\frac{1}{R_{ideal}}=\frac{d}{2D_g n_g} \tag{2.3}$$

で表される．n_gは当該分子の数密度である。

ここでは以上の解析の妥当性を検討するため，実験に用いられた幾何学的関係下で流れの状態を再現する計算流体力学的数値解析を試みた．図 2.16 に描いた場が実験場をほぼ再現する．液滴が含まれる円形管の長さは 20 mm とした．液滴直径dは 0.113 nm であり，その中心間の間隔は 0.270 nm である．液滴を落下させる代わりに壁面に対してv_d=27 m s^{-1}とし，また左導入部の平均流速v_d-v_g= 25.87 m s^{-1}で気体を流入させた．バルク気体は He 或いは Ar とし，その中に低濃度のメタノールを加え，これが液滴表面に到達した場合には全て吸収される（α = 1 に対応）ものとして，市販のソフト，フルーエントを利用し流れと濃度場を流体拡散方程式によって数値的に解いて検討した.

取り込み速度をそれぞれの液滴に対して求めると，流れの下流に向けて取り

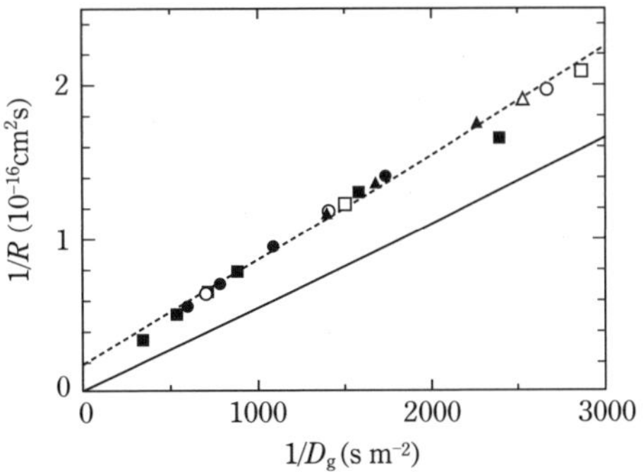

図2.17　取り込み速度の逆数の拡散係数依存
実線：式（2.3）の球状液滴への理想解析結果
点線：He（黒印），Ar（白印）中の実験結果.

込み速度は減少するが，入口から10 mm程度のあたりからはほぼ一定値に達する．この取り込み速度を，気相の種類(Heあるいは Ar)，圧力，温度などを変えて，その結果として拡散係数D_gを種々に変化させて求めた．結果をプロットしたものを図2.17に示す．この図には同時に球状液滴への理想的な条件下での値を式（2.3）に従ってプロットした．両者の比較により，明らかに数値計算の取り込み速度は見かけ上小さくなっている．数値計算結果からα＝0.35の値が得られたが，本数値計算では本来α＝1なのであるから，従来の理想的な場を仮定した解析は，事実と異なる小さな値を与えること，したがって，これまでの液滴列法の解析方法は不十分であることが明確である[22]．従来の解析法に考慮されていなかった第一点は，流れによる粒子周りの境界層の変化である．これはRantz-Marshall式に基づく取り込み速度式(2.4)で補正が可能であることが分かった．すなわち，シャーウッド数Shを用いて

$$\frac{1}{R_{\mathrm{R-M}}}=\frac{d}{ShD_g n_g} \tag{2.4}$$

とする．数値計算で得られた取り込み速度Rと式（2.4）による$R_{\mathrm{R-M}}$値の比は広い条件範囲で2.3～2.4の一定値を取った．値が1にならないのは，連続粒子間の相互作用によるものであり，これが従来の解析法において考慮されていなかった第二点である．今後はこれらの補正が必要である．

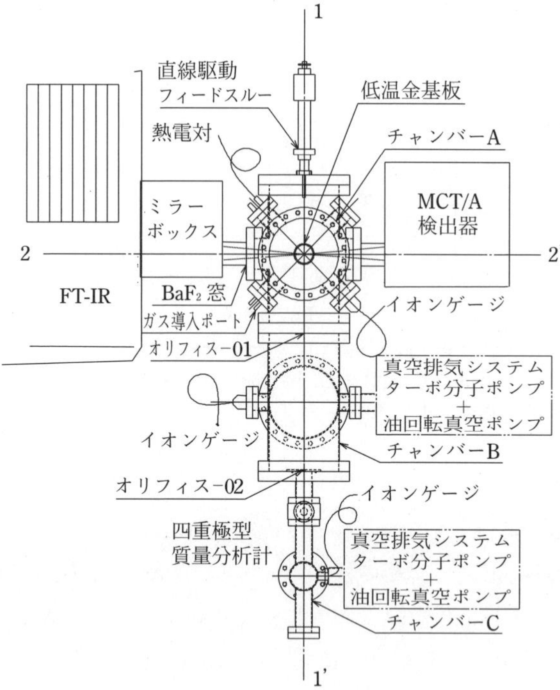

図 2.18　表面取り込み測定装置.

上述の数値計算手法を液滴列法で測定された水蒸気取り込みデータ[20]に適用すると，αは0.2～1.0の範囲となった．当該論文[20]における解析結果は，$\alpha = 0.23$であり，水蒸気に対しても適応係数が真の値より小さく見積もられていた可能性がある．したがって水蒸気の取り込み係数は液滴成長法[21]による$\alpha = 1$に近い可能性が強い．同時にMD計算は$\alpha \sim 1$を強く示唆している[22].

2.3.3　表面への取り込み係数と吸着化学種の同時測定法 ──氷への水蒸気の取り込み──

氷の表面への気体状化学種の取り込み過程の検討は，成層圏雲科学[23]などにおいて重要と考えられる．これまでほとんど例のない，取り込み係数測定と吸着種の赤外分光測定を同時に行うシステムを試作した[24]．システムの全貌を図2.18に示す．全システムはチャンバA, B, Cからなっている．Aの底面中央部

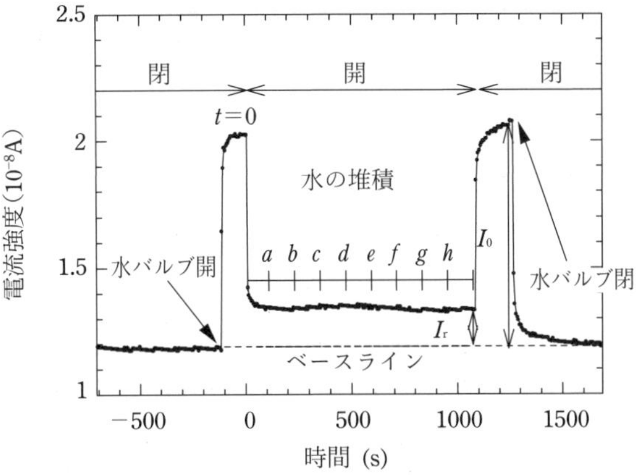

図 2.19　水蒸気の取り込みによる信号強度変化.

に，冷却できる基板が設置してあり，通常はカバーで覆われている．チャンバA に一定速度で気体状化学種を供給し，かつ排気しているとチャンバ A 中の当該化学種は，ある定常の分圧を保っている．基板のカバーを開くと，基板への当該化学種の取り込みに対応してその分圧が低下する．この分圧は，四重極型質量分析計でモニターすることができる．分圧変化の解析により取り込み係数 γ を求める．また吸着層およびその界面は適切に設計した光学系を用いて反射赤外分光法 (RAIR) によって観測することができ，吸着状態の知見が得られる．さらに，基板温度を制御しつつ上昇させ，脱着してくる化学種を質量分析計でモニターし吸着種の吸着強さなどの情報を得ることができる．

図 2.19 に水蒸気の取り込みによる分圧低下の測定例を示す．$t = 0$ でカバーを開いたため水蒸気分圧に対する信号強度が 2.0 近傍から 1.4 近傍まで低下している．解析により，120 K での水蒸気の氷表面への取り込み係数は $\gamma = 0.45$ と決定された．取り込み係数は氷厚さによらず一定であり，吸着層の厚さの増加速度はこれに対応して一定であり，また表面吸着状態もほとんど変化が認められなかった．脱着実験 (TPD) からは，脱着過程が一次反応であるとして，その活性化エネルギーは 49 kJ mol^{-1} であった．氷面の水分子は，分子当り 2 個の水素結合程度の活性化エネルギーで脱着するといえる．なお加熱により氷はアモルファス状態から幾分結晶化することが分かった．

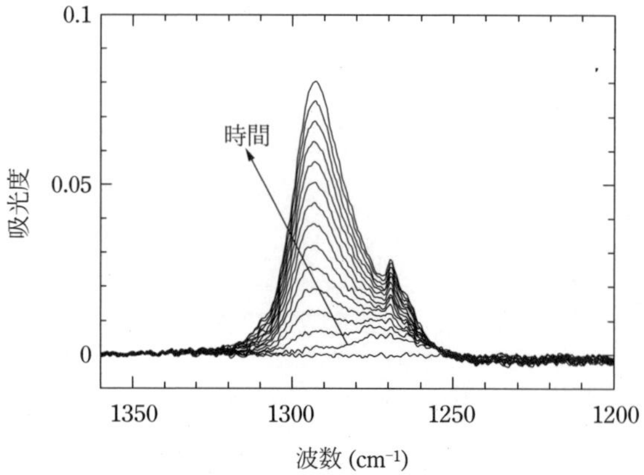

図 2.20　アモルファス氷（64 層）上に堆積した N_2O_4 層の RAIR スペクトルの時間変化　堆積温度　120 K　最終堆積は 4.5 層.

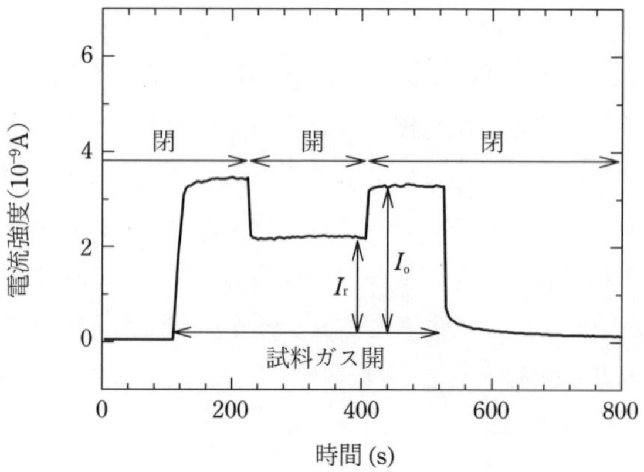

図 2.21　取り込み進行中の NO_2 分圧の変化.
堆積温度　120 K，アモルファス氷（64 層）上への取り込み

2.3.4　アモルファス氷表面への NO_2 取り込み

アモルファス状態の氷膜を，120 K 程度の基板温度で，水蒸気を比較的ゆっくり堆積することによって作成した．生成したアモルファス氷の上に NO_2 気体を暴露しつつ測定した RAIR スペクトルの例を図 2.20 に示す．1300 cm^{-1} 近傍は ONO 対称伸縮領域に対応する．初期に成長する 1270 cm^{-1} 近傍の吸収は氷表面

と直接に相互作用しているN_2O_4（あるいはNO_2）分子種に同定され，その後に1290 cm^{-1}近傍で成長する化学種は，N_2O_4層の上にさらに積み重なったN_2O_4分子種に同定している．

図2.21は質量分析計によるNO_2の分圧の変化を表している．氷膜上のカバーを開くことにより取り込みが進行し分圧が減少する．分圧変化の解析から$\gamma=0.17$と判断した．気相側のNO_2分圧を変化させて取り込み係数を測定したところ，取り込み係数は分圧の増加に伴って増大し，次第に飽和することが見出された．この観測結果は，いったん物理吸着したNO_2に対して，気相からもう1分子のNO_2が直接反応して2量化することでN_2O_4層が形成されることを示唆している．

以上，NO_2の例により，氷表面に対して気体状化学種の取り込み過程を，その速度測定と分光学的測定との両者から追跡する方法論と意義が示された．

水および氷面への気体状化学種の取り込みは，大気エアロゾル化学にとって重要であり，現在，種々の方法でデータ蓄積が進んでいる[25)]．しかし，さらに測定精度や具体的内容の把握を進め，検討を積み重ねる必要がある．

2.4 有機成分の凝縮と粒子成長

2.4.1 ガス—粒子分布

1）二次生成有機成分の凝縮

炭化水素（HC）からの二次有機エアロゾル（SOA）の生成は，HCの光化学反応性やHCから生成する高極性・高凝縮性有機化合物（COC）に依存する．有機エアロゾル生成能に関する研究のうち，大気環境への影響を評価するためには，粒子の吸湿性・水への溶解性や凝縮性に関する情報が必要である．ここでは，バッチ型の光照射チャンバ，または流通系反応装置を用いて発生させた凝縮性有機成分のガス—粒子分布の変化をまとめた．

2）α-ピネン—NOx—空気系光化学反応により生成した水溶性有機成分のガス—粒子分布

バッチ型の光照射反応装置であるスモッグチャンバを用いて，α-ピネン（約14 ppm）—NOx（NO 約 1.0 ppm，NO_2 約 1.0 ppm）—空気を温度 30 ± 1℃，相対湿度（RH）約 40%の条件下で 120 分間光照射を行った．光照射終了後に，生成した有機成分を捕集するため，オゾンを除去する KI デニューダ（1 本），気相中の水溶性有機成分（水溶性有機炭素 WSOC）を捕集する XAD－4 デニューダ（2 本）を装着したフィルタパック（石英フィルタ 3 段）を用いて，ガス状 / 粒子状有機成分を 10 L min^{-1} で 20 分間捕集した．デニューダ試料から気相中の WSOC，フィルタ試料から粒子相の SOA および WSOC を求めた．

気相の WSOC，粒子相の SOA と WSOC は，それぞれ 4.9，13.8，12.3 mg-C m^3 であり，粒子相の SOA の 89%は WSOC であったが，100%にはならなかった．この理由としては，酸化過程を経て生成した COC は極性置換基（= C = O，C－OH，－COOH）を持ち，その分子量が大きく低水溶性のものが一部含まれていたか，Czoschke らの報告[26] のように，極性物質同士の高分子化が粒子相中で生じ，そのため水への溶解性が低下していた可能性が考えられる．

3）HC － O_3 －空気系の光化学反応により生成した水溶性有機成分のガス—粒子分布

バッチ型の光照射反応装置では長時間反応が可能であるが，壁面への粒子沈着などによるエアロゾル生成能の過小評価や，壁面の汚れによる光量の低下，またテフロンフイルムバッグ等を用いた場合，その多孔性による外気の影響を受ける可能性がある．そこで，ガラス製の流通系反応器を用い，α-ピネン－O_3 反応の初期に生成する COC のガス—粒子分布に与える既存粒子（核粒子：$(NH_4)_2SO_4$：AS）の影響を調べた．流通系反応器（内径 7.3 cm ×長さ 150 cm）に，α-ピネン2.0±0.2 ppmおよびO_3 300±30 ppbを含む実験ガスを流量約15 L min^{-1}（滞留時間約25 s）で導入した．既存粒子としては，アトマイザーと拡散ドライヤ，中和器（^{85}Kr）を組み合わせた系により，AS を発生させた．発生粒子の粒径分布は，走査型モビリティ粒径分析器（SMPS）により，17.8-930 nm の粒径範囲で測定した．反応時の温度および湿度は，それぞれ 25±2℃，RH10%以下であっ

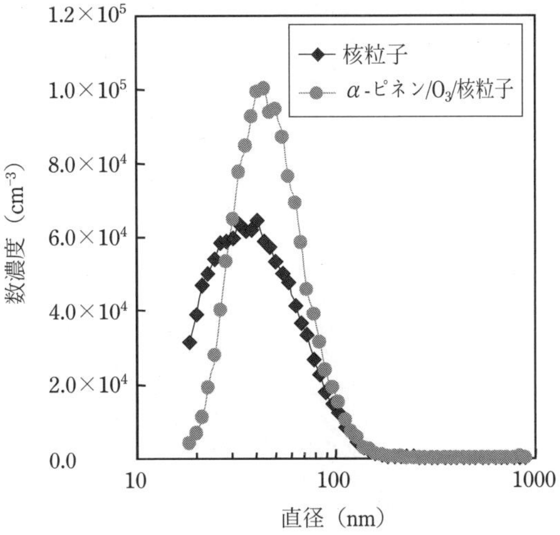

図 2.22　核粒子である $(NH_4)_2SO_4$ と α - ピネン / O_3 反応ガス混合時の発生粒子の粒径分布.

た.

図2.22には核粒子とそれにα - ピネン － O_3反応で生成したSOAを混合させた場合の粒径分布を示した．核粒子の個数中央粒径（CMD）は 39 nm であったが，SOA の混合により粒子成長し，CMD は 45 nm にまで増大した.

また，体積濃度分布からその成長を比較し，図 2.23 に示す．核粒子と自己凝縮により得られた SOA（1.32×10^6 nm^3 cm^{-3}）を差し引いた体積濃度は 1.23×10^9 nm^3 cm^{-3}であり，自己凝縮により得られたSOAより格段に高濃度となっており，粒子上への高極性有機成分の凝縮による粒子化を考慮することが重要であることが推測された.

2.4.2　粒子成長

1）シュウ酸被覆粒子と吸湿特性

有機エアロゾルの吸湿特性に関する研究の一環として，既存粒子としての無機粒子上へ有機成分を凝縮させ，外部混合粒子を発生させ，核となる既存粒子上に凝縮させた有機エアロゾルの成分が与える，外部混合粒子の吸湿成長に対する影響を調査した．なお，ここでは大気エアロゾルの主要な構成成分である，

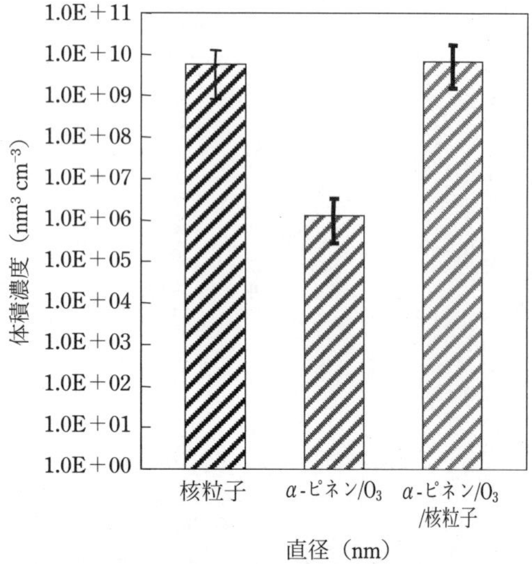

図 2.23　核粒子，α-ピネン/O_3 の SOA，SOA と既存粒子の混合系それぞれの体積濃度分布.

水溶性無機エアロゾルを考慮して，核粒子を $(NH_4)_2SO_4$，凝縮性物質として，水溶性の有機エアロゾルを考慮してシュウ酸を対象とし，被覆粒子の吸湿特性を調べた.

Rader と McMurry の報告[27] を参考にし，分級測定のための微分型静電分級器（Differential Mobility Analyzer; DMA）二台を組み込んだ単分散エアロゾルの吸湿特性測定装置を作成し，水分の吸収による粒子成長実験に用いた．同測定装置は，アトマイザーと拡散ドライヤからなるモデル粒子発生部，単分散エアロゾルを取り出すナノ DMA，粒子を吸湿成長させる加湿管，さらに成長後の粒径を測定する DMA から構成されている.

単分散エアロゾル粒子へのシュウ酸ガスを被覆する方法として，シュウ酸蒸気を AS 粒子と混合させ，冷却により被覆させる蒸着法を採用した．なお，単分散エアロゾルを被覆させる系は加湿管の手前に取り付けられ，Niessner[28] や Xiong ら[29] が用いた蒸着法に準ずるもので，蒸気発生部と過剰ガス除去部に大別される.

図 2.24 は，AS 粒子を核とするシュウ酸被覆粒子の体積割合に対する成長因

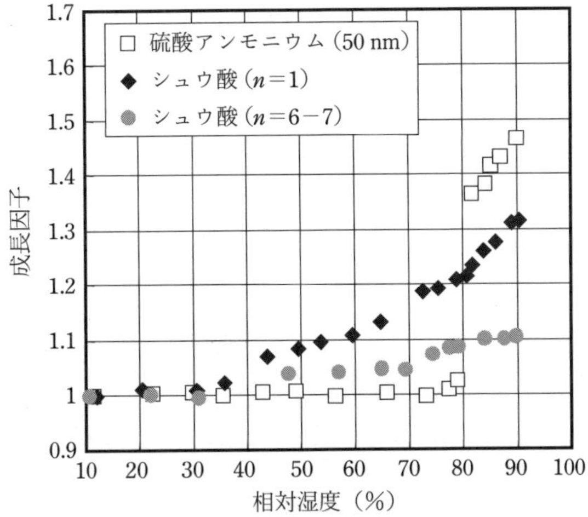

図 2.24　シュウ酸被覆粒子の吸湿特性（核粒子は 50 nm）.

子 $G_f(RH)$ を，乾燥状態 ($RH < 10\%$) における粒径 D_i とある相対湿度条件における粒径 $D_f(RH)$ によって求めた (式 (2.5))．また，外部混合させた物質の膜厚 (γ_0) は被覆前の粒径 (D_0) と被覆後の粒径 ((D_0) c) から以下の式 (2.6) で表され，この γ_0 により被覆された層の厚さや体積割合を把握することができる．なお，被覆した層の数 n は，単分子有機膜の厚さを 2.4 nm[29, 30] と仮定し，算出した．

$$G_f(RH) = \frac{D_f(RH)}{D_i} \tag{2.5}$$

$$\gamma_0 = \frac{[(D_0)_c - D_0]}{2} \tag{2.6}$$

図 2.24 から，RH80%以下では吸湿特性を示さない単一成分で構成されている AS 粒子は，表面にシュウ酸を被覆することで，シュウ酸の占める体積割合が増加するとともに，Prenni ら[31] が報告している内部混合させたシュウ酸粒子 (図 2.25) と同様の吸湿特性を示した．図 2.26 に示す被覆粒子中のシュウ酸の体積割合から，RH85, 90%では，RH が大きくなるにつれて成長因子が減少した．しかし，RH75%で，シュウ酸の体積割合が 0 ～ 15%の場合では一度上昇する傾

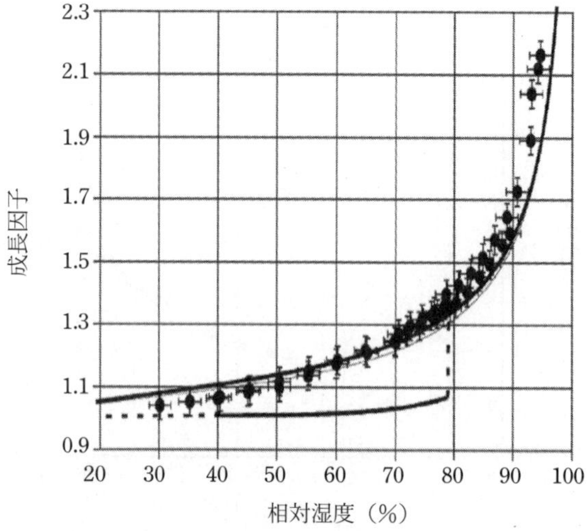

図 2.25　内部混合シュウ酸粒子の吸湿特性（●）（体積割合 1：1）（Prenni *et al*., 2003）[31]．

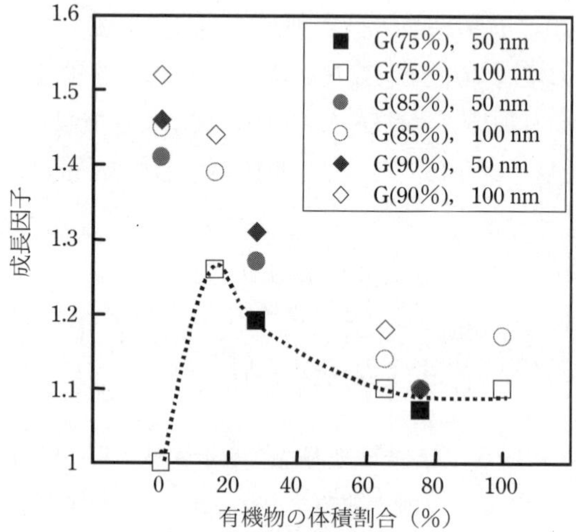

図 2.26　シュウ酸被覆粒子の体積割合に対する成長因子．

向を示し，15%以降からは割合に応じて減少する傾向を示した．つまり，粒子表面に被覆した物質が内部の粒子本来の吸湿性を変化させている可能性が示唆された．

2）極性・非極性有機エアロゾル被覆粒子の吸湿特性

大気中の有機エアロゾルは，複数の化学種からなる混合体であり，その多くは極性基を有しているが，一次排出粒子には，芳香族化合物やパラフィンのような非極性の有機化合物を多く含んでいる．ここでは，それらの水溶性・非水溶性の特性が，水溶性の無機塩に凝縮した場合，吸湿特性にどのような影響を及ぼすか，代表的な化合物を選択して実験的な検証を行った．

単分散エアロゾルの吸湿特性測定装置は先の装置と同様のものを用いたが，加湿空気との混合による粒子濃度の希釈を避けるため，パーマピュアドライヤを粒子の加湿部として用いた．幾つかの研究ではDMAおよび加湿部を30℃程度に保温しているが，揮発による粒径の変化についても報告[31]されている．そこで，ここでは被覆粒子の評価を行うため保温しない室温条件下（25 ± 2℃）で行った．

また，単分散エアロゾルを被覆させる系と核粒子は先のものと同様であるが，被覆化合物には，水溶性有機物としてフタル酸（Ph），非水溶性有機物としてピレン（Py）を選んだ．AS核粒子は100 nmに固定し，その上に有機物を4～14 nm被覆させ，それぞれの乾燥条件における粒径と加湿された粒子の粒径の比から成長因子を求めた．

図2.27にはフタル酸（図2.27 (a)）およびピレン（図2.27 (b)）を被覆させAS粒子に対する，相対湿度と成長因子の関係を示す．

100 nmのAS粒子は，相対湿度85%の成長因子 G (85%) は1.58であるのに対して，100 nmのフタル酸の G (85%) は1.14程度であり，RH40～60%の低湿度条件でも増加する傾向にあった．しかし，フタル酸を被覆した粒子は，硫酸アンモニウム粒子の潮解湿度（約80%）に影響を与えず（低湿度側での成長が確認されず），潮解湿度以降の G (RH%) は被覆の厚さ（乾燥粒径における硫酸アンモニウム粒子と被覆後の粒径の差）に依存して減少傾向にあり，被覆の厚さが3.9 nm，8.4 nmの粒子に対して G (85%) はそれぞれ1.41，1.36であった．

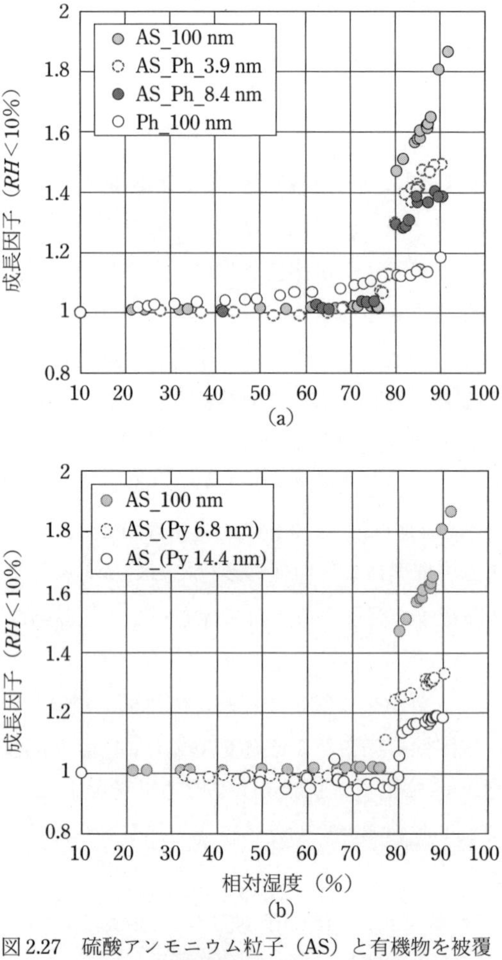

図 2.27　硫酸アンモニウム粒子（AS）と有機物を被覆した粒子の吸湿特性．（a）フタル酸（Ph），（b）ピレン（Py）．

次に，非水溶性有機物であるピレンを被覆させた場合では，フタル酸と同様に，硫酸アンモニウム粒子の潮解湿度に影響を与えず，被覆の厚さが 6.8 nm, 14.4 nm の粒子に対する *G*（85%）はそれぞれ 1.29，1.16 であり，被覆の厚さに伴って *G*（*RH*%）が減少する傾向であった．

これらの一連の結果から，被覆した厚さが同程度の時，水溶性であるフタル酸は，非水溶性であるピレンよりも成長因子 G (*RH*%) は大きい傾向であったが (フタル酸 8.4 nm で G (85%) は 1.36，ピレン 6.8 nm で G (85%) は 1.29)，硫酸アンモニウム粒子の潮解湿度に大きな影響を与えず，吸湿成長を示す結果であった．これより，「湿度の増加に伴う粒子相からの気相への脱離」や「液滴の形成による有機成分の粒子内部への取り込み (溶解もしくは固体との混合溶液)」といった，粒子成分の形態変化が生じる可能性が示唆された．

参考文献

1）Sander, S. P. *et al.*（2003）. *Chemical Kinetics and Photochemical Data for Use in Atmospheric Studies.* JPL Publication 02–25.

2）Atkinson, R. *et al.*（1989）. Evaluated kinetics and photochemical data for atmospheric chemistry supplement IV. *J. Phys. Chem. Ref. Data* **18**, 881–1097.

3）Atkinson, R. *et al.*（1992）. Evaluated kinetics and photochemical data for atmospheric chemistry supplement III. *J. Phys. Chem. Ref. Data* **21**, 1125–1068.

4）Seinfeld, J. H. and Pandis S. N.（1996）. *Atmospheric Chemistry and Physics.* Wiley-Interscience, New York.

5）秋元　肇ほか 2 名（2002）「対流圏大気の化学と地球環境」，学会出版センター．

6）Kuga, Y., *et al.*（2001）. Investigation of the classification performance of a low pressure differential mobility analyzer for nanometer-sized particles. *J. Nanoparticle Research* **3**, 175–183.

7）Svensmark, H. and Friis-Christensen, H.（1997）. Variation of cosmic ray flux and global cloud coverage —A missing link in solar-climate relationship. *J. Atmos. Sol. Terr. Phys*. **59**, 1225.

7）Nadykto, A. B. and Yu. F.（2004）Formation of binary ion clusters from polar vapors: effect of the dipole-charge interaction. *Atmos. Chem. Phys*. **4**, 385–389.

8）Lovejoy, E. R., Curtius, J., Froyd, K. D.（2004）Atmospheric ion-induced nucleation of sulfuric acid and water. *J. Geophys. Res.* **109**（D8）Art. No. D08204.

9）Laakso, L., Makela, J. M., Pirjola, L., Kulmala, M.（2002）. Model studies on ion-induced nucleation in the atmosphere. *J. Geophys. Res.* **107**（D20）Art. No. 4427.

10）Kazil, J. and Lovejoy, E. R.（2004）Tropospheric ionization and aerosol production: A model study. *J. Geophys. Res.* **109**（D19）Art. No. D19206

11）Kathmann, S. M., Schenetr, G. K. and Garrett, B. C.（2005）Ion-induced nucleation: The importance of chemistry. *Phys. Review Lett.* **94**（11）Art. No. 116104.

12）Froyd, K. D. and Lovejoy, E. R（2003）Experimental thermodynamics of cluster ions composed of H_2SO_4 and H_2O. 2. Measurements and a initio structures of negative ions. *J. Phys. Chem.* A. **107**（46）9812–9824.

13）Wilhelm, S., Eichkorn, S., Wiendner, D., Pirjola, L. and Arnolf, F.（2004）Ion-induced aerosol formation: new insights from laboratory measurements of mixed cluster ions $HSO_4^-(H_2SO_4)_a(H_2O)_w$ and $H^+(H_2SO_4)_a(H_2O)_w$. *Atmos. Environ.* **38**（12）1735–1744.

14）Joutsensaari, J., Loivamak, M., Vuorinen, T., Miettinen, P., Nerg, A. M., Holopainen, J. K. and

Laaksonen, A. (2005) Nanoparticle formation by ozonolysis of inducible plant volatiles. *Atmos. Chem. Phys.* **5**, 1489–1495.
15) Nagato, K., Kim, C. S., Adachi, M. and Okuyama, K. (2005) An experimental study of ion-induced nucleation using a drift tube ion mobility spectrometer/mass spectrometer and a cluster-differential mobility analyzer/Faraday cup electrometer. *J. Aerosol Sci.* **36**, 1036–1049.
16) Harrison, R. G. and Carslaw, K. S. (2003) Ion-aerosol-cloud processes in the lower atmosphere. *Rev. Geophys.* **41**, 3/1012.
17) Lee, S. -H, Reeves, J., Wilson, J. C., Hunton, D. E., Viggiano, A. A., Miller, T. M., Ballenthin, J. O., Lait, L. R. (2003) Particle formation by ion nucleation in the upper troposphere and lower stratosphere. *Science,* **301**, 1886–1889.
18) Laakso, L., Anttila, T., Lethtinen, K. E. J., Alto, P. P., Kulmala, M., Horrak, U., Paatero, J., Hanke, M., and Arnold, F. (2004) Kinetic nucleation and ions in boreal forest particle formation events. *Atmos. Chem. Phys.* **4**, 2353–2366.
19) Li, Y. Q., Davidovits, P., Shi, Q., Jane, J. T., Kolb, C. E., Worsnop, D. R. (2001). Mass and thermal accommodation coefficients of H_2O (g) on liquid water as a function of temperature. *J. Phys. Chem. A* **105**, 10627–10634.
20) Winkler, P. M., Vrtala, A., Wagner, P. E., Kulmala, M., Lehtinen, K. E. J. and Vesala T. (2004). An experimental study on thermal and mass accommodation coefficients for the condensation of water vapour. In *Nucleation and Atmospheric Aerosols* 2004 (edited by Kasahara, M. and Kulmala, M.), pp. 143–146. Kyoto Univ. Press, Kyoto.
21) Morita, A., Sugiyama, M. and Koda, S. (2003). Gas-phase flow and diffusion analysis of the droplet-train/flow-reactor technique for the mass-accommodation processes. *J. Phys. Chem. A* **107**, 1749–1759.
22) Morita, A., Sugiyama, M., Kameda, H., Koda, S. and Hanson, D. R. (2004). Mass accommodation coefficient of water: molecular dynamics simulation and revised analysis of droplet train/flow reactor experiment. *J. Phys. Chem. B* **108**, 9111–9120.
23) Finlayson-Pitts, B. J. and Pitts, Jr., J. N. (1999). *Upper and Lower Atmosphere.* Academic Press. New York.
24) Susa, A. and Koda, S. (2004). An integrated system for surface science measurements of adsorbed species on ice surface under UV laser irradiation: Application to water vapour deposition, reaction and desorption processes. *Measurement Science and Technology* **15**, 1230–1238.
25) http://jpldataeval.jpl.nasa.gov/
26) Czoschke, N. M. *et al.* (2003). Effect of acidic seed on biogenic secondary organic aerosol growth. *Atoms. Environ.* **37**, 4787–4299.
27) Rader, D. J. and McMurry, P. H. (1986). Application of the tandem differential mobility analyzer to studies of droplet growth or evaporation. *J. Aerosol Sci.* **17**, 771–787.
28) Niessner, R. (1984). Coated particles: Preliminary results of laboratory studies on interaction of ammonia with coated sulfuric acid droplets or hydrogensulfate particles. *Sci. Total Environ.* **36**, 353–362.
29) Xiong, J. Q. *et al.* (1998). Influence of organic films on the hygroscopicity of ultrafine sulfuric acid aerosol. *Environ. Sci. Technol.* **32**, 3536–3541.
30) Adam, N. K. (1968). *The Physics and Chemistry of Surfaces.* Dover Publications, New York.

31）Prenni, A. J., *et al.*（2003）. Water up take of internally mixed particles containing ammonium sulfate and dicarboxylic acids. *Atoms. Environ.* **37**, 4243–4251.

3 エアロゾルの測定法

大気エアロゾルの性状は，粒径，化学組成，濃度，形状，反応性，溶解性，光学的特性など多数の因子によって表される．中でも粒径，化学組成，濃度は，地球温暖化，酸性雨などへの影響を検討する上で最も重要な因子である．本章では，大気エアロゾルの性状特性の評価と関連して，

1) 大気エアロゾルの粒径分布および個別粒子化学成分の測定
2) 含炭素エアロゾル測定法の開発と光学特性などの性状計測
3) 新規に開発されたエアロゾルの計測手法を用いた東アジア地域における大気エアロゾルの性状評価

などについて述べるが，具体的には筆者らが行った，

1) 大気エアロゾルの粒径分布を個数基準，浮遊状態で計測するための，微分型静電分級器 (DMA)，凝縮核計数器 (CNC)，ファラデーカップ電流計 (FCE) を組み合わせた計測手法
2) 大気エアロゾルの有する化学性状の多様性 (無機化学組成，混合状態) を粒径別および個別粒子ごとに非破壊的に定量化できる方法として，放射光マイクロビームを利用した分析システム
3) 大気エアロゾル中の有機炭素 (OC) と元素状炭素 (EC) の測定技術の開発・改良や OC の捕集方法に関する基礎実験，モデル粒子の光学特性，吸湿特性の計測

などについて紹介する．特に，大気エアロゾル中の含炭素成分のうち，ECは可視光を吸収し温暖化に関わること，OCには吸湿性の高い極性有機物が含まれ一部は雲核として働く可能性が指摘されているが未解明の部分が多いこと，ECの標準物質が存在しないためOCとECの区別は分析法毎に定義されており測定結果の相互比較が困難であること，測定中におけるOCのECへの炭化などの問題を抱えている．

また，上記1）～3）で開発されたエアロゾルの分析法を，東アジア地域におけるエアロゾルの性状評価へ適用した例として，京都府丹後半島及び韓国での黄砂時及び非黄砂時のエアロゾル粒子化学成分の同時計測により，場所および時間による性状の変化を議論し，また，大阪府堺市でのECおよびOC量の5年間に及ぶ長期観測から，両者の経年変化および季節変動の差異を明らかにする．

なお，本章で紹介する計測法は，本書第4章および第8章で紹介される研究においても使用されている．

3.1 エアロゾルのサイズ計測

3.1.1 LDMA-FCEシステムを用いたサブミクロンエアロゾル粒子の計測[1)]

1）微分型静電分級器とファラデーカップ電流計

サブミクロン粒子はその成分，大気中の挙動の特性により地球の気候と人間の健康に重大な影響を及ぼすため，その計測は重要な課題であるが，浮遊状態のサブミクロン粒子の粒度分布を詳細に得ることは難しい．そこで，筆者らは迅速かつ高精度な粒度分布計測を可能にするために，微分型静電分級器（Differential Mobility Analyzer: DMA）を用いた計測法を検討した．DMAで分級された粒子を計数するための装置として，凝縮核計数器（Condensation Nucleus Counter: CNC）が主に利用されているが，DMA-CNCシステムは，サブミクロン粒子計測に対して幾つか欠点がある．DMAは，分級可能な粒径の範囲が狭く，1 μm程度の粒子への適用は難しい．CNCについては，装置のコストが高いだ

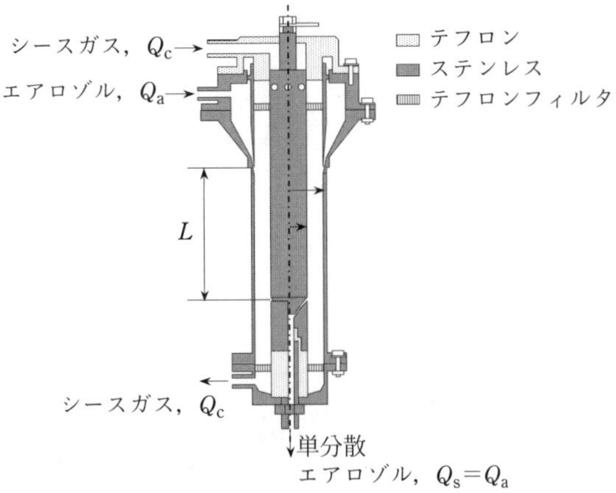

図 3.1　LDMA の構造

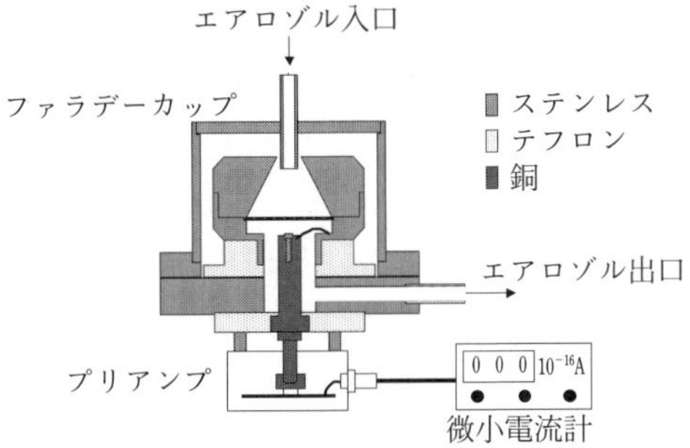

図 3.2　FCE の構造.

けでなく，温度や圧力などの操作環境に制約が大きいことが問題である.

明星ら[2]は，分級部の長さが TSI model 3081 DMA より 16 cm 長い長尺 DMA (Long DMA, LDMA, 図 3.1) を開発することで計測可能な粒径の範囲を広げた. 一方，図 3.2 に示した荷電粒子の帯電量を測定し粒子個数濃度を求めるファラデーカップ電流計 (FCE)[3] は，CNC よりも安価で操作環境に関する制約が少ない. そこで筆者らは，LDMA と FCE を組み合わせたサブミクロンエアロゾル粒子計測システムの開発を行った.

2) 分級および粒径分布計測性能の評価

はじめに，LDMA の分級性能を評価するために PSL 標準粒子を LDMA で分級

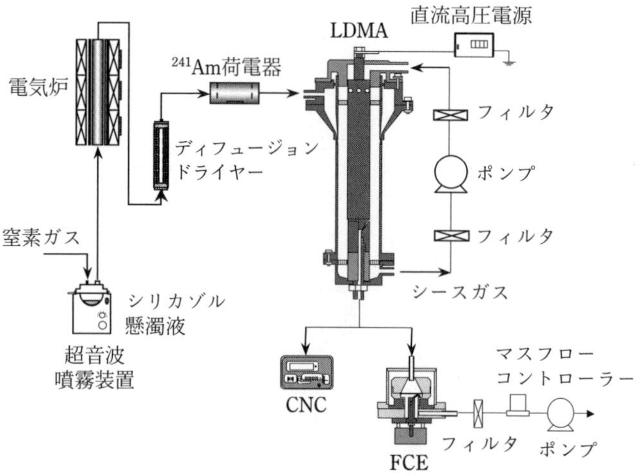

図 3.3　LDMA-FCE システムの性能を評価するための実験系.

し，CNC で粒子の個数濃度を計数した．次に，LDMA-FCE システムの計測性能を検証するための実験を行った．図 3.3 に示した通り，多分散シリカ粒子の電気移動度分布を，LDMA-FCE システムと LDMA-CNC システムの両方で計測した．これらのシステムで得られた電気移動度分布を，筆者らが LDMA-FCE 用に改良したデータリダクションと従来の LDMA-CNC のデータリダクション[4] によってそれぞれ粒度分布に変換し，相互比較を行った．

図 3.4 は 1.008 μm の PSL 粒子の電気移動度分布の計測結果であるが，それぞれ複数のピークが検出され，これらは多重帯電粒子の存在を示している．同じ大きさの粒子では，p 個の電気素量を持つ多重帯電粒子の電気移動度は 1 個帯電粒子の電気移動度の p 倍となるが，検出されたピーク電気移動度の値は，実際，互いに整数比の関係にあった．これに加えて，多重帯電粒子と 1 個帯電粒子の濃度の比も平衡帯電状態から予測される値[4] と十分一致した．以上より，LDMA は 1 個帯電，多重帯電サブミクロン粒子ともにうまく分級できていることが分かった．

図 3.5 (a) と (b) は LDMA-FCE システムおよび LDMA-CNC システムで計測した多分散粒子の電気移動度分布と粒度分布である．多重帯電粒子が存在するために，FCE によって得られた電気移動度分布のピークは CNC で得られた

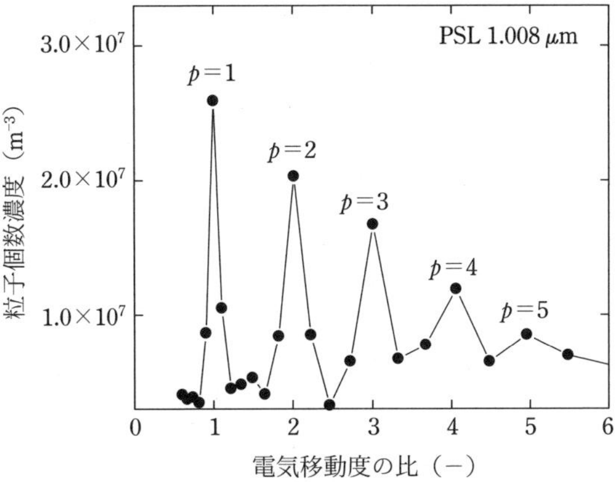

図 3.4　LDMA で求められた 1.008 μm の PSL 標準粒子の電気移動度分布

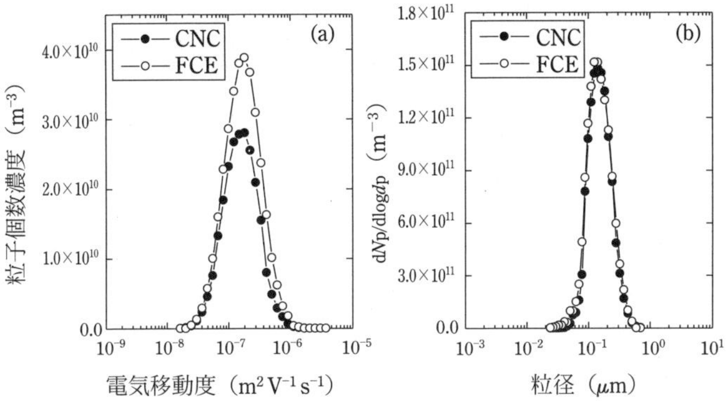

図 3.5　LDMA-FCE と LDMA-CNC システムにより得られた電気移動度分布 (a) と粒度分布 (b).

分布のピークよりも高いが，LDMA-FCE システム用に改良したデータリダクションで変換した粒度分布は，LDMA-CNC システムで得られた粒度分布とよく一致していることが分かる．この結果より，LDMA-FCE システムがサブミクロン粒子計測に適していることを明らかにできた．

3.1.2　凝縮法によるガス中ナノ粒子の計測[5)]

1）混合型凝縮核計数器と粒子径拡大器

混合型凝縮核計数器 (Mixing-Type CNC: MTCNC) は，高温蒸気を常温のエアロゾルと混合することで，過飽和の蒸気雰囲気中で粒子を凝縮成長させ，光散乱法により粒子個数濃度を計測する装置である[6,7]．MTCNCは，広く用いられている伝導冷却型CNCよりも最小可測粒径の点で優れているが，3 nm以下のサイズの粒子の測定には十分ではない．そこで，MTCNCと同じ凝縮成長原理に基づいた粒子径拡大器（Particle Size Magnifier: PSM）の改良に注目した．筆者らはKogan and Burnashova[8]により開発されたPSMに対して微小粒子を計測するための改良を行ってきた[6]が，さらに3 nm以下のナノ粒子までも効率よく測定できることを目指して，PSMの更なる改良を行った．

図3.6に改良したPSMの構造図を示す．このPSMは高温蒸気を得るサチュレータ，エアロゾルの導入・冷却部，混合部，コンデンサー部から成り立っている．混合部を細いT字管とすることで，蒸気とエアロゾルの混合時間を短縮した．また，既存のPSMの多くがDBP蒸気を使用していたのに対して，筆者らは，蒸気圧が比較的低くまた蒸気圧曲線の温度に対する変化が大きいエチレングリコール蒸気を使用した．

2）改良型PSMの計数効率の評価

ナノ粒子に対するPSMの計数効率を評価するために，蒸発-凝縮型装置で発生させたNaClエアロゾル粒子をDMAで分級し，PSMとFCEに同じ濃度で導入した．PSMで成長させた粒子は伝導冷却型CNC（TSI, model 3020）またはレーザパーティクルカウンタ（Rion, KC-18）に導き，粒子の個数をカウントした．FCEは，原理上可測粒径の下限がないので，PSMの性能の比較対照用として用いた．PSMとFCEで同時に測定した粒子個数濃度の比から，PSMの計数効率を求めた．

図3.7に改良したPSMの計数効率を，TSI社の伝導冷却型CNC（model 3020, 3022, 3025）と比較した結果を示す．CNCはいずれも粒子径の減少とともに計数効率が低下し，2 nm以下の粒子はほとんど検出できない．これに対してPSMは1.6 nmの粒子でも，負帯電粒子の場合ほぼ100％の計数効率を示している．FCEでは約10^2 cm^{-3}以下の個数濃度のエアロゾル計測が困難なため，筆者らのPSMは，ナノメートルサイズのイオンや粒子が大気環境中で果たす役割を解明するための有用な装置となると考えられる．

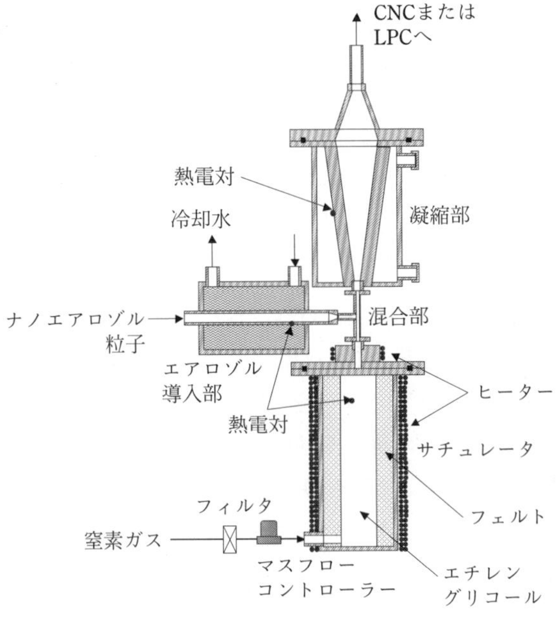

図 3.6　PSM の構造.

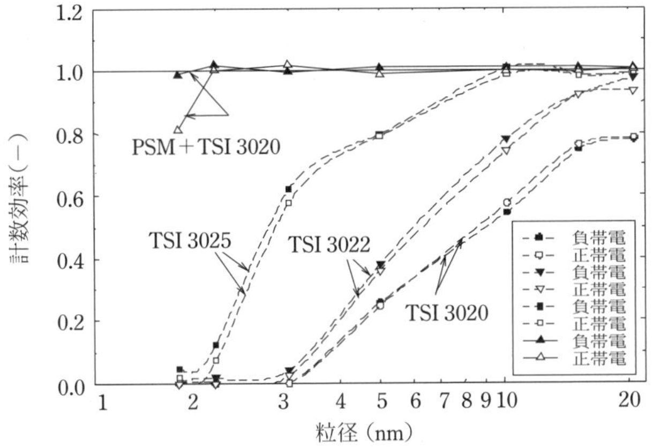

図 3.7　PSM と伝導冷却型 CNC の計数効率.

3.1.3 軟X線フォトイオナイザによるエアロゾルナノ粒子の荷電[9,10)]

1) エアロゾルの両極荷電

DMAによる粒子の計測では，粒子を正負両極イオンによって平衡帯電状態にすることが必要である．またエアロゾルの両極荷電現象は，粒子の輸送，沈着の制御・防止とも関連して重要である．これまで両極イオンの発生源として，^{85}Krや^{241}Amなどの放射線源が広く用いられてきた．このような放射線源には半減期の長いものが多く，また取り扱いや保管に多大な注意を払う必要がある．一方，軟X線は電離により両極イオンを生成するが，遮蔽を含め取り扱いが比較的容易であり，またイオンの発生を瞬時に開始・停止できる．そこで筆者らは，軟X線を用いたエアロゾル荷電器を開発してその性能評価を行うとともに，^{241}Am α線源を用いた荷電器との比較を行った．

2) 軟X線荷電器の性能評価

検討した二つの荷電器の構造を図3.8に示す．軟X線荷電器では，壁面に軟X線装置（Hamamatsu Photonics, L6941）の照射部を取り付けた．荷電性能を確かめる実験の系を図3.9に示す．N_2キャリアガス中で発生させた銀のナノ粒子を，DMAとα線中和器などを用いて無帯電単分散粒子とした．これらの粒子を，軟X線荷電器またはα線荷電器に導入し，その下流側に設置した静電式集塵器を通過させた後粒子濃度を計測した．集塵器を稼動しなかった場合は，荷電器を通過する全ての粒子の濃度が計測され，稼動した場合には，荷電器で荷電されなかった粒子のみの濃度が計測される．これらを比較することで，試験荷電器による粒子の荷電率を求めた．

上記実験の結果を図3.10に示す．粒径が大きくなるに従って，荷電粒子の割合が増大したが，二つの荷電器による荷電率はほぼ同じ値を示した．図中の実線は，Fuchsによるイオンと粒子の衝突確率[11)]ならびにイオンの電気移動度を考慮して得られた荷電率の理論計算値である．計算値が測定値とよく一致していることから，軟X線荷電器がエアロゾルの荷電装置として有用な装置になりうることが示された．

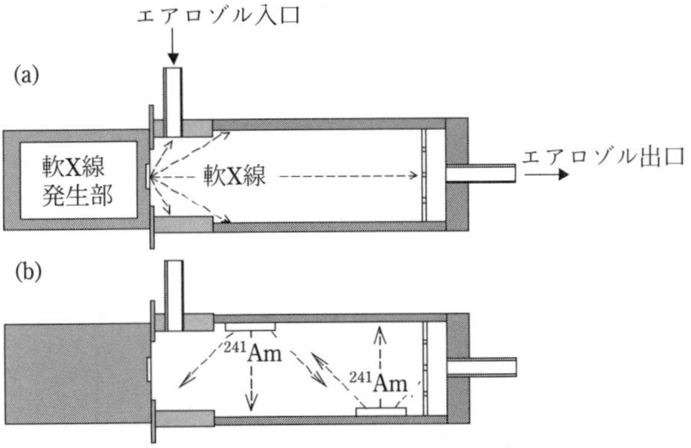

図 3.8　軟 X 線荷電器(a)と ^{241}Am 荷電器(b)の構造

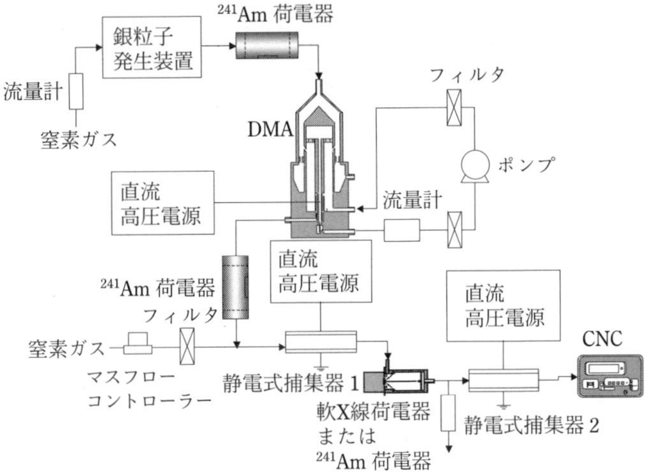

図 3.9　荷電器の荷電効率を計測するための実験.

3.2　個別粒子中の無機成分分析

大気エアロゾルの分野では，フィルタやカスケードインパクタで粒子を捕集し，イオンクロマトグラフィ（IC）やプラズマ発光分析（ICP）法によるバルク分析が広く行われているが，検出限界等の問題から個々の粒子が有する化学組成の情報が時間およびサイズで平均化される場合が少なくない．すなわち，バ

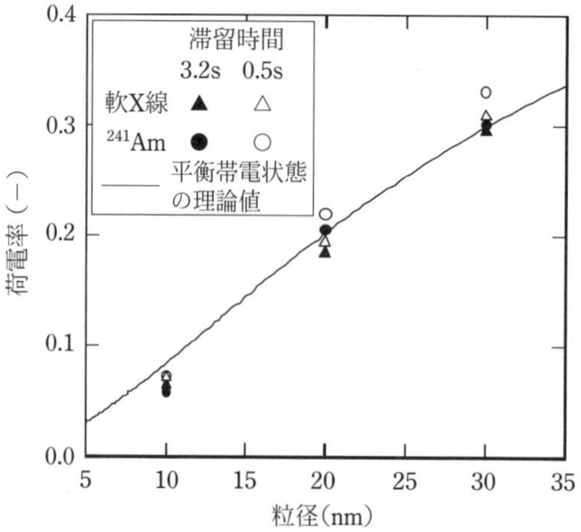

図 3.10　荷電率の粒径依存性と理論値の比較．

ルクあるいは半バルク分析では図3.11に示した時間t，体積v，化学成分のモル数n_i，粒子内部の位置rの関数として定義されるエアロゾルの化学組成別粒度分布関数が，粒径，時間，組成で平均化されて計測されることになる．市販されている種々の計測装置について，平均化の過程と測定量を図3.12に示す．近年の分析化学技術の飛躍的な進歩は，従来のバルク分析に代わって極微量の個別粒子分析を可能とし，後述する飛行時間型質量分析法（ATOFMS）[13,14] では個別粒子の粒径と組成の実時間的分析が実現している．バルク，粒径別バルク，実時間個別粒子分析についての比較を図3.13に示したが，平均化，捕集装置の選択は対象，目的，化学分析手法によって異なることはいうまでもない．本節ではエアロゾル無機成分分析法の概要を述べた後，放射光マイクロビームおよび薄膜法を用いた個別粒子分析法について解説する．

3.2.1　エアロゾルの無機成分分析法

エアロゾルの化学分析法はSpurny[16] の成書に詳細が述べられているが，一般には，フィルタあるいはカスケードインパクタの各段に捕集されたバルク試料に対して，原子吸光やICP-MSなどの破壊分析法や蛍光X線分析，中性子放射化分析，PIXE（Particle Induced X-ray Emission）などの非破壊法によって，エアロゾルの元素濃度が求められている．なお，エアロゾルの水溶性（イオン）成分

$g^*(t, v, n_1, \cdots n_{k-1}, r)$

⬇

$g(t, v, n_1, \cdots n_{k-1})$　　$\frac{dN}{N}=g(t, v, n_1, \cdots, n_{k-1})\ dvdn_1 \cdots dn_{k-1}$

⬇

$g'(t, v)$　　$v=\sum_{i=1}^{k} n_i \bar{v}_i$

平均化
（粒径，時間，組成）　$\frac{\int_{t_1}^{t_2}\int_{v_1}^{v_2}\int g dn_1 \cdots dn_{k-1} dv dt}{t_2-t_1}=\overline{\int_{v_1}^{v_2}\int g dn_i dv}$

図 3.11　化学組成別粒度分布関数

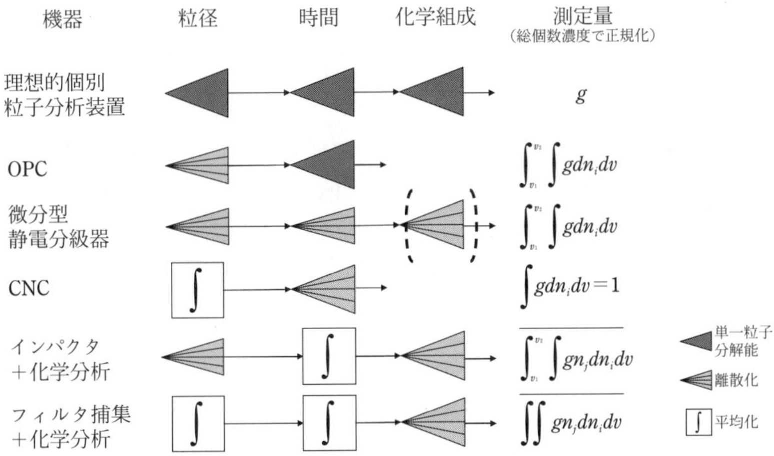

図 3.12　エアロゾル計測機器の特性（文献[12]に加筆）.

の分析は，バルク試料を純水中に抽出した後，イオンクロマトグラフィなどによって分析される例が多い．また，X 線回折法では，結晶構造の同定が可能となる．

前述したようにバルク試料による分析では，長時間捕集により短時間の時間変動や個々の粒子が有する情報が消失し平均化される．そこで，個々の粒子の粒径，化学組成とその分布状態（均一性）に関する分析法として，電子顕微鏡とエネルギー分散型 X 線分析装置（SEM, TEM-EDX）による解析がよく行われる．また，後述する種々のマイクロビームを用いた個別粒子の組成分析とマッピングによる研究も進められている．さらに，ナノサイズのエアロゾル粒子に対しては，原子間力顕微鏡を利用した分析[17]が検討されている．以上の方法では，エアロゾル粒子を基板上に捕集することが必要で，浮遊状態で実時間的に計測

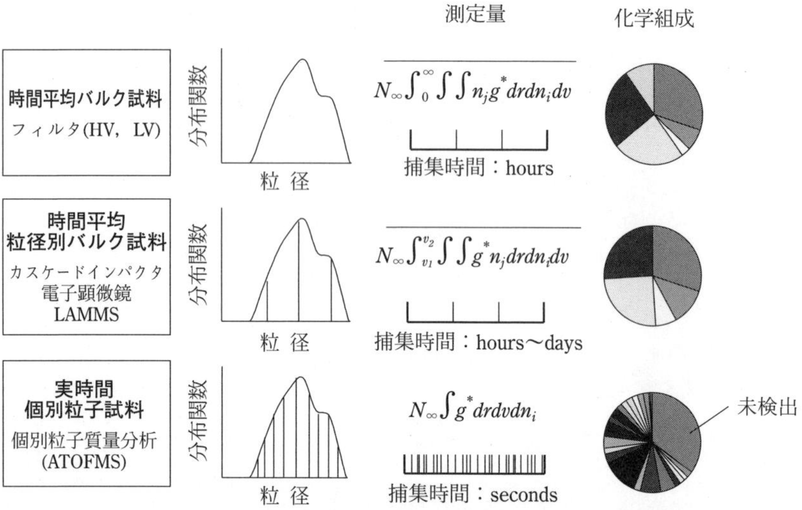

図 3.13 捕集装置別にみた積算及び粒径別化学組成の測定量（文献[15]に加筆）.

することは困難である．そこで，レーザーマイクロプローブ質量分析法を発展させて，エアロゾル粒子を真空中に導入し，飛行時間型質量分析装置と組み合わせることで，個別粒子の空気力学径と化学組成をリアルタイムで同時に計測できる機器（ATOFMS など）が開発されている．その他，フィルタ上に蒸着した試薬と粒子中に存在するあるイオン成分が選択的に反応して特異的な形態を示すことから成分や混合状態を同定する薄膜法がある．

3.2.2 放射光マイクロビームを用いた個別エアロゾル粒子分析

ATOFMS は破壊分析であり個別粒子上での元素の分布状態を知ることは困難である．一方，電子線，陽子，X 線などのビームを数 μm 以下に絞った走査型マイクロプローブと物質との相互作用によって発生する物質（元素）固有の信号（特性 X 線，蛍光 X 線，……）の検出装置を組み合わせた個別粒子の元素分析では，非破壊で元素のイメージング（分布像）が可能である．大気エアロゾルの分析では従来から電子顕微鏡とエネルギー分散型 X 線分析装置を組み合わせた SEM（TEM)-EDX 法（総称して EPXMA, Electron Probe X-ray Micro-Analysis）がよく用いられており[18]，電子ビームを細く絞ることができるが，固体試料内の散乱によってX線の発生領域は広がる．

X線ビームは散乱断面積が小さく広がりが抑えられ感度も良好で，試料の帯電処置も不要である．特に硬X線は透過力が大きく非破壊であること，物質との相互作用が多岐にわたること，大気中計測が可能なことなど，分析用プローブとしての利点を有している．このうち，通常のX線管球を用いた蛍光X線分析法（XRF）は簡便なバルク分析法として，工程管理，文化財調査，材料，環境分野などで用いられているが，近年，高輝度，高指向性，エネルギー可変性という特徴を持ったシンクロトロン放射光（SR）の出現により光源として実際的な強度を有するX線マイクロビームが実現し，XRFの検出限界，空間分解能が飛躍的に向上した．特に走査型X線顕微鏡では，元素の定性・定量分析に加えて蛍光X線イメージングが可能である．また，ある元素のX線吸収端微細構造（X-ray Absorption Fine Structure, XAFS）のうち吸収端ごく近傍のXANES（X-ray Absorption Near Edge Structure）は，吸収原子内部の電子遷移や周囲の原子による多重散乱効果を反映し，中心電子の電子構造や対称性など化学状態に関する情報が得られることから，エアロゾルの化学状態分析とイメージングへの適用性が期待できる．

1）SPring-8 BL-37XUにおける個別粒子無機成分分析

第3世代放射光施設であるSPring-8，BL-37XUでは，高輝度アンジュレーター放射と非球面全反射ミラーを組み合わせて，18 keVまでの範囲でエネルギー可変な硬X線マイクロビームを実現し，2～4 μm径程度のビームサイズに10^{10} photons s^{-1}以上の光子数（10 keV）が得られている[19]．

図3.14は分析システムの装置の模式図であり，定位置出射のSi(111) 2結晶モノクロメータで単色化されたX線をKBミラー（Kirkpatrick & Baez）と呼ばれる2枚の楕円筒面ミラーで集光し，試料面に照射する．試料はXY並進移動台上に取り付けられ，散乱X線によるバックグラウンドを最小にするため，入射ビームと90度の方向から蛍光X線の測定が行われる．なお，上述の全反射ミラーではエネルギー可変のマイクロビームが利用できることから，微小領域での蛍光XAFSすなわち，XANESの測定結果を既知化合物のスペクトルと比較することによって指紋的にCr以上の元素の化学状態を推定できる．なお，定

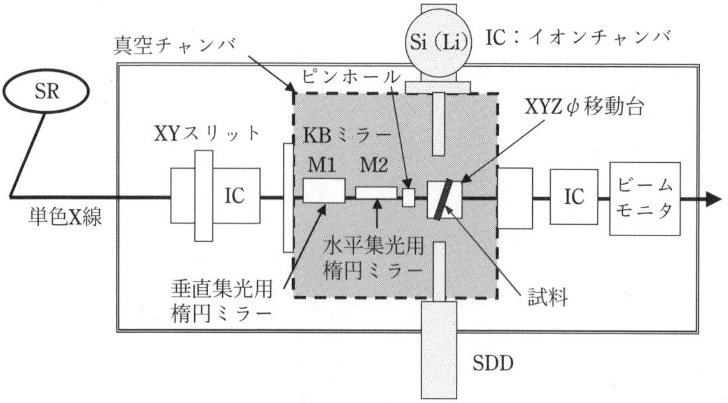

図 3.14　SPring-8 BL-37XU における走査型 X 線顕微鏡システム.

量分析は 4 元素の薄膜の測定データを用いて決められる Si から Zn 程度までの範囲における感度係数より可能で，標準試料から得られた Ni の検出限界は 10 keV の X 線を用いた場合 0.3 fg である[20]．また，図 3.14 のシステムを個別粒子分析に適用する場合，キネマティカルマウントを用いて試料観察用光学顕微鏡で粒子の座標位置を記憶し，その後 X 線分光顕微鏡にマウントを装着し，両者を連動させることで精密位置決めを実現している.

さらに，図3.15に示すように通常のXRF測定の装置に加えて，ビームストップとイメージングプレート (IP) のホルダーなどを追加し，あらかじめ XRF イメージングなどで位置決めを行った微粒子について，IP を用いて結晶構造同定のための μ-XRD (X 線回折)測定を可能としている．個別エアロゾル粒子測定では，集光ミラーなどの光学素子が回折スペクトルのバックグラウンド要因となる．したがって，ビームストップに工夫をするとともに，集光ミラーと試料の間にしゃへい板を設置するなどしてバックグラウンドの低減を実現した．さらに，試料を保持するためのテープやフィルタからの小角 X 線散乱などもバックグラウンドとなるため IP 上の画像で減算を行うことで，影響を低減することができる．マイクロメートルオーダーの微粒子は単結晶に近く，微粒子一つからいわゆるデバイシェラーリングを得ることは困難である．できるだけ多くの反射を得るためには X 線照射中に試料を回転させることが有効であるが，試料回転中にビーム位置を試料上に保つことは実験的に困難である．したがって，

図 3.15 SPring8 BL-37XU に設置された μ-XRD 実験装置の写真.

試料回転時のビーム位置ずれを解析し，試料位置をビーム位置に追従させる方法が検討されている．すなわち，X 線ビームと試料との相対的な変位を，ビームと回転ステージ中心のずれ，試料表面と回転中心のずれおよび取り出し角度に関する理論式を用いて，ある 1 粒子に対して取り出し角度を変えてずれを求める．その結果，理論式のパラメータが決定され，相対変位に応じて試料位置を調整することで，ビームを常に試料に照射することが可能となる．

2) 実大気エアロゾル測定への応用

この走査型X線顕微鏡システムを黄砂エアロゾル1粒子のXRF分析について適用した例について述べる．図 3.16 は 2003 年 4 月の黄砂飛来時に，人為発生源の影響が少ない京都府丹後半島弥栄の国設酸性雨観測所で，アンダーセンサンプラにより捕集された黄砂1粒子のXRFスペクトルである．各粒子の同定は Ca に関する 2 次元 XRF 像から行い，励起には 10 keV の X 線を用いた．個別粒子中の Al 以上の元素について検出可能であるが，Mn，Ni，Zn など，通常の SEM-EDX 法では検出困難な元素が容易に分析可能であり，同地点の非黄砂時の平均質量の 10 倍以上に及ぶ元素も存在する[21]．ここで，アンダーセンサンプラの 2 段に捕集された粒子 1 個に含まれる Ni，Cu，Zn 質量の Ca に対する比の分布と，発生直後と考えられる市販の黄砂エアロゾル標準物質の比とを比較すると，図 3.17 にみられるように前者は標準試料の比をはるかに超えて Ni では

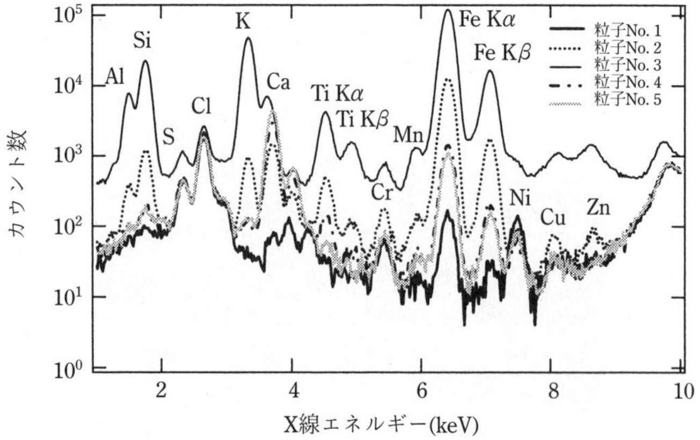

図 3.16　2003 年 4 月の黄砂時に丹後半島でアンダーセンサンプラ 2 段（$D_{50} = 5.2\ \mu m$）に捕集された個別粒子の XRF スペクトル.

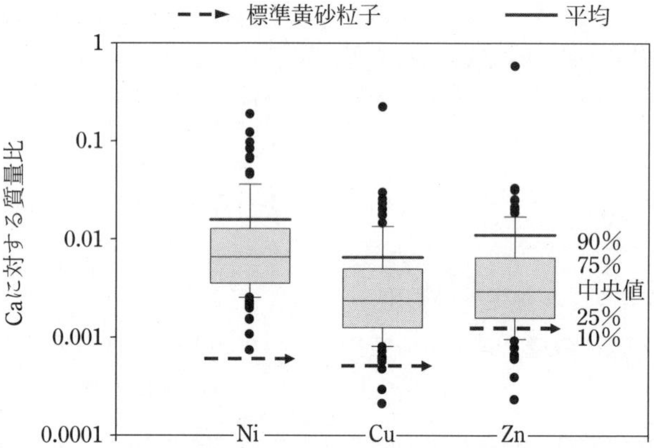

図 3.17　黄砂時に弥栄で観測された粒子（インパクタ 2 段，$D_{50} = 5.2\ \mu m$）の基準元素（Ca）に対する質量比のボックスプロットと標準黄砂粒子の比較.

10 倍以上にも達しており，黄砂輸送過程中での取り込みが示唆される.

図 3.18 は，2001 年の Ace-Asia 期間中に済州島でアンダーセンサンプラの 4 段目に捕集された個別粒子の Fe K 吸収端 XANES スペクトルで，粒子中の Fe はほとんどが可視光域に光吸収性を有するヘマタイトであるが，一部の粒子に酸化数 2 の Fe 化合物が存在することが示されている．また，別の試料ではゲータイトが同定されている.

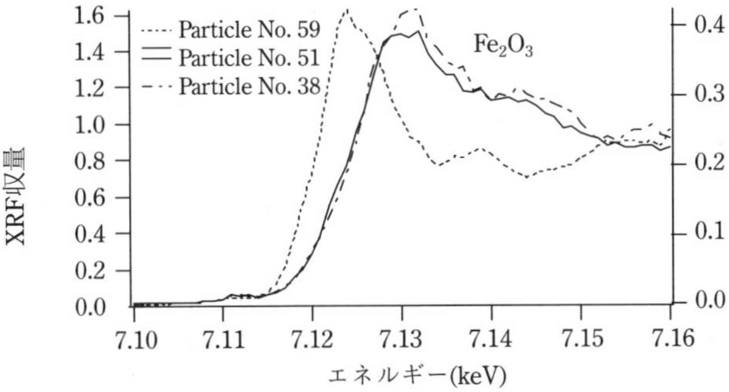

図 3.18 黄砂粒子の Fe K 吸収端 XANES スペクトル．10 keV X 線マイクロビーム（4 μm）を使用．

3.2.3 複合薄膜法

海塩粒子や黄砂などの土壌粒子は，その輸送過程で硝酸ガスなどと反応し，クロリンロスなどの変質を起こすことが知られている．個別粒子におけるこのような変質過程を簡便なサンプリングにより同定するためには複合薄膜法[22]が有効であり，海塩粒子等の変質過程解明のために硝酸塩・塩化物複合薄膜法を開発した[23]．

1）作成法

ニトロンおよびニュークリポアフィルタ上に同時蒸着させ，2 成分複合薄膜を作成した．なお，蒸着膜の厚みは，AgF，ニトロンともに約 20 nm となるようにした．作成した複合薄膜の有効性については，NaCl，$NaNO_3$ 各 1% の水溶液および両者の混合溶液から，ネブライザで発生させたエアロゾル粒子を用い，固体粒子と薄膜の反応促進溶媒，反応生成物の結晶形状の特異性について検討した．その結果，混合溶媒として水とエタノールの体積混合比 3 : 2 の時が最も結晶の生成割合が高く，また生成した結晶形が最も鮮明であり再現性に優れることが判明した．すなわち，この飽和蒸気雰囲気中に，薄膜上に捕集した硝酸塩・塩化物混合テスト粒子を室温で 24 時間暴露すると内部混合粒子が混合薄膜と反応し，AgCl リングと針状結晶が同一部分に析出する．なお，硫酸塩については硫酸アンモニウム粒子との反応がないことを確認している.

2）実大気エアロゾル測定への応用

黄砂粒子が大陸からわが国に輸送される過程における海塩粒子との凝集や酸性ガスによる変質過程を解明するために，人為発生源の影響が少ない弥栄と韓国の ByunSan で，黄砂時（2004 年 3 月 30 日～ 4 月 2 日）に 12 段低圧アンダーセンサンプラを用いて各捕集段に 2 種類の複合薄膜（$BaCl_2$/ ニトロンおよび AgF/ ニトロン）を置いてサンプリングを行った．捕集時間は段数によって異なるが，0.5 ～ 1.5 時間程度である．また，丹後半島でのみ 3 時間おきに時系列的なサンプリングを実施した．薄膜試料は混合溶媒雰囲気中で反応促進後，SEM で形態観察を行い，AgF/ ニトロン薄膜については 300 個の粒子を計数し，Cl^-，NO_3^-，両者混合粒子，その他に分類した．また $BaCl_2$/ ニトロン薄膜では，SO_4^{2-}，NO_3^-，両者混合粒子，その他に分類した．図 3.19 に反応後の粒子の写真を示す.

2 成分複合薄膜法において AgF/ ニトロン薄膜上で同時検出された Cl^-，NO_3^- を含む粒子に SEM-EDX 分析を行い，S が検出された場合は SO_4^{2-} とすることで個別粒子中の SO_4^{2-}，NO_3^-，Cl^- 混合状態が全て同定可能となる．弥栄における黄砂時の個別粒子中の Cl^-，NO_3^-，SO_4^{2-} 混合状態の 3 時間ごとの変化を図 3.20 に示す．P4 段以上の粗大粒子中に含まれる硫酸塩や硝酸塩の存在は，硫黄酸化物や硝酸ガスと粒子との反応による変質を意味し，図 3.20 から黄砂飛来初期に変質の割合が最も多く，3 イオン全てを含む粒子はインパクタ各段（粗大粒子域）で計数した 300 個中 1 個以下であり，いずれか 2 種類のイオンを含む粒子は全粒子の約 10％程度で時間とともに減少することが分かった．また，3 イオンのうちいずれかを含む粒子の割合は 25 ～ 40％であった．なお，SO_4^{2-} および NO_3^- を同時に含む粒子の割合が極めて少ないことは変質に関わる硫酸，硝酸と黄砂粒子との反応が排他的に進行することを示唆する．一方，Cl^- および NO_3^- を同時に含む粒子の割合は初期に最も多いが，これは，粗大粒径域で黄砂粒子と凝集した海塩粒子両者の一部が硝酸塩に変質していることを示す．韓国では，黄砂時には粗大粒径域で Cl^-，NO_3^-，SO_4^{2-} の合計が占める割合が 80％近くにも達しており，そのほとんどが硫酸塩であった．また，塩素イオンで代表される海塩粒子の占める割合が丹後半島よりも大きく，海塩と黄砂の凝集が

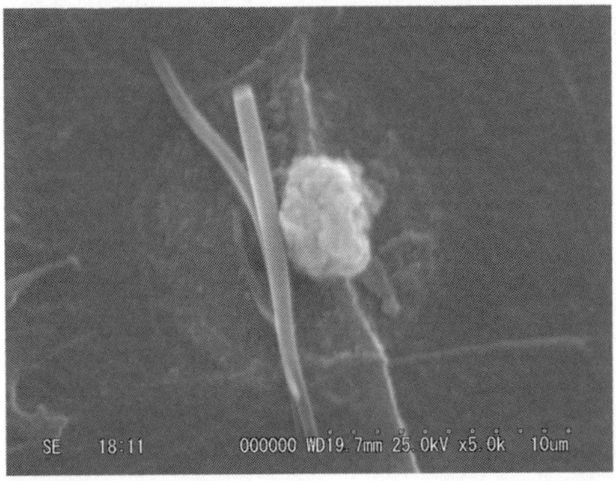

図 3.19　複合薄膜法により検出された Cl^-（海塩粒子），NO_3^-（針状結晶）と凝集した黄砂粒子.

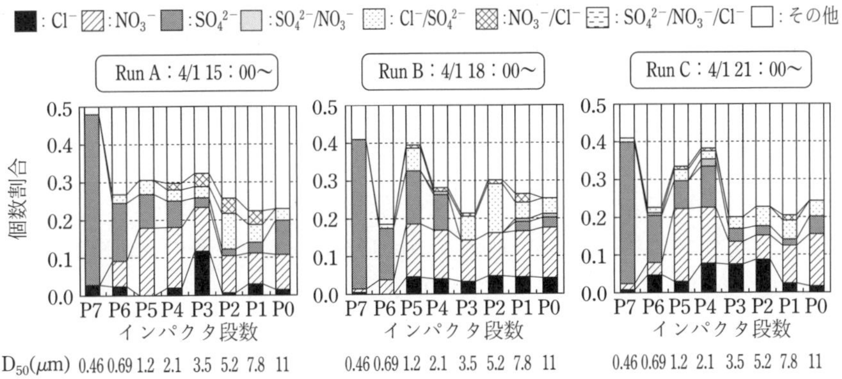

図 3.20　2004 年 4 月 1 日黄砂時に弥栄酸性雨観測所で，アンダーセンサンプラ各段に捕集された個別粒子中に含まれる塩化物，硝酸塩，硫酸塩の個数割合の時間的変化（各段 300 粒子を計数.

著しいと考えられる．丹後半島では P4 段以上の粗大域では硝酸塩が支配的であったが，ByunSan では変質成分のほとんどが硫酸塩であり，際だった相違が認められた．なお，非黄砂時には硝酸塩が支配的となって塩化物の割合が著しく低下し，硝酸塩への変質による塩素損失が起こっていると考えられる．一方，黄砂時には Cl^-の割合は約 20％であり，海塩粒子の変質が黄砂の存在により抑制される.

今後の課題として，ビームサイズのサブミクロン化と個別粒子イメージングへの応用，C を含む軽元素の化学状態分析法の開発，低エネルギー領域における蛍光X線と転換電子収量法を用いた同時XAFS測定に基づく深度別化学状態分析法の開発と黄砂粒子変質過程解明への応用などが挙げられる．

3.3 含炭素粒子測定と評価

炭素を含む粒子は環境大気中PMの主要成分であり，有機炭素OC (Organic Carbon)，元素状炭素EC (Elemental Carbon)，および炭酸塩炭素CC (Carbonate Carbon) の3種類に区別され，OCはその性質に因んで揮発性あるいは非吸光性炭素，他方ECは吸光性炭素とも呼ばれる．特にECについては，しばしば黒色炭素BC (Black Carbon) と相互に交換可能なものとして使用されるが，ECとBCは適用された測定法に従って定義されるべきものである．地球の放射バランスや視程の評価，或いは発生源同定などの目的のため，様々な方法で炭素成分が測定されている．

大気中PMを捕集したフィルタから炭素成分をOCとECに区別して分析するには，二酸化マンガン酸化法TMO (Thermal Manganese dioxide Oxidation method)，あるいは熱分離炭化補正法 (Thermal volatilization pyrolysis correction method) が適用される．しかし，ECには標準となる物質が存在しないので，OCとECとの区別は分析法によって定義されているのが現状である．TMOではグラファイト微粒子の酸化特性に因んで，二酸化マンガンによって525 ℃までは酸化されない炭素成分がECとされる．一方，熱分離炭化補正法ではECが光を吸収する性質に着目して，吸光に関わる炭素成分がECとされ，Heガス雰囲気中で分析試料を加熱してOCを揮発分離する過程で，熱分解して炭化する量を試料の吸光率変化をモニターして補正する．この補正法には，試料のレーザー光反射率あるいは透過率によるものがあり，それぞれTOR (Thermal Optical Reflectance) およびTOT (Thermal Optical Transmittance) と呼ばれる．両者の結果を比較すると，TOTの方が炭化による補正量は多くなる．これは，試料フィルタ内部で炭化する成分のためとされている．以下では熱分離TORによる炭素成分分析法について，分析手順と応用例を示すとともに，その課題を述べる．

3.3.1　分析方法

熱分離法では，異なる温度と酸化雰囲気でPM試料から炭素成分を遊離させることによってOCとECを分別して測定する．これはHe雰囲気中の試料から有機物を低温度で揮発分離でき，ECは酸化も分離もされないということに基づいている．実際には有機物が熱分解によって炭化されるので，測定中に炭化された量を光学的方法でモニターして補正する．

以下にDRI Model 2001 OC/EC炭素分析器を用いて，石英繊維製フィルタに沈積したPM試料を分析する方法を述べる．本分析器では，米国のIMPROVE（Interagency Monitoring of PROtected Visual Environments）プロジェクトで採用された方法などのプログラムされた分析手順に従って，炭素分析がコンピュータ制御によって行われる．

1）装置の概要と分析手順

DRI Model 2001 OC/EC炭素分析器の概念図を図3.21に示す[24]．分析は1個の試料片に対して，① OC測定，② EC測定，③キャリブレーション測定を順次行い，これらの測定が終了すると④測定データを解析し，表3.1に掲げる各フラクションの炭素濃度を計算する．これらフラクションと全炭素TC，OC，ECの関係は次の通りである．

$$TC = OC1 + OC2 + OC3 + OC4 + EC1 + EC2 + EC3$$

$$OC = OC1 + OC2 + OC3 + OC4 + OCpyro$$

$$EC = TC - OC$$

主要な分析手順は以下の（a）から（g）に述べるようである．

（a）試料挿入：フィルタから切り取られた試料片（標準8 mmϕ）を石英製試料ボートに乗せて分析管に挿入すると，超高純度Heが一定時間（通常90秒）流され，分析管内が清浄にされる．その後，試料ボートは分析管の中央部へ移動し，初期状態（試料のレーザー光反射率および透過率，FID出力ベースライン）が測定される．

（b）炭素分離：試料から有機物を分離するために，分析管中央部の雰囲気温度を室温から120，250，450および550 ℃まで階段状に昇温し，He気流中で

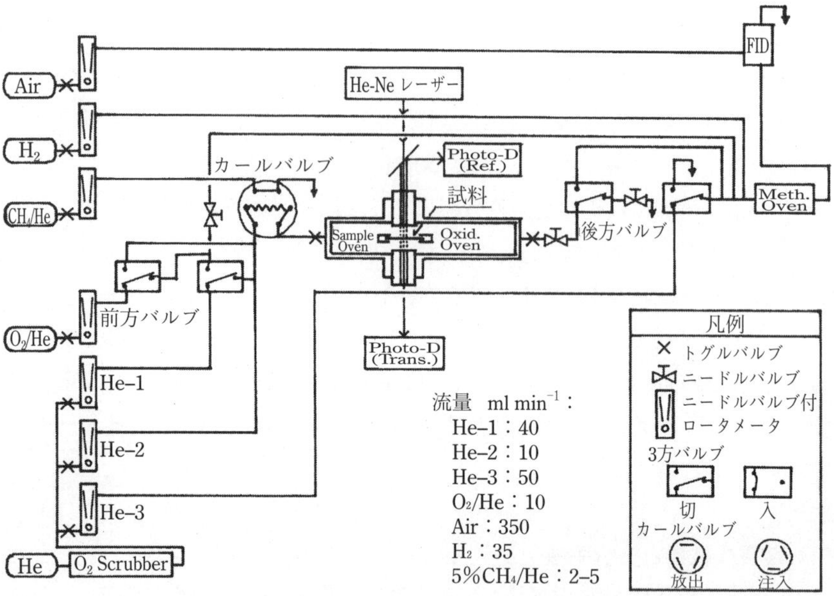

図 3.21　DRI Model 2001 OC/EC 炭素分析器の概念図

表 3.1　炭素フラクションと測定条件

炭素フラクション	測定条件	
	設定温度	分析雰囲気
OC1	120 ℃	He
OC2	250 ℃	He
OC3	450 ℃	He
OC4	550 ℃	He
EC1	550 ℃	98%He＋2%O_2
EC2	700 ℃	98%He＋2%O_2
EC3	800 ℃	98%He＋2%O_2

有機炭素をOC1, OC2, OC3, およびOC4の4フラクションに分離測定する．次いで元素状炭素を酸化分離するために分析管内を2% O_2と98% Heの混合気体雰囲気にして，分析管中央部の温度を550, 700および800 ℃で，それぞれEC1, EC2およびEC3の3フラクションの元素状炭素を分離測定する．

(c) 炭素計測：揮散した成分は分析管内の酸化触媒（900 ℃ に加熱された二酸

化マンガン MnO_2）に導かれ，炭素成分が二酸化炭素 CO_2 に酸化される．酸化された CO_2 をさらにメタン化炉（420 ℃に加熱された水素リッチニッケル触媒）に導いてメタン CH_4 に還元する．生成した CH_4 量を FID（Flame Ionization Detector）によって計測する．サーモグラムと呼ばれる FID 出力の例を図 3.22 示す．

（d）熱分解炭化補正：分析器では，ヘリウム・ネオンレーザーと光検出器によって試料の反射率および透過率の変化を測定中連続してモニターする．有機物の熱分解が起こり，炭化されるとレーザー光の吸収が増加し，その結果，試料の反射率や透過率が減少するが，分析雰囲気に酸素が注入されると EC が酸化分離され，反射率や透過率が初期状態の値に戻る．この初期状態の値に戻る時点までの EC1 フラクション部分を熱分解によって炭化した有機炭素相当量 OC_{Pyro} として，有機炭素に割り当てる．この分析器では反射率および透過率を利用して熱分解による炭化補正が可能であるが，ここでは反射率の変化による補正法を採用する．

（e）キャリブレーション：それぞれの測定条件で各炭素フラクションを順次測定して，最後の EC3 フラクションが終了すると，一定容量の標準ガス（5％ CH_4/He）を注入し，FID によってキャリブレーションピーク値を計測する．

（f）測定時間：各フラクションの測定は一定時間（150 秒）以上，かつ FID 出力の変化があらかじめ決められた値以下になるまで続けられる．通常 1 試料の測定に要する時間はほぼ 30 分間である．

（g）検量線：各炭素フラクションの濃度はあらかじめ求められた検量線を用いて計算される．検量線では，炭素濃度は炭素フラクションピーク計測値とキャリブレーションピーク計測値との比の一次関数で表されている．

2）キャリブレーション法

炭素分析器の濃度キャリブレーションは，He 中 5％ CH_4，He 中 5％ CO_2，フタル酸水素カリウム KHP（Potassium Hydrogen Phthalate）およびスクロースの 4 種類の標準を用いて行う．すなわち，CO_2 標準は Ni 還元触媒の状態を，また CH_4 標準はどちらかの触媒の状態をチェックできる．Ni 還元触媒の状態がよい場合は，CH_4 標準に対する応答は CO_2 標準を注入した場合と同じになる．酸化触媒をチェックするためには，メタン化炉を迂回させる必要があり，分析管の

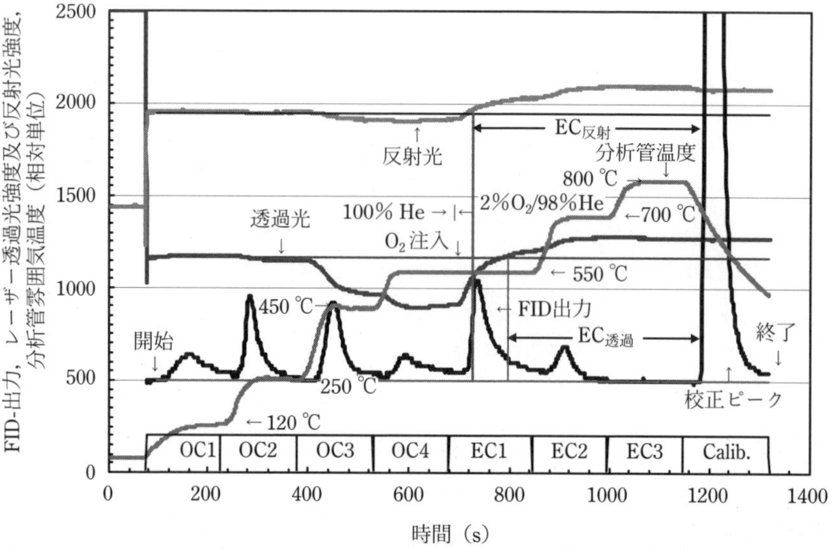

図 3.22　大気中 PM の炭素成分のサーモグラム

出口の配管を直接 FID に接続する．CH_4 の注入に対して，完全に CO_2 に変換されると何ら FID の応答は得られない．KHP あるいはスクロースを分析し，CH_4 あるいは CO_2 の応答と比較して，OC の回収をチェックする．

分析器の酸化および還元触媒が良好に機能している場合，これらのどれを利用してもよく，便宜的に日常の分析器性能モニターにはキャリブレーションガスのみを利用し，KHP やスクロースは 2 種類のガスとともに半年に 1 度検量線を作成するために用いる．検量線の確かさは使用するキャリブレーションガスの含有量および KHP およびスクロース溶液作成の正確さによって一次的に制約される．検量線作成の手順を注意深く行うと，これら 4 種類の標準によって決定される検量線の傾きの差は経験的に 5%以下であるとされる．しかし，この校正法は全炭素量に対するものであり，現状では OC と EC の区別の確かさに対する簡便なチェック法は見あたらない．

3）定量限界と精度

分析法の定量限界値 LQLs は，石英繊維製フィルタに含まれる炭素濃度の変動に依存する．LQLsをより低くするためには，使用前のフィルタを高温炉中で数時間加熱処理して，炭素汚染物を除く必要があり，通常900 ℃で4時間以上の加熱処理が必要である．このように加熱処理されたフィルタでは，平均的にOC 0.41 ± 0.2 μgC cm^{-2}，EC 0.03 ± 0.2 μgC cm^{-2}，TC 0.44 ± 0.2 μgC cm^{-2} 程度がブランク濃度である．また，本分析装置の最小検出限界値は，OC 0.8 μgC cm^{-2}，EC 0.2 μgC cm^{-2}，TC 1.0 μgC cm^{-2} である．

分析フィルタ上に一様に沈着していることが再現性のある結果を得るためには最も重要である．炭素が10 μg以上均一にフィルタに沈着している場合，一般に精度は5%以下であるが，沈着が不均一な場合，繰り返し測定の結果は30%程度変動することになる．既知濃度の炭素量をTORによって分析する時の精度は2～6%である．また，OCとECとの分別の精度は5～10 %であるとされる．

3.3.2　大気PM中の炭素成分の長期変動観測

堺市に立地する大阪府立大学・先端科学イノベーションセンターの屋外管理棟1階屋上で，石英繊維性フィルタ（25 mm φ）上に PM_{10} 試料を20 L min^{-1} の吸引速度で24時間連続捕集した．得られた試料のうち，1998年12月から2003年12月までの5年間分，約1800試料について炭素成分を測定し，濃度の長期変動等を調べた[25]．

炭素成分の月平均濃度を図3.23に示した．図にはPMおよびOCとECの濃度差（OC-EC）の変化も併せて示した．5年間のTC平均濃度は8.1 μg-C m^{-3} であり，また1999年から2003年までの年平均濃度は，それぞれ8.7，9.2，7.8，7.2および7.2 μg-C m^{-3} であった．TCのPMに占める割合は平均で24%であった．これに対して，OCとECの濃度変化の様子は明らかに異なっている．OCでは，5年間の平均濃度4.6 μg-C m^{-3} に対して，1999年から2003年までの年平均濃度は，それぞれ4.6，5.2，4.6，4.4，および4.4 μg-C m^{-3} であり，季節的な変動は認められるが，経年的な濃度変化は顕著には見られない．OCを含むPM濃度としてはこれらの1.5倍程度になる．他方，ECでは，5年間の平均濃度3.5 μg-C m^{-3} に対して，経年的に4.1，4.0，3.2，2.8，2.9 μg-C m^{-3} と変化した．すなわち，1999年からの5年間で，EC濃度はほぼ1 μg-C m^{-3} 減少している．し

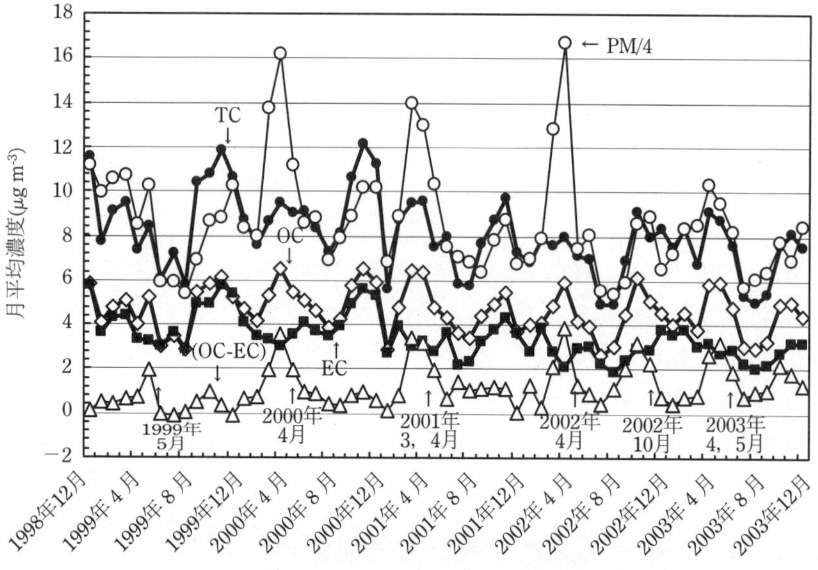

図 3.23　炭素成分の月平均濃度の長期変動.

たがって，この 5 年間で TC の年平均濃度は 1 μg-C m^{-3} 余減少したが，これは主に EC 濃度の減少によると理解できる．この結果は悉皆調査によるものであり，信憑性は高い．

季節による濃度差が顕著であり，OC は春季および秋季に高濃度になり，PM と同様の濃度変動を示したが，EC では晩秋から初冬季に高濃度になった．その結果，季節ごとの EC/OC の濃度比は，春夏秋冬でそれぞれ 58，79，75 および 87%であった．春季に OC 濃度が高くなる一因は黄砂に含まれる有機物によると推測される．また，曜日による濃度差が認められたが，濃度差は OC より EC の方が大きかった．特に日曜日には EC が平均濃度の 78%，OC が 93%と，最も低濃度になっていた．逆に水，木曜日には OC，EC とも最も高濃度になっていた．このような曜日による炭素成分濃度の差は，人為活動の曜日による差異を反映していると考えられる．

3.3.3　熱分離法の課題

PM 中の炭素成分測定では，フィルタ捕集された試料が分析に供され，異なる温度でフィルタから分離される炭素量を定量する[26,27]．実際に様々な分析手順が採用されているが，異なる方法間あるいは研究室間の比較測定の結果，特にEC（またはBC）濃度は，異なる方法間では2倍程度の差は極めて普通であり，数倍に達することもあるとされる[28]．さらに，ある試料で基準濃度値より高濃度値が得られた方法で，別の試料を分析すると低濃度値が得られたりして，首尾一貫した結果が得られないものもある．

実際に行われている熱分離による分析手順では，OCあるいはEC分析時のキャリアガスの種類，分析雰囲気の温度とその保持時間，光学的炭化補正の方法および炭素検出方法に差異がある．ECのある部分は酸素存在下で燃焼するし，またOCのある部分は無酸素雰囲気で炭化してECに変換されるので，ECからOCを分離する際には任意性が残る．この補正をどのようにするかは長期間議論されてきたが，統一された分析法はまだ確立されていないのが現状である．

光の吸収に関わる主たる炭素成分はECであり[29]，そのグラファイト構造に伴う伝導電子によって光が吸収される．ECは自然界では鉱物としてのグラファイトまたはさらに純粋な形態であるダイヤモンドとして存在するが，このような形態のEC濃度が環境大気中PMに0.1 μg以上観測されることはほとんどない．図3.24はヘキサンを燃焼した時に生成した「スス」の化学構造とされるものである[30]．このように不完全燃焼が原因で生成するススでさえ，非炭化成分を含有していて，非結晶構造である．また，その体積に対して表面積が大きく，表面は反応性に富んでいるので，環境大気中に放出された直後から多環芳香族炭化水素ガスなど凝縮性物質を吸着する．PM中の炭素成分分析では，このように複雑な構造粒子を分析の対象としていて，このことがPM中の炭素成分測定を極めて困難なものにしている．

一般にPM中の全炭素濃度は，分析法によらず十分な精度で分析できる．熱分離法に伴う炭化の程度は含まれる有機炭素成分によって異なるが，炭化の補正を施さないと少なくともEC濃度を過剰に見積もることになり，結果的にOC濃度が過小に評価される．ここでは炭化量の補正法としてフィルタ表面の変化に敏感なTORを採用したが，TOTによっても同様の補正が可能ではとの疑問が生じる．この点に関しては，TORとTOTの比較検討が行われ，TOTの

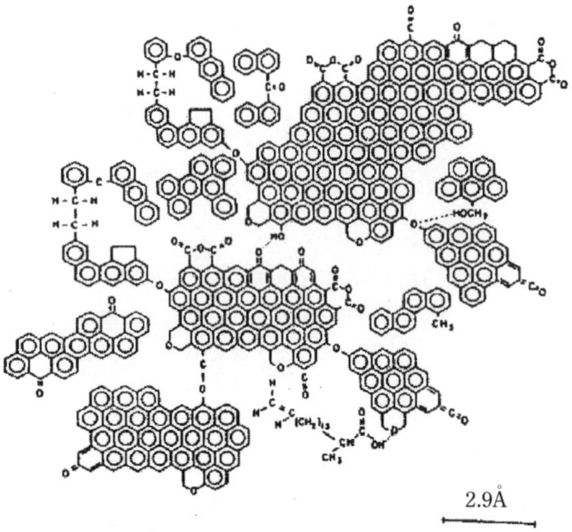

図 3.24　ヘキサン燃焼で生成したススの化学構造

炭化補正量が TOR よりも大きくなるが，その原因はフィルタ内部に吸着した有機性気体の炭化によることが明らかにされている[31]．この分析器では TOR および TOT による炭化補正が可能であるが，TOR を採用することによって，TOT によるよりもフィルタ内部の炭化の影響が少なくなる．また，EC を吸光性炭素と認識して，その等価量を補正する方法は理にかなったものといえよう．

粒子による光吸収は，粒径や入射光の波長に依存する．その吸収効率と波長の関係は，測定場所によって[32,33]あるいは粒子発生源によって大きく異なる[34]．PM 中の炭素成分は主に EC と有機物であり，この有機物は広範囲の分子状物質や揮発性物質を含む数百の有機成分が複雑に混ざっている．有機物のある成分はおそらく可視光領域の光を若干吸収するが，有機物は主として光散乱によって，また EC との内部混合によって，EC の吸収効率を高めることを通して直接放射強制力に影響する[35]．

含炭素粒子の環境影響を評価する時，含炭素粒子の複雑な化学構造を反映する，或いはそれに関する情報は極めて重要であり，炭素成分を単に EC と OC に分別するだけでは十分でない．熱分離 TOR では，炭素成分が熱分離温度に応じたフラクション毎に分別測定され，含炭素粒子の主要発生源である自動車排気粒子の測定[36]，環境微粒子の発生源同定[37]に関して貴重な情報を提供できる．

大気中から粒子がフィルタ上に採取される時，粒子の物理的性状は変化する．粒径やフィルタの漏洩度に依存して，フィルタ上やその中に粒子は沈着する．物質が蒸発する率は，採取と分析との間に，フィルタの取り扱いや貯蔵をどのように行ったかに依存する．統一された分析法はまだ確立されていないのが現状であり，分析結果の記録には分析手順の詳細とともに，これらも書式化して記録することが必要である．

含炭素粒子成分，特にECは直接放射強制力に影響するが，単に濃度に関する知見のみでは十分でなく，光の吸収効率には，粒子の形態，屈折率，密度，波長依存性などが関係する[34]．フィルタ上或いはフィルタ中に分布する粒子の散乱や吸収の性質は，大気中の粒子によるものと同じではない．フィルタ法による測定結果を正しく認識する必要がある．また，炭素成分の測定に用いられるフィルタ法を要約し，研究室間や方法間の比較を収集するとともに，分析結果の差異を反映する事項を明らかにする必要がある．

3.4 含炭素複合標準粒子の発生

3.4.1　噴霧乾燥法による含炭素複合標準粒子の発生

大気中には様々な形や種類の含炭素粒子が浮遊しており，太陽光の散乱や吸収を引き起こしたり，雲の形成に大きく関与し，地球温暖化などの原因となっている．このような問題を検討する上で，含炭素大気エアロゾルの粒径，化学組成，形状の光学特性への影響を明らかにするために，炭素を含む標準粒子の発生が重要となる．

含炭素複合標準粒子の発生は重要な研究課題であるが，これまで，カーボン粒子の発生としてはカーボンの蒸発・凝縮法による発生，カーボンブラック粒子の噴霧法による発生が報告されているものの，形状，組成などの制御が困難で，標準粒子とはなっていない．そこで筆者らは，噴霧乾燥法を用いて空隙率やカーボン含有率を制御したシリカ/カーボン複合粒子を製造し，その光学特

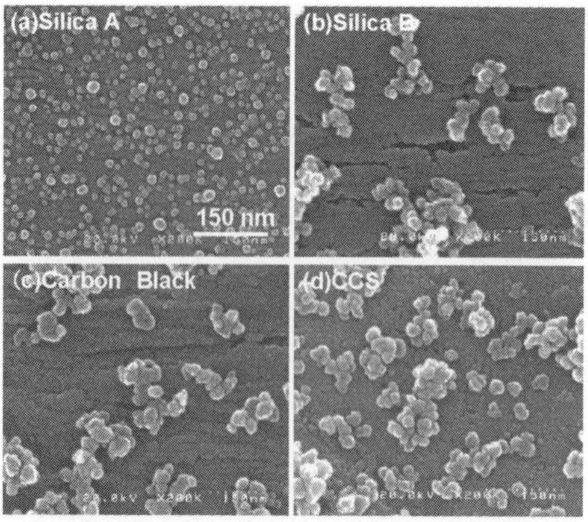

図 3.25　コロイドナノ粒子の SEM 写真

性（屈折率）とカーボン含有量の関係について検討し，含炭素複合標準粒子の発生としての有効性を検討した[38–41]．

図 3.25 に，噴霧乾燥に用いた大きさがナノメートルサイズのコロイド粒子の SEM 写真を示す．粒子の分散状態は，それぞれ，(a) よく分散されている Silica-A (SA)，(b) 凝集している Silica-B (SB)，(c) Carbon Black (CB)，(d) Carbon Coated Silica (CCS) である．(d) の CCS 粒子は，(b) SB のシリカ粒子が厚さ 1～2 nm のカーボンでコーティングされた粒子である．プリカーサの 1 次粒子の幾何平均径と幾何標準偏差は，SEM 写真を使って測定され，それぞれ，(a) 16.0 nm で 1.19，(b) 20.4 nm で 1.23，(c) 26.2 nm で 1.24，(d) 22.2 nm で 1.19 であった．

噴霧乾燥実験では，シリカ (SB)，カーボンブラック (CB)，カーボンがコーティングされたシリカ粒子 (CCS) を水中に分散させ，超音波噴霧器でエアロゾル化させ，乾燥させて固体粒子とした．発生した粒子は，広い分布を持っているために微分型静電分級器 (DMA) によって単分散粒子に分級し，標準粒子とした．カーボン量は，カーボン粒子の混合量で制御された．次に，これらの粒子の散乱強度をレーザパーティクルカウンタと波高分析器を用いた光測定システムにより測定し，粒子の複合屈折率を求めた．

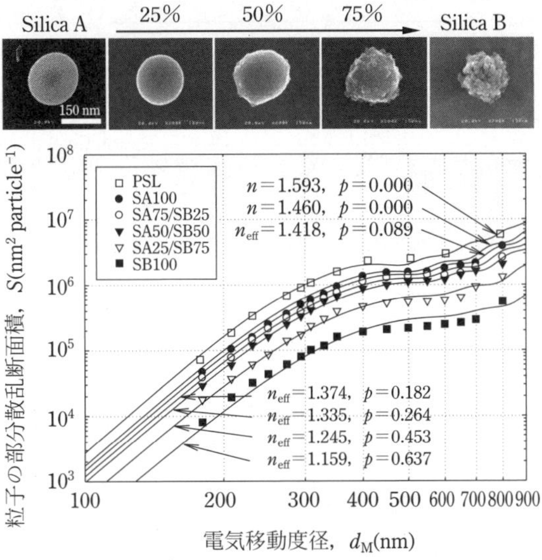

図 3.26　形態や空隙率が屈折率に与える影響

3.4.2　粒子の形態や空隙率が屈折率に与える影響

粒子の形態，空隙率が屈折率にどのような影響を与えるのかを検討するために，非吸収粒子である SA と SB を混合させて比較検討した．このために，混合割合の異なる五つのシリカ粒子を発生させた．図 3.26 の SEM 写真は，それぞれ電気移動度径 300 nm において分級した時の粒子で，SA に対する SB の割合が大きくなるほど，表面が滑らかでなく，しかも空隙率が増加している．図 3.26 のグラフは，横軸が電気移動度径 d_M で，縦軸は部分散乱断面積 S である．プロット点は，各粒径において測定した部分散乱断面積で，実線は，今回の実験によって得られた有効屈折率（n_{eff}）により求めた理論線で，実験値の傾向がよく説明されている．この結果より，同一の電気移動度径を持つ粒子において，粒子の空隙率が大きくなるに従って，部分散乱断面積と屈折率が小さくなっていることが分かる．

3.4.3　カーボン含有量が屈折率に及ぼす影響

カーボン含有量が屈折率にどのような影響を与えるのかを検討するために，

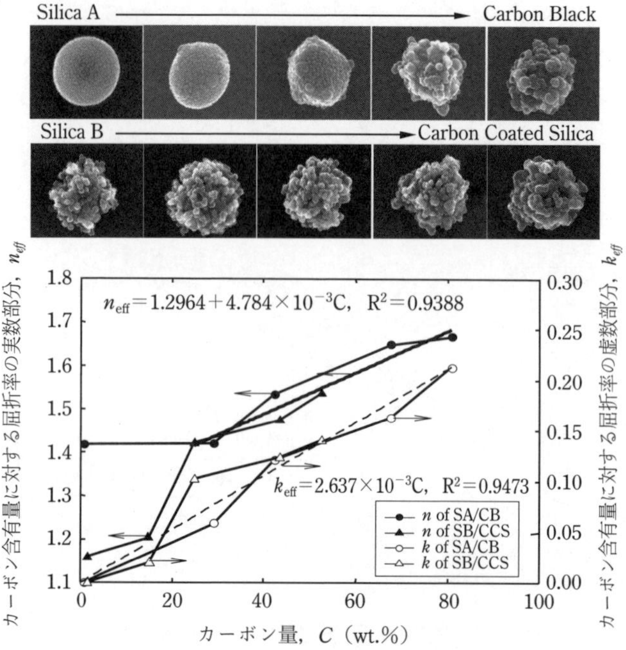

図 3.27　カーボン含有量が屈折率に及ぼす影響

2 種類のシリカ / カーボン合成粒子，SA と CB を混合したもの，SB と CCS を混合したものを用いて比較検討した．このために，カーボン含有量の異なるシリカ / カーボン合成粒子をそれぞれ五つずつ製造した．図 3.27 のグラフは，合成粒子のカーボン含有量に対する屈折率の実数部分 (n_{eff}) と虚数部分 (k_{eff}) の変化を示す．カーボン量の増加とともに，屈折率の実数 (n_{eff}) および虚数部分 (k_{eff}) はともに増加するが，カーボン含有量の低い範囲では，粒子形態の違いにより，実数部分に大きな差が生じている．この差は，図 3.27 の SEM 写真からも分かるように粒子の空隙率によって引き起こされている．しかし，屈折率の虚数部分は，粒子の空隙率，形態に関係なくほぼ同じ傾向となっている．このグラフより，屈折率の実数部分の傾向と異なって，虚数部分は，粒子の形態や空隙率に関係なく，カーボン含有量だけに影響されていることが分かる．

3.5 リアルタイムエアロゾル計測 ―AMSとPILS-IC，カーボン計との相互比較

対流圏のエアロゾルは大気質と気候変動に大きな影響を及ぼしており，エアロゾル研究の重要性が国際的に高まっている．特に，大都市起源のエアロゾルによる局所的あるいは地域的な影響を評価するためには，発生源近傍で起こる様々な物理・化学過程（生成・変質・消滅過程，輸送過程，光学特性など）を系統的に理解する必要がある．そして，大気中におけるエアロゾルの寿命は比較的短く，時・空間的な不均一性が高く，化学組成や形状も多様であることから，エアロゾルの粒径分布と化学組成のリアルタイム情報が必要とされている．近年，米国を中心に質量分析計を組み込んだ実時間型のエアロゾル計測装置の開発は研究段階から実用段階へ進み，その数は10種類以上に及んでいる（http://cires.colorado.edu/~jjose/ams.html）．中でもAerodyne社のエアロゾル質量分析計（Aerosol Mass Spectrometer: AMS）[42]は，エアロゾルの主成分である有機化合物（OM），硫酸塩（SO_4^{2-}），硝酸塩（NO_3^-），塩化物（Cl^-），アンモニウム塩（NH_4^+）の粒径別化学組成を実時間レベルで計測できることから最も注目されており，大気エアロゾルの科学的な解明が飛躍的に進展しつつある．しかし，AMSの空気力学（エアロダイナミック）レンズによるエアロゾルの取り込み（捕集効率，CE）はエアロゾルの形状に大きく依存し，その形状は組成や相対湿度により変化する．これまでAMS同士あるいは粒子液化捕集-イオンクロマトグラフシステム（PILS-IC）[43]との比較研究において，高湿度条件下におけるエアロゾルの捕集効率は～100%，低湿度条件下では～50%になることが報告されている[44,45]．

本節では，AMSの測定精度の向上を目指した相互比較実験について紹介する[46]．具体的にはAMSの大気導入部の温度を外気の露点以上に保持し，大気の相対湿度を50%以下に制御するシステムを構築した．そして，全ての化学成分の捕集効率が50%であると仮定し，独立な計測装置であるPILS-ICおよび加熱分離・光学補正方式のカーボン計[47]との精密な相互比較を実施して，AMSによるエアロゾル計測技術の評価と精度の向上を図った．大気観測は東京都目黒区の東京大学先端科学技術研究センターで行われた．エアロゾル捕集粒径は

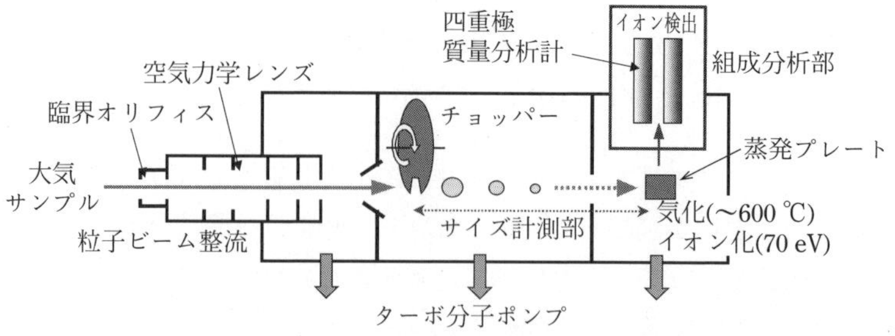

図 3.28　エアロゾル質量分析計（AMS）の装置構成

PM_1 とした．

3.5.1　エアロゾル質量分析計（AMS）

AMS の装置構成を図 3.28 に示す．空気力学レンズ [48] を通してビーム状に集束されたエアロゾルは真空チャンバーに導入れ，真空中を飛行して 600 ℃ の蒸発プレートに衝突して気化される．気化した分子は電子衝撃 (EI) によりイオン化された後，四重極型質量分析計でエアロゾルの組成と濃度が測定される (Mass モード)．つまり，AMS により測定される化学成分は 600 ℃ 以下で気化する揮発性 (non-refractory) 成分である．また，真空中におけるエアロゾルの飛行速度（Time of Flight：TOF）は粒径が小さいほど大きくなることから，チョッパーと蒸発プレート間の飛行時間を計測することにより粒径分布が導出される (TOF モード)．

Mass モードと TOF モードとを交互に行うことによりエアロゾルの粒径別化学組成が 5 ～ 10 分の時間分解能で測定される．AMS の空気力学レンズは，真空空気力学的直径 (Vacuum-aerodynamic diameter：d_{av}) が 50 ～ 600 nm のエアロゾルに対してほぼ 100％の捕集効率を持ち，1 μm の粒子に対する捕集効率は約 50％であることから，カットオフ径は PM_1 に相当する ($d_{av} = \rho Dp$，ρ：密度, Dp：幾何学的粒径)．AMS による成分 i の質量濃度 (C_i：$\mu g\ m^{-3}$) は以下の式より導かれる．[49]

$$C_i = \frac{1}{CE_i} 10^{12} \frac{MW_i}{IE_i Q N_A} \sum_{m/z} I_i^{m/z} \tag{3.1}$$

ここで，MW_i (g mol^{-1}) は成分 i の分子量，IE_i は成分 i のイオン化効率，Q(cm^{3}s^{-1})

は試料大気流速，N_A は Avogadro 数，$I_i^{m/Z}$ (Hz)は成分 i の m/z 比のカウント速度，CE_i は粒子捕集効率（0.5～1）を示す．

3.5.2　粒子液化捕集–イオンクロマトグラフシステム（PILS-IC）

ジョージア工科大学を中心に開発された PILS (Particle-Into-Liquid Sampler)[43] は，15 L min^{-1} で吸引された大気試料に過飽和状態の水蒸気（超純水：>18 MΩ）を混合し，液滴に成長したエアロゾルを慣性インパクタで捕集する（図3.29）．PILS による吸湿性エアロゾルの捕集効率はほぼ100％である．エアロゾルを捕集・溶解した試料溶液は，オンライン（～0.15 mL min^{-1}）でイオンクロマトグラフ (Metrohm 761) へ連続的に導入され，NO_3^-，SO_4^{2-}，Cl^-，NH_4^+，Na^+ などの無機イオンが分離・定量される．また，一定流量の LiBr 内標準溶液を試料溶液に添加することにより，水溶性イオンの回収率はサンプル毎に補正される．イオンクロマトグラフィの陰イオン分離カラムには Metrohm Metrosep A supp5，陽イオン分離カラムには Metrohm Metrosep Cation 1/2，陰イオン溶離液には 4 mM L-tartaric acid/1 mM Dipicolinic acid，陽オン溶離液には 3.2 mM Na_2CO_3/1 mM $NaHCO_3$ などが使用される．また，デニューダーにより，大気中の HNO_3，SO_2，HCl，NH_3 などの干渉性ガスが除去される．PILS-IC による水溶性無機エアロゾル測定の時間分解能は～15分である．

3.5.3　オンライン EC/OC 計

加熱分離・光学補正（Thermal-optical）法に基づく含炭素エアロゾル（EC/OC）のオンライン計測装置[47]が，近年，Sunset Laboratory 社より市販されている（加熱分離・光学補正法の詳細については3.3節を参照のこと）．石英繊維フィルタに捕集された炭素性エアロゾルは不活性ガスと含酸素雰囲気（He, 2％O_2）において加熱・気化され，気化した炭素成分は CO_2 に酸化されて非分散赤外吸収検出器で定量される．加熱プロトコールには NIOSH 法[50]を，OC と EC の分離にはレーザー光の透過率に基づく光学補正が採用されている．また，OC の測定に干渉を及ぼす揮発性有機物質（VOC）は活性炭含浸デニューダーにより除去される．大気捕集（8 L min^{-1}, 45分）とカーボン分析（15分）が連続的に繰り返されることにより，1時間の分解能で EC と OC が計測される．

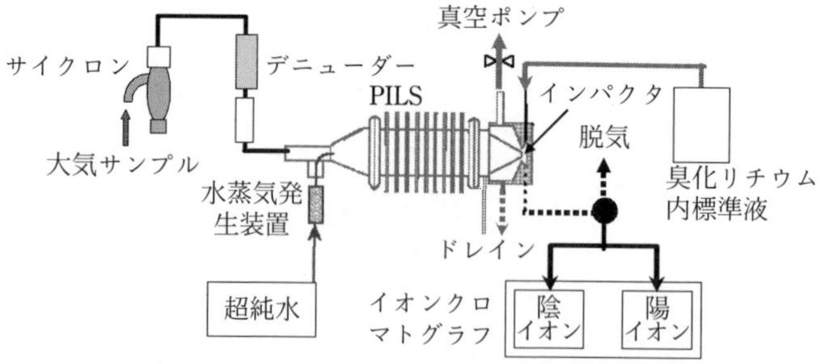

図3.29　粒子液化捕集—イオンクロマトグラフシステム（PILS-IC）の装置構成

3.5.4　AMS と PILS，カーボン計との相互比較

AMS の測定精度を評価する上で，相対イオン化効率 (RIE)，捕集効率 (CE)，粒子カットオフ径など全ての要素を含めた測定の不確定性を見積もることは困難である．そこで，AMS の空気力学レンズによるエアロゾルの捕集効率に及ぼす相対湿度の影響を軽減するために，大気導入部の相対湿度を 50%以下に制御した．そして，AMS による各成分の捕集効率が 50% (CE = 0.5) であると仮定し，水溶性無機エアロゾル成分の高精度分析装置である PILS-IC と比較した．その結果，図3.30に示すように，AMS と PILS-IC により測定された NO_3^-，SO_4^{2-}，Cl^-，NH_4^+の濃度はよく一致し (26％以内の誤差)，相対湿度 50%以下における AMS による吸湿性エアロゾルの捕集効率は 50%であることが明らかとなった．これまで SO_4^{2-}と NH_4^+については 25%以内の誤差で一致することが報告されているが[44,45]，今回，NO_3^-と Cl^-についても同様の精度で一致することが示された[46]．

有機エアロゾル (OM) についても大気試料導入部の相対湿度を 50%以下に制御し，CE = 0.5 を仮定した AMS とオンライン EC/OC 計による有機炭素 (OC) との比較を精密に実施した．その結果，図 3.31 に示すように，有機エアロゾルと有機炭素との比 (OM/OC) は，これまでに報告されている 1.6 ～ 2.1[51] と整合的であり，CE = 0.5 の仮定の妥当性が明らかとなった[46]．また，東京における OM/OC 比は有機エアロゾルの組成により変動することが示唆され，夏季には 1.8，秋季には 1.6 を示した．夏季には有機成分の光化学酸化が促進され，より

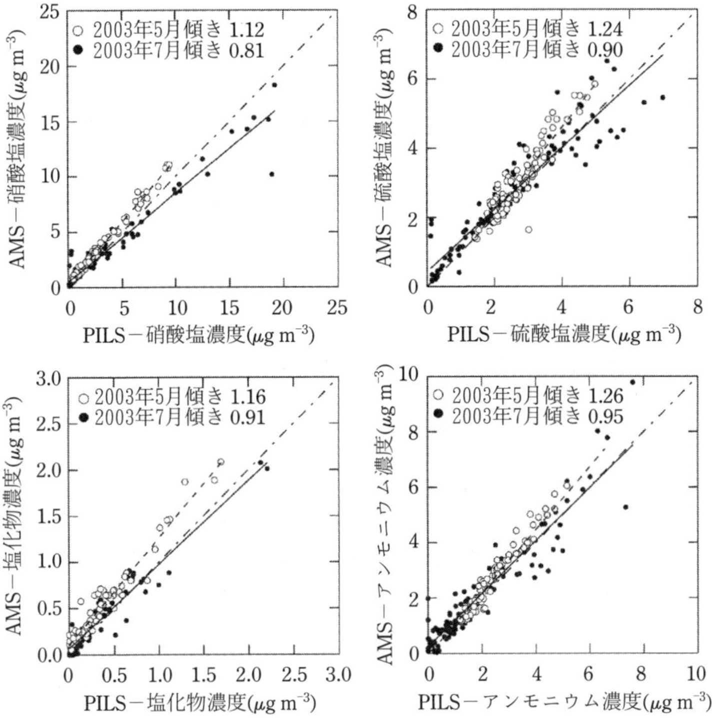

図 3.30　AMS と PILS によるエアロゾル中の硝酸塩，硫酸塩，塩化物，アンモニウム濃度の相互比較結果（AMS による各成分の捕集効率は $CE = 0.5$ と仮定した）

酸化された二次有機エアロゾルの割合が増加すること分かる．

今回紹介した AMS は空気力学レンズ，加熱・衝撃イオン化，質量分析計技術，およびマススペクトル解析ソフトウエアなどの先端技術の結集により，エアロゾルのリアルタイム計測を可能としている．しかし，エアロゾルの導入やイオン化の過程における損失も多く，測定の絶対値には不確定性があったが，大気導入部の湿度制御と信頼性の高い独立の計測装置との相互比較を通して，誤差要因を把握し，エアロゾル導入の問題を解決することができた．

最近，真空紫外 (VUV) ランプによるソフトイオン化と飛行時間型質量分析計 (TOFMS) を導入した AMS が開発・実用化されつつある．TOFMS は時間分解能が 10^{-5} s レベルと極めて短いために，単一粒子のマススペクトルを得ること

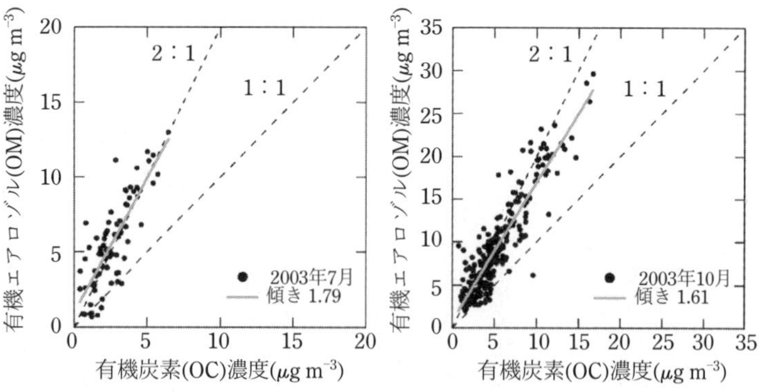

図 3.31　AMS による有機エアロゾル（OM_{AMS}）と有機性炭素（PM_1-OC）の相互比較結果（AMS による各成分の捕集効率は $CE = 0.5$ と仮定した）

が可能となる．つまり，単一粒子レベルでの粒径，組成と濃度のリアルタイム情報により，エアロゾル研究の更なる展開が期待される．

参考文献

1）Shimada, M., Lee, H. M., Kim, C. S., Koyama, H., Myojo, T. and Okuyama, K.（2005）. Development of an LDMA-FCE system for the measurement of submicron aerosol particles. *J. Chem. Eng. Japan* **38**, 34–44.

2）明星敏彦，井川誠司，栄　宏和，神山宣彦（2001）．大粒子用長尺 DMA の開発と 1 μm 級ポリスチレンラテックス粒子の分級特性，空気清浄，**39**，168–175.

3）Okuyama K., Shimada, M., Okita, A., Otani, Y. and Cho, S. J.（1998）. Performance evaluation of Cluster-DMA with integrated electrometer and its application to ion mobility measurements. *J. Aerosol Res., Japan* **13**, 83–93.

4）Kousaka, Y., Okuyama, K. and Adachi, M.（1985）. Determination of particle size distribution of ultrafine aerosol using differential mobility analyzer. *Aerosol Sci. Technol*. **4**, 209–225.

5）Kim, C. S., Okuyama, K. and Fernández de la Mora, J.（2003）. Performance evaluation of an improved particle size magnifier (PSM) for single nanoparticle detection. *Aerosol Sci. Technol*. **37**, 791–803.

6）Okuyama, K., Kousaka, Y. and Motouchi, T.（1984）. Condensational growth of ultrafine aerosol particles in new aerosol size magnifier. *Aerosol Sci. Technol*. **3**, 353–366.

7）Kim, C. S., Okuyama, K. and Shimada, M.（2002）. Performance of a mixing-type CNC for nanoparticles at low-pressure conditions. *J. Aerosol. Sci*. **33**, 1389–1404.

8）Kogan, Y. and Burnashova, Z.（1960）. Growth and measurement of condensation nuclei in a continuous stream. *J. Phys. Chem*. **34**, 2630–2639.

9）Shimada, M., Han, B., Okuyama, K. and Otani, Y.（2002）. Bipolar charging of aerosol nanopar-

ticles by a soft X-ray photoionizer. *J. Chem. Eng. Japan* **35**, 786–793.
10) Lee, H. M., Kim, C. S., Shimada, M. and Okuyama, K. (2005). Bipolar diffusion charging for aerosol nanoparticle measurement using a soft X-ray charger. *J. Aerosol Sci*. **36**, 813–829.
11) Fuchs, N. A.(1963). On the stationary charge distribution on aerosol particles in a bipolar ionic atmosphere. *Geofis. Pura Appl*. **56**, 185–193.
12) Friedlander, S. K. (2000). *Smoke, Dust and Haze*, 2nd edition. p180, Oxford University Press.
13) Noble, C. A., and Prather, K. A. (1996). Real time measurement of correlated size and composition profiles of individual aerosol paricles. *Environ. Sci. Technol*. **30**, 2667–2680.
14) Noble, C. A. and Prather, K. A.(1999). Aerosol time-of-flight mass spectrometry. In *Analytical Chemistry of Aerosols* (edited by Spruny, K. R.), pp. 353–376, Lewis Publishers.
15) McMurry, P. H. (2000). A review of atmospheric aerosol measurements. *Atmos. Environ*. **34**, 1959–1999
16) Spurny, K. R. (editor) (1999). *Analytical Chemistry of Aerosols*. Lewis Publishers.
17) Köllensperger, G., Friedbacher, G. and. Grasserbauer, M. (1998). In-situ investigation of aerosols particles by atomic force microscopy. *Fresenius J. Anal. Chem*. **361**, 716–721.
18) 岡田菊夫 (2004). 電子顕微鏡による大気エアロゾル粒子の組成と混合状態の分析法について，エアロゾル研究，**19**，21–27.
19) Hayakawa, S., Ikuta, N., Suzuki, M., Wakatsuki, M. and Hirokawa, T. (2001). Generation of an x-ray microbeam for spectromicroscopy at SPring–8 BL39XU. *J. Sync. Rad*. **8**, 328–330.
20) Hayakawa, S., Tohno, S., Takagawa, K., Hamamoto, A., Nishida, Y., Sukuki, M., Sato, Y. and Hirokawa, T. (2001). Ultra trace characterization using an x-ray microprobe at SPring–8 BL39XU. *Anal. Sci*. **17s**, i115–i117.
21) Tohno, S., Ma, C. -J., Hayakawa, S., Yamasaki, S. and Kasahara, M. (2006). Single particle analysis for chemical characterization of atmospheric aerosols: Application of x-ray microprobe system and double thin film method. *Environmental Monitoring and Assessment* **120**, 575–584.
22) 東野　達，茶谷　聡，笠原三紀夫 (1998). 二元同時蒸着混合薄膜を用いた個別エアロゾル粒子中の硫酸塩および硝酸塩混合状態の同定，エアロゾル研究，**13**，230–236.
23) 山﨑悟志，大西裕介，東野　達，笠原三紀夫 (2003). 個別エアロゾル粒子中の塩化物及び硝酸塩混合状態の同定を目的とした複合薄膜法の開発，エアロゾル研究，**18**，34–39.
24) *DRI Model 2001 OC/EC Carbon Analyzer Installation & Operation Manual* (2004). Atmoslytic Inc.
25) 溝畑　朗，伊藤憲男 (2004). 大気エアロゾル粒子中の炭素成分濃度の長期連続観測，第21回エアロゾル科学・技術研究討論会講演論文集，pp. 59–60.
26) Currie, L. A., *et al*., (2002). A critical evaluation of interlaboratory data on total, elemental, and isotopic carbon in the carbonaceous particle reference material, NIST SRM 1649a. *J. Res. National Bureau Standards* **107** (3), 279–298.
27) Schmid, H. D., *et al*.,(2001). Results of the "Carbon Conference" international aerosol carbon round robin test: Stage 1. *Atmos. Environ*. **35**, 2111–2121.
28) Watson, J. G., Chow, J. C. and Chen, L. W. A. (2005). Summary of organic and elemental carbon/black carbon analysis methods and intercomparisons. *Aerosol and Air Quality* **5**, 65–102.
29) Watson, J. G. (2002). Visibility: Science and regulation. *J. Air and Waste Manage. Assoc*. **52** (6), 628–713.

30) Akhter, M. S., Chughtai, A. R. and Smith, D. M. (1985). The structure of hexane soot I. Spectroscopic studies. *Applied Spectroscopy* **39** (1), 143–153.

31) Chow, J. C., Watson, J. G., Crow, D., Lowenthal, D. H. and Merrifield, T. (2001). Comparison of IMPROVE and NIOSH carbon measurements. *Aerosol Sci. Technol.* **34**, 23–34.

32) Moosmüller, H. *et al.* (1998). Photoacoustic and filter measurements related to aerosol light absorption during the Northern Front Range Air Quality Study (Colorado, 1996/1997). *J. Geophys. Res.* **103** (D21), 28149–28157.

33) Horvath, H. (1997). Experimental calibration for aerosol light absorption measurements using the integrating plate method—Summary of the data. *J. Aerosol Sci.*, **28**, 1149–1161.

34) Kirchstetter, T. W., Novakov, T. and Hobbs, P. V. (2004). Evidence that the spectral dependence of light absorption by aerosols is affected by organic carbon. *J. Geophys. Res.* **109** (D21), D21208. doi:10.1029/2004JD004999.

35) Fuller, K. A., Malm, W. C. and Kreidenweis, S. M. (1999). Effects of mixing on extinction by carbonaceous particles. *J. Geophys. Res.* **104** (D13), 15941–15954.

36) Watson, J. G., Chow, J. C., Lowental, D. H., Prichett, L. C., Frazier, C. A. (1994). Differences in the carbon composition of source profiles for diesel- and gasoline-powered vehicles. *Atmos. Environ.* **28**, 2493–2505.

37) Kim, E. and Hopke, P. K. (2004). Source apportionment of fine particles at Washington, DC, utilizing temperature-resolved carbon fractions. *J. Air & Waste Manage, Assoc.* **54**, 773–785.

38) Chang, H. and Okuyama, K. (2002) . Optical properties of dense and porous spheroids consisting of primary silica nanoparticles. *J. Aerosol Sci.* **33**, 1701–1720.

39) Chang, H. K., Okuyama, K. and Szymanski, W. W. (2003) . Experimental evaluation of the optical properties of porous silica/carbon composite particle. *Aerosol Sci. Technol.* **37**, 735–751.

40) Iskandar, F., Lenggoro, I. W., Kim, T. -O., Nakao, K., Shimada, M. and Okuyama K. (2001). Fabrication and characterization of SiO_2 particles generated by spray method for standards aerosol. *J. Chem. Eng. Jpn.* **34**, 1285–1292.

41) Iskandar, F., Mikrajuddin, and Okuyama, K. (2002). Controllability of pore size and porosity on self-organized porous silica particles. *Nano Lett.* **2**, 389–392.

42) Jayne, J. T., D. C. Leard, X. F. Zhang, P. Davidovits, K. A. Smith, C. E. Kolb, and D. R. Worsnop (2000), Development of an aerosol mass spectrometer for size and composition analysis of submicron particles. *Aerosol Sci. Technol.* **33**, 49–70.

43) Weber, R. J., D. Orsini, Y. Daun, Y. N. Lee, P. J. Klotz, and F. Brechtel (2001), A particle-into-liquid collector for rapid measurements of aerosol bulk chemical composition. *Aerosol Sci. Technol.* **35**, 718–727.

44) Drewnick, F., J. J. Schwab, O. Hogrefe, S. Peters, L. Husain, D. Diamond, R. Weber, K. L. Demerjian (2003), Intercomparison and evaluation of four semi-continuous PM2.5 sulfate instruments. *Atmos. Environ.* **37**, 3335–3350.

45) Allan, J. D., Bower, K. N., Coe, H. *et al.* (2004). Submicron aerosol composition at Trinidad Head, CA during ITCT 2K2, Its relationship with gas phase volatile organic carbon and assessment of instrument performance. *J. Geophys. Res.* **109**, D23S24.

46) Takegawa, N., Y. Miyazaki, Y. Kondo, Y. Komazaki, T. Miyakawa, J. T. Jayne, D. R. Worsnop, J. D. Allan, and R. J. Weber (2005). Characterization of an Aerodyne Aerosol Mass (AMS): Intercom-

parison with other aerosol instruments. *Aerosol Sci. Technol.* **39**, 1–11, 2005.

47）Bae, M. S., J. J. Schauer, J. T. DeMinter, J. R. Turner, D. Smith, and R. A. Cary (2004). Validation of a semi-continuous instrument for elemental carbon and organic carbon using a thermal-optical method. *Atmos. Environ*. **38**, 2885–2893.

48）Liu, P., Ziemann, P. J., Kittelson, D. B., and McMurry, P. H. (1995). Generating particle beams of controlled dimensions and divergence: I. Theory of particle motion in aerodynamic lenses and nozzle expansions. *Aerosol Sci. Technol*. **22**, 293–313.

49）Jimenez, J. L., *et al.* (2003). Ambient aerosol sampling using the Aerodyne Aerosol Mass Spectrometer. *J. Geophys. Res*. **108**, 8425, doi:10.1029/2001JD001213.

50）Birch, M. E., and R. A. Cary (1996). Elemental carbon-based method for monitoring occupational exposures to particulate diesel exhaust. *Aerosol Sci. Technol*. **25**, 221–241.

51）Turpin, B. J., and H. J. Lim (2001). Species contributions to PM2.5 mass concentrations: Revisiting common assumptions for estimating organic mass. *Aerosol Sci. Technol*. **35**, 602–610.

4 エアロゾルの長距離輸送と三次元分布の観測

大気エアロゾルは，地球温暖化や酸性雨などの地球環境問題と深く関わっているが，性状が極めて複雑で空間的・時間的変動が大きいことから，大気環境に及ぼす影響については未知，不確実な問題が多い．東アジア地域は，今後の急激な工業化に伴い，地球規模での大気環境の動向を決定する最重要地域であり，東アジアにおけるエアロゾルの大気環境影響の現象解析や対策の策定が緊急課題となっている．特に，大気中におけるエアロゾルおよびその前駆体の動態を把握し，東アジアにおける現在・将来のエアロゾルの空間分布，沈着量分布を定量化することは最重要課題である．

東アジア域のような広域におけるエアロゾルの空間分布を捉えるためには，地上観測だけではなく，船舶，飛行機，バルーン，人工衛星など様々なプラットフォームを活用した広域をカバーする観測が必要とされる．一方，この地域におけるエアロゾルを含む大気汚染物質の変質過程を把握するためには定点における長期のモニタリングとともに，典型的な気象・化学プロセスを考慮に入れた集中観測による現象の解明もまた必要とされる．

東アジア地域におけるエアロゾル・大気汚染現象の解明のためには最大の発生源地域である中国の影響を解明することは必要不可欠であるが，従来中国における観測は不可能とされてきた．筆者らはこの中国におけるエアロゾル・大気汚染を航空機で観測することを主眼としながら，この航空機観測と同期する形で様々なプラットフォームを駆使した観測を行った．観測に用いられたプラットフォームは上記中国における航空機の他，国内における航空機，観測船，ライダーネットワーク，無人飛行機，人工衛星，富士山頂，日本および中国の大都市域における地上観測などである．

本章では上記のような種々のプラットフォームを用いた観測のうち，中国における航空機観測，船舶を用いた観測，およびライダーネットワークを用いた観測から得られた成果について述べる．

4.1 エアロゾルおよびその前駆体の航空機観測

4.1.1 中国におけるエアロゾルおよびその前駆体の観測の開始

東アジア地域は大気環境の面で，今や世界で最も注目を浴びている地域である．NOxやSO_2の放出量は，ヨーロッパや北米などの先進地域では20世紀後半以降横ばいまたは減少傾向なのに対して，アジア地域では大幅な伸びを示している[1, 2]．中でも中国は巨大な人口を抱え，急速に工業化を進めているため，最も重要な大気汚染物質発生源として注目されてきた．黄砂が太平洋を越えて北米まで輸送されることは今や周知の事実であるが，人為起源の大気汚染物質がやはり太平洋を越えて北米に影響を及ぼしているらしいことが指摘されている．中国は今後世界最大の硫黄酸化物放出国となるものと予想されているが，これによって生成する硫酸エアロゾルの地球温暖化への影響はIPCCのレポートでも，まだ不確定要素の大きなものとして指摘され，さらに雲を介したエアロゾルの間接影響はより一層闇の中である．しかし今後のアジア域での大気環境問題を扱う上では中国一国だけをターゲットにするわけには行かない．最近ではインド洋からインド，東南アジア，東アジアを広域に覆うブラウン・ヘイズ（ABC: Atmospheric Brown Clouds-Asia）の問題も現れてきた．このように東アジア地域は，今後さらに研究を深めるべき大気環境問題に事欠かない地域である．

東アジアにおける越境大気汚染に関してはこれまで様々な国際的な取り組みが行われている．筆者らは数年にわたって日本とアジア大陸との間の海洋上空の航空機を用いた大気観測を継続して，汚染気塊の輸送パターンを明らかにしてきた[3-9]．その結果，大まかに言って図4.1に示すような4種類の輸送パターンがあることが明らかになった[9]．

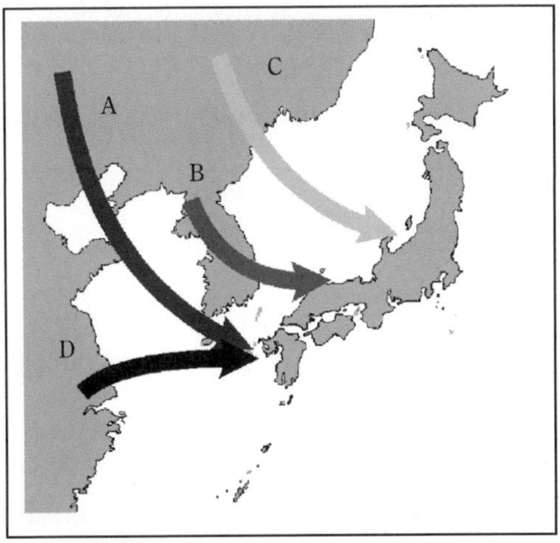

図 4.1　アジア大陸から日本に到着する 4 種類の気塊.

一方，近年の中国の工業化に伴う化石燃料，特に石炭利用による大気汚染の進行は中国国内だけでなく，日本を含む周辺の国々やさらには地球規模の環境にまで影響を与えるものと考えられるようになった．しかし実際にこのような大気汚染による影響を最も受けているのは現地に暮らす人々である．このような状況を少しでも緩和し，対策技術を進めることによってその地域の環境が改善されれば，日本に飛来する酸性物質も減ることが期待できる．このような観点から筆者らは長年にわたって中国の研究者と協力関係を築いてきた．

国境を越えるような大規模な大気環境問題に対する対策を立案するためには，現状の把握は極めて重要であり，かつその状況把握は汚染物質を受け取る地域（レセプター地域）だけでなく，発生源地域（ソース地域）においても行われる必要がある．しかし，従来中国では，自国から放出される大気汚染物質などはそのほとんどが自国に降下・沈着するため，周辺諸国に対して大きな影響は与えていないはずであるとの立場から，国際共同観測による航空機観測などには極めて消極的であった．しかし，最近になって，日本の環境省が主導する東アジア酸性雨モニタリングネットワーク（EANET）や韓国環境省が主導する北東アジアにおける長距離越境大気汚染に関するワーキンググループ（LTP）の活動により，研究者と行政担当者が一体となって大気環境問題に国際的な協力のもと，取り組みを進めてきたこともあって，朱鎔基前中国首相は「砂塵や酸性雨などが国境を越える問題である」との認識を示し，協力と交流が重要であると述べた．このような状況の進展から，中国における国際共同研究としての航空機観測が初めて可能となった．

4.1.2 レセプター地域における観測例

大陸から放出されたエアロゾルなどの大気汚染物質が長距離輸送に伴ってどのような変化を示すか，ここでは東シナ海上空で行われた観測の結果を紹介しよう[10]．

東シナ海における航空機観測は，2001年3月19日～22日の4日間，長崎県福江島と韓国済州島南方沖（東経126度　北緯31度）の間の東シナ海上空において行われた．Fairchild Swearingen Merlin IV ターボプロップ双発機をもちいて，高度約3000 mと約500 mの2高度をそれぞれ約1時間飛行した．同機の上部よりテフロン管により外気を導入し，ガラス製のマニホールドを経由して各ガス用測器に配管した．観測した項目と観測手法は，オゾン（紫外線吸収法），NO_y（オゾン化学発光法），SO_2（パルス蛍光法），PAN（低温濃縮捕集法），炭化水素（真空容器捕集法），エアロゾル個数濃度（光散乱法），エアロゾル重量濃度（光散乱法），エアロゾル化学組成（ハイボリュームサンプラ）である．

図4.2は2001年3月21日の観測におけるガス状汚染物質の濃度分布である．低空を飛行している時に10 ppbを超える高濃度のSO_2が観測された．オゾン，NO_yやPANも高濃度である．しかし高高度（～3000 m）では汚染質の濃度は低い．20日から21日にかけて，朝鮮半島上を寒冷前線が通過し，その後上海付近から高気圧が張り出してくるという気象状況であった．この時，大陸から汚染気塊が輸送されてきたものと考えられるが，低気圧通過の場合[9]と異なり，上下の混合はあまり強くないため，低空でのみ高濃度が見られたものと考えられる．後方流跡線解析からも，低高度の500 mで捕らえられた気塊は上海付近でも非常に低い高度（500～600 m）を飛んできていることが示唆された．

一方この日の粒子状物質の分布も興味深い．済州島の南方で大粒子の濃度が高く，九州付近では微小粒子の濃度が高い．Ca^{2+}は前者に，SO_4^{2-}は後者やSO_2に一致した分布パターンを示すことから（図4.3），大粒子は主に黄砂で，微小粒

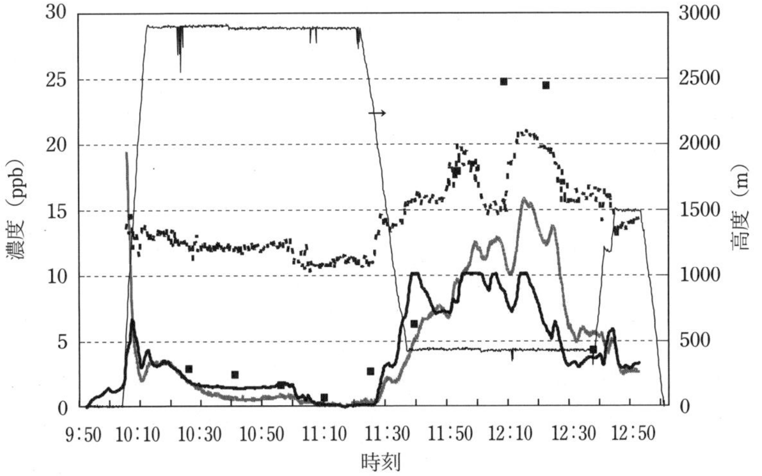

図 4.2　2001 年 3 月 21 日のガス状汚染物質分布．黒実線：SO_2；破線：1/5 × O_3；灰色実線：NO_y；■：10 × PAN；（以上左軸）．細実線：高度（右軸）．

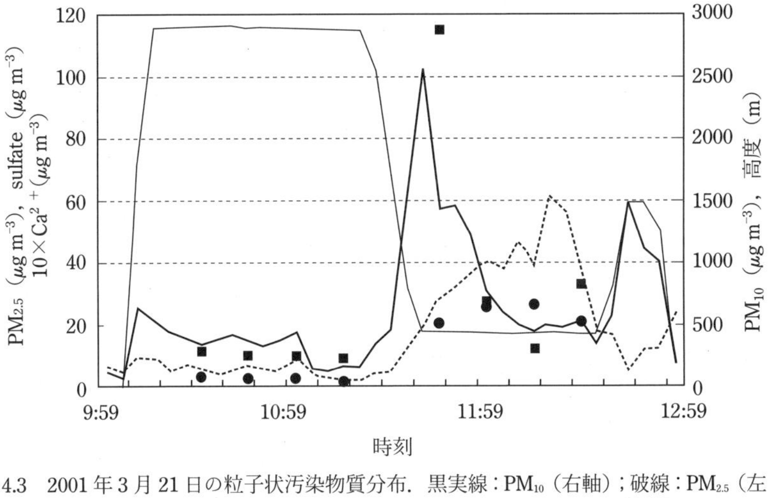

図 4.3　2001 年 3 月 21 日の粒子状汚染物質分布．黒実線：PM_{10}（右軸）；破線：$PM_{2.5}$（左軸）；細実線：高度（右軸）；● nss − SO_4^{2-}（左軸）；■：Cc^{2+}（左軸）．

表 4.1　2001 年 3 月 21 日の観測の際に測定されたエアロゾルイオン成分の濃度

時刻	m 高度	neq m^{-3} NO_3^-	neq m^{-3} SO_4^{2-}	neq m^{-3} Cl^-	neq m^{-3} NH_4^+	neq m^{-3} Ca^{2+}	neq m^{-3} Na^+	SO_4/Ca	%Σ−/Σ+
～10:29	2895.3	8.1	60.6	5.8	39.0	58.7	15.4	1.0	66
～10:44	2879.2	8.5	50.4	5.7	31.2	51.1	14.7	1.0	67
～10:59	2878.4	9.2	47.1	3.0	24.3	49.7	15.6	0.9	66
～11:14	2876.6	10.7	35.0	4.7	16.1	46.5	17.2	0.8	63
～11:44	438.7	182.4	420.1	47.4	232.7	576.2	136.9	0.7	69
～11:59	438.3	176.4	537.6	9.3	462.2	136.8	31.0	3.9	115
～12:14	433.5	198.1	541.9	8.9	500.1	61.8	19.3	8.8	129
～12:29	424.1	140.4	429.6	17.5	353.4	163.8	38.5	2.6	106
上空 / 低空		0.05	0.10	0.23	0.07	0.22	0.28		

子は主に人為起源の大気汚染物質からなっているものと考えられる．同一気流で輸送されると思われるが，上流（砂漠・黄土地帯）で発生する黄砂と下流（上海周辺）で発生する大気汚染物質が時間差を持ってこの地域に到達したことを窺わせて興味深い．同様な時間差のある輸送についてはこの地域でこれまでにも報告されている[11]．

3 月 20 日には中国において砂塵嵐が発生したことが報告されており，その影響は 21 日～22 日に日本に現れたが，21 日は観測領域に黄砂が到達しつつあった時であり，非常に興味深い現象が見られている．表 4.1 は 3 月 21 日に採取されたエアロゾル中のイオン成分の濃度である．上空に比べて低空における NO_3^-，SO_4^{2-}，NH_4^+ などの濃度が非常に高く，また陰イオン成分の陽イオン成分に対する比を見ると低空では陰イオン成分が過剰で，黄砂が来る前の 20 日の状況と似ているのに対し，上空では陽イオン成分が過剰で，黄砂におおわれた翌 21 日の状況に似ている．すなわち，低空には人為起源の汚染物質が残っているが，上空には既に黄砂がやってきていたと考えられる．この状況はライダーを用いたエアロゾルの空間分布観測でも裏付けられている[10]．

陰イオン成分の NO_3^-，SO_4^{2-} と陽イオン成分の NH_4^+，Ca^{2+} の間の相関も示唆に富んでいる．図 4.4 から以下のような特徴が見られた．

(1) NO_3^- と Ca^{2+} は相関が強いが（図 4.4a），人為的な汚染物質が大陸から輸送

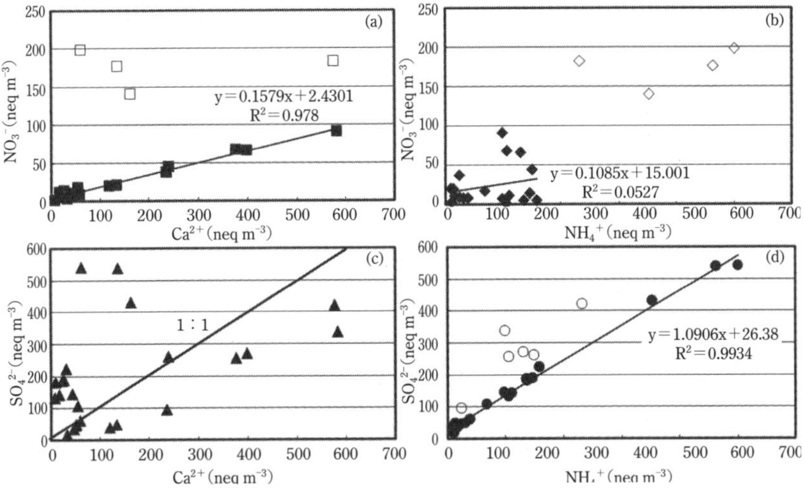

図 4.4　NO_3^-，SO_4^{2-} と Ca^{2+}，NH_4^+ との相関．(a) NO_3^- vsCa^{2+} (□：NO_3^- 100 ＞ neq m^{-3}，SO_4^{2-} 400 ＞ neq m^{-3})，(b) NO_3^- vs NH_4^+ (◇：NO_3^- 100 ＞ neq m^{-3}，SO_4^{2-} 400 ＞ neq m^{-3})，(c) SO_4^{2-} vs Ca^{2+}，(d) SO_4^{2-} vs NH_4^+ (○：Ca^{2+} 400 ＞ neq m^{-3})．なお，白抜きのマークのデータは相関係数の計算には使われていない．

されてくる時 (図 4.4a の□) は相関が弱くなり，NO_3^-が増える．

(2) NO_3^-と NH_4^+は基本的には相関が弱いが (図 4.4b)，人為的な汚染物質が大陸から輸送されてくる時 (図 4.4b の◇) は相関が強くなり，その時のプロットの傾きは中国で観測されたものと近い．

(3) SO_4^{2-}と Ca^{2+}はほとんど相関がない (図 4.4c)．

(4) SO_4^{2-}と NH_4^+は非常に強い相関を示し，ほぼ 1:1 で存在するが (図 4.4d)，黄砂が来てCa^{2+}濃度が非常に高くなるとSO_4^{2-}が過剰となる (図4.4dの○)．

これらの特徴から，NO_3^-は，従来から指摘されているように[12-14]，大粒子に吸着されていること，SO_4^{2-}は微小粒子として存在すること，が確認された．

4.1.3　中国上空におけるエアロゾルの化学成分およびガス状汚染物質

中国における第 1 回の航空機観測は，中国製の YUN-5 型飛行機 (単発複葉機) を用いて，2002 年 3 月 1 日～4 月 1 日に行われた．渤海湾上空の集中観測は遼

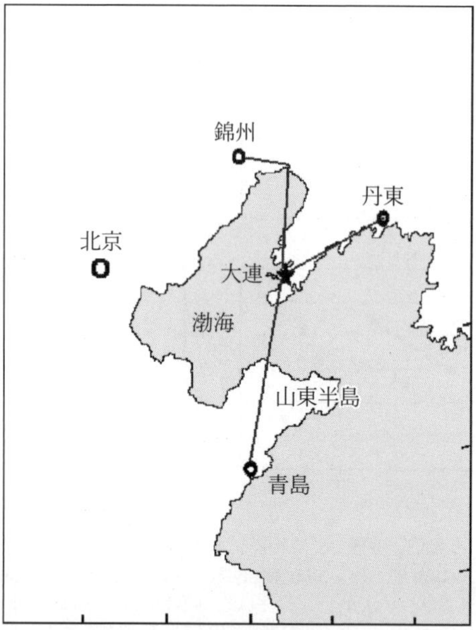

図 4.5　渤海周辺の観測コース．

寧省大連近くの瓦房店海軍空港を基地として，大連―丹東（2 往復），大連―青島（1 往復），大連―錦州（1 往復）のコースで行われた（図 4.5）．測定項目は，オゾン（紫外線吸収法），NOx（オゾン化学発光法），SO_2（パルス蛍光法），エアロゾル化学組成（ハイボリュームサンプラ），アンダーセンサンプラによる粒径別エアロゾル濃度，凝結核数濃度である．

また 2002 年 12 月～2003 年 1 月に行われた観測では双発のプロペラ機 Yun12 型機（中国製）を観測に使用した．観測フライトコースは図 4.6 に示した通り，東シナ海沿岸である．搭載した測定器はガス測器（オゾン，NOx，SO_2）：サーモエンバイロンメント Model-49CTL，42CTL，43CTL，粒径測定器：TSI 3310A，CNC：TSI 3020，$PM_{2.5}$&PM_{10} サンプラ：北京地質科学計器，TSP-PM10-PM2.5－2 型，エアロゾル質量濃度：北京新技術研究所，LD-3 である．

1）エアロゾルイオン成分の濃度と変化

渤海周辺においてアンダーセンサンプラで捕集されたエアロゾルに含まれる

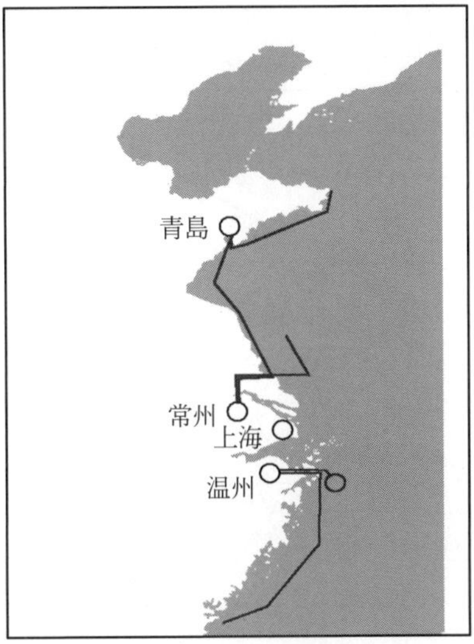

図 4.6 東シナ海沿岸の観測コース.

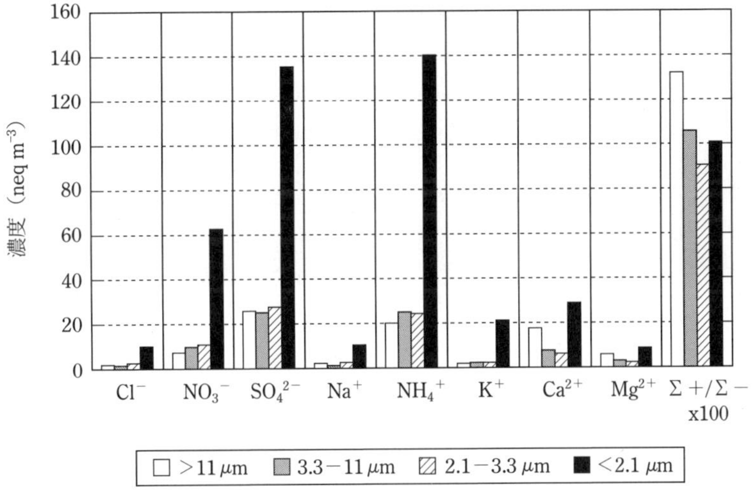

図 4.7 アンダーセンサンプラによって捕集されたエアロゾルの粒径別イオン成分濃度.

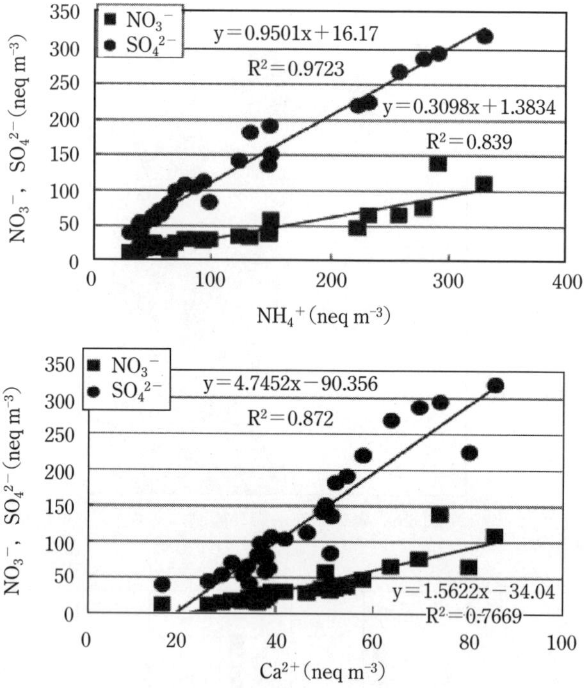

図 4.8　渤海周辺で捕集されたエアロゾル中の NO_3^-，SO_4^{2-} と NH^{4+}（上），Ca^{2+}（下）との相関

イオン成分の濃度を図 4.7 に示した．各粒径において SO_4^{2-} と NH_4^+ はほとんど等しく，トータルのイオン濃度で見ても 11 μm 以上の大粒子を除いては，トータル陽イオンとトータル陰イオンはほぼ 1：1 であり，よく中和されていることが分かる．粒径 11 μm 以上の大粒子では，土壌由来と考えられるカルシウムイオンの濃度が高いため，陽イオン成分が陰イオン成分より 30％程度高めになっている．

一方，NO_3^-，SO_4^{2-} と Ca^{2+}，NH_4^+ との相関を見ると（図 4.8），NO_3^- と Ca^{2+}，SO_4^{2-} と NH_4^+ との強い相関だけでなく，NO_3^- と NH_4^+，SO_4^{2-} と Ca^{2+} の間にも強い相関が見られる．この点は前節に示した東シナ海上空での観測結果とは異なる点である．中国の東部は SO_2 だけでなくアンモニアの大規模発生源であることが報告されている[15,16]．そのため，東シナ海沿岸域では酸性成分は大部分

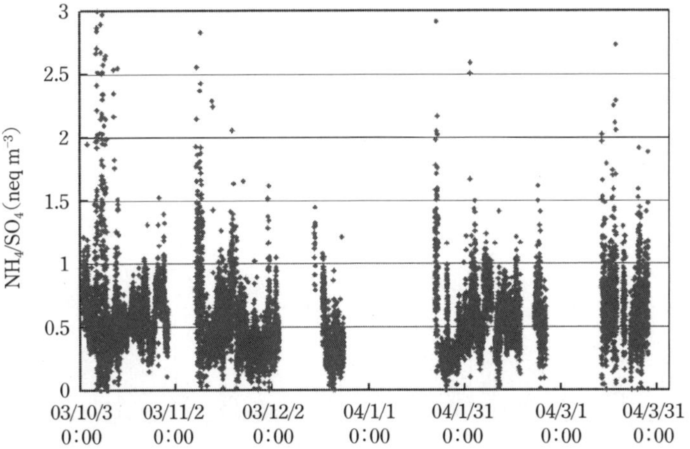

図 4.9　AMS で測った沖縄辺戸岬における NH_4/SO_4 当量濃度比（2004 年 3 月～4 月）

アンモニアガスによって中和されているものと考えられる．これらを含む気塊が東シナ海海上を長距離輸送されていく過程で SO_2 の酸化が進み，次第にエアロゾルに含まれる SO_4^{2-} が過剰になっていくもの考えられる．

実際，沖縄においてエアロゾル質量分析計（AMS）を用いて測った NH_4^+/SO_4^{2-} の比を見ると（図 4.9），この比が 0.5 近くまで低くなっていた[17]．AMS で観測されたエアロゾルではこの時期，硫酸が過剰であったことを示している．後方流跡線解析を行うと，日本の南方海上を数日間停滞したあと，沖縄辺戸岬に到達していたことが分かり，上の考えを支持している．一方，東シナ海周辺では SO_4^{2-} が NH_4^+ より 20％～25％過剰に存在していた．渤海周辺よりもさらに大規模な発生源の影響を表しているのかもしれない（図 4.10）．

NO_3^-，SO_4^{2-} と Ca^{2+}，NH_4^+ との相関はここでも非常によく（図 4.11），この点は，2003 年 8 ～ 9 月，2004 年 5 ～ 6 月に行われた上海～武漢～重慶・成都領域の内陸での観測でもはっきり見られ，中国のエアロゾルの著しい特徴である．

2）大規模発生源近傍における SO_2，NOx，およびオゾン

二次エアロゾルの生成や輸送を考える上で，それらの前駆体となったり反応

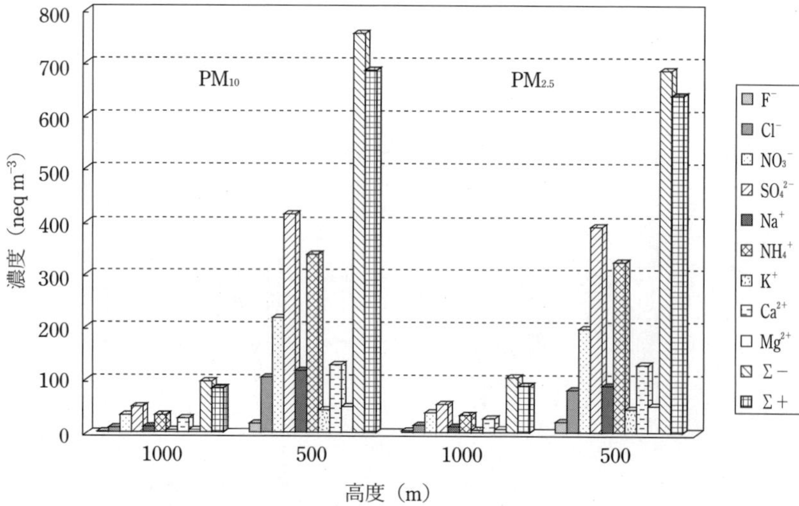

図 4.10　東シナ海沿岸における観測において航空機上で捕集されたエアロゾルの化学成分濃度（2002 年 12 月 28 日）.

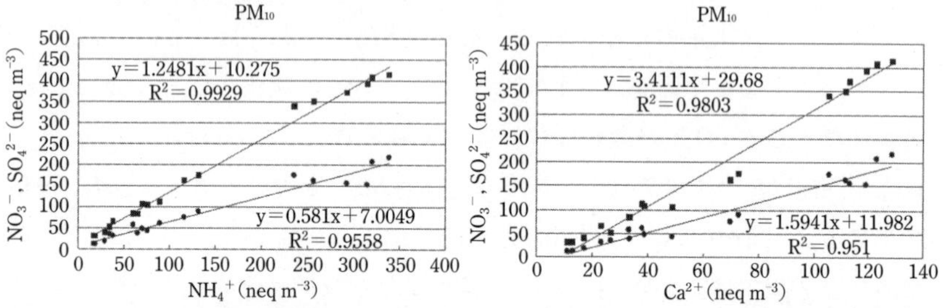

図 4.11　東シナ海沿岸で捕集されたエアロゾル中の NO_3^-, SO_4^{2-} と NH_4^+（左）, Ca^{2+}（右）との相関. ■ : SO_4^{2-}, ● : NO_3^-

物となったりする SO_2, NOx, およびオゾンなどのガス状大気汚染物質の濃度分布や発生源強度などは重要な要因である．特に大規模発生源である中国における情報は東アジア全体の大気環境を解析する上で欠かせないものであると言ってよい．

①渤海湾周辺における NOx とオゾンの変化

4.1.2 で述べたように，2002 年 3 月には大連を中心として渤海湾の周辺を観測した．使用した飛行機は中国製の YUN−5 型単発複葉機である．3 月 19 日には

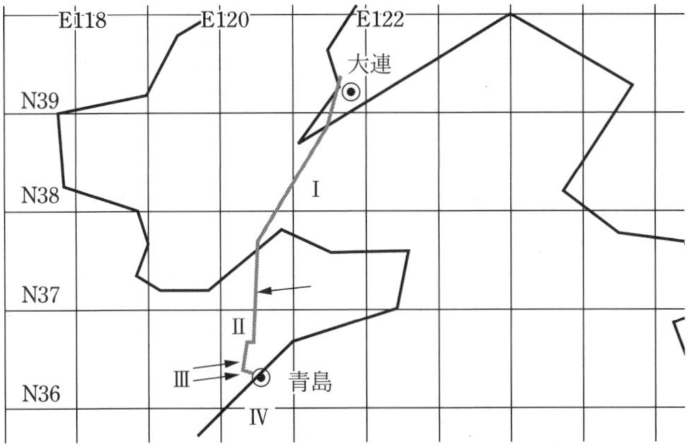

図 4.12　2002 年 3 月 19 日の観測飛行コース

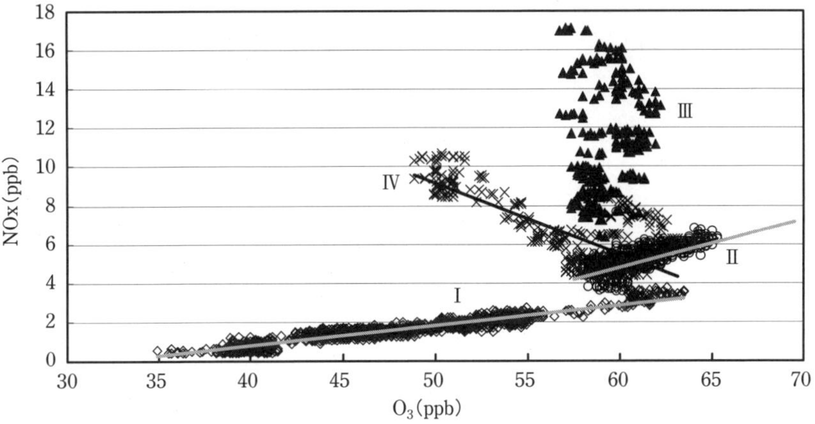

図 4.13　図 4.12 に示された観測領域 I ～ IV 上空での O_3 と NOx の相関

図 4.12 に示すような，大連→青島の観測飛行を行った．この観測では，ほぼ 1000 m の高度を水平飛行した．渤海湾上空では汚染ガス濃度は概して低かったが，青島の近傍では NOx が 15 ppb 以上，SO_2 が 45 ppb にも達していた．この時のオゾンと NOx の相関を見たのが図 4.13 である．渤海湾の海の上では非常にきれいな正の相関が見られる．後方流跡線を見ると渤海湾の海上で捉えられた気塊は北京近傍を通過し，その後 12 時間程度の輸送を経て捉えられていることが分かる．この輸送の間に光化学反応を受け，オゾンが生成してきたこ

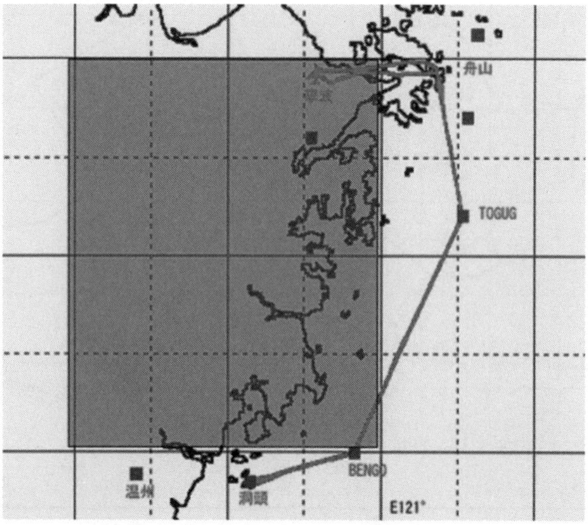

図 4.14　飛行コースと比較した発生源のグリッド．

とが明瞭である．一方，半島に上陸した後は次第に相関が悪くなり，青島の近傍では負の相関が見られた．このような負の相関は，オゾンが高濃度に存在する NO と反応してなくなっていることを意味しており，青島近傍で捉えられた気塊は大規模発生源近傍の極めて新しい気塊であることを示している．

②中国の東シナ海沿岸域における NOx と SO_2 の放出比

2002 年 12 月～2003 年 1 月には上海付近を中心に青島～温州の東シナ海沿岸域を観測した．ここでも大規模発生源の影響を強く受けた気塊を捉えることができ，NOx とオゾンは明瞭な逆相関を示した．したがって，観測された SO_2 と NOx は発生源の影響を強く受けているものと考えられる．SO_2 と NOx の濃度比は発生源の比を表しているのではないかと推測された．そこで，図 4.14 のように観測フライトコースに隣接する緯度×経度 1°×1°のグリッドを選んで，ここからの発生源データと比較した．表 4.2 の Em. (95)[15] と Em ('00)[16] はそれぞれ 1995 年および 2000 年ベースのエミッションデータをもとにした SO_2/NOx 比であり，観測値と比較すると，2000 年のデータでは平均するとほぼ同程度の値になるのに対して，1995 年のデータとの比較では観測値の方がかなり小さくなっている．このことは 1995 年から 2000 年にかけて SO_2/NOx 比が低下してい

表 4.2　SO_2/NOx 比の観測値と発生源データからの推定値との比較

観測日	Em.(95)	Em.('00)	観測値	観測値/Em.(95)	観測値/Em.('00)
2002/12/26	1.13	1.24	1.13	1.00	0.91
2002/12/28	1.15	0.76	0.63	0.55	0.83
2002/12/31	2.02	0.87	1.03	0.51	1.18
2003/1/5	2.17	1.29	1.73	0.80	1.34
2003/1/6	1.56	1.25	0.89	0.57	0.71
平均				0.69	1.00

ることを意味し，SO_2 の減少か NOx の増加，またはその両方がこの 5 年間に起こっていることを観測データから裏付けることができた．

4.1.4　航空機観測による中国上空エアロゾル中の水溶性有機物の空間分布

シュウ酸，マロン酸，コハク酸などの低分子ジカルボン酸は，都市・海洋・極域のエアロゾル中に広く存在し，有機エアロゾルを構成する主要な成分である[18－21]．それらは水溶性であることから水蒸気と相互作用しやすく，凝結核として雲の生成に重要な役割を果たし，人間活動が急速に増大している東アジアにおけるエアロゾルの吸湿特性や気候変動に大きな影響を及ぼしている可能性が指摘されている．実際，これらの有機酸は降雪・降水中にも高い濃度で存在しており[22,23]，雲の生成，降雪・降水現象に深く関与しているものと考えられる．シュウ酸，マロン酸，コハク酸など低分子ジカルボン酸は東アジア・西部北太平洋沿岸域の大気中に高い濃度で報告されており，その濃度は外洋域にいくに従い減少する[24,25]．そのことからアジア大陸における人間活動は低分子ジカルボン酸とその前駆体の最も重要な発生源であると考えられている．

本節では，西部北太平洋域の有機エアロゾルの重要な起源域である中国沿岸域から内陸域にかけて実施された 3 回の航空機観測で得られた水溶性有機エアロゾルの組成・濃度の空間分布について紹介する．冬期（2002 年 12 月 25 日から 2003 年 1 月 6 日，高度 500 ～ 3000 m）に行われた沿岸域での観測では，ジカルボン酸濃度は高度とともに減少する傾向を示した．しかし，バナジウムで規格化した濃度は高度とともに増加傾向にあることが分かり，大気中での有機酸の二次的生成が示唆された．2003 年夏に沿岸（上海）から内陸（武漢，重慶など）にかけて行われた観測では，ジカルボン酸類の濃度は冬に比べると全般的に高く，中国上空大気における水溶性有機エアロゾルの光化学的生成が夏期に強く起こっていることを示唆した．また，夏には，ジカルボン酸の濃度およびバナジウム，硫酸，OC で規格化されたその濃度は高度とともに増加し，地表から高度 2 km 程度までは光化学的生成が強く起こっていることを示した．しかし，3 km 以上の高度ではそれらは急激に減少することが明らかとなった．

1）中国上空における有機エアロゾルの観測

航空機観測は，2002 年 12 月 25 日から 2003 年 1 月 6 日航空機（Yun–12）を使用して，常州，上海，青島上空を含む東シナ海沿岸域（北緯 27.5 ～ 38.3°，東経 119 ～ 122°）で実施された．2003 年の夏（8 月 7 日から 9 月 13 日），2004 年の春（5 ～ 6 月）には，それぞれ，Yun–5B，Yun–12 型航空機を用いて，上海，常州，武漢，重慶，成都，沙市，新建の上空をカバーする地域（北緯 29 ～ 32 度，東経 103 ～ 120 度）で実施した．エアロゾル粒子は，直径 90 mm の石英フィルタ上に捕集され，エアロゾル試料（それぞれの観測で，$PM_{2.5}$ および PM_{10} で合計 30 試料）を採取した．試料採取は，500 m から 4200 m の高度で 2–3 時間にわたり実施し，一日に 2 試料を採取した．

試料の一部を純水にて抽出し，ジカルボン酸など水溶性有機物を分離した．三弗化ホウ素（BF_3）・n- ブタノールを用いてカルボキシル基をブチルエステルにまたアルデヒド基をジブトキシアセタールに誘導体化したのち，キャピラリー GC および GC/MS にて測定した[26]．

また，主要陽イオン・陰イオンについてはイオンクロマトグラフィにて，金属成分は ICP 発光分析にて測定された．2003 年，2004 年の試料については有機炭素（OC）および元素状炭素（EC）の測定も行われた．

2）中国上空で採取されたジカルボン酸類とその特徴

エアロゾル試料中に，炭素数 C_2-C_{10} の直鎖の飽和（n.s.）ジカルボン酸，分枝ジカルボン酸（iC_4-iC_6），不飽和ジカルボン酸（マレイン酸：M，フマル酸：F，メチ

ルマレイン酸 : mM, フタル酸 : Ph, イソフタル酸 : iPh), ヒドロキシジカルボン酸 (hC4), ケトジカルボン酸 (kC_3, kC_7), C_2-C_4, C_9 の ω- オキソカルボン酸, ピルビン酸 (Pyr), グリオギザール (Gly), メチルグリオギザール (MeGly) を検出した. 表 4.3 にそれらの濃度範囲と平均値を示す.

航空機試料中のジカルボン酸は, 一般に, シュウ酸 (C_2) が最も優位を示し, その濃度は炭素数とともに減少する傾向を示した. また, グリオギザール酸 (ω C_2) が優位なケト酸であった. しかし, 夏の試料では, シュウ酸よりもコハク酸 (C_4), グルタル酸 (C_5) が優位を示す試料が多く認められた. また, 中国沿岸および内陸域で採取した地上エアロゾル試料中の濃度に比べて低い傾向を示した. しかし, 幾つかの試料では, それと同等の高い濃度が検出された. 一般に, 夏の試料中のジカルボン酸濃度の全量は冬の試料に比べて数倍から 10 倍高いことが分かった (表 4.3). 特に, フタル酸濃度が夏に高く, その平均値は冬の約 20 倍であった. シュウ酸も冬の試料に比べて約 2 倍高いが, その濃度は大きく変動した. C_3-C_6 のジカルボン酸は冬に比べて夏では 4 ～ 16 倍になることが分かった. 一方, 春の試料では, ジカルボン酸濃度は冬と夏の中間の値を示した.

全ジカルボン酸濃度は冬より夏に高かったが, その中で夏の時期にフタル酸 (Ph) 濃度が極めて高い値を示した (表 4.3). 夏の試料中には, 二つの主要未知化合物が検出されたが, それらは質量分析計による解析から, フタル酸ジイソブチル, フタル酸 n- ブチルイソブチルであると確認された. これらはフタル酸 n- ジブチルエステルの構造異性体である. フタル酸ジイソブチルを BF_3/n- ブタノールで処理したところ, 三つの生成物, すなわち, フタル酸ジイソブチル, フタル酸 n- ブチルイソブチル, フタル酸 n- ジブチルを 0.24, 0.49, 0.27 の割合で得た. この結果より, 前者の大部分はもともと試料中に存在していたブチルエステル, 後者はその BF_3/n- ブタノール反応生成物 (エステル交換反応) であると結論された. また, 中国における主要都市での地上観測から, 冬に比べて夏の時期にはフタル酸エステル濃度が高くなる傾向が確認されており [27], 本航空機観測の結果は大都市での地上観測と調和的であるとともに, フタレートの存在によりフタル酸濃度が過大評価されていることが分かった. フタレートはプラスチックの可塑剤として数%から数十%の割合で使用されているが, プラ

表4.3　中国上空$PM_{2.5}$エアロゾル中のジカルボン酸，ケト酸，およびジカルボニル類の濃度

濃度	2002冬季（n=18）		2003夏季（n=15）		2004春季（n=16）	
ng m^{-3}	濃度範囲	平均	濃度範囲	平均	濃度範囲	平均
C2	13–424	92	36–400	183	76–920	286
C3	1–79	15	6.3–131	54	12–215	57
C4	2–88	21	9.4–277	117	16–319	69
C5	0.9–26	10	21–288	159	6.5–74	18
C6	4–34	13	52–135	93	5.7–69	19
C7	0.3–7	1.9	0–2.5	0.8	0–8.1	1.6
C8	0–11	3.2	0–0	0	0–2.7	0.2
C9	3–21	8.5	2–14	5.6	2.4–18	6.3
C10	0–7	1.1	0.3–3.6	1.3	0–8.4	3.6
iC4	0–4	0.9	1.2–5.9	3.7	1.1–12	4.9
iC5	0.7–23	5.9	0.6–11	4.4	1.3–27	5.9
iC6	0–2	0.7	0–1.3	0.4	0.4–5.9	1.2
M	1–11	5.7	1.8–12	6.5	3.3–22	9.4
F	0–6	1.4	0.1–3.9	1.7	0.5–8.4	3
mM	1–8	4	2.3–15	6.3	2.2–18	7.4
Ph	10–167	71	768–2560	1592	158–675	359
iPh	1–17	5	0.6–11	3.4	0–9	3.5
hC4	0–13	1.9	1.7–12	5.3	0–9	1.9
kC3	0–26	5.1	0.4–9.2	4.2	0–23	5.6
kC7	0–4	0.6	0.4–8.2	3	0–19	4
t-Diacids	52–873	262	1207–3270	2248	334–2410	877
ns-C2-C10	31–678	166	129–1160	615	125–1630	462
ωC2	6.7–128	30	8.1–90	37	8.3–145	46
ωC3	0–2	0.5	0.1–9.7	3.3	0.1–1.1	0.5
ωC4	0.6–35	7.5	0–23	8	6.8–39	15
ωC9	0.2–5.5	1.8	3.4–36	11	0.3–21	5.8
Pyr	0.7–36	10	0–9.6	2.9	0.1–11	2.1
t-Ketoacids	14–205	55	18–130	63	15–217	69
Gly	0.6–205	4.4	0.7–15	4	0.2–9	2.3
MeGly	2.5–24	7.6	0.6–28	10	0.8–27	7.4
t-Dicarb.	3.1–47	11	1.3–43	14	1.7–36	9.8

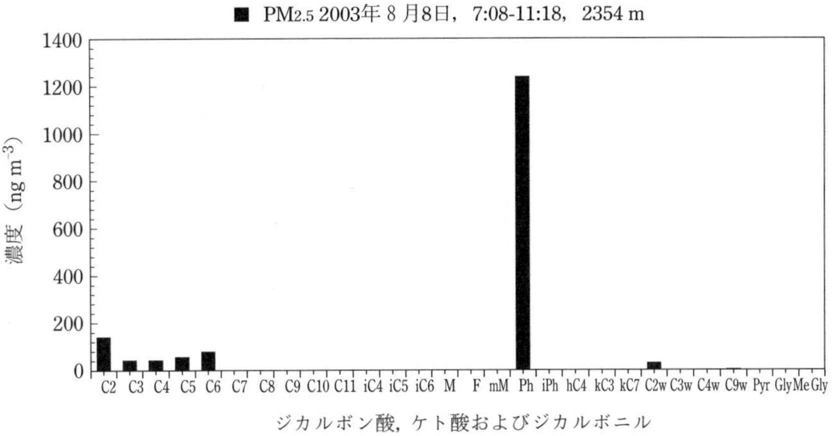

図4.15　中国上空で採取されたエアロゾル試料（$PM_{2.5}$）中のジカルボン酸類の分布（試料採取日時；2003年8月8日，午前7:08－11:18，場所；上海・常州の周辺，高度2354 m）.

スチック本体と化学結合をしているわけではない．そのためにフタレートは，気温の上昇によってプラスチックから蒸発し大気に移行すると考えられる．

一方，サンプリング装置に使われたタイゴンチューブからの汚染の可能性については否定できず，検出されたフタル酸の一部はサンプリング時の汚染を受けているかもしれない．

図4.15に，夏の試料中で検出した水溶性有機物（ジカルボン酸，ケト酸，ジカルボニル）の濃度の代表的分布を示す．夏には全ての試料でフタル酸が最大を示した．また，多くの試料で，コハク酸（C_4），グルタル酸（C_5），アジピン酸（C_6）はシュウ酸よりも優位であった．こうした分布は冬の試料では認められておらず，夏の中国上空試料に特徴的なものである．2001年4–5月に東シナ海，黄海，日本海上空で実施されたACE-Asiaプロジェクトの航空機観測でも，ジカルボン酸のこのような分布の特徴は得られていない．このような分布は地上観測ではこれまで南極の夏の試料[26]を除いて報告例がなく，今回の航空機観測で初めて得られたものである．しかし，地上観測では，C_4，C_5の高い濃度はしばしば観測されたものの，今回得られたようなフタル酸の強いピークは観測されていない．一方，北京での地上観測では，エアロゾル中のフタル酸エステルの高い

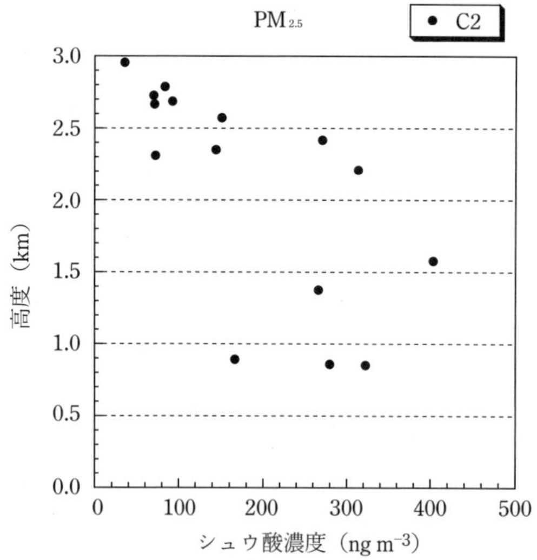

図 4.16　2003 年夏における中国上空のシュウ酸濃度の高度分布.

濃度 (3,800 ～ 13,000 ng m^{-3}) が報告されており[28]，その値は東京での測定値の10 倍から 100 倍に相当する (河村ら，未発表)．また，夏の試料では，シュウ酸などジカルボン酸濃度は高度 0.8 ～ 2 km で高い値を示すが，2.3 km 以上の上空では高度とともに減少傾向にあることが分かった (図 4.16 参照)．同様の高度分布はマロン酸 (C_3) や他の低分子のジカルボン酸でも認められた.

図 4.17 に，バナジウムで規格化した飽和ジカルボン酸 (C_2–C_{10}) 濃度の高度分布を示す．バナジウムは石炭・原油中に存在し，化石燃料の燃焼とともに大気中に排出される重金属であり，汚染物質のトレーサーとして広く使われている．バナジウムで規格化したジカルボン酸の濃度は 2 km 付近まで高度とともに増加する．同様の傾向は，不飽和ジカルボン酸 (マレイン酸，メチルマレイン酸，フマル酸)，ケトジカルボン酸 (kC_3, kC_7)，グリオギザール酸 (ωC_2) などシュウ酸の前駆体と考えられている有機物でも認められた．この傾向は冬や春の試料でも認められたが，夏に最も顕著であった．バナジウムは大気中で生成・分解を受けない成分であるのに対して，ジカルボン酸の濃度は大気中での光化学過程，すなわち，生成と分解によって大きく支配される.

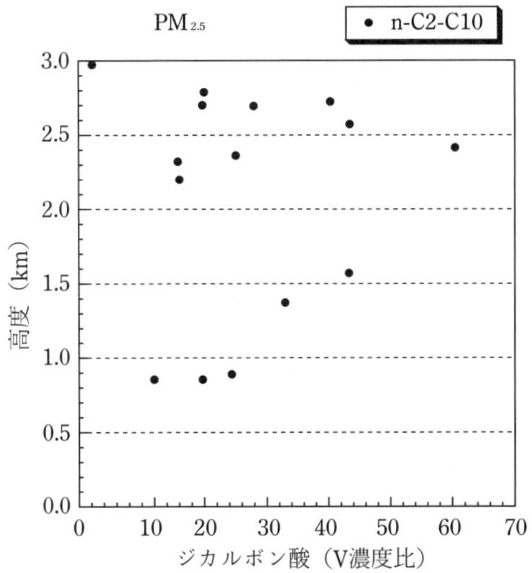

図4.17　バナジウムで規格化したジカルボン酸（直鎖/飽和 C_2-C_{10}）濃度の高度分布（2003年夏の試料）.

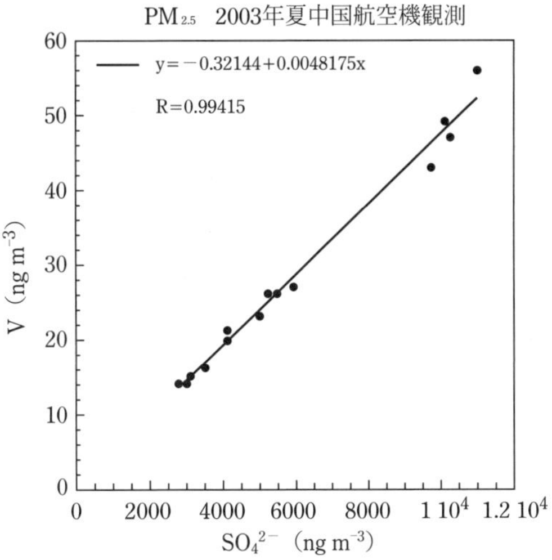

図4.18　2003年夏における中国上空エアロゾル中のバナジウム濃度と硫酸塩濃度との関係.

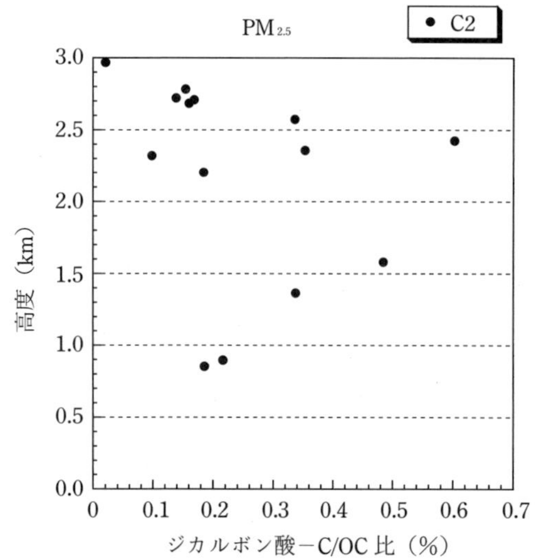

図 4.19　航空機観測で採取されたエアロゾル試料中の有機炭素（OC）にしめるシュウ酸態炭素の割合（%）の高度プロファイル．

図 4.18 に，2003 年夏におけるバナジウムと硫酸塩濃度との相関図を示す．強い正の相関はバナジウムの起源は硫酸塩と同一であることを意味している．この結果からも分かるように，硫酸で規格化したジカルボン酸濃度もバナジウムの場合と同様に，0.8 ～ 2 km で増加し，3 km に向かって減少した (図には示していない).

図 4.19 にエアロゾル試料中の OC で規格化したシュウ酸炭素の値を高度に対してプロットした．エアロゾルの全有機炭素に占めるシュウ酸の割合は地上 1 km 付近から 2 km までは増加傾向を示す．この増加は，前駆体の光化学的酸化によってシュウ酸が生成していることを支持している．一方，高度 2 km 以上では，この値は急激に減少することが分かった．この減少は，シュウ酸が他の有機エアロゾル成分に比較して選択的に分解を受ける可能性を意味している.

以上の結果は，地表から放出された汚染物質 (芳香族および鎖状炭化水素など) の光化学的酸化により，低分子ジカルボン酸やケトカルボン酸などが中国上空大気中 (対流圏下部) で生成されていることを示唆している．しかし，高度 2 km 以上では，この傾向は逆転し，ジカルボン酸／V およびジカルボン酸／OC 濃度比は高度 2 km から 3 km にかけて減少する．この結果は，高度 2 km 程度までの対流圏下部では低分子ジカルボン酸の生成が分解を上回っているのに対し，それ以上の高度では逆に分解が優位になる可能性を示唆している．

大気境界層では地表の汚染源から排出された揮発性物質および微粒子が蓄積しておりそこでエアロゾルの二次的生成がおこっている。これに対し，自由対流圏ではエアロゾル前駆体と粒子濃度は低く二次的生成は相対的に弱くなると考えられる．さらに，自由対流圏では強い日射のために境界層で生成され上方に輸送された水溶性有機物が光分解を受けている可能性も指摘される．これらの前駆体は対流圏下部，特に大気境界層ではその大部分が酸化され境界層より上部の対流圏では前駆体が枯渇しておりジカルボン酸の生成は弱くなると考えられる．

水溶液系での室内実験よりシュウ酸は水酸基ラジカルによる分解を受けることが報告されており[29]，ここでの結果は，紫外線のより強い自由対流圏ではエアロゾル中のシュウ酸の光化学的分解が生成をはるかに上回る可能性を示唆している．

筆者らは，夏に採取したエアロゾル試料について低分子ジカルボン酸の安定炭素同位体比（δ^{13}C）の測定を行い[30]，個別ジカルボン酸の δ^{13}C 値（‰）を得た．以下に，その一例を示す（試料番号 H−22, 2003年9月5日採取, $PM_{2.5}$）．C_2: −17.5‰, C_3: −17.9‰，C_4: −24.6‰，C_5: −26.5‰，C_6: −26.7‰，Ph : −29.4‰，C_{2w}: −16.9‰. これらの結果は，シュウ酸とマロン酸およびグリオギザール酸の安定同位体比が他のジカルボン酸に比べて重くなっていることを示した．シュウ酸などの安定炭素同位体比は北極のポーラーサンライズにおける観測や赤道域を含む海洋エアロゾルの観測より，光化学反応の進行とともに重くなることが見出された（河村ら，未発表）．こうした観測に基づいて，シュウ酸の安定炭素同位体比が水溶性有機物の光化学的変質のトレーサー（tracer of photochemical aging）として使える可能性が指摘されている．しかし，シュウ酸の安定炭素同位体比の高度分布は，高度 2.5 km までは重くなる傾向を示し，中国上空で光化学的な変質が大規模に起こっていることを示唆している．しかし，それよりも上層では δ^{13}C 値は急激に軽くなる傾向を示した．自由対流圏での炭素同位体比の結果は，ジカルボン酸の光化学的分解よりも他の地域からの別の気塊の寄与の可能性（たとえば，植物起源の揮発性有機物の酸化によるジカルボン酸の生成)が重要であることを示唆している．

4.2 船舶観測

4.2.1 海洋大気エアロゾルの観測研究

海洋大気エアロゾルは，海を起源とするものと陸から輸送されるものから成る．海洋起源エアロゾルの主成分は海塩粒子と硫酸（または硫酸塩）粒子，有機化合物粒子である．硫酸（塩）粒子の発生源は海水中の植物プランクトンを源とするジメチルスルフィドである．陸から輸送されるものは，人為起源の硫黄化合物や窒素化合物，含炭素粒子，自然起源の含炭素粒子，土壌粒子や植物，火山を起源とするものなどがある．これらのエアロゾル粒子の濃度は発生源の変動や気象条件の違いにより，海域や時間的にも大きく変動している．

大気エアロゾルの研究は大気電気伝導度を制御するもの[31] として大気電気学の分野で盛んに研究され，海洋大気エアロゾルもその対象とされてきた．日本近海海上でのエアロゾル観測は，その輸送過程を調べることを目的に 1960 年代から 70 年代に盛んに行われた．また，外洋では，バックグラウンドエアロゾルの実態を把握することを目的に行われた[32]．エアロゾル粒子の直接測定による全地球的な水平分布マップは 1980 年 Podzimek によって初めて作成され，1983 年に Prospero らによって改訂された[33]．Miura らは東京大学海洋研究所研究船白鳳丸航海による観測データと文献調査により新しくエイトケン粒子濃度の地球規模での水平分布を作成した[34]．また日本近海の季節別水平分布を作成した[35]．それによると，エイトケン粒子は冬と春に，ミー粒子は春に太平洋への張り出しが大きいことが分かった．

物質循環においても大気エアロゾルの役割は重要である．黄砂などの長距離輸送は，自由対流圏を輸送され，大気境界層内エアロゾルと拡散混合し，地上で観測される．Uematsu は太平洋における鉱物粒子の分布についてまとめ，推定した発生源からの距離に対して指数関数的に減少することを示した[36]．

1990 年代になると，エアロゾルの気候への影響が国際的に認められるようになり，多くの観測が行われるようになった．IGBP（地球圏―生物圏国際協同研究計画）のコアプロジェクトの一つであるIGAC（International Global Atmospheric Chemistry Project, 地球大気化学国際協同研究計画）はACE（Aerosol Characterization Experiments）プロジェクトを始めた．ACE-1[37, 38]，TARFOX[39, 40]，ACE-2[41] が行われ，2001年から2003年にACE-3（ACE-Asia）[42] が西部北太平洋域にて行われた．国内実行委員会（委員長：河村公隆）が設立され，船舶観測は，海洋科学技術センター観測船「みらい」をプラットホームに選択した．ACE-Asia Japanの関連する予算として，科学技術振興機構の戦略的基礎研究推進事業の一部である研究領域「地球変動のメカニズム」の研究課題「海洋大気エアロゾル組成の変動と影響予測（VMAP）」（研究代表者：植松光夫, 1999年12月～2004年11月）と，文部科学省科学研究費特定領域研究「東エアロゾルにおけるエアロゾルの大気環境インパクト（AIE）」（領域代表者：笠原三紀夫）の計画研究「船舶観測による海洋エアロゾル性状の空間分布測定」（研究代表者：三浦和彦, 2002年4月～2006年3月）を中心に観測が行われた．VMAPの成果[43] およびACE-Asiaにおける船舶観測の成果[44] については，それぞれ特集が組まれている．

ここでは主にAIEの一部として行われた白鳳丸KH04-1航海レグ1の成果について紹介する．この航海では初めてモデルの予想のもとに観測船を操船し，見事，黄砂を捉えることができた．

4.2.2　KH04-1航海の概要

春季，西部北太平洋海域では中国から黄砂や人為起源エアロゾルが輸送される．黄砂時の海洋エアロゾルの性状を調べ，黄砂の輸送プロセス，海洋への影響を解明するため，KH-04-1航海においてエアロゾルの捕集，計測を行った．

KH-04-1航海レグ1は，2004年3月4日に晴海を出港し，北緯30°線を西進し，東シナ海に入り，3月13日に鹿児島港へ入港した（図4.20）．観測期間中，陸上支援グループとの連絡を密にし，化学天気予報システム(CFORS)による予報[45] をもとに操船し，3月11日に東シナ海で黄砂を捉えることに成功した．

1）測定方法

コンパスデッキに立てた3 mのサンプリングタワーを通じ90 L min^{-1} で吸引

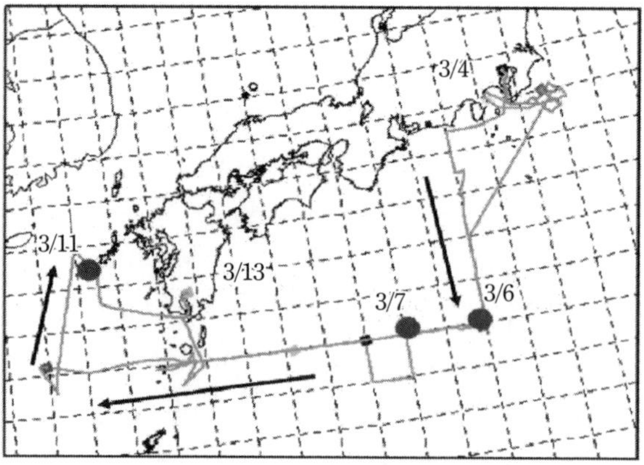

図 4.20　KH-04-1 航海の航跡図

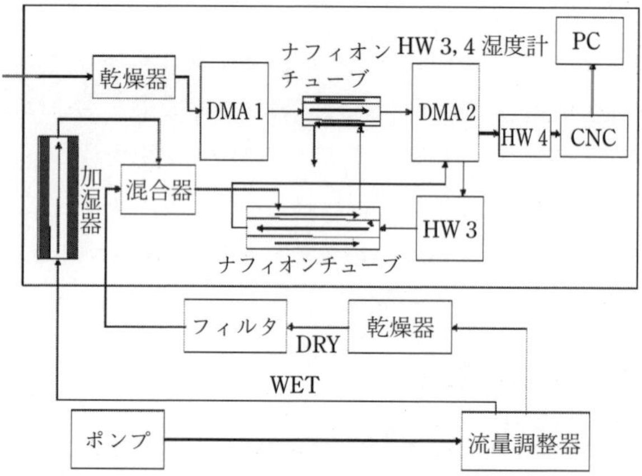

図 4.21　湿度コントロールシステム

し，マニホールドで分岐した後，拡散ドライヤーで試料空気の湿度を 20%以下にした．2 組の微分型静電分級器（DMA；TSI, 3936N25, 3936L25）と凝縮核計数器（CNC；TSI, 3022A, 3025A）と 2 種類のパーティクルカウンタ（OPC；RION, KC18, KC01D）を組み合わせて，直径 4 〜 5000 nm にわたる粒径分布を測定した．これらを設置したラック内を約 30 ℃に保ち，装置の一組を用いて乾燥状態の粒径分布を測定した．もう 1 組は図 4.21 に示すように，2 台の DMA と CNC を組み合わせ TDMA として使用した．まず，前方の DMA1 で単分散粒子を発生

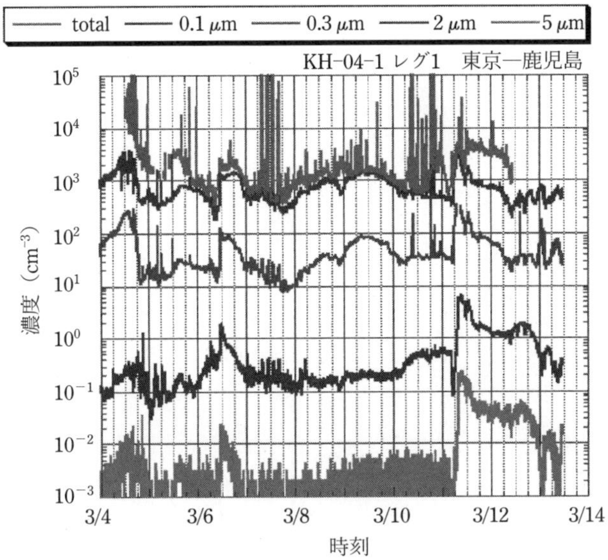

図 4.22　乾燥粒子濃度の時間変化

させ，湿度をコントロールした後，後方のDMA2とCNCで粒径分布を測定した．ナフィオンチューブとマスフローコントローラを用いて約20%から90%まで湿度を変化させて測定した．

硫酸塩，硝酸塩はサンプリングタワーから直接吸引し，サルフェイトモニタ（R&P, 8400S）とナイトレイトモニタ（R&P, 8400N）で連続測定した．また，コンパスデッキ最前部に設置したバーチャルインパクタ（紀本電子工業, AS−9）で粒径 2.5 μm 以上の粗大粒子（Coarse）と 2.5 μm 以下の微小粒子（Fine）に分けて捕集した．またアンダーセン型ロープレッシャーインパクタを用いて大気エアロゾルを 13 段に分級し，採取した．海水表層懸濁粒子（>0.4 μm）は表層水の濾過により採取した．サンプルはイオンクロマトグラフィで主要無機イオン成分を，ICP-AES により金属成分を定量した．

ラドン濃度は Rn-Tn 娘核種測定装置（JREC, ES−7267）を用い，4 時間ごとに連続測定した．図 4.26 には相対濃度で表示している．

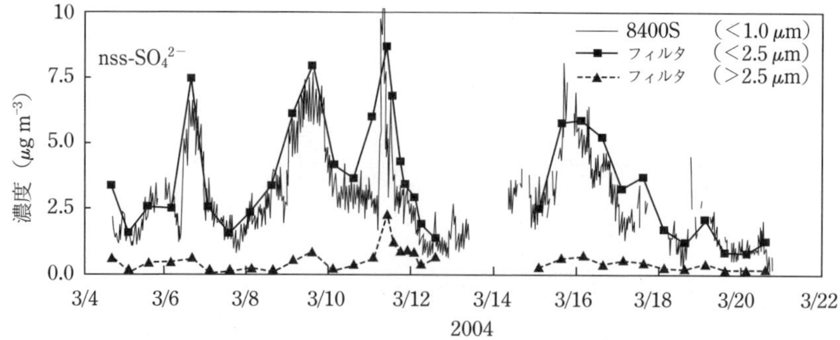

図 4.23　硫酸塩濃度の時間変化

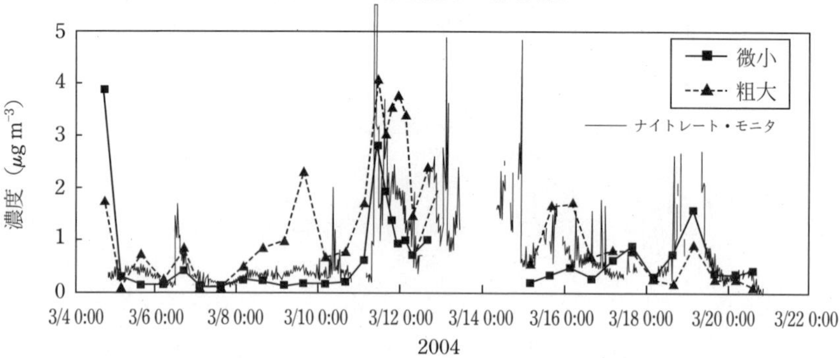

図 4.24　硝酸塩濃度の時間変化

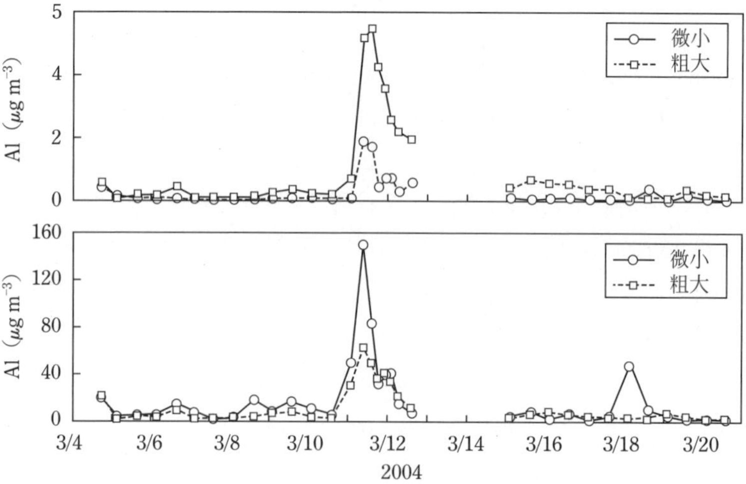

図 4.25　東シナ海および黒潮海域における大気エアロゾル中の Al と Zn 濃度の時系列変化

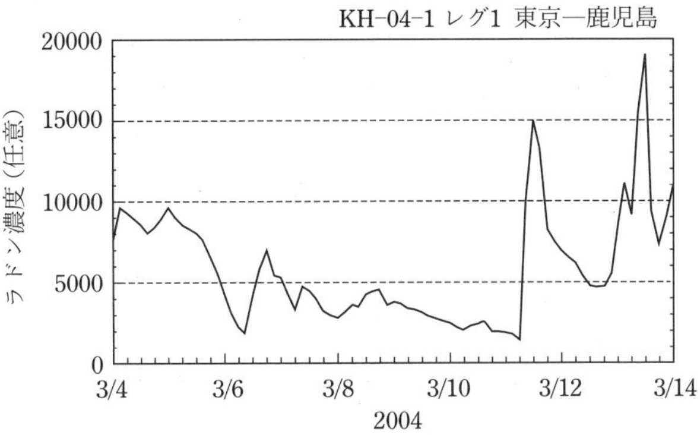

図 4.26　ラドン濃度の時間変化

2）濃度変化

CNC，KC18，KC01D で測定した乾燥粒子の濃度変化（図 4.22）を見るとサブミクロン粒子は 6 日，8 ～ 9 日，11 ～ 12 日に増加が見られる．一方，5 μm 以上の粒子は 6 日と 11 ～ 12 日に増加している．

図 4.23，4.24 に硫酸塩，硝酸塩の濃度変化を示す．リアルタイムモニタの値（実線）はイオンクロマトグラフィで分析した微小粒子の濃度とよく一致している．レグ 1 の結果を見ると，硫酸塩は 6，9，11 日に微小粒子が増加し，11 日には粗大粒子も増加している．一方，硝酸塩については，微小粒子は 11 日のみ，粗大粒子は 9 日と 11 ～ 12 日に増加している．

図 4.25 に大気エアロゾル中の金属元素 Al と Zn 濃度の時系列変化を示す．Al は主に鉱物起源，Zn は人為起源の金属元素である．Al は平均 78%が粗大粒子に Zn は平均 63%が微小粒子に存在していた．また，3 月 11 日から 13 日には Al および Zn の濃度が急激に上昇し，大陸から海洋上への大規模な鉱物粒子および人為起源粒子の輸送が確認された．

図 4.26 にラドン濃度の時間変化を示す．4 日に東京港を出港し，陸から離れるにつれ濃度が下がるが，6 日に若干増加し，11 日に急激に増加している．CFORS の予報（図 4.27）通り，これら 11 ～ 12 日のピークは，東シナ海で捉えた黄砂現象である．

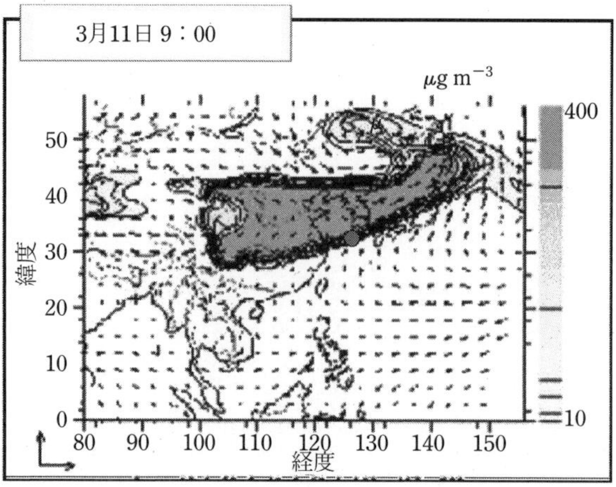

図 4.27　ダスト濃度の予報図（CFORS）.

3）輸送時間のタイムラグ

図 4.28 に 11 日の粒子数濃度の日変化を示す．5 時頃，寒冷前線の通過に伴う降雨があり，2 μm 以上の粒子数の減少が著しい．その後，6 時頃から粒子数の増加が見られるが，サブミクロン粒子とスーパーミクロン粒子で増加率が異なる．そこでこの時間帯の粒径分布の変化を図 4.29 に示した．サブミクロン粒子は 6 時から 7 時にかけて約 3 倍増加し，7 時から 8 時にかけて約 2 倍増加した．一方，スーパーミクロン粒子は 6 時から 7 時にかけて 2 倍程度の増加であるが，7 時から 8 時にかけて約 10 倍増加している．体積分布を見ると 1 μm 付近に極小値を持つ二山分布となっており，これらのエアロゾルは大陸から輸送された硫酸塩エアロゾルと黄砂であると考えられる．すなわち，硫酸塩エアロゾルと黄砂の輸送には 1 ～ 2 時間のタイムラグがあることを示す．この結果は CFORS による予報結果とほぼ一致した．硫酸塩エアロゾルと黄砂の輸送時間のタイムラグは Uematsu ら[46] により報告されているが 5–6 時間と今回のタイムラグよりかなり長い．観測場所が長崎とあまり離れていないので，このようなタイムラグは現象によって異なるものと考えられる．

4.2.3　海洋大気エアロゾルの湿度特性

大気エアロゾルの湿度特性は，気候への影響を評価する上で雲核として活性

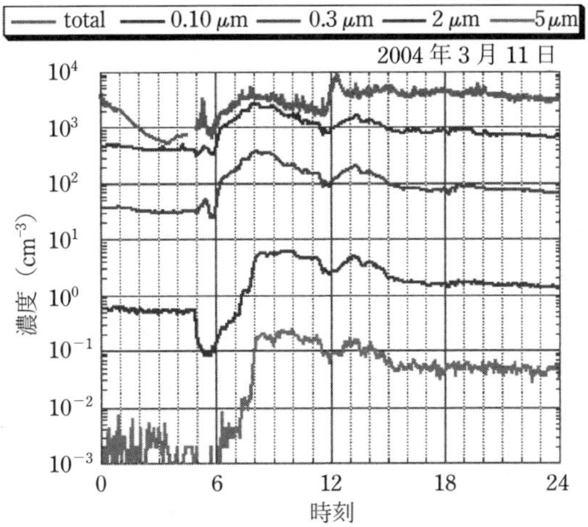

図 4.28　乾燥粒子濃度の日変化（3 月 11 日）

か不活性かという点と，粒径が変化する点が，重要である．特に，海洋大気エアロゾルの粒径分布を船内で測定する場合，船外の湿度のまま測定することが難しいので，湿度特性を測定する必要がある．無機物の湿度特性は室内実験により示されている[47, 48]が，実際の大気中では有機物を含む多物質系で混合されるため，その混合状況により成長率が変わる．そのため大気エアロゾルの湿度特性としての粒径変化を測定することが重要になる．以下 150 nm の単分散粒子の湿度特性を調べた．150 nm としたのは，図 4.29 に示すように海洋大気エアロゾルのピークが約 150 nm であることと，DMA1 の粒径範囲の上限であるからである．

図 4.30 にラドン濃度と流跡線解析から判断し，陸の影響が少ないと思われる 3 月 10 日に測定した湿度特性を示す．湿度 74%以下では約 150 nm にピークを持つ単分散の粒径分布が，77%になると全ての粒子が成長していることが分かる（図 4.30 左）．また，成長した粒径分布の幅が狭いことからこれらの粒子は同一の組成であることが予想される．さらに約 75%で潮解し（図 4.30 右）NaCl と同様の湿度特性を示したことから，これらの粒子は海塩粒子であることが分かる．

3 月 9 日は硫酸塩などの微小粒子の増加が見られたが，巨大粒子はあまり増

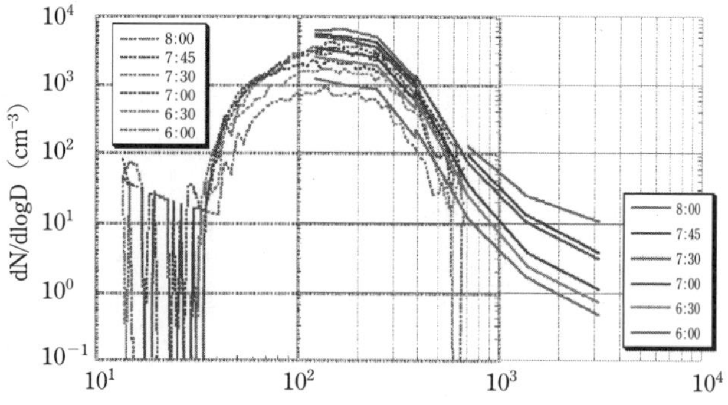

図 4.29　3 月 11 日に測定した粒径分布の変化

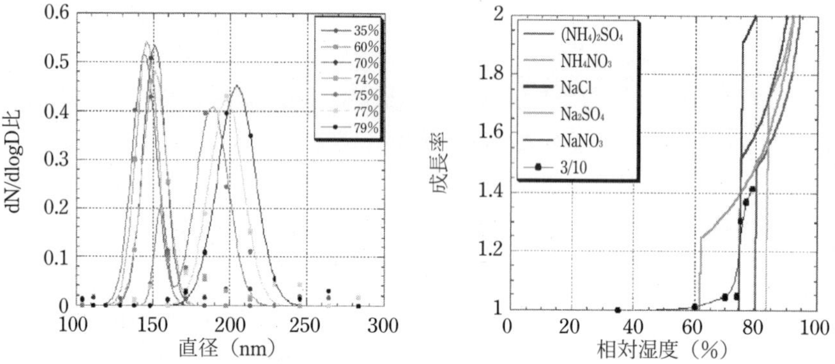

図 4.30　3 月 10 日に測定した湿度特性

加しておらず，黄砂は観測されなかった．高湿度になると，全粒子が成長し，粒径分布の幅が狭いことから，同一の組成であることが予想される (図4.31左)．しかし，約 70%で潮解したことから，海塩以外の有機・無機物の影響も受けていると考えられる (図 4.31 右)．

3 月 11 日は，6 時から黄砂が観測され，12 時頃エアマスの変化があった (図4.28)．図 4.32 左に示すように高湿度の粒径分布は，幅が広いことから，複数の異なる組成の成長粒子が混合していることが予想される．さらに，午後は高湿度で二山分布になっていることから，成長粒子と非成長粒子が外部混合してい

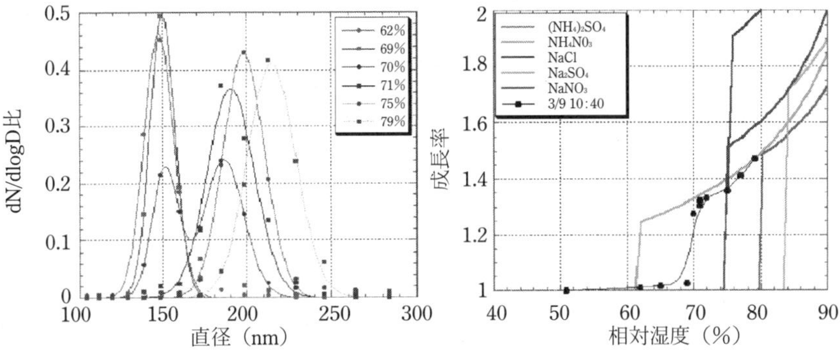

図 4.31　3 月 9 日に測定した湿度特性

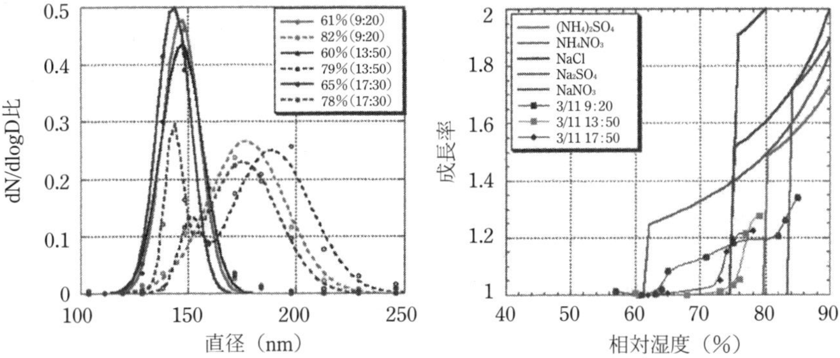

図 4.32　3 月 11 日に測定した湿度特性

ると考えられる．湿度と成長率の関係（図 4.32 右）をみると，午前と午後で特性に違いがみられた．またその成長率は予想される無機エアロゾル粒子より小さいことから，不溶性の有機エアロゾルと内部混合しているとも予想される．水溶性粒子が不溶性粒子と内部混合していると，水溶性の部分しか成長しないので，見かけ上成長率は小さくなる[49]．午前は多種の成長粒子，非成長粒子との内部混合，午後はそれらが外部混合したものと考えられる．

これらの結果を表 4.4 に示す．陸の影響を受けるにつれ，成長率，成長粒子の割合が減少していることが分かる．表 4.4 には，東京において 9 月〜 10 月に

表 4.4　150 nm の粒子の湿度 80%における特性

	成長率 (80%)	成長粒子割合 (RH = 80%)	潮解湿度
海洋性 エアロゾル	1.41	100%	約 75%
陸の影響 (非黄砂時)	1.34	100%	約 70%
陸の影響 (黄砂時)	1.24	100%（3/11 午前） 84%（3/11 午後）	約 63%（3/11 午前） 約 75%（3/11 午後）
東京	1.16	54%	

測定した結果も示す．都市大気ではほとんどの場合，成長粒子と非成長粒子が外部混合しているが，中には成長粒子と非成長粒子が内部混合しているものもある．北からの移流時に非成長粒子が若干多く，成長率・成長粒子割合は風系に大きな影響を受けている．このように，湿度特性は発生源，気象条件によって異なるので，今後もエアマスの違いごとにその特性を調べる必要がある．

4.2.4　個別粒子の内部混合状態の測定

湿度特性で見たように大気エアロゾル粒子は内部混合したものが多い．大気中に存在するエアロゾルは，含まれる水溶性物質の組成や割合に応じ，雲核としての活性度などが変化する．これらの特性は，粒子の内部混合状態や化学組成によって異なるため，個々の粒子レベルでの評価が必要である．そこで，透過型電子顕微鏡（TEM）を用い，元素分析および水透析法を組み合わせることにより，個別粒子の内部混合状態を調べた．

コンパスデッキに設置したサンプリングボックスで，低圧カスケードインパクタを用い，電子顕微鏡メッシュ上に試料採集した．流量は 1 L min^{-1}，捕集時間は 5 分間である．分析したのは図 4.20 に●で示された地点で捕集した 3 月 6 日，3 月 7 日，3 月 11 日の試料である．3 月 11 日は朝 8 時と昼 12 時の 2 回捕集した．3 月 6 日，3 月 11 日は黄砂飛来日のため，3 月 7 日は非黄砂飛来日のため比較対象として分析した．

形状観察には透過型電子顕微鏡（TEM）を使用し，粒子の 2 次元像を観察した．

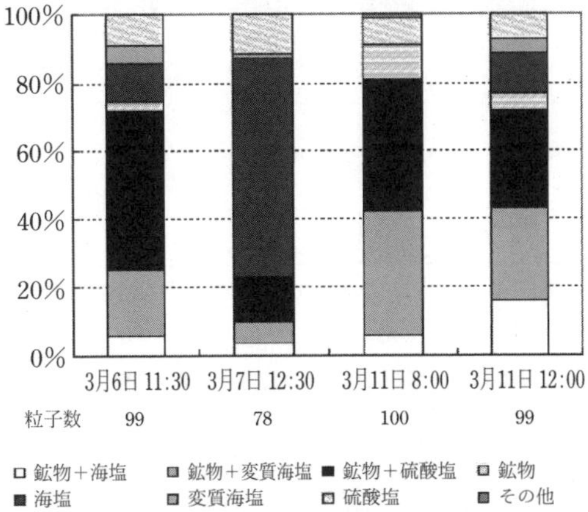

図 4.33　各日の粒子の組成割合

形状観察の前にシャドウイングを行い，シャドウから粒子の高さを求めた．粒径測定には，面積解析ソフト LIA (LIA32 for Windows 95 ver. 0.374b2 (Kazukiyo Yamamoto, http://hp.vector.co.jp/authors/VA008416))を使用し，TEM で撮った写真から面積を計算し，そこから粒径を求めた．元素分析には TEM に付属しているエネルギー分散型 X 線分析装置 (EDX)を使用した．また，個々の粒子の水溶性物質の有無を調べるために，水透析法を行った．これにより個々の粒子の水溶性物質の体積比が推定できる[50]．

EDX により，Na，Mg，Al，Si，S，Cl，K，Ca，Ti，Mn，Fe，Cu の元素分析を行い，粒子を「海塩」，「変質海塩」，「硫酸塩」，「鉱物」，「鉱物＋海塩」，「鉱物＋変質海塩」，「鉱物＋硫酸塩」，「その他」の 8 種類に分類した．変質海塩は Cl/Na 比が 1.0 未満の粒子とした．

図 4.33 をみると，非黄砂時の 3 月 7 日は海塩粒子が大部分 (約 70％) を占めていることが分かる．一方，黄砂時の 3 月 6 日，3 月 11 日は鉱物を含む粒子が約 70 ～ 90％存在し，硫酸塩に関連する粒子 (硫酸塩，硫酸塩＋鉱物，変質海塩，変質海塩＋鉱物)が非黄砂時に比べ，2 ～ 3 倍存在していることが分かる．元素は，Na，Mg，Al，Si，S，Cl，K，Ca，Fe が主に検出された．特に 3 月 11 日において，8時のサンプルはKが多く検出され，スス粒子も多くみられた．一方，12時

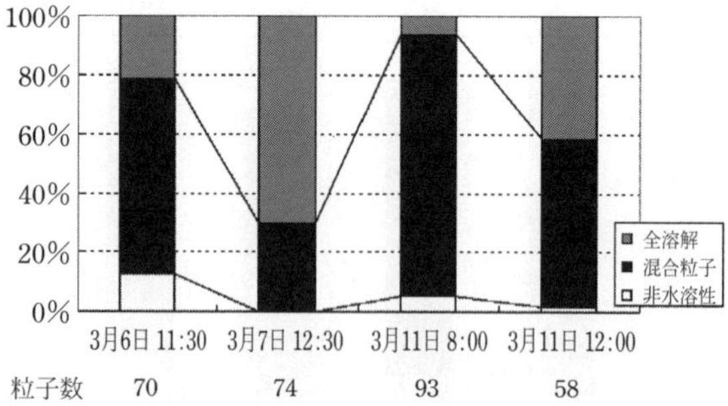

図 4.34　各日の粒子の混合状態の分類

のサンプルでは K，スス粒子はあまりみられなかった．また黄砂飛来の指標となる Ca は，分析した日全てにおいてあまり検出されなかった．

次に，水透析法により粒子を，「非水溶性粒子」「混合粒子」「全溶解粒子」の 3 種類に分けた (図 4.34)．その結果，黄砂時には，混合粒子が 60 ～ 90%存在していることが分かった．特に 3 月 11 日において，8 時のサンプルは混合粒子が約 90%存在しているが，12 時のサンプルでは混合粒子は約 60%となり，全溶解粒子が増加している．3 月 11 日の午前と午後で組成が異なる理由は，後方流跡線解析からエアマスが異なるためと考えられる (午前：中国沿岸都市部，午後：中国北部)．

次に，3 種類の粒子を粒径別に分類した．非黄砂時は粒径増加とともに混合粒子は減少し，全溶解粒子が増加する傾向が見られた．一方，黄砂時には関係は得られず，どの粒径においても混合粒子が約 60 ～ 100%存在していた．

さらに，個々の粒子における水溶性物質の体積比 ε について調べた (図 4.35)．粒径 0.3 ～ 1.0 μm の範囲に多くの粒子が存在していることが分かる．そして，弱いながら粒径増加とともに ε が増加する傾向が見られた．

以上，黄砂時には非黄砂時に比べ，硫酸塩に関連する粒子が 2 ～ 3 倍に増加していること，混合粒子は 2 ～ 3 倍に増加していることが分かった．しかし，湿度特性との明白な関係は見られなかった．これは個別粒子の分析では対象とした粒径がほぼ 0.3 ～ 1 μm であったのに対し，湿度特性の解析では 0.1 μm と異なることが原因と考えられる．これは装置の性能に依存する問題であるが，今後は同じ大きさの粒子の分析を行うことが課題である．

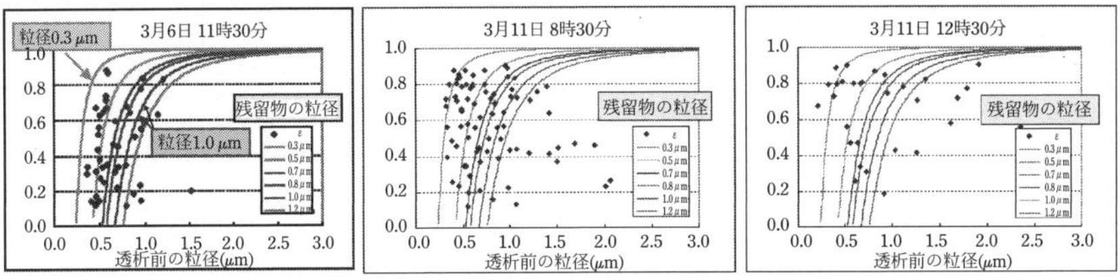

図 4.35　残留物の粒径と個々の粒子内の水溶性物質の体積比 ε

4.2.5　東シナ海上の大気エアロゾルの化学的特徴

アジア大陸から輸送される人為起源物質は，化石燃料の消費，産業活動，バイオマス燃焼等を起源としており，東アジア周辺大陸と北太平洋の大気・海洋環境に多大な影響を与えている．これらエアロゾルは海洋表面に沈着することにより海水中ならびに海底堆積物中の微量元素組成をコントロールしていると考えられている．特に北西太平洋の広大な沿海である東シナ海は，東アジア大陸の風下に位置するため，輸送される人為起源物質の影響を大きく受ける．白鳳丸 KH–02–3 次航海（2002 年 9–10 月）と KH–04–1 次航海（2004 年 3 月）での観測から秋季と春季の東シナ海上への大陸起源物質の降下フラックスの季節変動の解析を行った．

1）濃度の季節変化

図 4.36 に各イオン成分の平均濃度を示す．春季の黄砂時，nss (non-sea-salt)-Ca^{2+}は平均 2.15 $\mu g\,m^{-3}$ であり，非黄砂時と比べて 7.2 倍高くなった．NO_3^-や nss-SO_4^{2-}はそれぞれ平均 4.51，5.23 $\mu g\,m^{-3}$で非黄砂時の 4.0 倍，1.4 倍高い濃度であり，鉱物粒子とともに人為起源物質が大陸から輸送されていた．微小粒子に対し粗大粒子中の NO_3^-濃度は，春季において黄砂時は 2.2 倍，非黄砂時は 1.6 倍であった．それに対して，秋季の人為起源プルーム時，粗大粒子中 NO_3^-濃度は，微小粒子中濃度の 6.7 倍を示した．これは，NH_4NO_3 の熱力学的平衡が原因と考えられ，平均気温が春季は 13.6℃，秋季は 24.0 ℃ であり，春季は気温が低かったため，微小粒子の NH_4NO_3 が形成され，逆に秋季は，平均気温が高かったため NH_4NO_3 が分解し，NO_3^-濃度が低くなったと考えられる．

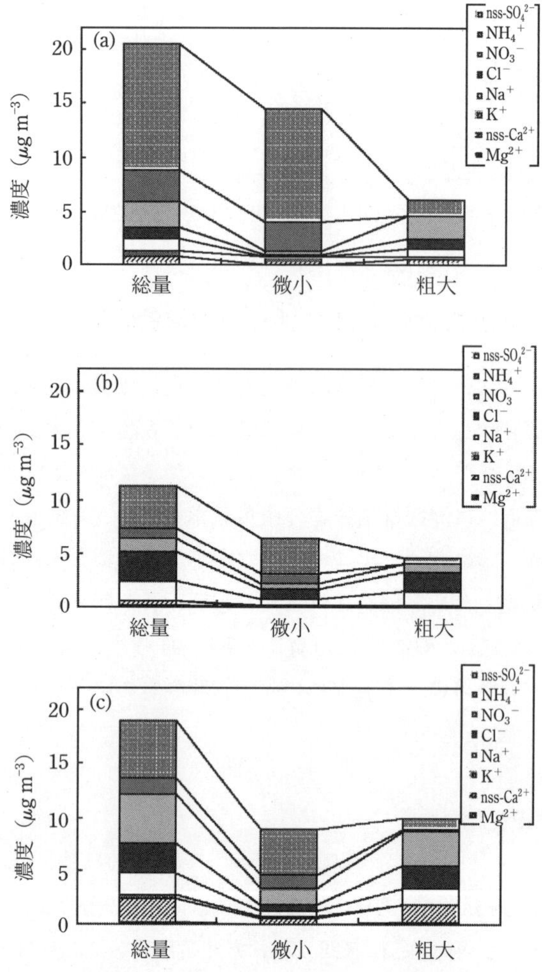

図 4.36　粒径別各イオン成分の平均濃度
(a) 秋季（人為起源），(b) 春季（非黄砂時），(c) 春季（黄砂時）

2）窒素化合物の乾性沈着量

東シナ海の観測結果を平均した値から計算した大気からの全無機態窒素フラックスは，460Gg N y^{-1}であった（表 4.5）．大気からの降下量は乾性沈着のみで湿性沈着やフラックスの 10%近くを占める有機態窒素を考慮していないので，見積り量は下限の値である．また，長江から東シナ海に流入する水量とア

表 4.5　東シナ海への無機態窒素の乾性沈着量と長江からの流入量の比較

$(GgN\ y^{-1})$	大気（秋）	大気（春）	長江
NO_3^-	270	390	430
NH_4^+	160	100	190
Total	430	490	620

ンモニウム塩，硝酸塩の平均濃度から計算した河川からのフラックスは，620 Gg N y^{-1} であった．これらのことから，大気からのアンモニウム塩，硝酸塩の沈着量が，長江からの流入量に匹敵することが明らかとなり，大気が海洋の栄養塩の重要な供給経路であることが分かった[51]．

大気から海洋への窒素の供給は，海洋生物によって取り込まれて，海洋内で再生産を行う循環に新たな生物生産を付け加えることになる．この窒素源を取り込んで増加する一次生産によって，東シナ海では年間約 2.5 TgC y^{-1} の炭素が固定される計算になった．東シナ海での有機炭素の新生産は 23 ～ 270 TgC y^{-1} と報告されており，全新生産の最大 10％程度が大気からの寄与と推定した．

4.2.6　今後の課題

大気エアロゾルの気候への影響は直接効果と間接効果のみではなく，海洋へ沈澱することにより，海洋へ影響し，ひいては気候へ影響するというもう一つの影響が考えられる．近年，海面付近の大気と表層の海洋との相互作用を総合的に研究するプロジェクト SOLAS (Surface Ocean and Lower Atmospheric Study)（国内委員会委員長：植松光夫）が始まった．その中で，大気エアロゾルの課題としては，揮発性生物起源粒子の生成，海塩粒子の生成，これらの粒子の相互作用，フラックスの評価などがある．これまでの成果をもとに新たなプロジェクトで発展させなければならない．

4.3 ライダーによる空間分布の観測

4.3.1 空間分布と光学特性の観測

東アジア域には黄砂や大気汚染エアロゾルなど，発生，輸送機構が異なるエアロゾルが混在する．これらの動態を把握し，気候，環境に与える影響を理解するためには，エアロゾルの空間分布と光学特性の観測が不可欠である．ライダーはエアロゾルの空間分布と光学特性を測定する非常に有効な手法である．ここでは，小型ミー散乱ライダーネットワークによる空間分布の把握と，多波長ラマン散乱ライダーによる光学特性の測定の二つのアプローチによる研究について述べる．

ライダーによる時間的に連続した鉛直分布データは，黄砂や大気汚染エアロゾルの動態を把握するために非常に有効である．さらに，東アジア規模の現象を捉えるためには，相応する多数の観測点からなるネットワークを構成することが有効である．このような考察に基づいて，国立環境研究所では，自動運転のミー散乱ライダーのネットワークを東アジアに展開した．ライダーで得られる後方散乱係数と偏光解消度のプロファイルから，非球形な黄砂と球形な大気汚染性エアロゾルの高度分布を分離して推定する手法を開発し，ネットワーク各地点における黄砂と大気汚染エアロゾルの高度分布の時間変化を求めた．得られた結果を領域化学輸送モデルCFORSと比較することによって，観測された現象を解析するとともに，モデルを検証した．また，ネットワークの連続観測データを用いてエアロゾルの空間分布の統計的な解析を行った．一方，名古屋大学ではシーロメータ用いた山岳部における大気境界層構造の観測とライダーによる自由対流圏のエアロゾルの観測を行った．

エアロゾルの放射影響などを評価する上でエアロゾルの光学特性の精密測定が重要である．東京海洋大学では，多波長のラマン散乱ライダーにより，3波長の後方散乱係数と2波長の消散係数を独立に測定し，さらにインバージョン法を用いてエアロゾルの単一散乱アルベドと有効半径を推定した．また，ライダー比（消散係数対後方散乱係数比）の継続的観測を行った．

表 4.6　小型ライダーの仕様

レーザー波長	532 nm，1064 nm
パルス幅	10 ns
繰り返し周波数	10 Hz
パルスエネルギー	20 mJ/20 mJ （532 nm/1064 nm）
受光望遠鏡口径	20 cm
視野角	1 mrad
測定チャンネル 信号処理（アナログ）	532 nm（光電子増倍管 x 2）1064 nm（アバランシェフォトダイオード）

4.3.2　ライダーネットワークによるエアロゾルの空間分布の観測

1）小型ミー散乱ライダーネットワーク

エアロゾルの空間分布の全体像の把握を目的に，国立環境研究所では，大学や他研究機関等との協力により自動運転ライダーによる連続観測ネットワークを展開した．このライダーは，2 波長（532 nm, 1064 nm）のミー散乱ライダーで，532 nm では偏光解消度の測定機能を持つ．ライダーの光源部には市販の小型のフラッシュランプ励起 Nd:YAG レーザーを用い，受光望遠鏡には口径 20 cm のシュミットカセグレン型の天体望遠鏡を用いている．受信光は 532 nm では光電子増倍管，1064 nm ではアバランシェフォトダイオード（APD）を用いて検出する．信号の記録には市販のデジタルオシロスコープもしくはトランジェントレコーダーを用いている．ライダーは Linux PC で制御され，インターネットまたは電話回線を通じたデータ転送と制御を行っている．表 4.6 にライダーの主な仕様を，写真 4.1 にライダーの外観を示す．

現在，協力観測地点のものを含めると，つくば（36.05N, 140.12E），長崎（長崎大学，長崎県衛生公害研究所）（32.78N, 129.86E），福江（32.63N, 128.83E），札幌（北海道大学）（43.06N, 141.33E），富山（富山県環境科学センター）（36.70N, 137.10E），松江（島根県保健環境科学研究所）（35.21N, 133.01E），辺戸岬（26.87N, 128.25E），仙台（東北大学）（38.25N, 140.90E），韓国の Suwon（Kyung Hee 大学）（37.14N, 127.04E），

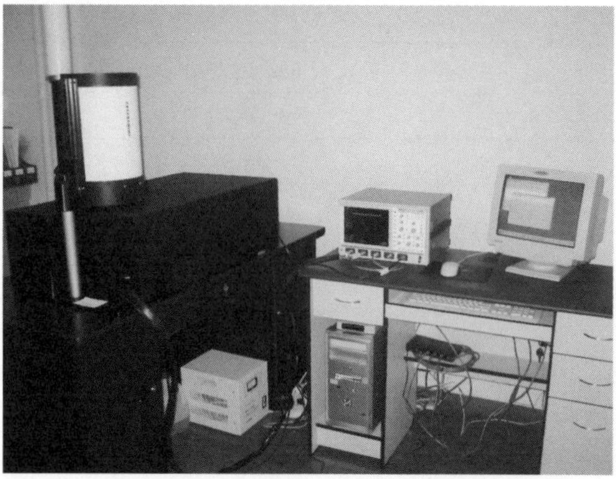

写真 4.1　小型ライダー装置の写真

Seoul (Seoul 大学) (37.45N, 126.95E)，中国の北京 (日中友好環境保全センター) (39.9N, 116.3E)，合肥 (安徽光学精密機械研究所) (31.90N, 117.16E)，呼和浩特 (40.94N, 111.37E)，Shapotou (37.46N, 104.95E)，タイの Phimai (15.18N, 102.57E) でライダー観測を実施している．この他，2005年の2月から6月には，UNEPの Atmospheric Brown Clouds (ABC) プロジェクトの一環として，韓国，済州島の Gosan (33.60N, 126.50E) でも観測を行った．観測は昼夜，天候によらず連続して行い，15 分ごとに 5 分間の測定を繰り返している[52–55]．

2）偏光解消度を用いた黄砂エアロゾルと大気汚染エアロゾルの分離手法

ライダーで得られる偏光解消度を用いてエアロゾル消散係数に占める非球形粒子 (黄砂) と球形粒子 (主に大気汚染エアロゾル) の寄与の割合を推定し，それぞれの高度分布を求めることができる．この手法は，観測されるエアロゾルが，偏光解消度 δ_1 を持つ黄砂と偏光解消度 δ_2 を持つ大気汚染エアロゾルの 2 種類が単純に外部混合したものであるという仮定に基づく．観測される偏光解消度 δ は δ_1 と δ_2 の中間にあるので，この値から二つのエアロゾル成分の寄与の重みを推定することができる．ここで，δ はエアロゾルに対する偏光解消度を表し，直線偏光したレーザーの偏光面に対して偏光面が垂直な後方散乱成分の平行な成分に対する比の値と定義される．

黄砂の割合 R は次式で求められる．

$$R = \frac{(1-\delta'_2)\delta - \delta'_2}{(\delta'_1 - \delta'_2)(1+\delta)} \tag{4.1}$$

$$\delta'_1 = \frac{\delta_1}{(1+\delta_1)} \tag{4.2}$$

$$\delta'_2 = \frac{\delta_2}{(1+\delta_2)} \tag{4.3}$$

ここに，δ_1 は黄砂の偏光解消度，δ_2 はその他の球形エアロゾルの偏光解消度である．δ_1，δ_2 の値は δ の観測値の統計的な最大値と最小値をそれぞれ黄砂と球形エアロゾルの偏光解消度と考えて経験的に求めた．ここでは，$\delta_1 = 0.35$，$\delta_2 = 0.05$ を用いた[53]．$R(z)$ を Felnald 法[56] などによって導出した消散係数のプロファイルに掛けることによって，黄砂の消散係数の高度分布が得られる．また，$(1-R(z))$ を掛けることによって大気汚染エアロゾルの高度分布が得られる．

3）ネットワーク観測によるエアロゾル動態の解析

ライダー観測で得られた黄砂と球形エアロゾルの各観測地点における時間高度表示から，黄砂の輸送や大気汚染エアロゾルの状況が把握される．口絵1に2004年3月の北京，合肥，つくば，宮古島のライダーで得られた黄砂と大気汚染エアロゾルの消散係数を，化学輸送モデル CFORS[57] で計算した各種エアロゾルの消散係数と比較した．

CFORS については，国立環境研で運用している CFORS の予報モードの結果を用い，質量濃度から消散係数への変換は鵜野・佐竹（九州大学）のプログラムを用いた．黄砂については粒径分布の変化が，水溶性エアロゾルについては湿度依存性が考慮されている．ここでは硫酸塩と含炭素エアロゾル（BC と OC の和）を示した．

まず，ライダーの結果から，偏光解消度を用いた解析により黄砂と大気汚染エアロゾルの分布の特徴がよく分離されていることが分かる．北京，つくばでは黄砂現象が見られ，それぞれ CFORS の結果とおよそ対応している．北京の球形エアロゾル（大気汚染エアロゾル）については，数日スケールの変化が見られ，時間変化は CFORS の硫酸塩とよく対応する．この結果は，北京において地域スケールの汚染の影響が顕著であることを意味している．一方，宮古島で特徴的なのは，大気境界層より上の自由対流圏に比較的高濃度のエアロゾル層が観測されていることである．CFORSと比較すると，このエアロゾルは炭素性で南アジアのバイオマス燃焼起源のものであると推定される．

モデルの検証の観点からは，観測とモデルの消散係数の絶対値の比較が重要である．口絵1の例では，つくば，宮古島において，黄砂，大気汚染エアロゾルともにほぼ妥当な結果が得られている．しかし，北京については，濃い大気汚染現象時に消散係数の観測値が非常に高く，CFORSはこれをよく再現できていない．地上の湿度データによると，このような高い消散係数の事例では相対湿度が高く，霧（スモッグ）の状態である．しかし，CFORSは予報モードであることと，分解能が十分でないことのため，相対湿度をよく再現していない．このことが北京の大気汚染時の消散係数の不一致の主な原因であると考えられる．北京の消散係数を再現するためには，霧を再現できるようなモデルが必要である．大気汚染エアロゾルが霧の生成に与える影響は，非常に興味深い今後の課題の一つである．

4）エアロゾル鉛直分布の年々変動，季節内変動の解析

ネットワークによる継続的なエアロゾル鉛直分布データから場所ごとの特徴や，年々変化，季節内の変化などの特徴を調べた．

図4.37（上）に2001年から2005年の各年3月における黄砂の消散係数の鉛直分布（月平均）を北京，合肥，長崎，つくばの4地点について示す．図中には雲底高度の頻度分布を合せて示す．黄砂発生源に近い北京では，5年間での変動は小さく常に黄砂が発生している状況が窺える．詳細に見ると，2003－2005年は黄砂が少ない．一方合肥では2003年と2004年の差が大きく，輸送状況の違いを反映している可能性がある．最も発生源から遠いつくばでは5年とも月平均の黄砂消散係数は小さい．

一方，図4.37（下）に球形粒子（主に人為起源のエアロゾル）の消散係数の分布を示す．球形粒子については，各地点でかなり大きな年々変動が見られる．特に2003年には全地点で人為起源エアロゾルが多い．また，長崎とつくばでは5年間を通して変化の傾向が似ているが，これは球形粒子の輸送に関して，日

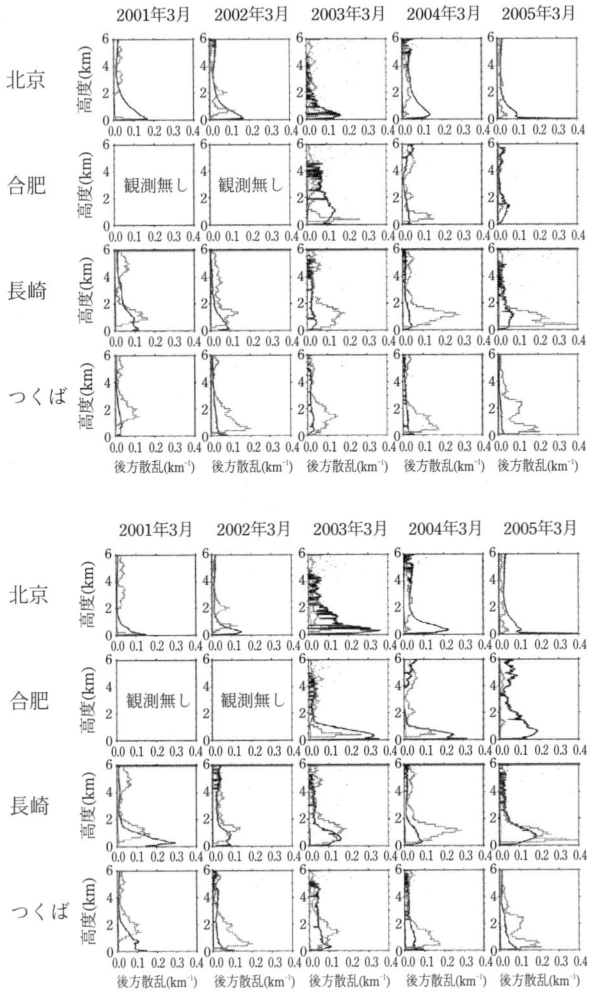

図 4.37　2001 年から 2005 年の 3 月における（上）黄砂消散係数鉛直分布と（下）球形エアロゾル消散係数．上から北京，合肥，長崎，つくば．それぞれ，実線は消散係数，点線は雲底高度の頻度分布．

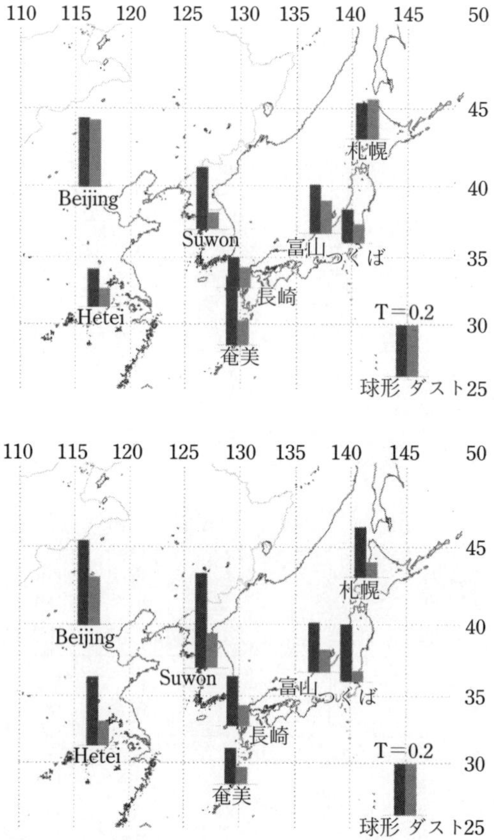

図 4.38 高度 4 km 以下のダスト(灰)・球形粒子(黒)の月平均の光学的厚さ.(左) 2004 年 3 月,(右) 2004 年 5 月.

本列島に沿った流れが存在することを示唆する.

一方,季節内変動に関して,黄砂と球形粒子の消散係数を高度 4 km まで積分した光学的厚さを,それぞれ 2004 年の 3 月と 5 月について図 4.38 に示す.これによると,黄砂は春季前半に北日本側で比較的多く観測され,終盤には太平洋側ではほとんど見られない.また球形粒子は季節進行に合わせて各地点増加傾向にあるが,例外的に奄美大島では 5 月に非常に少ない.850 hPa での気象場として,3 月には中国北東部から日本列島への強い流れが存在し,また 5 月には

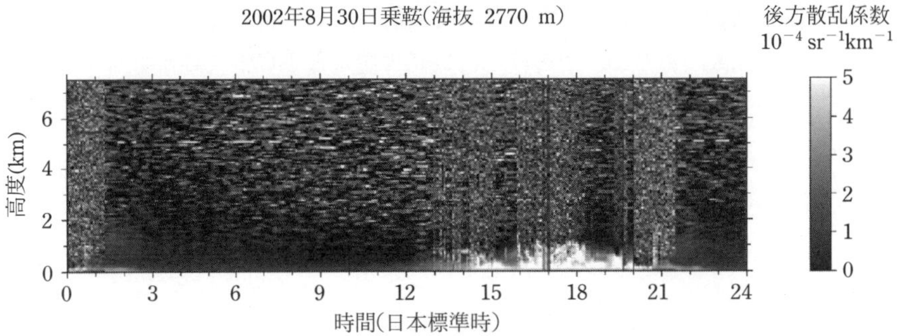

図4.39　2002年8月30日乗鞍岳山頂上空のエアロゾル後方散乱係数（波長905 nm）の高度時間変化.

太平洋高気圧が奄美大島を覆っており，エアロゾル分布との対応が見られる.

この他，月ごとの黄砂の発生の年々変化を比較すると，年によって季節進行が大きく異なることが分かった．例年，黄砂の発生は4月に最も高いが，2004年は季節進行が早く，3月の発生頻度が高かった．2005年は逆に3月の発生頻度が低く，4月に入ってから黄砂の発生がみられた.

4.3.3　山岳部の大気境界層および自由対流圏のエアロゾルの観測

1）乗鞍岳でのシーロメータ観測

山岳は自由対流圏エアロゾルの直接的な観測に有利な場所と考えられる[58]．しかしながら，山頂付近の観測点が自由対流圏と見なされるか否かは山谷風などの局所的な大気場の影響を強く受けることから，データの扱いには注意が必要となる[59]．乗鞍岳（標高3026 m）山頂付近は，日中は発達した境界層の中に入るが，夜間は自由対流圏に頭を出すと予想される．乗鞍岳上空のエアロゾル分布の様子を実際に調べるために，乗鞍岳宇宙線観測所（標高2770 m）にシーロメータ（VAISALA社製）を設置してエアロゾル高度分布の日々の変化を観測した．観測は2002年8月から10月の間連続して行った．データの鉛直分解能は30 m，時間分解能は2分である．図4.39は晴天時の典型的な例として8月30日の観測結果を示す．横軸は0時からの時間，縦軸は地表（海抜2770 m）からの高度である．この日の例では午前中は地表付近から上空までエアロゾル濃度は非常に低い．一方，午後は地表付近が境界層内に入りエアロゾルが増加している.

観測全体を通じて以下のような特徴が見られた．(1) ほとんどの場合，地表付近に濃度の極大があるが，その絶対値は名古屋など下界上空の自由対流圏程度である．(2) 晴天の日には午後地上から高度 1 〜 2 km の間でエアロゾル濃度が増加する．(3) 午前中は濃度が低いが，日によっては地表付近の濃度が 1 km 程度上空に比べて約 1 桁程度大きい．すなわち，日中，山頂が境界層の中に入る様子が観測によって確認された．

2) ライダーで観測される自由対流圏のバックグラウンドエアロゾル

名古屋大学のライダー（波長 532 nm, 1064 nm）では，自由対流圏で，春季の黄砂を代表とする高濃度のエアロゾル現象が年間十例近く観測されている．特に 2003 年は 5 月から 6 月にかけて，シベリア森林火災から発生した濃い煙も観測された．一方，このような濃いエアロゾル層が存在しない時にも，薄いエアロゾルの層（バックグラウンドエアロゾル層）がほぼ常時観測される．特に鉱物エアロゾルについては‘弱い黄砂’，もしくは‘バックグラウンド黄砂’と呼んでいる．バックグラウンドエアロゾル層の厚さは 2 〜 3 km のことが多いが，数百 m の層が 10 時間以上にわたって維持されるような場合もしばしば観察される．

バックグラウンドエアロゾル層の偏光解消度は，春季，黄砂現象ではない場合でも 10 〜 20%程度の大きな値をとることが多い．このような層は秋季，冬季にもしばしば見られる．またこの層の散乱係数に波長依存性はほとんどなく，すなわち粒径が 1 μm より大きいことを示す．このような場合がバックグラウンド黄砂にあたる．一方，夏季には偏光解消度が非常に小さい場合が多く，液滴エアロゾル層もしくはレーザー波長に比べて小粒径のエアロゾルであると考えられる．しかしながら，このような大まかな季節的な傾向に従わないような例も少なからずみられ，日本上空に存在するエアロゾル粒子の多様性を示している．

バックグラウンドエアロゾルは，濃度は小さいがほぼ常時存在することから放射過程を通して気候への影響が無視できない[60]．また，雲核や氷晶核として雲の発生や特性に影響を与えるであろう．このため，バックグラウンドエアロゾルの放射特性やそれがどの程度雲核や氷晶核として有効かなど，バックグランドエアロゾルの性質の把握が重要である．

また，バックグランドエアロゾルの影響を評価するためには，その分布を地球規模のモデルで定量的に再現することが重要な課題である．一例として，2005年の3月上旬に，国立環境研のライダーネットワークのつくば，Gosan，Suwonなどで自由対流圏の高度3～6 kmに観測された砂塵層の例を紹介する[61]．このダスト層は領域モデルCFORSでは，発生域が領域外にあったために再現されなかったが，地球規模のエアロゾル輸送モデルNAAPS[62]とSPRINTARS[63]では定性的に再現され，サハラ砂漠から飛来したものであることが明らかにされた．また，SPRINTARSで計算されたダスト層の消散係数は観測値と近いことも示された．しかし，層の空間的な厚さについては観測の方が薄く，構造も複雑であった．このようなモデルとの比較を観測事例ごとに行い，モデルの検証，改良を重ねることが重要であろう．

4.3.4　ラマンライダーによるエアロゾルの光学特性の精密測定

1）ラマンライダーシステム

ミー散乱ライダーから消散係数を定量的に導出するためには，ライダー比（消散係数αと後方散乱係数βの比S_1（$=\alpha/\beta$））の仮定のもとにインバージョン法を適用する必要がある．サンフォトメータ等により光学的厚さが測定されている場合は，それを拘束条件に解析できるが，高度によらない平均的なライダー比を用いることになる．ラマンライダーは消散係数を独立に求められるので，エアロゾルの定量測定の極めて有効な手法である．また，ミー散乱信号と合わせて解析することによってライダー比を高度ごとに求められる．ライダー比の気候値をエアロゾルの種類ごとに決定することは，ライダー比を利用したエアロゾルの分類や，ミー散乱ライダーの解析ためのデータとして非常に重要である．ラマンライダーは以上のような大きな特徴を持つが，ラマン散乱はミー散乱に比べて散乱断面積が桁違いに小さいため，観測にはミー散乱ライダーと比べて高出力のレーザーと大口径の受信望遠鏡，高感度の光検出装置が必要となる．

名古屋大学では，キャンパス内に設置したラマン散乱ライダーを用いてエアロゾルの後方散乱係数，その波長依存性，偏光解消度，および水蒸気と窒素（ま

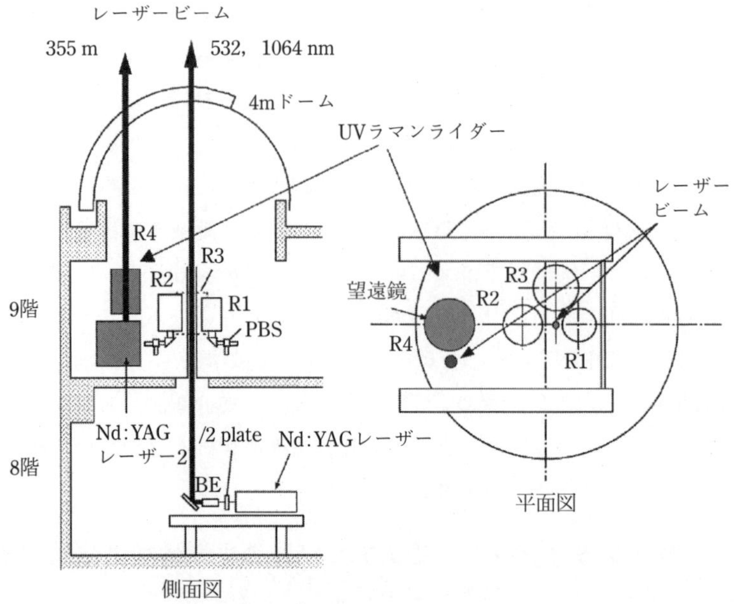

図 4.40　東京海洋大学の多波長ラマンライダーシステム

たは酸素）分子の高度分布を同時に観測している．これまでに，既に約 10 年間のデータの蓄積があり，観測結果は自由対流圏エアロゾルの性質や発生源の研究等に利用されてきた[64]．

一方，東京海洋大学ではエアロゾルの定量的な光学特性と水蒸気混合比の鉛直分布を得るため，Nd:YAG レーザーの 3 波長（355, 532, 1064 nm）を用いた多波長ラマンライダーを開発し定常的な観測を行ってきた．図 4.40 に東京海洋大学のライダーシステムの構成図を示す．

2）多波長ラマンライダーによるエアロゾルの微物理特性の測定

口絵 2 に 2003 年 5 月 21 日に東京海洋大学（35.66N, 139.80E）のライダーで観測された 532 nm の後方散乱係数と全偏光解消度の高度時間断面図を示す[65]．高度 2 ～ 4 km にシベリア森林火災起源と思われる濃いエアロゾル層が観測されている．この事例では 5−8%程度の偏光解消度が観測されており，エアロゾルの凝集の効果と推察されるような非球形性を示す．この傾向は森林火災起源

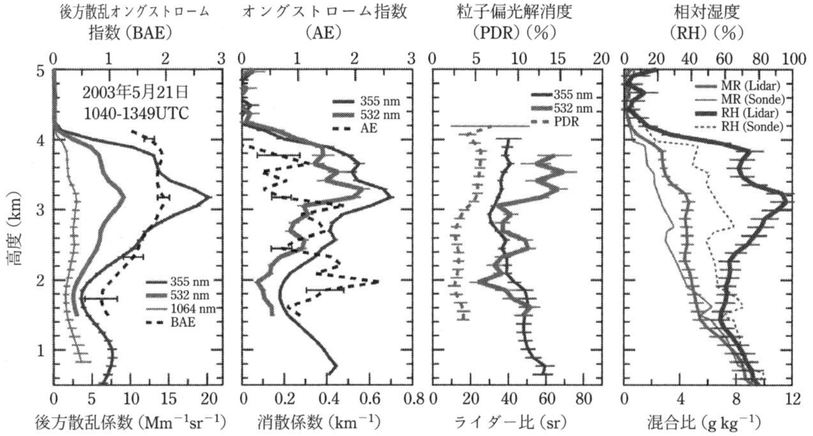

図 4.41　口絵 2 の事例の矢印の時間帯の積算値から得られた後方散乱係数(355, 532, 1064 nm), 消散係数 (355, 532 nm), ライダー比 (355, 532 nm), 粒子偏光解消度 (532 nm), 水蒸気混合比・相対湿度

エアロゾルの他のライダー観測事例とも一致する[66]. この日の 1040–1349 UTC の時間帯のライダー信号の積算値から導出した光学特性と湿度の高度分布を図 4.41 に示す[65].

図 4.41 にみられるように, 後方散乱係数の波長依存性が大きいのに対し, 消散係数の波長依存性は小さい. 高度 3 km 以上において, 532 nm におけるライダー比 (～ 65 sr) は 355 nm のもの (～ 40 sr) より大きく, 他のエアロゾル種とは異なる特徴を示している. ライダーで得られた相対湿度 (70 %以上) は, 舘野のゾンデデータに比べるとかなり高い.

後方散乱係数 (355, 532, 1064 nm) および消散係数 (355, 532 nm) のプロファイルのデータセットから Müller らのインバージョン法[67] を用いて粒径分布と複素屈折率を求めた. このインバージョンでは, 球形粒子 (ミー散乱) を仮定し, 粒径分布を八つの基底関数で表して, 測定を再現するような粒径分布と複素屈折率を探す. その際, 不自然な粒径分布とならないように正則化法を用いている. ある誤差の範囲内で測定を再現する多数の解を求め, それらの平均を最終的な解としている. 図 4.42 に得られた粒径分布, 複素屈折率から算出された有効平均半径と単一散乱アルベドを示す.

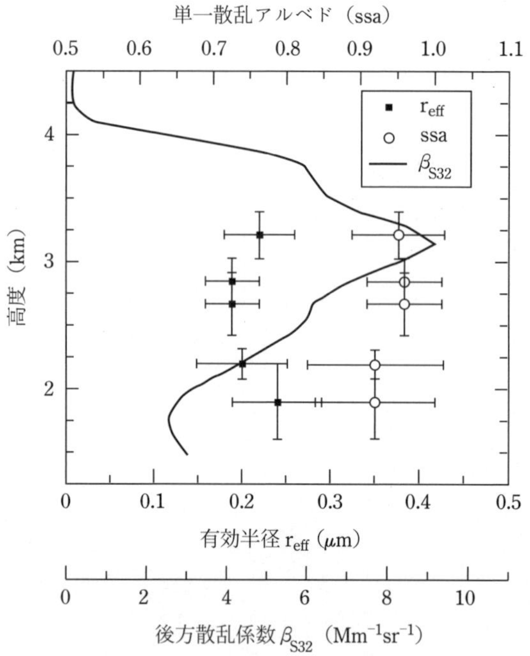

図 4.42　インバージョンによる森林火災エアロゾルの微物理量（有効半径，単一散乱アルベド，曲線は 532 nm での後方散乱係数）

インバージョン結果より，この煙の平均半径は約 0.22 μm，532 nm における単一散乱アルベドは約 0.95 で，長距離輸送された煙特有の微小粒子の単一モードの分布を示すこと，また有機エアロゾルが多い場合に予想されるような光吸収性の低い粒子の特徴を示すことが分かった．これらの結果は同時に観測されたスカイラジオメータの解析結果とも一致する．また，導かれた粒径分布と複素屈折率に基づくミー散乱計算によると，ライダー比の波長依存性は大きく，600 nm 付近でピーク（約 75sr）を示し，1064 nm 付近では 35 ～ 40 sr と小さくなることが分かった．

得られたエアロゾル高度分布と光学特性の高度依存性を用いて放射伝達計算を行い，ライダーによる高度分布とスカイラジオメータによるカラム平均の光学特性を用いた場合の計算結果と比較したところ，加熱率の高度依存性にかなり大きな違いが見られた．この結果は，高度ごとに光学特性を求めることの重要性を示している．

一方，2005年4月30日の高濃度の黄砂層（高度3～4 km）についての多波長ラマンライダー観測では，消散係数の波長依存性は小さく，後方散乱係数は532 nmに比べ355 nmで大きい傾向が見られた．すなわち，ライダー比は355 nmで大きい（$S1_{355}$（~58sr）>$S1_{532}$（~42 sr））．この黄砂層に対してインバージョンを適用すると非常に大きな吸収を示し，現実的な結果が得られなかった．これは，黄砂の非球形性と複素屈折率の虚部の波長依存性が考慮されていないためである．一方，スカイラジオメータから得られたライダー比は10～20 srでライダー観測値よりもかなり小さく，これも非球形性の問題であると考えられる[68]．

平常時の東京の観測例（2004年11月の6日分のデータ）では，光学的厚さの大部分を高度2 km以下の大気境界層が占め，高度平均した355～532 nm間のオングストローム指数は1.14±0.18，ライダー比は355 nmで66.7±6.4 sr，532 nmで69.2±5.9 srであった．ライダー比の値は比較的大きく，大陸性，都市型エアロゾルを示唆するが，波長依存性は報告されている陸型，都市型のエアロゾルのものとやや異なる[69]．この観測例にインバージョンを適用した結果，有効半径は0.26−0.45 μmと比較的大きく，複素屈折率の実部は1.34～1.41，虚部は0～0.08で，単一散乱アルベドは0.85～1.0であった。スカイラジオメータとの比較では，有効半径，単一散乱アルベドについてはおよそ一致したが，ライダー比については良い一致が得られなかった。

3）ライダー比の系統的解析

定常的な夜間のラマンライダー観測から355 nmにおけるライダー比の系統的な解析を行った．その結果を，スカイラジオメータの解析から得られる500 nmのライダー比の値と合わせて図4.43に示す．ラマンライダー，スカイラジオメータともに，ライダー比が秋季に上昇する傾向が見られる．また，全期間のライダー比のヒストグラムを図4.44に示す．下部対流圏のエアロゾルのライダー比の全期間を通じた平均値は51.9 ± 10.4 srであった．黄砂の場合にもおよそ50 srであった[65,70]．

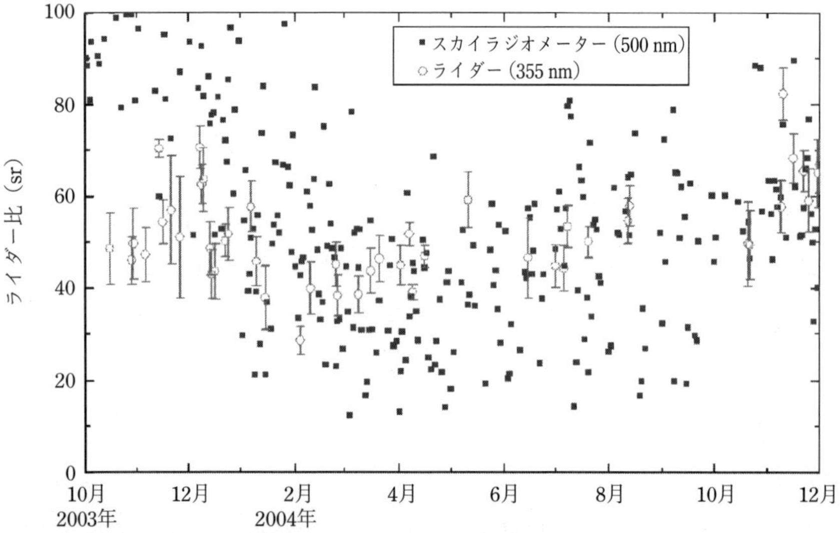

図 4.43　対流圏エアロゾルのライダー比の時系列変化（355 nm：ライダー（2.5 km 以下の平均値），500 nm：スカイラジオメータ）

4.3.5　ライダー観測手法の可能性

以上に述べたようにライダー手法はエアロゾルの空間分布の把握と光学特性の高度分布の測定の非常に有効な手段である．特に連続したライダーネットワーク観測はエアロゾルの動態把握と気候学的解析の双方において極めて有効である．黄砂と大気汚染エアロゾルの概況を捉え，化学輸送モデル CFORS が黄砂，大気汚染起源の硫酸塩，バイオマス燃焼起源の含炭素エアロゾルの動態をおよそ再現することを検証できたのは一つの成果である．また，従来，ライダー手法では困難であったエアロゾルの微物理量の測定が，多波長ラマンライダーとインバージョン法により実現されたことも大きな成果である．

エアロゾルの環境影響，気候影響を定量的に評価するためには，全球規模の精緻なシミュレーションモデルの構築が不可欠であると考えられるが，以上の二つのアプローチはそれぞれ異なる観点からモデルの高精度化に貢献するものである．すなわち前者は，化学輸送モデルで計算される各種のエアロゾルの分布の検証に非常に有効であり，後者は各エアロゾル種の光学特性のモデルの改

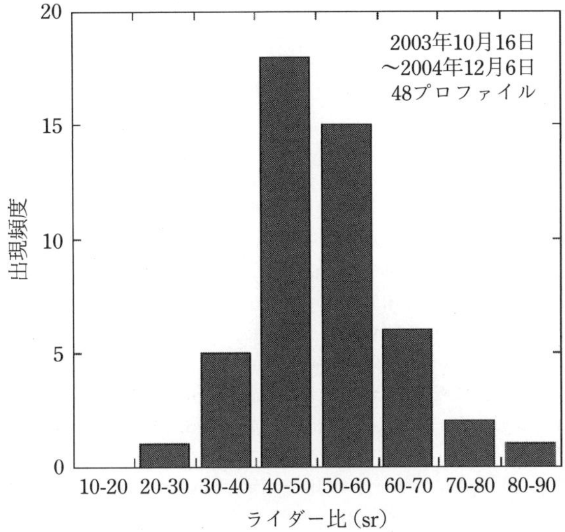

図 4.44　下部対流圏における 355 nm におけるライダー比の頻度分布

良のためのデータを与えるものである．

多波長ラマンライダー手法は，一種類のエアロゾル種が卓越する状況におけるエアロゾル光学特性（微物理量）の測定や輸送途上の変性などの研究に非常に有効であろうと思われる．しかし，複数のエアロゾルの外部混合状態に対するインバージョンについては検討が必要であろう．一方，化学輸送モデルの検証の観点からは，ライダーデータから混合状態のエアロゾルに含まれるエアロゾル種を分離して求める手法が有用である．偏光解消度を用いた黄砂と大気汚染エアロゾルの分離はその一例であるが，多波長データの利用や，さらにライダー比の測定を加えることによって，たとえば含炭素エアロゾル等を分離できる可能性がある．ただし，この場合はエアロゾル種の光学特性をあらかじめ仮定する必要がある．また，この方法では各エアロゾル種の変性や内部混合を取り扱う術は無い．しかしながら，エアロゾル気候モデルによるエアロゾルの直接効果や雲との相互作用（間接効果）の検証のためには，このような解析とモデルとの比較の事例を積み重ねることが一つの有望な方法であろう．

一方，エアロゾルの輸送過程における化学的性質の変化の研究や，ライダー解析手法自身の検証などのためには，ライダー解析データと各種のサンプリング測定，in-situ 測定データとの比較が重要である．

参考文献

1）Akimoto, H. (2003). Global air quality and pollution. *Science* **302**, 1716–1719.

2）Streets, D. G., N. Y. Tsai, H. Akimoto, and K. Oka (2001). Trends in emissions of acidifying species in Asia, 1985–1997. *Water Air Soil Pollut.* **130**, 187–192.

3）Hatakeyama, S., K. Murano, H. Bandow, H. Mukai, and H. Akimoto (1995). High concentration of SO_2 observed over the Sea of Japan. *Terre. Atmos. Oceanic Sci.* **6**, 403–408.

4）Hatakeyama, S., K. Murano, H. Bandow, F. Sakamaki, M. Yamato, S. Tanaka, and H. Akimoto (1995). '91 PEACAMPOT Aircraft Observation of Ozone, NOx, and SO_2 over the East China Sea, the Yellow Sea, and the Sea of Japan. *J. Geophys. Res.* **100**, 23143–23151.

5）Hatakeyama, S., K. Murano, H. Mukai, F. Sakamaki, H. Bandow, I. Watanabe, M. Yamato, S. Tanaka, and H. Akimoto (1997). SO_2 and sulfate aerosols over the seas between Japan and the Asian Continent. *J. Aerosol Res. Jpn.* **12**, 91–95.

6）Watanabe, I., M. Nakanishi, J. Tomita, S. Hatakeyama, K. Murano, H. Mukai, and H. Bandow (1998). Atmospheric peroxyacyl nitrates in urban/remote sites and the lower troposphere around Japan. *Environmental Pollution* **102**, S1,. 253–261.

7）前田淳，坂東博，渡辺征夫，駒崎雄一，村野健太郎，畠山史郎 (2001). 冬季の東シナ海上空大気中の peroxyacetyl nitrate (PAN) および全窒素酸化物濃度，大気環境学会誌，**36**, 22–28.

8）Hatakeyama, S., I. Uno, K. Murano, H. Mukai, and H. Bandow (2002). Analysis of the plume from Mt. Sakurajima and Kagoshima City by aerial observations of atmospheric pollutants and model studies — The IGAC/APARE/PEACAMPOT Campaign over the East China Sea — *J. Aerosol Res. Jpn.* **17**, 39–42.

9）Hatakeyama S., K. Murano, F. Sakamaki, H. Mukai, H. Bandow, and Y. Komazaki (2001). Transport of atmospheric pollutants from East Asia. *Water Air Soil Pollut.* **130**, 373–378.

10）Hatakeyama, S., A. Takami, F. Sakamaki, H. Mukai, N. Sugimoto, A. Shimizund H. Bandow (2004). Aerial measurement of air pollutants and aerosols during March 20–22, 2001, over the East China Sea. *J. Geophys. Res.* **109**, D13304, doi:10.1029/2003JD004271.

11）Uematsu, M., A. Yoshikawa, H. Muraki, K. Arao, and I. Uno (2002). Transport of mineral and anthropogenic aerosols during a Kosa event over East Asia. *J. Geophys. Res.* **107** (D7), 4059, doi:10.1029/2001JD000333.

12）Shimohara, T., O. Oishi, A. Utsunomiya, H. Mukai, S. Hatakeyama, E. -S. Jang, I. Uno, and K. Murano (2001). Characterization of atmospheric pollutants at two sites in northern Kyushu, Japan-chemical form, and chemical reaction. *Atmos. Environ.* **35**, 667–681.

13）Song, C. H. and G. R. Carmichael (2001). Gas-particle partitioning of nitric acid modulated by alkaline aerosol. *J. Atmos. Chem.* **40**, 1–22.

14）Jordan, C. E., J. E. Dibb, B. E. Anderson, and H. E. Fuelberg (2003). Uptake of nitrate and sulfate on dust aerosols during TRACE-P. *J. Geophys. Res*. **108** (D20), 8817, doi:10.1029/2002JD003101.

15) 村野健太郎，外岡豊，神成陽容（2002）．東アジア地域の大気汚染物質発生源インベントリーの精緻化に関する研究　環境省地球環境研究総合推進費終了研究報告書「東アジア地域の大気汚染物質発生・沈着マトリックス作成と国際共同観測に関する研究」平成11年度～平成13年度，pp. 67–88，国立環境研究所.

16) Streets, D., T. C. Bond, G. R. Carmichael, S. D. Fernandes, Q. Fu, D. He, Z. Klimont, S. M. Nelson, N. Y. Tsai, M. Q. Wang, J. -H. Woo, and K. F. Yarber (2003). An inventory of gaseous and primary aerosol emissions in Asia in the year 2000. *J. Geophys. Res*. **108** (D21), 8809, doi:10.1029/2002JD003093.

17) 高見昭憲，日暮明子，三好猛雄，下野彰夫，畠山史郎（2005）．東シナ海日本海側の北部と南部におけるエアロゾル化学組成の差異，エアロゾル研究，**20**，352–354.

18) Kawamura K. and Ikushima K. (1993). Seasonal changes in the distribution of dicarboxylic acids in the urban atmosphere. *Environ. Sci. & Technol*. **27**, 2227–2235.

19) Kawamura K., Kasukabe H. and Barrie L. A. (1996). Source and reaction pathways of dicarboxylic acids, ketoacids and dicarbonyls in arctic aerosols: one year of observations. *Atmos. Environ*. **30**, 1709–1722.

20) Kawamura K. and Sakaguchi F. (1999). Molecular distributions of water soluble dicarboxylic acids in marine aerosols over the Pacific Ocean including tropics. *J. Geophys. Res*. **104**, 3501–3509.

21) Mochida M., Kawabata A., Kawamura K., Hatsushika H., and Yamazaki K. (2003). Seasonal variation and origins of dicarboxylic acids in the marine atmosphere over the western North Pacific. *J. Geophys. Res*. **108** (D6), 4193, doi:10.1029/2002JD002355.

22) 河村公隆，今井美江，門間兼成，鈴木啓助（2000），「東京，福島県田島，札幌における降雪試料中の低分子ジカルボン酸類の分布と全有機態炭素」，雪氷，**62**，225–233.

23) Kawamura K., Steinberg S., Ng L. and Kaplan I. R., (2001). Wet deposition of low molecular weight mono- and di-carboxylic acids, aldehydes and inorganic species in Los Angeles. *Atmos. Environ*. **35**, 3917–3926.

24) Kawamura K. and Sakaguchi F. (1999) Molecular distributions of water soluble dicarboxylic acids in marine aerosols over the Pacific Ocean including tropics. *J. Geophys. Res*. **104**, 3501–3509.

25) Mochida M., Kawamura K., Umemoto N., Kobayashi M., Matsunaga S., Lim H., Turpin B. J., Bates T. S., and Simoneit B. R. T. (2003) Spatial distribution of oxygenated organic compounds (dicarboxylic acids, fatty acids and levoglucosan) in marine aerosols over the western Pacific and off coasts of East Asia: Asian outflow of organic aerosols during the ACE-Asia campaign. *J. Geophys. Res*. ACE-Asia Special Issue A, **108** (D23), 8638, doi:10.1029/2002JD003249.

26) Kawamura K., Sempéré R., Imai Y., Hayashi M. and Fujii Y. (1996) Water soluble dicarboxylic acids and related compounds in the Antarctic aerosols. *J. Geophys. Res*. **101** (D13), 18, 721–18,728.

27) Wang G., Kawamura K., Lee S. C., Ho K., and Cao J. (2006) Molecular, seasonal and spatial distribution of organic aerosols from fourteen Chinese cities. *Environ. Sci. Technol*. **40**, 4619–4625.

28) Li H., Shao L., and He T. (2004). 北京市街地における粒子状極性有機物質．日本化学会春季年会，東京，2C4–09.

29) Karpel Vel Leitner N. and Doré M. (1997). Mechanisms of reaction between hydroxy radicals

and glycolic, glyoxylic, acetic and oxalic acids in aquous solution: Consequence on hydrogen peroxide consumption in the H_2O_2/UV and O_3/H_2O_2 systems. *Water Research* **31**, 1383–1397.

30) Kawamura K. and Watanabe T.（2004）. Determination of stable carbon isotopic compositions of low molecular weight dicarboxylic acids and ketocarboxylic acids in atmospheric aerosol and snow samples. *Analyt. Chem.* **76**（19）, 5762–5768.

31) 三浦和彦（1996）. イオンとエアロゾル，北川信一郎編「大気電気学」，pp200，東海大学出版会，43-80

32) 森田恭弘（1983）. 対流圏エアロゾルの空間分布，気象研究ノート，**146**，51-80

33) Prospero, J., *et al.*（1983）. The atmospheric aerosol system: An overview. *Rev. Geophys. Space Phys.* **21**, 1607–1629.

34) Miura, K., *et al.*（1993）. Global distribution of Aitken particles over the oceans. *J. Atmos. Electr.* **13**, 133–144.

35) 三浦和彦（2000）. 海洋大気境界層内エアロゾルの物理・化学的性質，エアロゾル研究，**15**，327-334.

36) Uematsu, M.（1992）. Mineral aerosol over and deposition to the Pacific Ocean, in *Oceanic and Anthropogenic Controls of Life in the Pacific Ocean*, edited by V. I. Ilyichev and V. V. Anikiev, pp. 45–69, Kluwer Academic Publishers, Dordrecht.

37) ACE-1 Part 1（1998）. *J. Geophys. Res.* **103**, D13.

38) ACE-1 Part 2（1999）. *J. Geophys. Res.* **104**, D17.

39) TARFOX Part 1（1999）. *J. Geophys. Res.* **104**, D2.

40) TARFOX Part 2（2000）. *J. Geophys. Res.* **105**, D8.

41) ACE-2（2000）. *Tellus* **52B**, 2.

42) Huebert, B. *et al.*（2003）. An overview of ACE-Asia: strategies for quantifying the relationships between Asian aerosols and their climatic impacts. *J. Geophys. Res.* **108**, 8633, doi:10.1029/2003JD003550

43) 植松光夫（2004）. 海洋大気エアロゾル組成の変動と影響予測，月刊海洋，**36**，83–94.

44) 三浦和彦（2004）. 「みらい」航海におけるエアロゾルの物理的特性，エアロゾル研究，**19**，108–116.

45) Uematsu M., *et al.*（2002）. Transport of mineral and anthropogenic aerosols during a Kosa event over East Asia. *J. Geophys. Res.* **107**（D7）, 10.1029/2001 JD000333.

46) Uno, I., *et al.*（2003）. Regional chemical weather forecasting using CFORS: Analysis of surface observations at Japanese Island stations during the ACE-Asia experiment. *J. Geophys. Res.* **108**（D23）, 8668, doi:10.1029/2002JD002845.

47) Tang, I. N. and H. R. Munkelwitz（1994）. Water activities, densities, and refractive indices of aqueous sulfate and sodium nitrate droplets of atmospheric importance. *J. Geophys. Res.* **99**, 18801–18808.

48) Tang, I. N.（1996）. Chemical and size effects of hydroscopic aerosol on light scattering coefficients. *J. Geophys. Res.* **101**, 19245–19250.

49) Cruz, C. and Pandis, S.（2000）. Deliquescence and hygroscopic growth of mixed inorganic-organic atmospheric aerosol. *Environ. Sci. Technol.* **34**, 4313–4319.

50) Niimura, N., *et al.*（1994）. A method for identification of Asian dust-storm particles mixed internally with sea salt. *J. Meteor. Soc. Jpn.* **72**, 777–784.

51）Nakamura, T., Matsumoto, K., and Uematsu, M.（2005）. Chemical properties of aerosols and transport from the Asian continent to the East China Sea in autumn. *Atmos. Environ*. **39**, 1749－1758.

52）Sugimoto, N., Shimizu, A., Matsui, I., Uno, I., Arao, X., Dong, S., Zhao, J., Zhou, J., and Lee, C-H.（2005）. Study of Asian dust phenomena in 2001－2003 using a network of continuously operated polarization lidars. *Water, Air, & Soil Pollution*: Focus **5,** 145–157.

53）Shimizu, A., N. Sugimoto, Matsui, I., Arao, K., Uno, I., Murayama, T., Kagawa, N., Aoki, K. Uchiyama, A., and Yamazaki, A.（2004）. Continuous observations of Asian dust and other aerosols by polarization lidar in China and Japan during ACE-Asia. *J. Geophys*. Res. **109**, D19S17, doi10.1029/2002JD003253.

54）Sugimoto, N., Uno, I., Nishikawa, M., Shimizu, A., Matsui, I., Dong, X., Chen, Y., Quan, H.（2003）. Record heavy Asian dust in Beijing in 2002: Observations and model analysis of recent events. *Geophys. Res. Lett*. **30**, 12, 1640, doi:10.1029/2002GL016349.

55）杉本伸夫，清水　厚，松井一郎，鵜野伊津志，荒生公雄，陳　岩（2002）連続運転偏光ライダーネットワークによる黄砂の動態把握，地球環境 **7**，2，197–207.

56）Fernald, F. G.（1984）. Analysis of Atmospheric lidar observations: Some comments. *Appl. Opt*. **23**, 659–663.

57）Uno, I., Satake, S., Carmichael, G. R., Tang, Y., Wang, Z., Takemura, T., Sugimoto, N., Shimizu, A., Murayama, T., Cahill, T. A., Cliff, S., Uematsu, M., Ohta, S., Quinn, P. K., and Bates T. S.（2004）. Numerical study of Asian dust transport during the springtime of 2001 simulated with the Chemical Weather Forecasting System（CFORS）model. *J. Geophys. Res*. **109**,（D19）S24, doi:10.1029/2003JD004222.

58）土器屋由紀子，岩坂泰信，長田和雄，直江寛明編著（2001）「山の大気環境科学」，養賢堂.

59）長田和雄（2000）航空機と山岳大気観測から見た自由対流圏エアロゾル，エアロゾル研究，**15**（4），335–342.

60）Yamamoto G. and Tanaka, M.（1972）. Increase of global albedo due to air pollution. *J. Atmos. Sci*. **28**, 1405–1412.

61）Park, C-B., Sugimoto, N., Matsui, I., Shmizu, A., Tatarov, B., Kamei, A., Lee, C-H., Uno, I., Takemura, T., and Westphal, D. L.（2005）. Long-range transport of Saharan dust to East Asia observed with lidars. *SOLA* **1**, 121–124.

62）Naval Research Laboratory（NRL）Aerosol analysis and prediction system（NAAPS）www page（http://www.nrlmry.navy.mil/aerosol/）

63）Takemura, T., Nozawa, T., Emori, S., Nakajima, T. Y., and Nakajima, T.（2005）. Simulation of climate response to aerosol direct and indirect effects with aerosol transport-radiation model. *J. Geophys. Res.* **110**, D02202, doi:10.1029/2004JD005029.

64）Sakai, T., Shibata, T., Hara, K., Kido, M., Osada, K., Hayashi, M., Matsunaga, K., and Iwasaka, Y.（2003）. Raman lidar and aircraft measurements of tropospheric aerosol particles during the Asian dust event over central Japan: Case study on 23 April 1996. *J. Geophys. Res*. **108**, doi:10.1029/2002JD003150.

65）Murayama, T., Müller, D., Wada, K., Shimizu, A., Sekiguchi, M., and Tsukamoto, T.（2004）. Characterization of Asian dust and Siberian smoke with multi-wavelength Raman lidar over Tokyo, Japan in spring 2003. *Geophys. Res. Lett*. **31**, L23103, doi:10.1029/2004GL021105.

66) Fiebig, M., *et al.* (2002). Optical clouser for an aerosol column: Method, accuracy, and inferable properties applied to a biomass-burning aerosols and its radiative forcing. *J. Geophys. Res*. **107**, D21, 8130, doi:10.1029/2000JD000192.
67) Müller, D., Wandinger, U., Althausen, D., and Fiebig, M. (2001). Comprehensive particle characterization from three-wavelength Raman-lidar observations: case study. *Appl. Opt*. **40**, 4863–4869.
68) Liu, Z., Sugimoto, N., and Murayama, T. (2002). Extinction-to-backscatter ratio of Asian dust observed with high-spectral- resolution lidar and Raman lidar. *Appl. Opt*. **41**, 2760–2767.
69) Mattis, I., *et al.* (2004). Multiyear aerosol observations with dual-wavelength Raman lidar in the framework of EARLINET. *J. Geophy. Res*. **109**, D13203, doi:10.1029/2004JD004600, 2004.
70) Murayama, T., *et al*. (2003). An intercomparison of lidar-derived aersol optical properties with airborne measurements near Tokyo during ACE-Asia. *J. Geophys. Res*. **108**, D23, 8651, doi:10.1029/2002JD003259.

5 人工衛星によるエアロゾル観測

5.1 人工衛星によるエアロゾル観測：概論

大気エアロゾルは，太陽放射を散乱，吸収することにより，地球の気候に影響を与える（エアロゾルの直接効果）．また，水溶性のエアロゾルは雲粒生成の際の核となるため，水溶性のエアロゾル数が増加すると雲粒数を増加させ，雲層の太陽放射反射率を増加させて太陽放射の地表への透過率を減少させ，地球を冷却する（エアロゾルの第一間接効果）．さらに，小さな雲粒が数多く生成されることになるため，雲層はより長時間大気中に漂うことになり（消滅しにくくなり），その結果，より太陽放射を遮蔽する時間が長くなり，地表に到達する日射量を減少させ，地球を冷却する（第二間接効果）．

このうち，エアロゾルの直接効果による気候変化の評価においては，大気エアロゾルの光学的厚さ（エアロゾルの消散係数について，大気上端から地表面までの総和をとったものであり，大気中に存在するエアロゾルの総量に比例するもの）の季節ごとの広域分布，およびエアロゾルの放射特性（単一散乱アルベド（＝散乱係数／消散係数）と散乱光の角度分布関数，あるいはエアロゾルの複素屈折率と粒径分布）の季節ごとの広域分布が必要である．また，エアロゾルの間接効果による気候影響を評価するためには，水溶性エアロゾルの季節ごとの広域分布が必要であり，また水溶性エアロゾルの濃度と雲の粒径分布についての統計解析をもとに，それらの相関を調べることなども有効である．

大気エアロゾルは二酸化炭素やフロンガス等と異なり，大気中の存在時間（寿命）が1週間〜10日程度と短いため，時間的，地域的に濃度変動が大きい．そのため，エアロゾルの広域分布測定においては，人工衛星による観測（リモートセンシング）が有効な手段となる．

大気エアロゾルの光学的厚さの広域分布については，これまで人工衛星により受光された大気上端での上向き放射輝度（上向きの放射の強さ）データの解析から，海洋域の光学的厚さの地球規模分布の推定が行われてきた．海面では太陽放射の反射率は地域差が小さく，かつ波長500〜600 nmでは清浄な海面の反射率は0.2〜1%程度と小さい．そのため人工衛星により得られたこの波長域での大気上端での上向き反射光（輝度）はほとんどが大気エアロゾルにより散乱反射されたものとなり，この輝度データの解析から大気エアロゾルの光学的厚さを求めることができる．

ただしこれらの解析においては，用いられている大気エアロゾルの単一散乱アルベドは全域で一様な値が仮定されている．しかし，もしこの単一散乱アルベド値が異なれば結果は大きく異なることが予想される．このため近年，解析を行おうとしている地域（海域）の代表的な地点において，衛星の飛来する時刻に，エアロゾルの単一散乱アルベドを実測し，さらに光学的厚さの実測も行い，衛星輝度データの解析により算出された光学的厚さとの比較から衛星輝度解析に用いられている単一散乱アルベド等の放射特性の精度を検証することが重要な課題となってきており，これらの検証作業をグランド・トゥルース（地上検証実験）と呼んでいる．

一方，陸域においては，可視領域では，地表面反射率が15〜30%と大きく，かつ植生や土地利用形態によりその値も様々に異なるため，衛星放射輝度解析によりエアロゾルの光学的厚さを求めることはできない．ただし，波長400 nm以下の紫外領域においては，地面反射率は森林域で4%以下，砂漠域で8%以下と非常に小さくなる．そのため紫外領域の衛星放射輝度観測値から陸域のエアロゾルの光学的厚さを算出できる可能性がある．また，偏光放射輝度は，通常の放射輝度に比べて陸地面による反射率の影響を受けにくい．そのため，衛星により得られた偏光放射輝度を用いて，陸域および海域を含めた全球での大気エアロゾルの光学的厚さの分布およびエアロゾルの粒径分布を算出しようとする研究が始められている．

人工衛星によるリモートセンシングでは，大気エアロゾルの光学的厚さの広域分布だけではなく，雲の粒径分布，雲量および雲頂高度，雲頂温度の広域にわたる測定も可能である．この雲の測定結果とエアロゾルの光学的厚さの広域分布および地表の各地域における水溶性エアロゾルの濃度測定結果について，これまで数十年間のデータを収集し，それらの統計解析を行うことにより，エアロゾルの間接効果の評価を行うことができる．

なお，人工衛星には，気象衛星ひまわりのように，赤道上空に打ち上げられ，地球の自転と同じ周期で回転し，地上から見ていつも同じ位置に存在する静止衛星と，LAND-SAT や地球観測衛星 Terra，Aqua や，わが国が打ち上げた地球観測衛星 ADEOS-1，ADEOS-2 等のように，北極および南極上空を経て経線上を周回する極軌道衛星とがある．これまでのところ，大気エアロゾルの光学的厚さや粒径分布の広域分布観測は，この極軌道衛星に搭載されているセンサー，すなわち AVHRR（Advanced Very High Resolution Radiometer），TOMS（Total Ozone Mapping Spectrometer），GOME（Global Ozone Monitoring Experiment），GLI（Global Imager），POLDER（Polarization and Directionality of Earth's Reflectance），MODIS（MODerate Reslution Imaging Spectororadiometer），SeaWiFS（Sea Wide Field Sensor）等のセンサーで得られた放射輝度データあるいは偏光放射輝度データを用いて行われてきた．

本章では，以下，可視領域の輝度データを用いたエアロゾルの光学的厚さと粒径分布の広域分布解析，偏光輝度データ解析による陸域および海域のエアロゾルの光学的厚さと粒径分布の広域分布，および東アジア域中心部の中国地域における 1971 年から 2000 年の間の日射量の変動とその要因について述べられている．

ただしこれらの人工衛星の輝度データの解析においては，上述したように大気エアロゾルの放射特性（単一散乱アルベドと散乱光の角度分布関数）が結果を左右する決定的なパラメーターとなるため，それらの精度を検証するグランド・トゥルースが重要な作業となる．なお放射特性としてはエアロゾル全体の複素屈折率と粒径分布が与えられてもよく，ミー散乱理論により，複素屈折率と粒径分布から単一散乱アルベドと散乱光の角度分布関数を算出することができる．

このグランド・トゥルースにおいては，測定機器としては，光学的厚さの測定にはサンフォトメータやスカイラジオメータ，散乱係数の測定には積分型ネフェロメータ，吸収係数の測定にはアセロメータや PSAP (Particle/Soot Absorption Photometer)，粒径分布の測定にはパーティクルカウンタなどが，よく用いられている．

今後，東アジア域においては，急激な工業化の進展に伴い，排出されるエアロゾルの量が急増するだけではなく，その化学組成（放射特性）も大きく変質していくことが予想される．そのため，衛星リモートセンシングにより東アジア域におけるエアロゾルの光学的厚さの広域分布を算出していく上で，代表的な各地点においてグラウンド・トゥルースを行い，地域ごと，季節ごとの放射特性を決定していくことが重要な課題となる．

5.2 可視域データを用いたエアロゾル分布解析

ここでは可視域における大気の散乱光成分の計測によって得られるエアロゾル性状と分布の観測とその成果について述べる．まず原理について簡単に触れたのち，観測手法の変遷の歴史に沿って長波長可視域，近赤外域，短波長赤外域を用いた衛星観測の手法を概観する．次いで，最近の手法として短波長可視ないしは近紫外域観測を用いた手法について述べ，具体的な成果として日本近海・東アジア域における黄砂エアロゾルや森林火災起源の観測例を示す．

5.2.1 反射率計測によるエアロゾル観測の原理

衛星センサで観測するのは太陽光起源の光の地球による反射・散乱光成分であり，観測される量はそのセンサの観測波長帯における放射輝度 L_T であるが，通常は地表面および大気を完全拡散面と仮定して次式により反射率に変換されることが多い．

$$\rho_T = \frac{\pi L_T}{F_0 \cos\theta_0} \tag{5-1}$$

ここでF_0は大気圏外太陽照度，θ_0は太陽天頂角である．この反射率ρ_Tは，地表面での反射・散乱の影響を受けていない成分（ρ_{ATMOS}）と，少なくも一度は地表面との反射・散乱を経た成分とに分けられる．

$$\rho_T(\theta_0, \theta, \Delta\phi) = \rho_{ATMOS}(\theta_0, \theta, \Delta\phi) + T(\theta_0)T(\theta)\frac{\rho_S(\theta_0, \theta, \Delta\phi)}{1 - s\rho_S(\theta_0, \theta, \Delta\phi)} \quad (5\text{–}2)$$

ここでTは太陽－地表面間または地表面－衛星間の透過率，ρ_Sは地表面の反射率，sは球面アルベド，θ_0，θはそれぞれ太陽天頂角および衛星天頂角，$\Delta\phi$は太陽と衛星の方位角差である．なお，ρ_T，ρ_{ATMOS}，ρ_S，s，Tは全て波長（λ）の関数であるが，特に必要のない限り波長は省略する．

ρ_{ATMOS}は大気を構成する各気体成分の量およびエアロゾル粒子の量や光学的性質によって変化するが，これを気体分子だけの作用で決まる成分（ρ_M）とエアロゾル粒子が関与する成分（ρ_A）とに分けて考えることができる．ρ_Mはかなり正確に求めることができるので，衛星で観測される反射率ρ_Aから式（5–2）の左辺第2項の地表面反射率を含む項を差し引くことができればエアロゾルの情報を含む反射率ρ_Aが得られることになる．一方，第2項のうち，球面アルベドsは地表面から上方へ向かう光に対する大気の反射率で，ある程度一定である．また，透過率もある程度の精度で評価可能であるが，地表面反射率は変動が大きく，特にρ_Sが大きい時にはρ_Sの見積りの精度がエアロゾル観測の精度を大きく左右する．逆にρ_Sが小さい場合には第2項の影響も小さくなる．衛星によるエアロゾル観測が，当初はもっぱら海域を対象に行われたのは，一般に海水の反射率は陸上のそれよりも小さく，特に長波長可視あるいは近赤外～短波長赤外域ではほぼ0と見なすことができ，したがって第2項を無視することができたからである．

エアロゾル反射率ρ_Aは一般にエアロゾルの単一散乱アルベドω，散乱位相関数P，光学的厚さτの関数となるが，単一散乱近似が成り立つ場合には次式のように簡単な形で表される．

$$\rho_A(\theta_0, \theta, \Delta\phi) = f(\omega, P, \tau) = \frac{\omega P \tau}{4\cos\theta_0\cos\theta} \quad (5\text{–}3)$$

エアロゾル粒子が球形であるとして，その複素屈折率と粒子粒径分布を仮定すればωとPが決まる．したがって，エアロゾルの光学モデルを仮定することができれば衛星観測によりρ_Aからτが決定できることになる．また，多波長でρ_Aを観測することができれば，観測結果を最もよく説明するエアロゾルモデルを選ぶことによってエアロゾル光学パラメータを推定できる．なお，以上は単一散乱近似が成り立つ場合を想定して説明したが，単一散乱近似や粒子の球形性が成り立たない場合でも放射伝達計算により（3）式に相当するρ_Aとエアロゾル・パラメータの関係を導くことができる．

エアロゾルの光学的厚さが2波長（または2波長以上）で得られている時，次式で定義されるオングストローム指数がよく使われる．

$$\alpha(\lambda_1, \lambda_0) = -\frac{\log\{\tau(\lambda_1)/\tau(\lambda_0)\}}{\log(\lambda_1/\lambda_0)} \tag{5-4}$$

オングストローム指数は小粒径粒子と大粒径粒子の割合を表す指標の意味があり，ω，τと並んで重要なパラメータである．

5.2.2 長波長可視域～短波長赤外域データを用いたエアロゾル観測

1）2チャンネル観測による海域エアロゾル観測手法

NOAAのL. Stoweら[1)]は，NOAA/AVHRRの可視バンド（0.63 μm帯）のデータを用いて初めてルーチン的にグローバルなエアロゾル光学的厚さを求めた[2)]．中島ら[3)]はNOAA/AVHRRの可視（0.63 μm帯）および近赤外バンドのデータを用いてエアロゾル分布（光学的厚さ，サイズパラメータ，吸収指数）を示したが，これらのバンドには水蒸気の吸収帯が含まれるなどの問題があった．一方，海色センサOCTS（1996年～1997年に稼動）やSeaWiFS（1997年より稼動）には海水反射率がほとんど無視できる近赤外波長帯（765 nmを中心とする波長帯および865 nm帯）が追加され，OCTSでは670 nm帯と865 nm帯を，またSeaWiFSでは765 nm帯と865帯を用いてτ，αの推定を行う大気補正手法が用いられた[4, 5)]．中島ら[6)]はOCTSを用いてグローバルなエアロゾルのτ，αの月別分布画像データセットを作成した．

2）SeaWiFSに見られる人為起源エアロゾルの影響

SeaWiFS海色観測画像上で含炭素（黒色炭素・有機炭素）エアロゾルの影響が見られることがある．口絵3に2001年4月3日の日本近海のSeaWiFS画像と，同日の化学天気予報CFORS[7]のエアロゾル光学的厚さの予測図を示す．当日は日本近海，渤海湾が晴天域となっているが，日本海北部に霞んだ領域（光学的厚さが最大で0.3程度）が見られる．この領域ではオングストローム指数も高くなっており，小粒径粒子からなるエアロゾルであることが分かる．一方，図の（g)～(i)に見られるように，CFORSによれば，その位置には黒色・有機炭素エアロゾルおよび硫酸エアロゾルの存在が予測されている．(d)～(f)はSeaWiFSの標準大気補正処理の結果得られた海水射出放射輝度（nL_w）の推定値である．

可視域の550 nm付近での海水反射率は陸起源の懸濁物質濃度が高くなければ比較的一定であり，その一方で400～500 nm帯の反射率は水質によって大きく変化するものの，nL_w(412)，nL_w(490)の大きさの違いはあまりない．しかしながらこの画像の日本海北部では，CFORSで含炭素／硫酸エアロゾルの存在が予測されている領域でnL_w(412)がnL_w(490)に比べて大きく落ち込んでいる（エアロゾル反射率に換算して1％程度）．

また，nL_w(555)も少々落ち込んでいることが分かる．一般に，ススエアロゾルの複素屈折率虚部には波長依存性はないかあるいはほとんどないとされており，したがって単一散乱アルベドにも波長依存性はないが，短波長可視域ではレーリー散乱の相互作用（多重散乱）が強くなるので，ここに見られるように，衛星反射率に対する吸収の効果は強く現れる．衛星で観測された光学的厚さ（0.2程度）とCFORSで予測されたトータルの光学的厚さ（0.05程度）との間に開きはあるが，CFORSの分解能（ここでは格子間隔約80 km）と衛星データのそれとは大幅に異なることを考えると，よい対応を示していると言ってよいであろう．

3）MODISエアロゾル標準プロダクト

Moderate Resolution Imaging Spectroradiometer (MODIS)はNASAの打ち上げた二つの地球観測システム（EOS）のプラットフォームTerra（1999年12月打ち上げ），およびAqua (2002年5月打ち上げ）に搭載されている陸圏，水圏，大気圏の観測を目的としたセンサであり，可視短波長帯（412 μm）から熱赤外域までの計36バンドを持つセンサである．解像度は250 m（2バンド），500 m（5バンド），1 km の 3 種である．稼働開始直後からエアロゾルプロダクトがルーチン的に作られているが，随時解析手法，処理方法に改良が加えられている[8]．

エアロゾル観測アルゴリズムには陸域用と海域用がある．陸域用は 0.47 μm 帯，0.66 μm 帯，2.13 μm 帯の三つのバンドのデータを用いて反射率の低い画素（ρ_T(2.13 μm)<0.25)を対象にトータルのエアロゾル光学的厚さと，微小モードの粒子が全光学的厚さに貢献する割合（fraction)を 10 km×10 km の分解能で出力する．この方法では，前もってエアロゾルモデルを何種類か仮定し，種々の各条件下で放射伝達計算を行うことによって作られるルックアップテーブル(LUT) を用いている．前述のように，陸域におけるエアロゾル観測では地表面反射率の推定精度が全体の観測精度に大きく影響するが，それに対しては「植生域では 2.13 μm 帯の反射率は 0.47 μm 帯および 0.66 μm 帯の反射率と関連づけられる」というモデル[9] を用いて対処している．Remer は最近の論文[8] の中で，AERONET (AErosol RObotic NETwork) の観測により得られたデータ（百数十の観測点で得られた約 6000 個のデータ）を用いて検証を行っているが，エアロゾルの光学的厚さの推定誤差は $\Delta\tau = \pm 0.05 \pm 0.15\tau$ 程度であることを報告している．このアルゴリズムは原理的には難しくはないが，これだけの精度を実現するにはデータ処理に実に様々な工夫をこらしている．

一方，海域エアロゾルの観測手法では，0.55 μm 帯から 2.13 μm までの計 6 波長帯を用いている．ここでも 20×20 の 500 m 解像度のデータ (400 画素) をもとにして 10 km 解像度の質のよい代表データが得られるように工夫されている．海域アルゴリズムの原理は上記 6 波長帯で観測された反射率を最もよく説明するようなエアロゾルモデルのパラメータを推定することにある．具体的には微小モードと粗大モードのエアロゾルモデルをそれぞれ 4 種および 5 種をそれぞれから一つずつとるような組み合わせ (計 20 種) 全てについて条件を様々に変えて放射伝達計算を行い，それによって作られたルックアップテーブルを用いる．これにより，出力パラメータとして，0.55 μm における光学的厚さ，それに対する微小モードエアロゾルの貢献度，および有効半径を得ている．AERONET のデータ約 2000 点を使った検証の結果，光学的厚さの推定誤差 $\Delta\tau$ は $\pm 0.03 \pm 0.05\tau$ 程度，有効半径に対しては ±25％程度であることが報告されている[8]．

5.2.3　短波長可視域データを用いたエアロゾル観測

1）TOMS によるエアロゾル指数および SeaWiFS による経験的黄砂指数

短波長可視～近紫外域ではレーリー散乱が極めて強くなり，地表面の観測には不利となるが，吸収性エアロゾルの検出はしやすくなる．Herman ら[10]は Nimbus-7/TOMS の 340 および 380 nm 帯の観測輝度の比をとり，吸収性エアロゾルが存在しない場合に観測されるであろう値と比べることにより吸収性エアロゾルを検出する方法を提案した．これがいわゆる TOMS エアロゾル指数（Aerosol Index, AI）である．TOMS プロジェクトではこの手法を用いて日々のエアロゾル画像を提供しており，これによりグローバルなススエアロゾルや黄砂エアロゾルの分布を知ることができる．

福島らは SeaWiFS の 412 nm 帯と 443 nm 帯のデータを用い，黄砂エアマスの可視化の一方法として次式で定義される経験的黄砂指数（Dust Veil Index, DVI）を提案した[11, 12]．

$$DVI = DR - DR_{min} \tag{5-5}$$

$$DR = [\{\rho_T(412) - \rho_M(412)\} - \{\rho_T(443) - \rho_M(443)\}] \times 100 \tag{5-6}$$

ここで DR_{min} は地表面反射率の影響を補正する項であるが詳しくは後述する．ρ_T-ρ_M の項は，衛星で観測した反射率からレーリー散乱の反射率を引いたもので，地表面反射率が 0 であればエアロゾルの反射率に相当する．したがって，地表面の反射率が十分に低く，かつ 412 nm 帯と 443 nm 帯の反射率の差が小さい時には DR は「412 nm 帯と 443 nm 帯のエアロゾル反射率の差」を％単位で表したものとなる．しかしながら砂漠域等では必ずしもその条件が成り立たず，地表面の効果を補正する必要がある．DR_{min} はそのための項であり，ここでは観測日を中心とする前後それぞれ 2 週間の中で，その地点での DVI の最小値を採用している．

なお，雲で覆われている画素については適切に検出して解析対象から除外する必要がある．それには 412，555，670 nm 帯のエアロゾル反射率を調べ，それらがある一定の関係を満たしている場合に限り雲と判断する方法をとっている[13]．

口絵 4 に SeaWiFS によるカラー合成画像（a）とともに SeaWiFS/DVI 画像（b）と TOMS/AI 画像（c）を示す．これらはともに 2001 年 4 月 9 日の観測データである．当日は中国大陸から日本海にかけて大規模な黄砂エアマスが移動しつつあり，SeaWiFS/DVI 画像でも TOMS/AI 画像でもそれがよく捉えられているが，TOMS の観測の解像度は 40 km 程度であるのに対し SeaWiFS/DVI 画像では細かな空間分布がよく分かる．ただし SeaWiFS の一軌道あたりの観測幅（刈幅）は 1500 km ほどであるので，欠測となる領域が生じている．

図 5.1 には 2001 年の 4 月一か月間についてタクラマカン砂漠，北京，利尻島における SeaWiFS/DVI および TOMS/AI と CFORS による予測光学的厚さの時系列を示した．SeaWiFS ではところどころで欠測があるものの，三者はよく対応している．ただし黄砂の発生源からの距離によって，CFORS の予測光学厚さと TOMS/AI または SeaWiFS/DVI との比例関係は一定ではない．

TOMS/AI や SeaWiFS/DVI の値はエアロゾルの鉛直分布や雲の存在などの影響を受けるので，定量性には若干欠ける面があるが，黄砂に代表される吸収性エアロゾルの可視化には大いに役立つ．

2）4 観測波長帯を用いたエアロゾル分類手法

日暮・中島[14] は SeaWiFS の 670 および 865 nm 帯に加えて可視域の 412 および 443 nm 帯のデータを用いて各画素を四つのエアロゾルタイプに分類する手法を提案した．この方法ではまず 670 および 865 nm 帯の反射率を評価することによって大粒子と小粒子のどちらが卓越するかを決め，次いで 412 および 443 nm 帯の観測波長帯からそのエアロゾルが吸収的であるかどうかを判定する．すなわち，画素ごとに「大粒径か小粒径か」で 2 通り，「吸収性か非吸収性か」で 2 通りの計四つのエアロゾルタイプのうち最も近いものを「その画素のエアロゾルタイプ」として出力する．この方式はいわば「四者択一」形式で，1 日のデータでは各地点におけるそれぞれのエアロゾルタイプの割合などは分からないが，長期間の平均をとることによってその頻度分布から各地点におけるエアロゾルタイプの分布の模様を知ることができる．またこの手法で用いているエアロゾルモデルの光学特性を頻度で重み付けをして，期間平均の光学特性を推定することもできる．中島ら[15] は 2001 年 4 月の一か月間の済州島およ

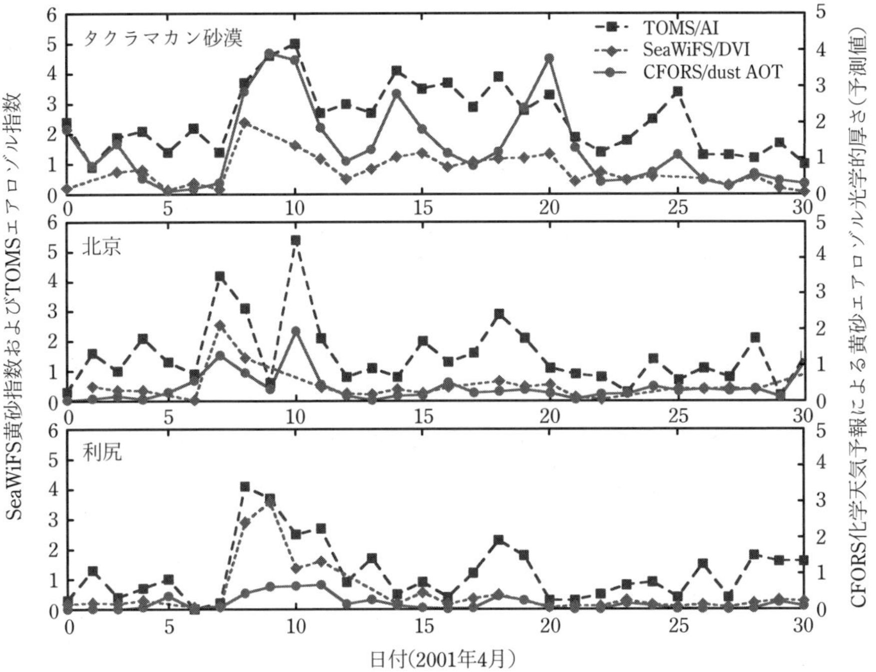

図 5.1　SeaWiFS による経験的黄砂指数（DVI）と TOMS エアロゾル指数（AI），CFORS 化学天気予報による土壌粒子エアロゾルの光学的厚さ予測値（dust AOT）の時系列比較（2001 年 4 月）．上から順にタクラマカン砂漠，北京近郊，利尻島の近傍のデータの時系列である．

び奄美大島における地上観測，SeaWiFS 観測，CFORS および SPRINTARS によるエアロゾル光学特性（光学的厚さ，単一散乱アルベド，散乱位相関数の非対称性）の比較を試み，よい結果を得ている．

3）3 観測波長帯を用いた砂漠域におけるダスト・スモークエアロゾルの観測

砂漠域など高反射率の地域におけるエアロゾルの衛星観測では，エアロゾル量が増えても反射率が増加するとは限らず，逆に反射率が下がる場合もあり，地表面反射率が正確に知られていたとしても衛星観測が最も難しい領域である．MODIS の陸域エアロゾル観測でも砂漠域は定量的な観測対象から除外している．しかしながら多波長で観測すれば観測の可能性は広がる．また短波長域での地表面反射率は砂漠域でも決して高くはない．Hsu ら[16]は，SeaWiFS の 412，490，670 nm 帯の 3 波長帯を用いた砂漠域におけるダストエアロゾルの観測手法を提案している．この方法では濃いダストのケース（$\tau<0.7$）と薄いダストのケースを分けて考え，前者の場合は上記 3 波長のルックアップテーブルを用いてエアロゾルの光学的厚さと単一散乱アルベドを算出する．薄いエアロゾルの場合は 412 と 490 nm 帯の 2 波長帯のデータを用い，ルックアップテーブルを参照することによって光学的厚さを推定する．なお，ダストのエアロゾルモデルとしては，発生源による光学的性質の違いを考慮して「赤っぽい」ダストと「白っぽいダスト」の 2 種を用いており，光学的厚さとともに両者の混合比も得られる．さらにアフリカのサヘル砂漠等ではバイオマス燃焼によるスモークエアロゾルが流れ込むことを考慮して，412 と 490 nm 帯の反射率からダストとスモークの混合エアロゾルの光学的厚さとそれらの混合比を推定する手法も示している．

このアルゴリズムでは地表面反射率が既知であることを前提としている．このために，一か月間の衛星データセットから各地点での 412 nm 帯反射率の最小を記録した日を選び，他のバンドの反射率も含めたその時の反射率を「地表面反射率」としている．

Hsu ら[16]は，この方法で得られた光学的厚さを，ナイジェリアとサウジアラビアにおける AERONET 観測値と比較しているが，推定誤差は 30%以内であったと報告している．

5.2.4 GLI の近紫外域観測を利用したエアロゾル観測

1）シベリア森林火災起源エアロゾルの観測

GLI は ADEOS-II（みどり II）衛星に搭載されたセンサであり，近紫外域から熱赤外域に到る 36 バンドの観測波長帯を持つ．残念ながら 2003 年 3 月から同 10 月までしか稼働しなかったが，解像度 1 km で近紫外域の 380 nm および 400 nm 帯の観測を行う点は他の衛星にない大きな特長である．定量的なエアロゾル・リモートセンシングには地表面の反射率が十分に低いことが望ましく，従来は砂漠や都市部など高反射率の領域でのエアロゾル観測は難しかった．短波長可視・近紫外域（380, 400 nm）では砂漠域を含めても陸域の反射率は高くはない．

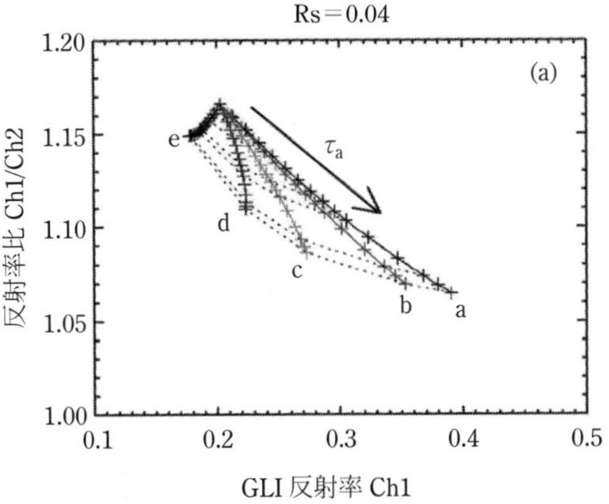

図 5.2　GLI の Ch. 1 および Ch. 2 の反射率の関係．放射伝達計算による．a-e はエアロゾルモデルを表し，a-e となるに従い吸収性が増す．

Höller ら[17] はこれらの観測波長帯を利用した手法を考えた．以下にその概要と衛星データへの適用例を示す．

まず Höller らは 5 種類のエアロゾル・モデルを用いて，光学的厚さ τ_A を 0 から 2.2 の範囲で変化させて放射伝達シミュレーションを行い，380 nm 帯（GLI Ch.1）および 400 nm 帯（同 Ch.2）における大気上端での反射率 R を求めた．図 5.2 にその結果得られた R(Ch.1)/R(Ch.2) の比と R(Ch.1) の関係の一例を示す．

図で a は 100％水溶性成分（water soluble）モデル（単一散乱アルベド ω=0.97），以下 b，c，d と吸収の度合いが多くなり，e は 70％田園（rural），30％スス（soot）モデル（ω=0.55）である．この図から，Ch. 1 と Ch. 2 の反射率を観測することにより，エアロゾルの光学的厚さとともに単一散乱アルベドの情報を得ることが可能であることが分かる．なお，この図は地表面反射率 ρ_S が 0.04 の場合である．実際の衛星データ処理においては種々の条件下での放射伝達シミュレーション結果に基づいて作ったルックアップテーブル（LUT）を用いる．また，衛星データ処理時には地表面反射率も知る必要があるが，ここでは GOME による地表面反射率データ（解像度は 100 km 程度）を用いている．

口絵 5 に 2003 年 6 月 5 日の GLI によるカラー合成画像およびこの方法により得られた光学的厚さの画像を示す．2003 年 4 月から 6 月にかけてシベリアでは多くの森林火災が発生し，それを起源とするスモークエアロゾルが広く中国・朝鮮半島・日本を覆った．

(a) のカラー合成画像から，ロシア極東沿岸からサハリンにかけて，および日本海から東北地方にかけて森林火災起源のエアロゾルが分布しているのが分かる．(b) は本手法をこのデータに適用した結果で，エアロゾル光学的厚さが2.5程度もしくはそれ以上であることが示されている．

2) 砂漠域におけるカラムあたりダスト量の推定

久慈ら[18] はやはりGLIの380および400 nm帯を用いて砂漠域（ゴビ砂漠〜中国テンゲル砂漠）でのダスト量の推定を試みている．Höllerらの LUT と同様の LUT を用いているが，放射伝達計算に当たって地表面反射率はテンゲル砂漠における実測値を用い，またダストエアロゾルモデルの諸パラメータのうち，粒径分布の標準偏差を ADEC (Aeolian Dust Experiment on Climate impact) プロジェクトで実施されたスカイラジオメータの現地観測の結果からとり，またエアロゾルの鉛直分布を衛星観測（2003年3月22日）と同期して実施された現地（Shapotou 坡頭）でのライダー観測によっている．これにより衛星データを最もよく説明する光学的厚さとモード粒径を推定し，ここからカラムあたりのダスト量を推定している．

5.2.5 衛星データにみられる日本近海および東アジア域エアロゾル分布の変動

SeaWiFSは1997年9月の観測開始以来，2005年8月現在の時点でも順調に観測を継続している．観測波長帯は可視〜近赤外の8チャンネルに限られるが，何れも観測輝度の最大値（飽和輝度）が十分に高く設定されており，雲や砂漠などの高反射率対象物でも観測できること，また本来のミッションが反射率の低い海色観測であり，感度校正が極めて厳密に行われているなどの特徴があり，今後とも時系列データの解析に期待が持たれる．以下ではSeaWiFSの月間平均画像による知見の例を示す．

1) 日本近海におけるシベリア森林火災起源エアロゾルの影響

口絵6および口絵7にSeaWiFSの近赤外の2チャンネル（765および865 nm帯）の観測によって得られた各年5月の平均エアロゾル光学厚さおよびオングストローム指数の平均画像を示す．2001，2004年に比べ，シベリア森林火災の影響を受けた2003年の平均光学的厚さは著しく高く，また他の年に比べ北偏している．これに対応するオングストローム指数の月間平均画像（口絵7の図(b)）をみると，光学的厚さの大きいところでもオングストローム指数が高く，小粒径粒子が支配的であったことが分かる．一方，2001年（図(a)）は黄砂が頻繁に観測された年であり，光学的厚さの大きいところではオングストローム指数は高くはなく，大粒径粒子が光学的厚さに寄与していたことが窺える．2004年5月（図(c)）は光学的厚さの分布は2001年に類似しているが，日本近海域のオングストローム指数は高く，中国大陸起源もしくは経由の硫酸塩エアロゾルもしくはススエアロゾルが多かったことが示唆される．

2) 1998～2004年の4月における経験的黄砂指数の年次変化

5.2.4節に示した経験的黄砂指数を求める処理を1998～2004年の各年4月のSeaWiFSデータに適用した．得られた経験的黄砂指数（DVI）の月間平均画像と，同時期のTOMSエアロゾル指数（AI）月間平均画像を口絵8に示す．SeaWiFS画像から主要な黄砂発生源であるタクラマカン砂漠やゴビ砂漠・黄土高原における黄砂指数に年変動が著しいことが分かる．TOMS/AIでは東南アジア域のバイオマス燃焼の影響やインドの人為起源のエアロゾルの影響を見ることができる．ただしここで用いたEarth Probe/TOMSデータには感度校正の問題があり，2001年春期以降のAIの絶対値は信頼できない．なお，TOMS/AI（Version 8）の原データはTOMSホームページhttp://jwocky.gsfc.nasa.gov/aerosols/aerosols.htmlより得たものである．

5.2.6 今後の進展に向けて

衛星観測によって，広域に広がるエアロゾルを高頻度で観測できるようになった．しかしながら衛星観測には幾つかの不確定の要因がある．

手法の開発あるいは運用にはエアロゾルの光学モデルが用いられる．しかし現実のエアロゾルの光学・化学特性の変動は大きく，また黄砂粒子のように非球形性が顕著なエアロゾルのモデル化は難しい．今後も地表面観測や航空機観測による知見の蓄積が欠かせないが，一方ではAERONET等による地上の光学観測に合うように「経験的に」モデルを定める考え方もある．たとえばHsuら[16]はダストエアロゾルの散乱位相関数をAERONETの観測結果に準拠して決め，よい結果を得ている．

ススや黄砂など吸収性エアロゾルの鉛直分布は衛星反射率に少なからぬ影響を与えるが，可視域の観測データのみからその鉛直分布を推定することは困難である．現在のところはこれら吸収性エアロゾルの観測に当たって地上からのライダー観測結果等をもとにそれぞれに典型的な鉛直分布を仮定するのが一般的である．しかしながら今後は衛星搭載のライダー観測が計画されており，それらのデータによる知見の蓄積が期待される．

残された不確定の要因は地表面反射率の評価精度である．特に陸域の反射率は一般に高く，空間的にも時間的にも変化するので，大きな誤差要因である．国内外で地表面反射率データベースの整備の動きがあるので，これに期待したい．海域では地表面反射率の影響は相対的に低いが，水質により短波長可視域での反射率は5%程度変化するので，注意が必要である．一つの行き方としては，水中光学モデルを用いてエアロゾルの光学パラメータを水中の光学パラメータと同時に推定する手法が考えられる．既に海色リモートセンシングの分野ではそのような試みが始められている（たとえばChomko and Gordon[19]）．

5.3 偏光情報を用いたエアロゾル・雲分布解析

5.3.1 偏光センサ ADEOS/POLDER

電磁波の進行方向に対し垂直な2成分の偏りを偏光と言う．地球大気に入射する太陽光は，無偏光と見なせる．したがって，衛星観測データが偏光していたとしたら，その偏光成分は地球によって生じたものと言える．すなわち，衛星センサで得られる偏光情報は大気粒子や雲特性を強く反映することになる．これが，偏光データを用いたエアロゾル・雲リモートセンシングの原理である．

宇宙から初めて地球大気の偏光観測を実現したのは，1996年，日本の宇宙開発事業団（NASDA/現JAXA）から打ち上げられたADEOS（みどり）衛星に搭載されたPOLDERセンサ（フランス航空宇宙局（CNES）開発）である．

POLDERは，2次元CCDを用いた画像撮影方式を採用し，連続的に2次元フレーム画像を取得することができる．画像は，順次重なり合って撮影されるので，一点を多方向から観測することになる．こうして，得られるデータは豊富な角度情報を有する．偏光データの取得と多方向観測はPOLDERセンサの持つ大きな特徴である．一方，POLDERの瞬時視野は衛星直下で約7×6 km，画像の端では約12×9 kmで，空間分解能はよくない． 観測バンドの中心波長は，0.443，0.490，0.565，0.670，0.763，0.765，0.865，0.910 μmで，偏光観測は，0.443，0.670，0.865 μmに限られる．POLDERの偏光観測は，三つの偏光角（0, 60, 120°）で実施され，ストークスパラメータ4成分のうちの3成分（I，Q，U）が算出され，標準プロダクトのレベル1データとして提供される[20]．Iは放射強度で，通常の輝度センサが観測する量と同等である．QおよびUが偏光情報を有している．POLDERセンサは2002年12月打ち上げのADEOS-2号機にも搭載された．

5.3.2　エアロゾル分布の導出

1）放射計算シミュレーション

衛星観測データとシミュレーション値の比較照合から大気エアロゾル特性が推定される．シミュレーションでは，地球大気—地（海）表面モデルを作成し，次の放射伝達方程式を解く[21]．

$$\mu\frac{dI(\tau,\Omega)}{d_\tau}=I(\tau,\Omega)-\frac{1}{4\pi}\int_{-1}^{+1}\int_{0}^{2\pi}\tilde{P}(\tau;\Omega,\Omega')d\Omega', \tag{5.7}$$

$$I^-(0,\Omega)=\pi F_0\delta(\mu-\mu_0)\delta(\phi-\phi_0), \tag{5.8}$$

$$I^+(\tau_1,\Omega)=\frac{1}{\mu}\int_{0}^{1}\int_{0}^{2\pi}\tilde{K}(\Omega,\Omega')I^-(\tau_1,\Omega')\mu'd\Omega', \tag{5.9}$$

偏光場はストークスパラメタ（I，Q，U）で記述する．放射輝度ベクトルをIで表し，上添字の（+）と（−）を用いて上向き輝度と下向き輝度を区別する．立体角Ωは天頂角の余弦μと方位角ϕで表される．変数τは光学的厚さで，τ

$=0$ は大気上面を，$\tau=\tau_1$ は大気底面（すなわち地表面）を表す．大気上面に太陽照度 F_0 が入射し，大気底面は反射マトリクス $\tilde{K}$ を持つ地表面である．海面には Cox and Munk モデルを採用する[22]．陸面には2方向偏光反射モデルを適用する．大気中での一回散乱光マトリクス $\tilde{P}$ は次式のように，エアロゾル成分（P_{Mie}）と分子成分（P_{Ray}）から成る．

$$\tilde{P}=(1-f_g)\cdot\tilde{P}_{Mie}+f_g\cdot\tilde{P}_{Ray}, \tag{5.10}$$

f_g は全光学的厚さに対するエアロゾルの光学的厚さの比である．分子による散乱はレーリー散乱で記述し，光学的厚さは LOWTRAN-7 の標準モデルから算出する．

大気粒子（分子およびエアロゾル）モデルを含む地球大気モデルを作成し，大気—地表面システムにおける多重散乱・多重反射シミュレーションを実施する．算出された衛星観測シミュレーション値（すなわち地球大気上面上向き放射のストークスパラメタ）をデータベースに蓄え，衛星データと比較照合の上，最もよく一致するエアロゾルモデルを選定する[23]．エアロゾルモデルは，大きさ・光学特性・量・形状で表される．大きさは粒径分布で与えられ，通常，対数正規分布関数が用いられるが，より現実に即した形が望ましい．エアロゾルの（化学組成と粒径分布に大きく依存する）光学特性は複素屈折率（$m=n\text{-}ik$）で与えられる．光学的厚さ（τ_a）は近似的にエアロゾル量を表す目安となる．光学的厚さの対数波長変化指数であるオングストローム指数（α）は散乱粒子の大きさを表し，値が大きいほど小粒子を表す．エアロゾルの形状を均質球粒子とすると，エアロゾルの一回散乱光マトリクスはミー散乱から求まる．

2）海洋エアロゾル

海洋上空エアロゾル特性の導出には 2 波長アルゴリズムと呼ばれる，近赤外 2 波長 0.670，0.865 μm における観測値を用いる[24]．近赤外波長では，水分子による強い吸収のため，海からの放射輝度は小さい．さらに，この波長域では空気分子による散乱光の寄与も小さく，大気エアロゾルによる散乱光が衛星観測値の主成分となる．これら 2 波長での衛星観測値と最もよく合う，大気—海面モデルでの光散乱シミュレーション値を与えるエアロゾルモデルを選定するのが2波長アルゴリズムである．

2波長アルゴリズムを輝度値に適用した場合，ある一つの複素屈折率に対し，最適な光学的厚さとオングストローム指数が導出されることになる．すなわち，エアロゾルの最適な複素屈折率を導出するには，2波長輝度値だけでは不充分ということになる．そこで，偏光度データをエアロゾル粒子の屈折率導出に用いる．こうして，近赤外2波長0.670，0.865 μmでの輝度，偏光両データを用いてエアロゾルの光学的厚さ，オングストローム指数，屈折率が導出できる．

3）陸域エアロゾル

陸域では地表面の時空間変化が大きいため，エアロゾル特性導出は海域に比べ難しい．図5.3a，5.3a' は陸面をランベルト反射面と仮定した地球大気—陸面モデルで多重散乱光計算を実施し，得られる輝度値を散乱角の関数として表したものである．陸面反射率（A=0.1〜0.6）がシミュレーション値を大きく変化させ，エアロゾルモデル選定に強く影響することが分かる．一方，図5.3b，5.3b' は同一条件での偏光輝度値を表す．偏光輝度シミュレーション値は，陸面反射率が変化しても，全て同じ値を示す．すなわち，衛星で得られる偏光輝度値は陸面の影響を受けず，大気情報のみを有している．これより，偏光輝度値が陸域エアロゾル特性導出に有用であることが分かる[25]．

4）エアロゾル分布

口絵9はADEOS-1&-2/POLDER偏光情報から導出した4月，5月，6月のエアロゾルの光学的厚さ（波長0.55 μm）の月平均全球分布図である[26]．寒色から暖色に向かうにつれ値が高くなる．左側の図が1997年を，右が2003年の結果を表す．図より，外洋上空ではエアロゾル量も少なく大気はクリアであるが，陸域ではエアロゾルの光学的厚さは大きいことが分かる．また，沿岸域では陸域からの高濃度エアロゾルの吹き出しが見られる．アフリカ中西部，東アジアにエアロゾルの高濃度域が存在する．これらは1997年，2003年に共通して見られる特徴パターンである．しかし，どの月においても，明らかに2003年の方が高い値を示しているのが分かる．エアロゾル量が年々増えていると言ってよいのだろうか？　少なくとも，1997年と2003年を比べると，2003年の方がエ

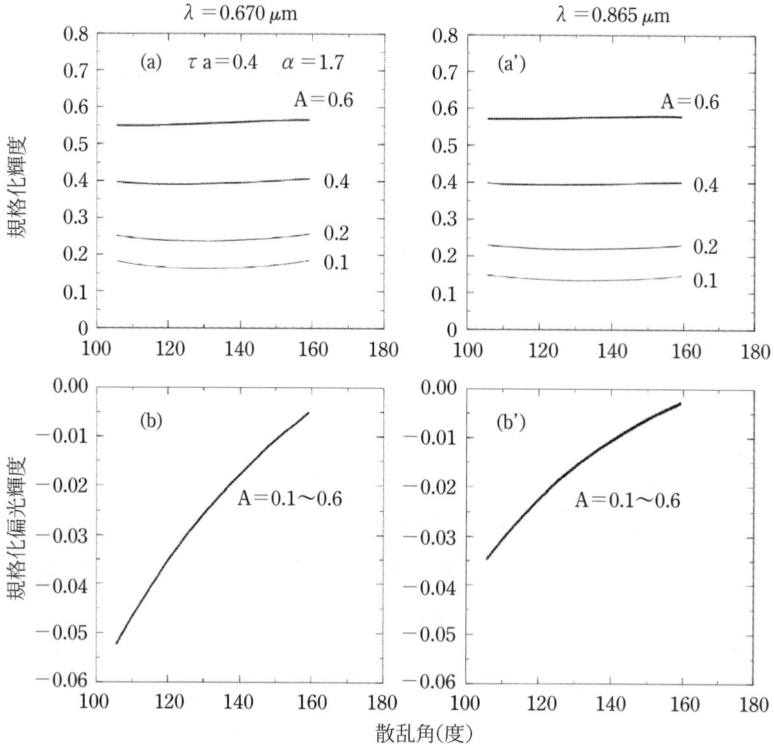

図 5.3　偏光輝度シミュレーション値の散乱角変化.
（a，a'）規格化輝度，（b，b'）規格化偏光輝度.（A は陸面反射率，左：0.670，右：0.865 μm）

アロゾル量は多いと言える.

5.3.3　雲分布の導出

1）水／氷雲の識別

ここでは，POLDER センサが有する豊富な角度情報と偏光データから雲頂面の熱力学的状態，すなわち水／氷雲を識別する手法を紹介する[27]. 図 5.4 は，1996 年 11 月 10 日ヨーロッパ上空雲の 2 点（w），（i）において，POLDER で観測された波長 0.865 μm の偏光輝度値の散乱角変化を表す. 点（w）で観測された偏光輝度値は散乱角 140° でピークを持つ. 点（i）では急激な変化は見ら

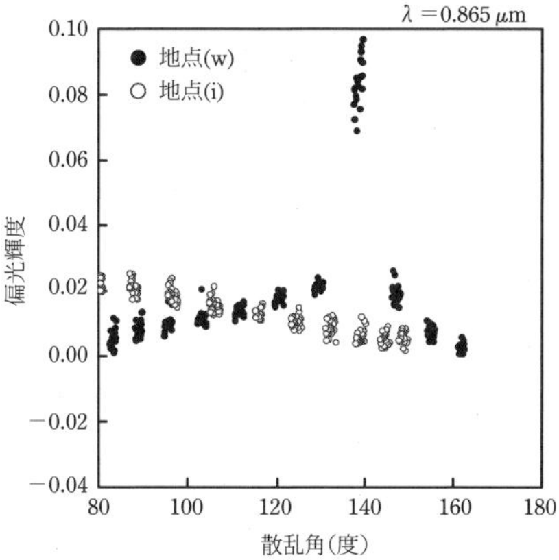

図 5.4　POLDER 偏光輝度値.

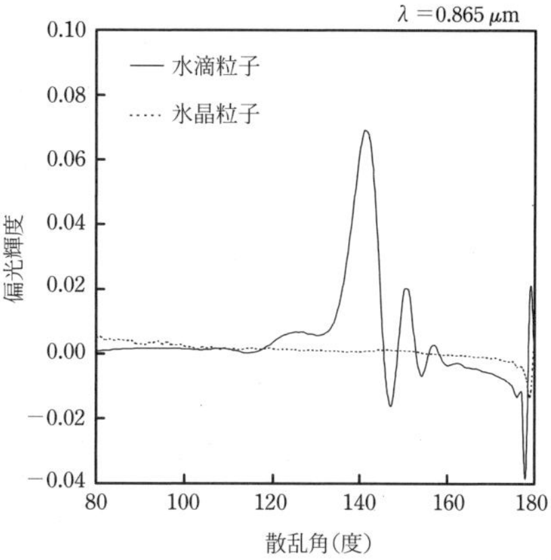

図 5.5　シミュレーション偏光輝度値.

れず，散乱角とともに緩やかに減少する.

偏光輝度値の角度変化をシミュレーションで検証する．エアロゾルと同様に，雲粒子モデルは，大きさ・化学組成・量・形状で表される．組成を表す複素屈折率は，水に対し $1.3284\text{-}i0.3518\times10^{-6}$，氷は $1.3037\text{-}i0.23877\times10^{-6}$ の値を取る[28]．形状に関しては，水雲を構成する水滴は球形とし，ミー散乱から算出する．しかし，ミー散乱は球形を仮定しており，氷雲を構成する氷晶には適用できない．氷晶は，光の波長に対し，充分大きい粒子であることから，幾何光学手法を適用することが多い．最初に氷晶の散乱位相関数を求めたのは，Cai と Liou[29] である．彼らは六角柱（板）氷晶の散乱をレイトレース（光線追跡）法を用いて求めた．ここでは，氷晶の基本形である六角柱（板）を採用する[30]．

図 5.5 は，偏光輝度値のシミュレーション値である．太陽天頂角は 65°，衛星天頂角は 45°とした．観測値とシミュレーション値を比較すると，散乱角 140°で急激な値の増加を示す（w）点のデータ特性は水滴粒子に見られる特徴である．一方，(i) 地点で観測された偏光輝度値は，散乱角 100°まで水滴粒子より値が高く，散乱角とともに減少する氷晶粒子の特性を示している．これより，散乱角 100°，140°での偏光反輝度値の比が水／氷雲識別指標として役立つことが分かる[31]．比が 1 以下の値を示す場合を氷雲，1 より大きい場合を水雲として分類した結果を口絵 10 に示す．口絵 10 は 1996 年 12 月と 1997 年 3 月

の各画素（地点）における，1か月間の水雲，氷雲の出現頻度を表している．

2）水雲粒子のサイズ分布

水／氷雲の識別だけでなく，光散乱シミュレーションから水雲粒子（水滴粒子）の大きさを導出することができる．水滴粒子の大きさを次のサイズ分布関数で与える．

$$n(r)=\left(\frac{r}{r_{\mathrm{eff}}}\right)^{-3}\exp\left[\frac{1}{\sigma_{\mathrm{eff}}}\left(\ln\left(\frac{r}{r_{\mathrm{eff}}}\right)-\frac{r}{r_{\mathrm{eff}}}+1\right)\right], \tag{5.11}$$

ここで，r_{eff}，σ_{eff} は有効半径，標準偏差を表す．標準偏差を0.05に固定し，水雲粒子の有効半径 r_{eff} を導出した結果を口絵11に示す．

5.4 東アジア域の雲・エアロゾル相互作用と日射量

5.4.1 人為起源エアロゾルと日射量

地表面における下向き短波放射フラックス（日射量）は，地球の気候変動を考える上で最も重要な要素の一つである．全球平均では，大気上端に入射する短波放射（太陽放射）の約半分が地表面に吸収され，潜熱，顕熱，ひいては大気や海洋の運動エネルギー源となっているが，その変動は，雲量，雲の光学的厚さ，水蒸気量，エアロゾルの光学的厚さなど，様々な気象要素と関係している．

これらの中で，エアロゾルによる日射量への影響は，その発生源が人間活動と深く結びついていることもあり，IPCC（気候変動に関する政府間パネル）レポート[32] 等によっても，その重要性が注目されている．エアロゾルは，短波放射を直接散乱・吸収する（直接効果）と同時に，雲核として働くことにより，雲の光学的厚さや雲量を変化させ，その結果日射量を変化させる（間接効果）可能性がある．

一方，雲そのものの変動は，人為起源のエアロゾル以外にも力学過程や水蒸気，気温分布など変動に関係する複数の要素が複雑に絡み合っているために，単純な因果関係に変動要因を帰着させることができない．したがって，人為起源エアロゾルの間接効果による気候への影響を評価する際には注意が必要である．

中国を中心とした東アジアにおいては，近年の急激な経済発展に伴って大気中のエアロゾル濃度の増加が指摘されている[33]．そこで，ここでは，過去20～30年間の中国を対象に，日射量の変動とその要因について論じることにする．具体的には，日射計による日射量の直接観測データと衛星雲観測から推定される日射量データを用いて，データの質を評価するとともに日射量の長期変動の解析を行った結果を示す．さらに，エアロゾルや雲の長期変動に関して考察を加え，人間活動がこの地域の日射量に及ぼす影響の評価を試みる．

5.4.2 日射量データ

1) 日射計観測データ

解析に用いた日射計による観測データは，中国気象局で観測された日積算値データであるが，ここでは月平均値を求めて，これを解析に用いた．日射計の観測点は全部で122点あるが，その中から長期間のデータが利用可能な65点を対象とした．これらのデータは1950年代末から1960年代初めに観測が開始され，2000年あるいはその後も継続的に取得されている．

過去に遡ってデータを利用する場合は，その精度が問題となる．日射計による測定の誤差要因としては様々なものがあるが，一番重要なものは測器の検定である．1990年代初めまでは，5年に一度，中国で準器としている黒体空洞放射計を日本の気象庁の準器と比較検定し，これを日射計と比較することにより検定値を維持していた．現在では，中国の準器はスイスのダボスにあるWMO（世界気象機関）の国際放射センターに持ち込まれて検定が行われている．検定値以外にも，測器そのものの温度特性や入射光に対する受光部の入射角特性（cosine特性）など，測器そのものに起因する誤差要因は依然として残る．

一方，観測現場で日射計が水平に設置されていない場合や，ガラスドームの清掃が不十分である場合には，これらも大きな誤差要因となる．運用上の誤差については，記録に残るものはほとんどないので，特に過去数十年を遡る古いデータに関しては，その質を別途評価する必要がある．一般には，物理的に非現実的な値や，気候値から大きくはずれるような値を取り除くというような方法が取られているが，十分とは言えない．

筆者らは，日射計観測データから独立した手法で得られた日射量データと比較することが有効であると考え，期間は限られているが，衛星雲観測データを基に推定された日射量と比較することにより，日射計観測データの質の評価を行った．

2）衛星雲観測データに基づく計算値

衛星雲観測に基づく日射量の推定値（衛星観測推定値）として用いたのは，ISCCP/FDデータとGEWEX/SRBデータである．これらのデータセットでは，ISCCP（International Satellite Cloud Climatology Project）[34]の雲データを基に水蒸気量などの気象データを加えて地表での日射量を計算している[35, 36]．ISCCPデータは，全球をカバーしている静止気象衛星およびNOAA極軌道衛星の可視・赤外データから雲パラメータを推定し，アーカイブしたものである．空間分解能はFDデータが2.5°×2.5°，SRBデータが1°×1°で，時間分解能はともに3時間ごとである．ただし，ここでは月平均値を用いる．空間分解能の他に，両者の大きな違いは放射計算方法にある．FDデータはISCCPの雲の光学的厚さから，GISS（Goddard Institute for Space Studies）のGCMに用いられている放射計算コードを用いて放射フラックスを計算しているのに対して，SRBデータは直接計算するのではなく，パラメタリゼーション手法を用いている[37]．

なお，地上の日射計データと比較を行う際には，日射計観測点が含まれるグリッドデータについて直接比較・解析を行った．したがって空間分解能の違いは考慮していない．また，FDデータは1983年から2001年6月までのものが利用できるが，SRBデータは1983年7月から1995年6月までに限られている．

5.4.3 日射量データの比較解析

3種類のデータセットを比較するために，1984年から1994年の11年間について日射計データを基準にSRBおよびFDデータセットの時系列の比較解析を行った[38]．

日射計データとFDデータおよびSRBデータの差，すなわちバイアスについて見ると，概ねFDデータとSRBデータ両方ともに日射計データよりも過大評価となることが分かった．たとえばFDデータと日射計データの差は65か所全体の平均で 16.7±14.6 W m^{-2} であり，相対値では 12.0±11.7%である．また，SRB データと日射計データの差もそれぞれ 8.4±17.2 W m^{-2} と 7.0±11.8%という結果が得られた．特に大都市域で両方のデータがそろって過大評価になる場合が多く見られた．一方，砂漠地域において，SRB データは日射計データよりも過小評価となることが示された．

また，次の式を用いて簡単な線形回帰分析も行った．

$$S_{FD}=a_0+aS_{PYR} \tag{5.12}$$

$$S_{SRB}=a_0+aS_{PYR} \tag{5.13}$$

ここで，S_{FD}，S_{SRB} および S_{PYR} はそれぞれ FD データ，SRB データ，そして日射計データの月平均値を表す．線形回帰分析からは，概ねどの地点においても衛星観測推定値と日射計データの間にはよい相関があり，65 地点全てのデータについての決定係数は FD データについては 0.842±0.180，SRB データについては 0.857±0.159 であった．したがって，衛星観測推定値と日射計データの間には，変化の形は類似しているが正のバイアスがある場合が多いということになる．

FD データおよび SRB データともに BSRN (Baseline Surface Radiation Network) を中心とした地上日射計観測データとは比較検証も行っており，それらを見る限りはここで見られたような系統的バイアスはほとんどない．今回の中国における日射量の差は何に起因しているのであろうか．

その原因の一つとしては，衛星観測推定値の計算で用いるエアロゾルの仮定が不適切であることが挙げられる．たとえば，雲底下のエアロゾルは衛星観測からは把握できないので，その結果，ISCCP データから日射量を計算する際に適切なエアロゾルを仮定することが難しい．FD データは気候値に基づいたエアロゾルモデルを用いており，また，SRB データでは晴天粋における反射輝度の観測値からエアロゾル量を仮定しているが，それらの値が適切ではなく，その結果，このようなバイアスが生じたものと推測できる．

このようなエアロゾルの影響を定量的に評価するために，地表から高度 1 km までの層をエアロゾル層，1 ～ 2 km を雲層，その上は空気分子のみから形成される簡単な大気モデルを用いて放射計算を行った．図 5.6 に北京における夏と冬の日平均日射量の計算例を示す．季節ごとに示された 4 本の線はエアロゾルの量や光の吸収特性の違いに対応している．この図に見られるように，雲底下の吸収性エアロゾルの影響は顕著であり，エアロゾル濃度と吸収特性が変化することにより，夏季の日平均日射量の値で 30 W m^{-2} 程度の違いが起こりうることが分かる．この値は大都市域における FD や SRB データのバイアスの値とほぼ同程度である．大都市域においては人間活動による影響で高濃度かつ光吸収特性の強いエアロゾルは日常的に存在していると思われる．実際，SRB データで用いているエアロゾルの中国地域における濃度分布を見ると，視程等の観測から推定される消散係数とは一致しないものになっている[39]．SRB データの砂漠地域における過小評価も，仮定するエアロゾルの光学的厚さが大きすぎることが原因であると思われる．FD データの場合には，砂漠地域におけるそのような過小評価の傾向は見られなかった．

FD データおよび SRB データと日射計データとの差は，雲の上のエアロゾルによっても説明することができる[40]．すなわち，低層雲の上に吸収性の強いエアロゾルが存在すれば，衛星で観測される雲の光学的厚さは過小評価されることになる．そうすると雲の透過率が実際よりも大きいことになり日射量は過大評価されることになる．ISCCP の雲データセットの問題であるといえる．最近では，対流圏中・上層にも大気汚染起源のエアロゾルや土壌起源エアロゾルが存在することも明らかになっており，このようなメカニズムも FD や SRB データの過大評価の一因となる可能性がある．

以上は雲層の上下に存在するエアロゾルが雲の衛星観測すなわち ISCCP データセットに及ぼす影響であるが，それでは日射計による観測自体に系統的な過小評価がある可能性はないだろうか．まず，日射計の検定値の問題が考えられるが，FD および SRB データとの差が各地点で一様ではないこと，また，大都市域でその差が大きくなっていることなどから，検定値が原因と言うことは考えにくい．また，日射計の運用についても，たとえば日射計の水平の取り方を各地点で同じように間違えることは考えにくいし，ガラスドームの清掃も長期にわたって，しかも大都市や砂漠など特定の地域で同じようなミスをするとは考えにくい．

日射計の月平均値を評価する方法として，GEBA (Global Energy Balance Archive)[41] で提唱されている方法もあるが，その基準を適用すると 65 地点中 39

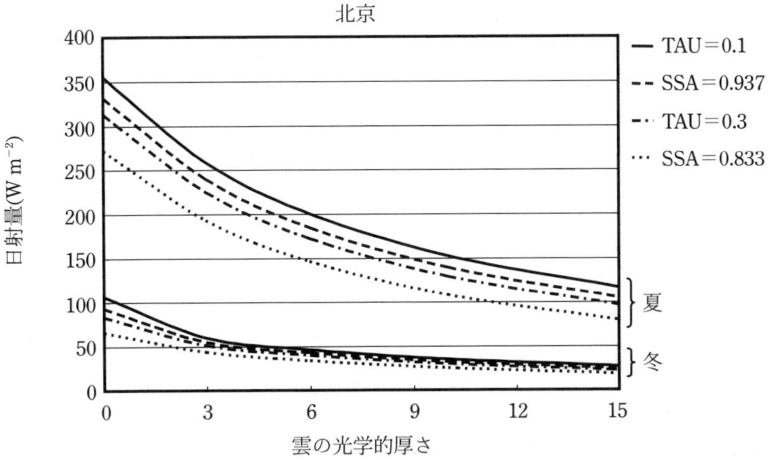

図5.6 雲底下のエアロゾルが日射量に及ぼす影響の計算結果．0～1 km がエアロゾル層，1～2 km が雲層と仮定．エアロゾルの光学的厚さ（TAU）を 0.1，0.3，0.5，1.0，一次散乱アルベド（SSA）を 0.937，0.833 とした場合について，北京の冬と夏の 24 時間平均値の日射量を示す．縦軸は日射量，横軸は雲の光学的厚さである．

地点については基準を満たすデータであると判断された．しかしながら，この基準から漏れたデータについても FD や SRB データと比較するとよく合うものもあり，GEBA の基準が必ずしも完璧ではないと思われる．以上のような点を考慮し，65 地点中 50 地点については日射計のデータは概ね信頼できると判断した．そこで，次にこれらの日射計データをもとに中国における日射量の変動とその要因について考えてみたい．

5.4.4 日射量の変動とその要因

衛星観測推定値との比較や GEBA の方法による評価から信頼できると判断された日射計データを用いて，中国における日射量の長期変動を調べた．その結果を図 5.7 に示す．10 年当たりの日射量の変化量を円の大きさで表し，黒色は増加，灰色は減少を表す．この図から分かるように，1971 年から 2000 年の 30 年間に，中国のほぼ全域で日射量は減少傾向にある．その大きさは，-2.56 ± 4.11 W m^{-2} 10^{-1} である．また，期間を 1991 年から 2000 年までに限ってみると，中国南東部では増加傾向にあることが示された．期間は 1983 年 7 月から 2000

日射量の長期変動傾向(1971－2000)

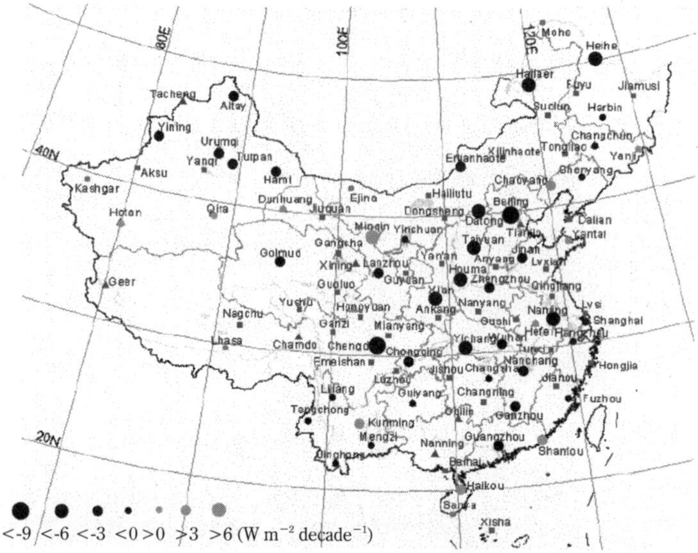

図 5.7　日射計によって観測された 1971 ～ 2000 年の間の中国の日射量の変動傾向．黒色は増加，灰色は減少で 10 年当たりの変化率で示す．

年 12 月までと限られているが FD データでも同様の傾向が見られた．全球規模の日射量の長期変動についても，長期的には減少傾向にあるが 1990 年以降は増加傾向が見られることが指摘されている[42]．しかしながら，日射量の変動要因は複雑であり，一律に同じような理由に帰着させることは難しい．ここでは，中国の場合に限ってその要因を考察することにする．

日射量を決める要因として最も大きなものは雲である．衛星観測データが利用できない古い時代に関しては，地上からの目視観測によって雲量のデータが残されている．それに基づく研究によると，期間は異なるが 1951 ～ 1994 年の間には雲量も減少していたことが報告されている[43]．1983 年以降は ISCCP データによる雲量も利用できるようになった．ISCCP データから得られた雲量の変動を図 5.8 に示す．中国全域の総雲量は 1983 ～ 2000 年の間に若干減少傾向であったことが分かる．一般的には，雲量が減少すれば日射量は増加することが期待されるが，筆者らの結果はそれと矛盾する関係となっている．

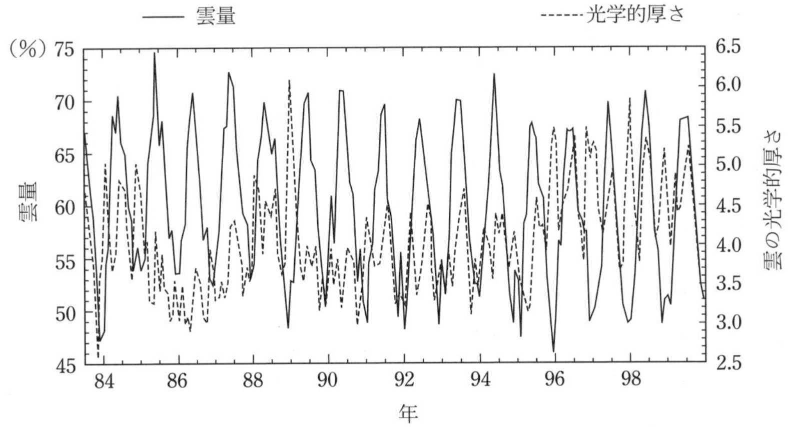

図 5.8　ISCCP データによる中国全域の雲量と雲の光学的厚さの平均値.

FD データは ISCCP の雲データに基づいて日射量を計算しているので，日射量に関連する雲特性を詳しく調べることができる．日射量に及ぼす雲の影響としては，雲量以外に光学的厚さが重要である．雲量の減少はわずかであり，その分，光学的厚さが増加していれば，日射量の減少は十分説明できることになる．図 5.8 には雲量とともに ISCCP データから得られた中国全域で平均した雲の光学的厚さの変動も示してある．これを見ると，季節変化の振幅に比べて年々変動が大きいが，雲の光学的厚さは若干増加傾向にあるように見える．

雲の変動要因としては，力学や水蒸気，雲凝結核としてのエアロゾルなど様々なものが考えられるが，その中で雲凝結核の効果，すなわちエアロゾルの間接効果に着目して，次に下層雲の特性とエアロゾルの関係を見ることにする．雲頂温度が 0 ℃ 以上の雲 (水雲) を対象に AVHRR データから光学的厚さと雲粒有効半径を求めた [44]．その結果をエミッションインベントリと大気化学輸送モデルから計算された人為起源エアロゾル濃度と比較した．図 5.9 にエアロゾル気柱量と水雲の光学的厚さおよび雲粒有効半径の地理的な関係を示す．ちなみに雲粒有効半径とはある粒径分布を持つ雲粒について粒子の幾何学的断面積で重みをかけて平均した粒子半径のことである．図 5.9 に示すように，エアロゾル濃度の増加とともに雲の光学的厚さは増加し，雲粒有効半径は減少する傾向があることが分かる．低層雲とはいえ，一概に因果関係を特定できるものでは

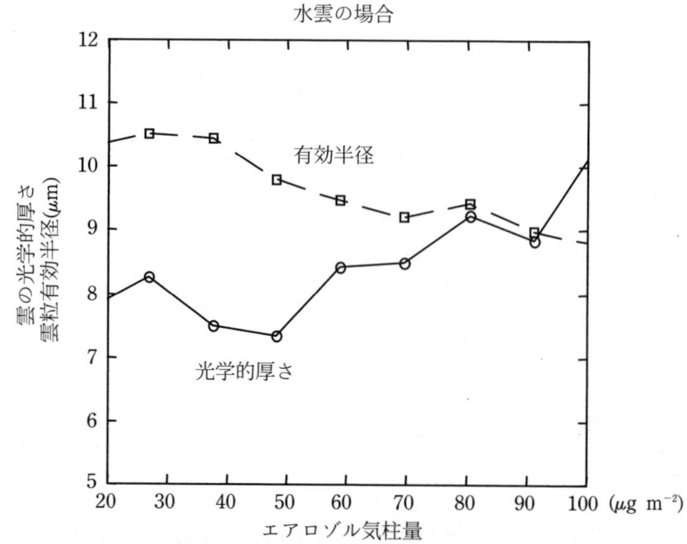

図 5.9　エミッションインベントリと大気化学輸送モデルで計算されたエアロゾル気柱量と衛星データ解析から得られた水雲の光学的厚さと雲粒有効半径の関係.

ないが，エアロゾルの間接効果を示唆するものと考えられる.

図 5.8 からも分かるように，中国全域の総雲量は約 60% である．したがって次に雲のない条件下での要因が重要となる．この場合，地表面日射量に影響を及ぼす要素としてエアロゾルの直接効果があるが，エアロゾルの光学的厚さは増加傾向にあることが報告されている[32].

最近の研究から，中国を含む東アジア域のエアロゾルは人間活動に伴うものが多く，黒色炭素粒子などが含まれているために比較的光の吸収特性が強いことが明らかになっている．また，春には黄砂で有名な土壌起源エアロゾルが増加するが，これらの粒子も物質そのものの吸収特性はそれほど強くはないが粒径が大きいことや大気汚染と混合することなどが相まって比較的強い吸収特性を示す．一般にエアロゾルの単位光学的厚さあたりの地上での短波放射フラックスの変化量は 24 時間平均で 70 W m^{-2} 程度であると見積られているが，東アジア域においては，この値がそれよりも大きくなる傾向があると報告されている[45]．したがって，たとえば 30 年間でエアロゾルの光学的厚さが 0.1 増加したとすると，少なくとも快晴下の条件で 7 W m^{-2} 程度あるいはそれ以上の影響があることになる.

以上は晴天時における議論であるが，図 5.6 で示されたように曇天時でも地表面での下向き短波放射フラックスは雲底下に存在するエアロゾルの大きな影響を受ける. これもエアロゾルの直接効果の一つと考えることができる.

雲やエアロゾルのほかにも日射量に影響を及ぼす要素として水蒸気がある. 水蒸気は主に近赤外の波長域に吸収帯があり，日射を吸収する. 近年は中国全域で地表気温の上昇が報告されており，水蒸気量も増加している可能性がある. 水蒸気による吸収は雲（水または氷の粒子と水蒸気）による吸収と波長域が重なるためにエアロゾルとは異なり，雲がある場合には雲底下の水蒸気による吸収の効果は小さくなる.

5.4.5 まとめ

本節では，中国における日射量の長期変動解析から日射量と雲，エアロゾルとの関係について論じた. まず，日射計による観測データと衛星雲観測に基づく日射量の計算値との比較から，特に雲底下に存在するエアロゾルの重要性を明らかにした. また，日射量の長期変動は 1971 年から 2000 年の 30 年間では中国全体としては減少傾向が見られた. その要因としては，エアロゾルの増加や雲の光学的厚さの増加が挙げられる. 雲量は減少傾向にあるがその効果を他の効果が上回っているものと考えられる. したがって，いわゆるエアロゾルの直接効果，間接効果が日射量の変動に関与している可能性が考えられるが，自然起源の効果と人為起源の効果を区別することは難しく，今後，より定量的な解析を進める必要がある.

参考文献

1）Stowe, L. L., Carey, R. M. and Pellegrino, P. P.（1992）. Monitoring the Mt. Pinatubo aerosol layer with NOAA/11 AVHRR data. *Geophys. Res. Lett.* **19**（**2**）, 159–162.

2）Stowe, L. L., Ignatov, A. M. and Singh, R. R.（1997）. Development, validation, and potential enhancements to the second-generation operational aerosol product at the National Environmental Satellite, Data, and Information Service of the National Oceanic and Atmospheric Administration.

J. Geophys. Res. **102**（**D14**）, 16,923–16,934.

3）Nakajima, T. and Higurashi, A.（1997）. AVHRR remote sensing of aerosol optical properties in the Persian Gulf region, summer 1991. *J. Geophys. Res.* **102**（**D14**）, 16,935–16,946.

4）Gordon, H. R. and Wang, M.（1994）. Retrieval of water-leaving radiance and aerosol optical thickness over the oceans with SeaWiFS: A preliminary algorithm. *Appl. Opt.* **33**, pp. 443–452.

5）Fukushima, H., Higurashi, A., Mitomi, Y., Nakajima, T., Noguchi, T., Tanaka, T. and Toratani, M.（1998）. Correction of atmospheric effect on ADEOS/OCTS ocean color data: Algorithm description and evaluation of its performance. *J. Oceanogr. Soc. of Japan*, **54**, 417–430.

6）Nakajima, T., and Higurashi, A.（1998）, A use of two-channel radiances for an aerosol characterization from space. *Geophys. Res. Lett.* **25**（**20**）, 3815–3818.

7）Uno, I., Carmichael, G. R., Streets, D. G., Tang, Y., Yienger, J. J., Satake, S., Wang, Z., Woo, J.-H., Guttikunda, S., Uematsu, M., Matsumoto, K., Tanimoto, H., Yoshida, K. and Iida, T.（2003）. Regional chemical weather forecasting system CFORS: Model descriptions and analysis of surface observations at Japanese island stations during the ACE-Asia experiment. *J. Geophys. Res.* **108**（**D23**）, 8668, doi:10.1029/2002JD002845.

8）Remer, L. A., Kaufman, Y. J., Tanré, D., Mattoo, S., Chu, D. A., Martins, J. V., Li, R-R., Ichoku, C., Levy, R. C., Kleidman, R. G., Eck, T. F., Vermote, E. and Holben, B. N.（2005）. The MODIS aerosol algorithm, products and validation. *J. Atmos. Sci.* **62**, 947–973.

9）Kaufman, Y., Tanré, D., Remer, L. A., Vermote, E., Chu, A. and Holben, B. N.（1997）. Operational remote sensing of tropospheric aerosol over land from EOS Moderate Resolution Imaging Spectroradiometer. *J. Geophys. Res.* **102**, 17,051–17,067.

10）Herman, J. R., Bhartia, P. K., Torres, O., Hsu, C., Seftor, C. and Celarier, E.（1997）. Global distribution of UV-absorbing aerosols from Nimbus 7/TOMS data. *J. Geophys. Res.* **102**（D14）, 16,911–16,922.

11）三浦理洋，福島　甫，高岡智博，鵜野伊津志（2001）．SeaWiFS短波長バンドを用いた黄砂エアロゾルの検知：地表面分光反射率を考慮した黄砂エアロゾル指数．日本リモートセンシング学会第30回学術講演会講演論文集，81–82.

12）福島　甫，三浦理洋，高岡智博，虎谷充浩（2001）．SeaWiFS短波長バンドによる黄砂エアマスの検出:放射伝達シミュレーションによる検討．日本リモートセンシング学会第31回学術講演会講演論文集，67–68.

13）三浦理洋，福島　甫，鵜野伊津志（2001）．SeaWiFS短波長バンドによる黄砂エアマスの検知：雲識別検討．日本リモートセンシング学会第31回学術講演会講演論文集，145–146.

14）Higurashi, A., and Nakajima, T.（2002）. Detection of aerosol types over the East China Sea near Japan from four-channel satellite data. *Geophys. Res. Lett.* **29**（**17**）, 1836, doi:10.1029/2002GL015357.

15）Nakajima, T., *et al.*（2003）. Significance of direct and indirect radiative forcings of aerosols in the East China Sea region. *J. Geophys. Res.*, **108**（**D23**）, 8658, doi:10.1029/2002JD003261.

16）Hsu, N. C., Tsay, S. C., King. M. D. and Herman, J. R.（2004）. Aerosol properties over bright-reflecting source regions. *IEEE Trans. Geosci. Rem. Sens.* **42**, 557–569.

17）Höller, R., Higurashi, A., Aoki, K. and Fukushima, H.（2004）. Remote sensing of large-scale boreal forest fire aerosol in Eastern Asia from ADEOS-2/GLI during spring 2003. *Proc. SPIE.* **5571**, pp. 312–321.

18）Kuji, M., Yamanaka, N., Hayashida, S., Yasui, M., Uchiyama, A. Yamazaki, A, and Aoki, T.（2005）. Retrieval of Asian dust amount over land using ADEOS-II/GLI near UV data. *SOLA* **1**, 33–36.

19）Chomko, R. M. and Gordon, H. R.（2001）. Atmospheric correction of ocean color imagery: test of the spectral optimization algorithm with the SeaWiFS. *Applied Optics* **40**, 2973–2984.

20）佐野　到，向井苑生（1997）POLDER データを用いたエアロゾル特性の導出 1．データの切り出しからフレーム画像表示まで，日本リモートセンシング学会誌，**17**（5），153–158.

21）Mukai, S., Sano, I., Masuda, K. and Takashima, T.（1992）, Atmospheric correction for ocean color remote sensing: Optical properties of aerosols derived from CZCS imagery". *IEEE Transactions on Geoscience and Remote Sensing* **30**, 818–824.

22）Cox, C. and Munk, W.（1954）Measurements of the roughness of the sea surface from photographs of the sun's glitter. *J. Opt. Soc. Amer.* **44**, 838–850.

23）向井　苑生，佐野　到（2000）POLDER 多方向データから導出したエアロゾル特性の全球分布，日本リモートセンシング学会誌，**20**（3），85–93，2000.

24）Nakajima, T., and Higurashi, A.（1998）, A use of two-channel radiances for an aerosol characterization from space. *Geophys. Res. Lett.* **25**, 3815–3818.

25）Deuzé, J. L., *et al.*（2001）Remote sensing of aerosols over land surfaces from POLDER ADEOS-1 polarized measurements. *J. Geophys. Res.* **106**, 4913–4926.

26）Sano, I. Optical properties and Ångstrom exponent of aerosols over the land and ocean from space-borne polarimetric data.（2004）*Adv. Space Res.* **34**, 833–837.

27）保本正芳，向井苑生（2001）ADEOS/OCTS と POLDER データの複合利用 2．雲検出と雲頂位相の識別，日本リモートセンシング学会誌，**21**（3），252–259.

28）Bréon, F. M. and Goloub, P.（1998）Cloud droplet effective radius from spaceborne polarization measurements. *Geophys. Res. Lett.* **25**（11）, 1879–1992.

29）Cai, Q. and Liou, K. N.（1982）Polarized light scattering by hexagonal ice crystals: theory. *Appl. Opt.* **21**（19）, 3569–3580.

30）Macke, A.（1993）Scattering of light by polyhedral ice crystals, *Appl. Opt.*, **32**（15）, 2780–2788.

31）Parol, P., Buriez, J.-C., Vanbauce, C., Couvert, P., Seze, G., Goloub, P. and Cheinet S.（1999）First results of the POLDER "Earth Radiation Budget and Clouds" operational algorithm. *IEEE Trans. Geosci. Remote Sensing* **37**（3）, 1597–1612.

32）IPCC（2001）. *Climate Change 2001: The Scientific Basis.* edited by J. T. Houghton *et al.*, Cambridge Univ. Press, New York.

33）Luo, Y., Lu, D., Zhou, X., Li, W.（2001）. Characteristics of the spatial distribution and yearly variation of aerosol optical depth over China in last 30 years. *J. Geophys. Res.* **106**, 14501–14513.

34）Rossow, W. B. and Schiffer, R.（1999）. Advances in understanding clouds from ISCCP. *Bull. Amer. Meteor. Soc.* **80**, 2261–2287.

35）Zhang, Y.-C. *et al.*（2004）. Calculation of radiative fluxes from the surface to top of atmosphere based on ISCCP and other global data sets: Refinements of the radiative transfer model and the input data. *J. Geophys. Res.* **109**. D19105, doi:10.1029/2003JD004457.

36）Pinker, R. T. and Laszlo, I.（1992）. Modeling surface solar irradiance for satellite applications on a global scale. *J. Appl. Meteor.* **31**, 194–211.

37）Gupta, S. K. *et al.*（2001）. The langley parameterized shortwave algorithm（LPSA）for surface

radiation budget studies, Technical report, NASA/TP-2001-211272.
38) Hayasaka, T., Kawamoto, K., Shi, G. and Ohmura, A. (2006). Importance of aerosols in satellite-derived estimates of surface shortwave irradiance over China. *Geophys. Res. Lett.* **33**, L06802, doi:10.1029/2005GL025093.
39) Kaiser, D. P. and Qian, Y. (2002). Decreasing trends in sunshine duration over China for 1954–1998: Indication of increased haze pollution? *Geophys. Res. Lett.* **29** (21), 2042, doi:10.1029/2002GL016057.
40) Haywood, J. M., Osborne, S. R. and Abel, S. J. (2004). The effect of overlying absorbing aerosol layers on remote sensing retrievals of cloud effective radius and cloud optical depth. *Q. J. R. Meteorol. Soc.* **130**, 779–800.
41) Gilgen, H. and Ohmura, A. (1999). The global energy balance archive. *Bull. Ame. Meteor. Soc.* **80**, 831–850.
42) Wild, M. *et al.* (2005). From dimming to brightening: Decadal changes in solar radiation at Earth's surface. *Science* **308**, 847–850.
43) Kaiser, D. P. (1998). Analysis of total cloud amount over China, 1951–1994. *Geophys. Res. Lett.* **25**, 3599–3602.
44) Kawamoto, K., Nakajima, T. and Nakajima, T. Y. (2001). A global determination of cloud microphysics with AVHRR remote sensing. *J. Climate* **14**, 2054–2068.
45) Nakajima, T., *et al.* (2003). Significance of direct and indirect radiative forcings of aerosols in the East China Sea region. *J. Geophys. Res.* **108** (D23), 8658, doi:10.1029/2002JD003261.

6 エアロゾルの乾性沈着・湿性沈着

6.1 乾性沈着，湿性沈着：概要

化石燃料の燃焼等により排出され，また大気中で新たに生成される酸性物質は，直接地上に舞い降り大気中より除去されるとともに，霧や雨を介して地上に到達し，いわゆる酸性雨，酸性沈着問題を引き起こす．前者の沈着過程を乾性沈着，後者の沈着過程を湿性沈着あるいは酸性雨と呼び，広義には両者を併せて酸性沈着と呼んでいる．このような乾性沈着や湿性沈着は，大気を浄化する最も重要なプロセスである一方，地上に沈着したガス状・粒子状汚染物質は，土壌や河川，湖沼等の汚染の原因となる．

中国をはじめとする東アジア地域の工業都市から排出される大気汚染物質は，21 世紀には急速な経済発展と人口の増加に伴い急増し，日本を含む東アジア地域，ひいては世界の大気環境に多大な影響を与えることが懸念されている．影響の予測の評価，発生源対策の策定のためには，

1) 乾性沈着機構および湿性沈着（レインアウト，ウォッシュアウト）機構の解明，
2) 観測データに基づく酸性物質の沈着量の推定
3) 東アジア地域におけるエアロゾルやその前駆物質である酸性ガスの輸送・変質・沈着過程を模式化したシミュレーションモデルを開発し，現

在，将来における酸性物質の空間濃度分布や乾性・湿性沈着量を推計，
その季節的変化や酸性沈着に及ぼす地域別あるいは国別寄与の解析

といった研究が必要である．

本章では乾性沈着，湿性沈着機構の解明と観測データに基づく酸性沈着量やその地域的特性などの解析結果について述べる．

なお，東アジア地域における酸性沈着原因物質の排出量推計ならびにシミュレーションモデルによるエアロゾルや酸性物質の空間濃度分布，酸性物質沈着量の推計と解析については，第7章「東アジアにおけるエアロゾルのシミュレーション」で述べる．

6.2 乾性沈着機構と乾性沈着量測定

6.2.1 乾性沈着モデルと測定法

乾性沈着は湿性沈着とともに大気成分の重要な除去過程であり，様々な視点で古くから研究が行われている．とりわけ，酸性雨などの環境問題と密接に関係しているので，近年その重要性が増している．降雨量が比較的多いわが国においても，気体成分を含めた酸性物質の全沈着量に占める乾性沈着の割合は50%程度と見積られており[1]，降雨が少ない欧米などでは乾性沈着の重要性が相対的に大きくなると考えられる．しかし，乾性沈着は大気の乱流に伴ってその構成成分が地表面へ輸送され，除去される現象であることから，地表面の性質と輸送過程に強く依存する．これらにほとんど依存しない湿性沈着に比べて，乾性沈着は輸送・除去過程がはるかに複雑であり，特にエアロゾルについては沈着量の測定が困難である．

後述するように，接地境界層内における大気成分の鉛直フラックス（流束）をFとすれば，地表面への単位時間単位面積当たりの沈着量はFになり，対象とする成分の濃度Cとの間には，沈着速度v_dを比例定数として次の関係が成立する．

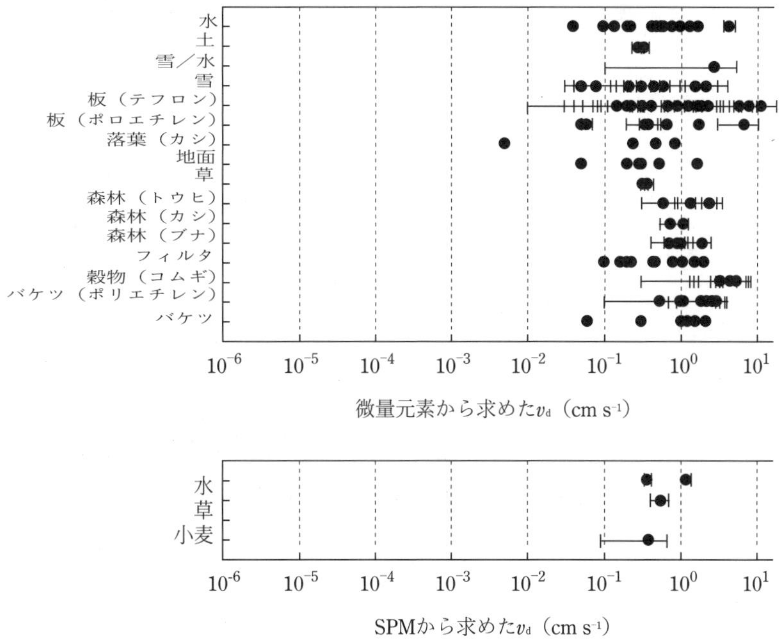

図 6.1　様々な地表面へのエアロゾル沈着速度の測定値[2)]

$$F = v_d C \tag{6.1}$$

様々な場所で v_d が求まれば，接地境界層内の実測濃度あるいはシュミレーションモデルによる計算値を用いて沈着量を算出することが可能となる．これまでに得られているエアロゾルの v_d 値を尾保手がまとめたもの[2)] を図 6.1 に示す．この図にあるように，v_d 値は同じ性質であると思われる地表面でも 1 桁～2 桁もの幅がある．しかも，後述するように，酸性雨に重要な硫酸塩エアロゾルや硝酸塩エアロゾルの沈着速度は林内雨－樹幹流解析法（throughfall-stemflow）により間接的に求められていて，直接 v_d を求める測定例はほとんどなく，現在のところ，この状況はあまり変わっていない．したがって，エアロゾルの乾性沈着研究は何らかのブレークスルーが必要となっており，信頼できるフラックスあるいは v_d の測定法の開発が待たれている[3,4)]．このような状況から本節では，乾性沈着のメカニズムついて従来の考え方を概説し，v_d を算出するためのモデ

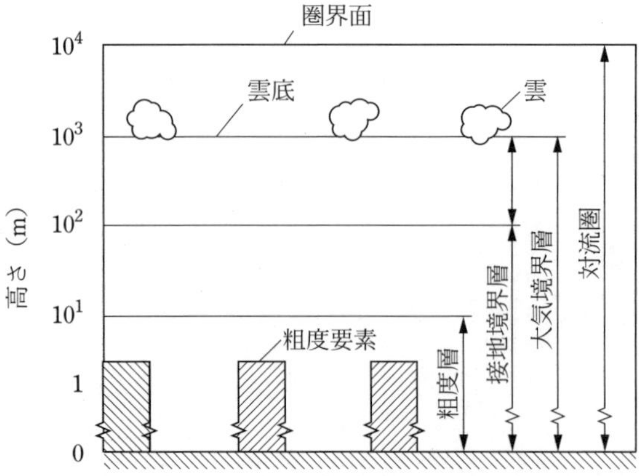

図 6.2　大気境界層の成層構造の模式図[5)]

ルに触れ，さらに，筆者らの取り組みの中で得られた成果について説明する．

1）乾性沈着機構とモデル

図 6.2 に大気境界層の成層構造の模式図を示す[5)]．大気境界層は地表面の摩擦や熱的な影響を受ける層であるが，その内側には通常，数 10 m ～ 100 m 程度の接地境界層（surface layer，接地層ともいわれる）がある．その厚さは日射や夜間の放射冷却などにより変化する．さらにその下側には地面に接していて，地表面上の凹凸による摩擦を直接受ける粗度層（roughness layer）がある．粗度層の厚さは水面，植物，建築物などの有無により異なり，10^{-3} ～ 10 m 程度までの幅を持つが，凹凸の厚さの平均値の 1.5 ～ 3 倍程度とされる[5)]．

多くの大気科学の教科書に書かれているように，地表近くの空気の流れは例外なく乱流であり，接地境界層は地面の影響を強く受け，乱流輸送による運動量や熱のフラックスが鉛直方向に一定になる空間であると見なされている[6)]．このような状況下では，「物理量の鉛直フラックスが運動量フラックスと顕熱フラックスを用いて，全て同じように表される」という，モーニン - オブコフの相似則が成立すると考えられている．図 6.3 は風速（高さ z において $u(z)$），比湿（q）および温位（θ）の平均値の鉛直プロファイルを模式図として表したもの[7)] である．図の d は地面修正量で，植物群落の高さの 70 ～ 80％の値であるとされ，裸地などの場合は $d = 0$ となる．図 6.3 に示すような「対数則」の成

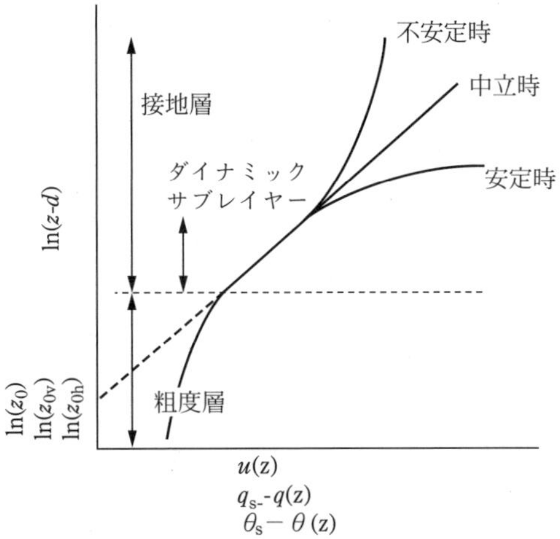

図 6.3 平均風速，平均比湿，平均温位の鉛直プロファイルの模式図[7]

立は，モーニン-オブコフ則の最も単純な例であり，その他にも，この相似則を支持する多くの測定例がある[8]．同図では鉛直プロファイルが大気安定度により異なっているが，異なった大気安定度で得られるプロファイルを無次元化して，安定度に依存しない形でフラックスを求める研究が行われており，文字の教科書[8] や気象研究ノート[7] にそれらが詳述されている．

大気成分が地表面に沈着する過程は次の 3 段階からなると考えられている．このことについては福山ら[9] が解説しているが，図 6.4 にも示したように，第一段階は，接地境界層内の成分が地表のごく近傍に存在する準層流境界層（quasi-laminar sublayer）へ運ばれる段階である．この時，成分の輸送は，大気の乱流により支配されるので空気力学的な過程であり，風速や大気の安定度に依存すると考えられる．第二段階は，厚さが 0.1 ～ 1 mm 程度とされる[10] 準層流境界層内を成分が分子拡散（気体）あるいはブラウン拡散（粒子）して地表面に到達する過程である．第三段階は，地表面で捕捉・除去される過程である．この過程では，成分と表面のそれぞれが持つ性質の組み合わせにより，準層流境界層を通過した成分がどの程度除去されるかが決まる．除去を支配する因子として，気体成分は反応性，水への溶解度，表面の pH，植物の葉の気孔の開閉度など様々なものがあり，エアロゾル粒子は葉の表面上に存在する毛などがあ

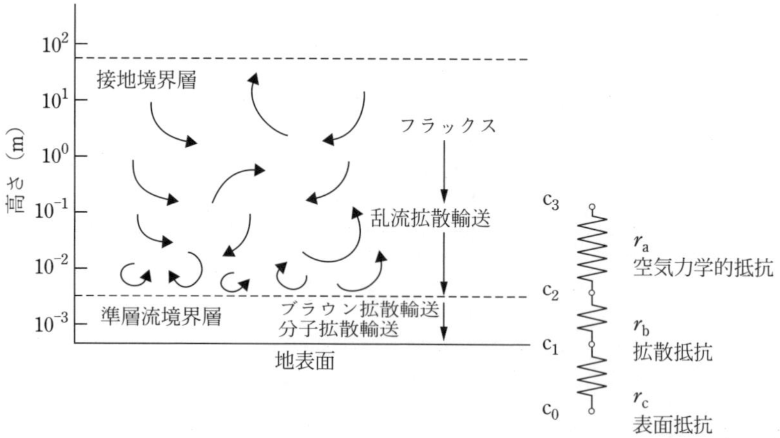

図 6.4　大気成分が地表面に沈着する過程と抵抗モデル

るとされている[11].

現実の地表面とは異なったターゲット上への沈着量測定，すなわち代理表面を用いた測定がしばしば行われている．しかし，一般には上記第二，第三の過程が全く異なるので，Wesely ら[4] も指摘しているように，測定値がほとんど意味を持たなくなる．この点が環境問題の視点からの乾性沈着研究を困難にしている理由の一つであるので，ここで敢えて指摘しておきたい．

乱流による物理量の鉛直輸送が，電気回路の電流の振舞いと類似していることから，図 6.4 に示したように，大気成分の輸送も抵抗を用いた回路として表現される．前述のように，大気成分の鉛直フラックスを F とすれば，モーニン-オブコフ則が成立する水平・一様な平面上では，地表面への沈着量は F になり，その成分濃度 C と F の間には（6.1）式が成立する．沈着過程における第一段階の空気力学的抵抗を r_a，第二段階の抵抗を r_b，第三段階の抵抗を r_c とすると，これらの抵抗は直列的になるので，沈着速度 v_d は

$$v_d = (r_a + r_b + r_c)^{-1} \tag{6.2}$$

となる．ここで，成分がエアロゾルの場合，①地表に到達すると，表面に必ず捕捉されるので，$r_c = 0$ となること（跳ね返りなしと仮定），②粒子が大きい場合は重力沈降を考慮する必要があり，その沈降速度を v_s とすると，v_d に新たに v_s

が並列的に付加されることから，

$$v_d = (r_a + r_b + r_a r_b v_s)^{-1} + v_s \tag{6.3}$$

となる．

空気力学的抵抗 r_a は，モーニン-オブコフ則に基づいて，乱流輸送においては熱や運動量などの乱流拡散係数が物質輸送の乱流拡散係数と同じになると見なされるので，風速の観測値などから求めることができると考えられている．言い換えると，たとえば風速だけの測定によって，空気力学的抵抗の算出が可能になるということである．接地境界層内における運動量などのモーメントの乱流輸送速度は，摩擦速度を u^*，観測高さ z_1 における平均風速を $\overline{u}(z_1)$ として，

$$v_M(z_1, z_0) = u^{*2}/(\overline{u}(z_1) - \overline{u}(z_0)) \tag{6.4}$$

となる[10]．ここで，z_0 は $\overline{u} = 0$ となる高さである．したがって，$v_M(z_1, z_0)$ は式（6.5）のようになる．

$$v_M(z_1, z_0) = u^{*2}/\overline{u}(z_1) \tag{6.5}$$

$\overline{u}(z)$ の鉛直分布は図 6.3 にも示したように，モーニン-オブコフ則により，κ をカルマン定数として，大気が中立の場合は

$$\frac{\overline{u}(z_1)}{u^*} = \frac{1}{\kappa} ln \frac{z_1}{z_0} \tag{6.6}$$

である．式（6.5）と（6.6）から u^* を消去すると，モーメントの輸送抵抗，$r_a(z_1, z_0)$ は

$$r_a(z_1, z_0) = \frac{1}{v_M(z_1, z_0)} = \frac{[ln(z_1/z_0)]^2}{\kappa^2 \overline{u}(z_1)} \tag{6.7}$$

と求められる．この空気力学的抵抗 r_a が気体成分の物質輸送の抵抗と見なされる．また，エアロゾル粒子についても，重力沈降が速い 20 μm 以上のものを除き，気体成分とほぼ同じ振る舞いをするとされている[10, 11]．(6.7) は中立時の式であり，安定時および不安定時の抵抗はやや複雑であるが，Seinfeld ら[12] が詳述している．

準層流境界層における抵抗は，気体に対して，

$$r_b = \frac{5Sc^{2/3}}{u^*} \tag{6.8}$$

エアロゾル粒子に対しては，Sc 数を用いてブラウン拡散を考慮し，慣性衝突を St 数を用いて考慮する．式 (6.9) は粘性流体の境界面を通過する物質の輸送抵抗として従来から用いられている式である．

$$r_b = \frac{1}{u^*(Sc^{-2/3} + 10^{-3/St})} \tag{6.9}$$

重力沈降の寄与がある場合はストークス則により与えられる v_s を加える．

$$v_s = \frac{\rho_p D_p^2 g C_c}{18\mu} \tag{6.10}$$

ここで，ρ_p は粒子の密度，D_p は粒子直径，g は重力の加速度，C_c はカニンガムの補正係数，μ は空気の粘性率である．

地表面での捕捉抵抗は，エアロゾル粒子に対しては通常，表面での跳ね返りがないとして $r_c = 0$ とされるので，式 (6.3)，(6.7)，(6.9) および (6.10) を組み合わせて全抵抗が求められる．全抵抗の回路図を図6.5に示す[9]．同図は $r_c \neq 0$ の一般化した回路図となっている．エアロゾルの乾性沈着に関する最近の研究成果や注意すべき点については，福山ら[9] が解説している．一方，気体成分に対しては，前述のように反応性，水への溶解度，表面の pH，植物の葉の気孔の開閉度（気温や日射，季節に依存）などの個々の抵抗成分を考慮する必要がある．この部分はかなり複雑なので，成書[11, 12] を参照されたい．

2）乾性沈着量の測定法

乾性沈着量の測定法としては，大別すると，直接法と間接法がある．

直接法としては，①代理表面法，②自然表面法，③チャンバー法，④渦相関法がある．①は簡便ではあるが，測定法として本質的な欠点を含んでおり，それらについては既に述べた．②は植物の葉などに自然に沈着した物質を分析して沈着量を求める方法である．微気象学的方法（④）が適用できない場合に可能となるメリットがあるが，沈着面と沈着物質の間に相互作用（葉からの溶出や植物内部への取り込み）があると，測定が困難になる．③は沈着面に対して，密閉された箱などをかぶせ，その内部における沈着物質の物質収支から沈着量を求

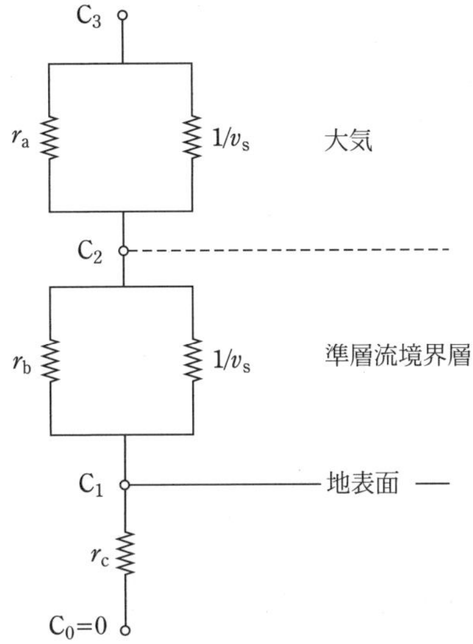

図 6.5　大気エアロゾルの乾性沈着に対する抵抗モデル[9)]

める方法である．この方法は，むしろ，放出フラックスの測定に応用されているやり方である．④は微気象学的方法であり，超音波風速計で鉛直風速の瞬時値を測定し，同時に目的成分の濃度を同じ時間間隔（10 Hz 程度）で測定する．これらのデータから上下方向の輸送量を算出し，正味の輸送量をフラックスとして求める．測定場所が水平に一様であれば，接地境界層内の鉛直フラックスが高さ方向に一定になるはずなので，求めたフラックスが沈着量となる．多くの化学成分は，10 Hz の高時間分解能で濃度変動を測定するのは困難であり，現在のところ，適用可能な成分は CO_2 と水に限られている．この問題を克服する方法として，渦集積法 (Eddy Accumulation) と緩和渦集積法 (Relaxed Eddy Accumulation, REA) がある．REA 法については後で詳述するが，これらの方法では，鉛直風に含まれる成分濃度の平均値を求めれば，瞬時値を測定できない成分に対しても，フラックスを測定可能である．その他に，森林への乾性沈着量の測定法として林内雨- 樹幹流解析法 (throughfall-stemflow) がある．これは，林内雨，林外雨および樹幹流を測り，物質収支から乾性沈着量を見積もる方法で，②の自然表面法に位置づけられるが，エアロゾルの乾性沈着量は，多くの場合，植物と相互作用を持たない指標元素を基準にして物質収支から算出される．

間接法としては，①濃度勾配法，②推測法 (Inferential Method) がある．①は測定成分の鉛直濃度勾配（$\partial C/\partial z$）を求め，前述のモーニン-オブコフの相似側に基づき，フラックスを求める方法である．②はある高さにおける濃度の実測値 C とモデルに基づいて推定された v_d 値を式（6.1）式に代入して沈着量を求める方法である．

3）緩和渦集積（REA）法

上述のように，乾性沈着量の測定法として幾つかの方法があるが，直接法を用いるべきであることは言うまでもない．その中で，実際に乾性沈着が起こっている状況を乱すことなく測定可能な④の微気象学的方法によるのが最も望ましい．しかし，大気エアロゾルに関しては，成分濃度の瞬時値を求める方法が現状では存在しない．そこで，微気象学的方法の一つである REA 法[13] を検討することにした．この方法は，超音波風速計を用いて鉛直風を測定し，その風向きに対応した平均濃度を測定してフラックスを求めるので，濃度測定において高速応答が得られない成分のフラックスを測定できるメリットがあり，従来困難であったアンモニアや硝酸などのフラックス測定に広く適用されつつある．REA 法において，フラックス F は，鉛直風速 w の標準偏差を σ_w，鉛直上向きと下向きの風に含まれるエアロゾル成分の濃度をそれぞれ，$\langle C\rangle_+$，$\langle C\rangle_-$ とすれば，(6.11) 式により計算できる[13]．

$$F = b \cdot \sigma_w(\langle C\rangle_+ - \langle C\rangle_-) \tag{6.11}$$

ここで，b は実験により評価される定数である．たとえば，Businger ら[13] は野外実験により b として約 0.6 の値を与えている．その後，種々の状況下においても，b として約 0.4 ～ 0.7 の値が報告されている[14]．一般的には，渦相関法により風と同期して高速測定可能な温度を測り，顕熱フラックス（$\overline{w'\theta'}$）を算出して，式（6.12）に示す b' を目的物質の b に代用する例が多い．

$$\overline{w'\theta'} = b'\sigma_w(T^+ - T^-) \tag{6.12}$$

ここで，w' は w の変動成分で，$\overline{w}$ を鉛直風速の平均値として，次のようになる．

$$w=\overline{w}+w' \tag{6.13}$$

また，θ'もw'と同様に温位θの変動成分であり，T^+は上向きの風の平均温度を，T^-は下向きの風の平均温度を，それぞれ表す．式(6.11)はBusingerら[13]が提案した式であるが，その右辺の物理的な意味は掴みにくい．松本ら[15]は，渦相関法の定義式（6.14）とREA法の基本式（6.11）から出発して，統計解析により定数bの意味づけを行っている．渦相関法ではフラックスFは，観測時刻t_iにおいて，同じサンプリング間隔で同時測定された鉛直風速w_iとスカラー量c_i（たとえば，成分濃度）から，

$$F=\frac{1}{N}\sum_{i=1}^{N} w_i c_i \tag{6.14}$$

となる．結果として，彼らはbの表現を（6.15）式として与えている．

$$b=\frac{1}{\sigma_w}\times\frac{E_w[wE[c|w]]}{E_w[(\theta(w)/\Pr(w>0)-\theta(-w)/\Pr(w<0))E[c|w]]} \tag{6.15}$$

実データから（6.15）式によりbを算出する場合は，スカラー量cを風の表面垂直成分wに回帰する．その実例として，内山ら[16]は，鉛直風速および温度の測定値からb値の評価例を示しており，鉛直風速の頻度分布が正規分布で，対称になる場合には，$b=\sqrt{2\pi}/4=0.63$であることを明らかにしている．

6.2.2　濃度勾配法の問題点

濃度勾配法は，前述のように気相中での気体の拡散と物理量輸送の類推に基づき，沈着フラックスに次式が成立するとして沈着量を求める方法である．

$$F(t)=-D(t,z)\langle\Delta C(t,z)/\Delta t\rangle \tag{6.16}$$

ここで，$F(t)$は気体のフラックス，$\langle\Delta C(t,z)/\Delta t\rangle$は濃度勾配のアンサンブル平均，$D(t,z)$は比例係数（拡散係数）である．実際のフラックス観測ではアンサンブル平均の代用として時間平均を用い，通常，さらに以下の操作を行う．

$$F=-\overline{D(z)(\Delta C/\Delta z)} \quad\rightarrow\quad -\overline{D(z)}\times\overline{(\Delta C/\Delta z)} \tag{6.17}$$

もちろん

$$-\overline{D(z)(\Delta C/\Delta z)} \neq -\overline{D(z)} \times \overline{(\Delta C/\Delta z)} \tag{6.18}$$

であり，その差を評価する手段は存在しない．拡散係数の経時変化が小さい時にはこの操作は正当化される．しかし，分子拡散係数とは異なり，乱流に起因する拡散係数の時間変動は意外に大きく，濃度勾配測定の平均操作時間が長時間にわたる場合にはフラックスに関する誤差は大きくなると思われる．ところで，前述のように通常の測定高度である数 10 m 以下においてエアロゾルの輸送を支配するのは乱流拡散であるが，準層流境界層ではブラウン拡散や慣性衝突などが支配的となる．前者の乱流拡散は後者に比べてはるかに速い過程である．したがってフラックスが鉛直方向に一定であれば，測定高度領域における濃度勾配は沈着面近傍に比してはるかに小さくなる．たとえば，観測高度でのエアロゾル濃度が 10^5 個 cm^{-3} であっても，準層流境界層を通過するエアロゾルフラックスはその厚さを 0.1 mm，地表面のエアロゾル濃度を 0，0.1 μm のエアロゾル粒子のブラウン拡散係数を 3×10^{-6} m^2s^{-1} とすると，$F = -30$ 個 $cm^{-2}s^{-1}$ と見積もられる．準層流境界層の上部でも同じフラックスであれば，乱流拡散係数として $D = 0.208$ m^2s^{-1} を代入して，高度差 1 m でのエアロゾル濃度差を見積もると，(6.16) 式から 1.4 個 cm^{-3} 程度となる[17]．

濃度勾配法によってエアロゾルの沈着フラックスを測定することが難しい理由は上述のような事情に他ならない．これを支持する野外観測データを図 6.6 に示す[17]．この観測ではエアロゾル粒子の数濃度を微分型静電分級器-凝縮核測定器 (DMA-CNC, TSI–3010) を用いて，濃度勾配法に基づいて，エアロゾルの沈着フラックスを数濃度基準で求めることを目的とした．観測は平坦で十分な広さを持つ場所で夏季の晴天時に行われ，測定器の機差を避けるため，1 台の DMA-CNC を用いて地表面上の 0.2 m と 2.2 m の 2 高度から交互にサンプリングした．同図には直径 0.1114 μm の粒子の 2.2 m における数濃度の経時変化を示すとともに，それらの高さにおける数濃度の差を示した．汚染源からの流入や二次粒子生成によると思われる激しい変動が観測されるにもかかわらず上記 2 高度の濃度差は事実上観測されない．したがって，エアロゾルを濃度勾配法で測定するためには精密な長時間の試料採取が必要となるが，前述したように接地境界層内では拡散係数の変動が大きいこと[17]が予想され，拡散係数に依

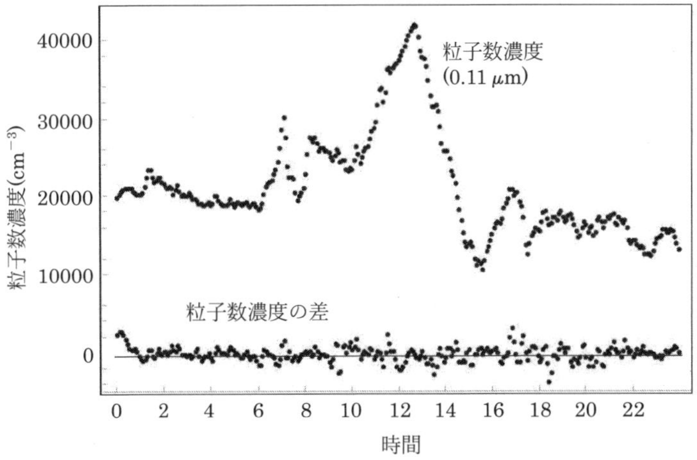

図 6.6　DMA-CNC による高さ 2.2 m における 0.11 μm の粒子濃度の経時変化と高さ 0.2 m における値との差の経時変化[17)]

存しない測定法が強く望まれる．この意味においても，エアロゾルに関しては REA 法のように，原理的に拡散係数の導入を前提としない測定法が必要となる．

6.2.3　REA 法に基づくエアロゾル乾性沈着測定機器の開発

前述の REA 測定原理に基づいて，エアロゾル乾性沈着測定装置の開発を行った．その概念図を図 6.7 に示す[17)]．装置はエアロゾルをサンプリングするためのフィルタとポンプ，鉛直風速を測定するための超音波風速計，鉛直風向に合わせて開閉するサンプリングバルブ，それを制御するためのコントローラー部からなる．コントローラー部は超音波風速計の出力を受けて，風向が変化すると，時間遅れなしでサンプリングバルブに動作信号を供給する仕組みになっている．実大気中では鉛直風向の変化の周期はかなり短く，渦相関法においても成分濃度測定の周期は 10 Hz 程度が必要といわれている．鉛直風の実測データを解析したところ，10 Hz 以上の成分があるので，バルブ開閉の応答時間はできるだけ短くする必要があることが分かった．このことを考慮して，図 6.7 では，市販品で応答時間が最短の 20 ms の電磁弁を採用している．

また，同図ではポンプが 1 台であるが，エアロゾル濃度を高精度で求める必

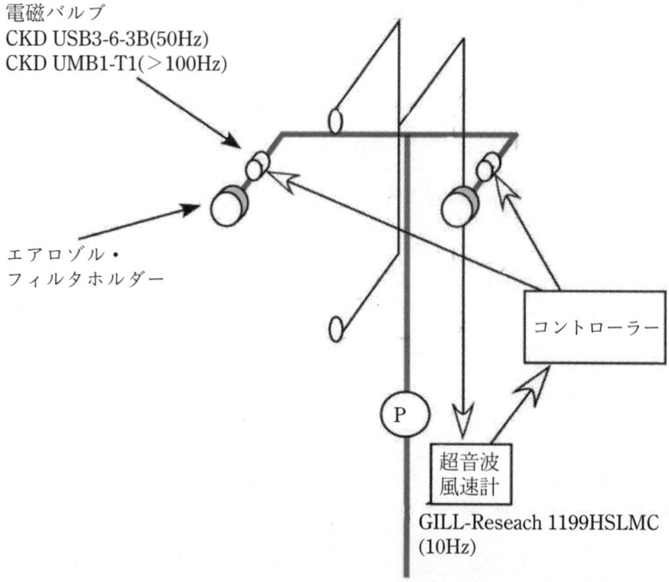

図 6.7　REA 法に基づくエアロゾル乾性沈着測定装置の概念図[17)]

要があり，検討の結果，「上向き」，「下向き」のそれぞれの空気採取量を精度±0.3％の積算流量計とポンプ 1 台ずつを使用して測定する方式に改めた．

図 6.8 に超音波風速計のセンサー部付近にフィルタホルダー二つを取り付けた様子[18)] を示す．センサー部の風に影響を及ぼさないように，フィルタホルダーの入り口側に外径 6.35 mm ϕ，内径 4 mm ϕ のサンプリングチューブを 30 cm 程度取り付け，その位置がセンサーから離れるようにした．また，ポンプの選択に当たっては，サンプリング流速が大きいとセンサー周辺の風を乱すことが懸念されるので，採気量が毎分 5 ～ 10 リットルのダイアフラムポンプを使用した．さらに，ポンプの脈動が積算流量計に誤差を与えないように，ポンプの前後にはプラスチック製緩衝容器（容積 0.5 ～ 1 リットル）を取り付けた．

筆者らは酸性雨研究の視点から，エアロゾル中の硫酸塩（SO_4^{2-}）と硝酸塩（NO_3^-）に焦点を絞って観測を行った．これらの分析に最も適しているテフロンフィルタを図 6.8 のフィルタホルダーにセットした．開発された REA システムでは，エアロゾルの分級を行っていないので，SO_4^{2-} と NO_3^- の粒径を知る必

図 6.8　超音波風速計のセンサー部とフィルタホルダー[18)]

要がある．そこで，低圧アンダーセンサンプラを用いて，REA 測定と平行して粒径分布測定も行った．このサンプリングにおいては，SO_4^{2-}とNO_3^-を測定するのでテフロンフィルタをターゲット面とした．REA サンプリングおよび低圧アンダーセンサンプラを用いて得たフィルタサンプルは，容量 50 ml のポリプロピレン製容器に入れて超純水を加え，振とう機にかけた後，水相をイオンクロマトグラフィで分析した．通常の観測条件下，すなわち，乱流輸送が盛んな状況下においては，式（6.11）の $\langle C \rangle_+$ と $\langle C \rangle_-$ の差は小さくなることが予想される．したがって，得られるフラックスの信頼性は（$\langle C \rangle_+ - \langle C \rangle_-$）の値に依存するので，分析の精度に依存することになる．そこで筆者らはオートサンプラーを使用して 5 回以上同一サンプルを注入し，イオンクロマトグラフィ (IC) による繰り返し分析の精度を変動係数（C. V.）で評価した．クロマトグラムのベースライン上のノイズは IC 分析の精度と検出下限値の両方に影響を与えるので，ピークを早く溶出させ，ノイズレベルを低減させるように努めた．その結果，分析精度はサンプルの液濃度にも依存するが，SO_4^{2-} と NO_3^- が 0.5 ppm 程度であれば 0.3 ～ 0.6%に収まることが分かった[19]．また，検出下限値が低下すると，少量のサンプル採取量でも同じ精度が得られることになる．したがって，分析技術の向上は観測の時間分解能の向上につながり，REA 測定を支える基礎技術として重要である．

6.2.4 REA 法によるエアロゾル乾性沈着測定

6.2.3 で述べた装置を用いて，東京都府中市の東京農工大学の実験農場で試験観測を 2003 年冬季に行った．この時期は農場には作物がなく，裸地であった．このため，地表面の凹凸が少なく，植物もないので，エアロゾルの沈着挙動がより単純であると考えられ，また，同農場は都市の住宅街の中にあるので，エアロゾル濃度がある程度高く，濃度測定が比較的容易であると思われた．これらの理由から，同農場は試作された装置を試験的に運用するのに適した場所であると考えられた．その次の段階として，2004 年冬季に札幌の北大農学部付属農場の雪面上で観測を行った．雪面上で観測を行った理由は，

①低温であるため雪面からの汚染物質の放出がなく，新たなエアロゾル生成が起る可能性がほとんどない．このため，接地境界層内のエアロゾルの振る舞いが単純な沈着になると考えられること，

②沈着面である雪を採取して，含まれる硫酸塩を分析すれば実際に沈着した

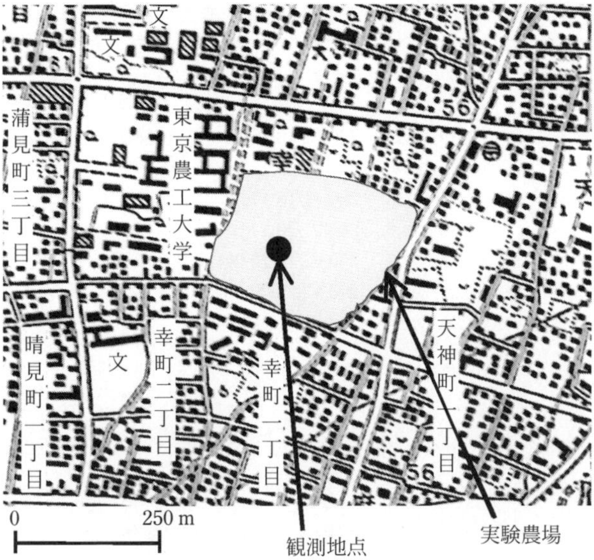

図 6.9 観測地点（東京農工大実験農場）と周辺の地図[18]

エアロゾルフラックスが求まるはずであるので，REA で求めたフラックスの検証が可能と考えられること，

などからである．

1）裸地での観測

2003 年の観測は，東京都府中市の東京農工大学の実験農場で 1 月～ 3 月に行った．図 6.9 に観測場所と周辺の地図を示す．観測地点は住宅街にあるが，日中の主風向は東ないし南東であり，吹走距離（f）は 200 m 程度ある．観測高さ（h）は地表面から 2.0 m であったので，微気象学的観測に必要とされる $f/h \geq 100$[12] を主風向ではほぼ満足するが，西と南から風が入ると水平一様の条件を満足しない可能性がある．表 6.1 に観測の概要を示す．この観測では 7 回の実験が行われ，同表ではそれぞれに実験番号 OBS.1 ～ OBS.7 を付与している．OBS.1 ～ 4 は日中から夕方，OBS.5 ～ 7 は夜間の観測であった．各観測時におけるエアロゾルのフィルタサンプリングは約 3 時間，吸引流量は約 5 L min^{-1} で

表 6.1　裸地での観測の概要[18)]

実験番号	開始日時	終了日時	サンプリング時間（min）	吸引流量（$Lmin^{-1}$）
OBS.1	2003/1/10 16:11	2003/1/10 19:19	188	5.0
OBS.2	2003/1/15 10:50	2003/1/15 13:50	180	5.0
OBS.3	2003/1/15 14:33	2003/1/15 17:33	180	5.0
OBS.4	2003/1/20 14:05	2003/1/20 17:05	180	5.0
OBS.5	2003/2/18 20:07	2003/2/18 23:07	180	5.0
OBS.6	2003/2/26 19:45	2003/2/26 22:45	180	4.7
OBS.7	2003/3/6 19:31	2003/3/6 22:31	180	5.0

あった．

図 6.10 に観測結果を示す．SO_4^{2-} と NO_3^- の濃度には分析の誤差幅（$\pm 1\sigma$）も示した．鉛直風速の標準偏差 σ_w は，昼間は観測の run ごとに大きく異なっていたが，夜間はあまり変化がなく同程度であった．また，σ_w が約 0.3 ms^{-1} よりも大きくなると，鉛直上向きと下向きの風に含まれる濃度，$\langle C \rangle_+$，$\langle C \rangle_-$ はともに低くなり，濃度差も小さくなる傾向がみられた．この傾向は，NO_3^- と SO_4^{2-} の両方に共通するものであった．特に，OBS.2 の SO_4^{2-}，OBS.3 と 5 の NO_3^- は，濃度差が誤差幅の範囲の中にあり，フラックスの計算値が意味を持たなくなっている．

図 6.10 のデータをもとに算出したフラックスを図 6.11 に示す．この図には，濃度差が分析誤差の範囲に入った三つのケースも含めた．計算に必要な定数 b は顕熱フラックス測定により得られる式（6.12）の b' を代用した．その値は OBS.1 〜 4 で 0.53，OBS.5 〜 7 では 0.60 であった．フラックスは符号が＋であれば「上向き」を，－であれば「下向き」を表す．昼間の平均フラックスは NO_3^- が 0.10 $\mu g\ m^{-2}s^{-1}$，SO_4^{2-} が 0.08 $\mu g\ m^{-2}s^{-1}$，夜間の平均フラックスは NO_3^- が －0.11 $\mu g\ m^{-2}s^{-1}$，SO_4^{2-} については －0.15 $\mu g\ m^{-2}s^{-1}$ であり，エアロゾルフラックスが昼間は鉛直上向き，夜間は鉛直下向きを示す傾向がみられた．鉛直下向きのフラックスについて，式（6.1）から乾性沈着速度を試算した．試験沈着面を用いたアプローチや風洞実験による既往の報告例と比較した．その結果，図 6.12 に示した通り，東京農工大学の実験農場の裸地で観測された乾性沈着速度は 0.4 〜 6.0 cm s^{-1} の範囲となり，既往の報告の範囲 0.01 〜 20 cm s^{-1} 内にあった．

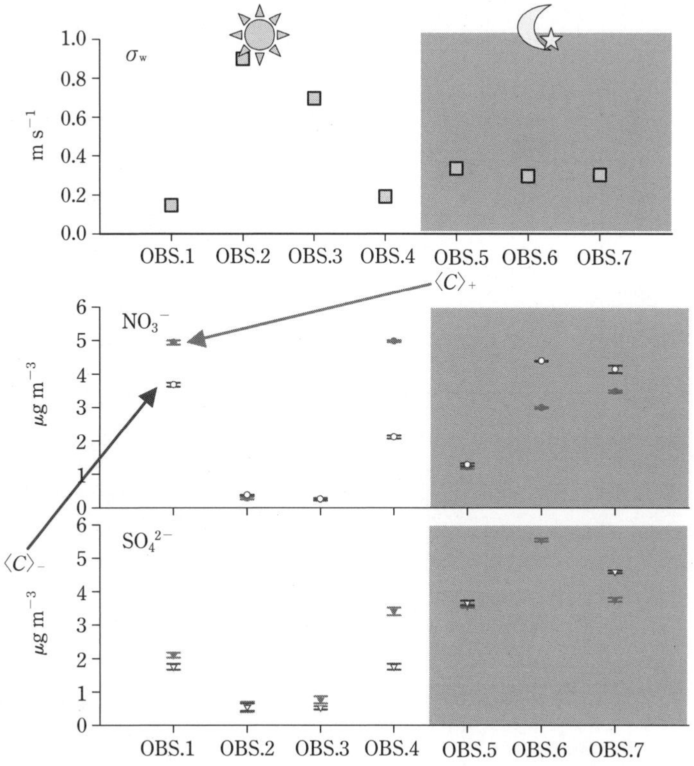

図 6.10　裸地での観測生データ [18]
（OBS. 1 ～ OBS. 7 は観測の実験番号を表す．OBS. 1 ～ OBS. 4 は日中の観測，OBS. 5 ～ OBS. 7 は夜間の観測である．表 6.1 を参照.）

2）雪面上での観測

2004 年 2 月末から 3 月初めに，札幌の北大農場の雪面上で観測を行った．同農場近傍の夏季の航空写真に観測地点 [20] を記入したものを図 6.13 に示す．同農場は大都市の中央に位置するが，広大で，観測地点の主風向である北～北西側に障害物がなく，約 400 m もの吹走距離を確保できるので，微気象学的観測に最適の場所と言える．また，観測関連の測定機器類が観測面上にあると，たとえ超音波風速計センサーの風下であっても微気象学的には測定地点の風の流れに影響を与えるといわれている．観測が行われた時期は，同農場の積雪量が 1 m を超えており，風の流れを乱す測定機器類の大部分を雪洞の中に埋め込む

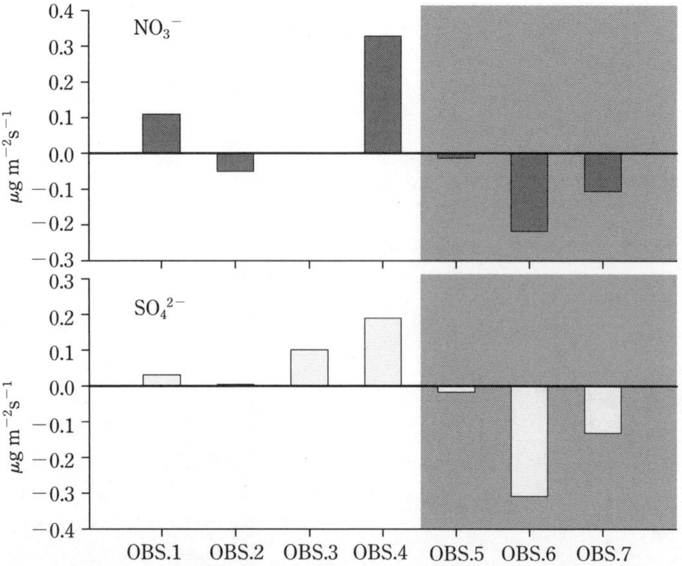

図 6.11　裸地で観測されたフラックス[18)]
（OBS. 1 ～ OBS. 7 は図 6.10 と同じ．表 6.1 を参照.）

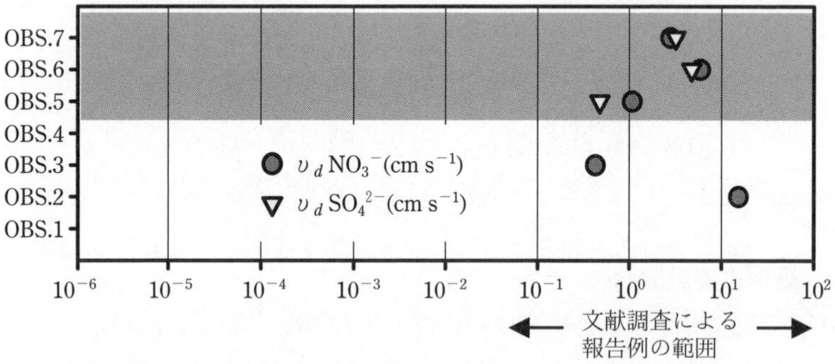

図 6.12　裸地で観測された v_d[18)]
（OBS. 1 ～ OBS. 7 は図 6.10 と同じ．表 6.1 を参照.）

ことが可能であるので，この点でも雪面での観測はメリットがある．

東京農工大学農場の裸地での観測では，SO_4^{2-} と NO_3^- の両方を測定対象にしたが，雪面上での観測では，次の二つの理由からフラックス測定の対象を SO_4^{2-} に限定した．

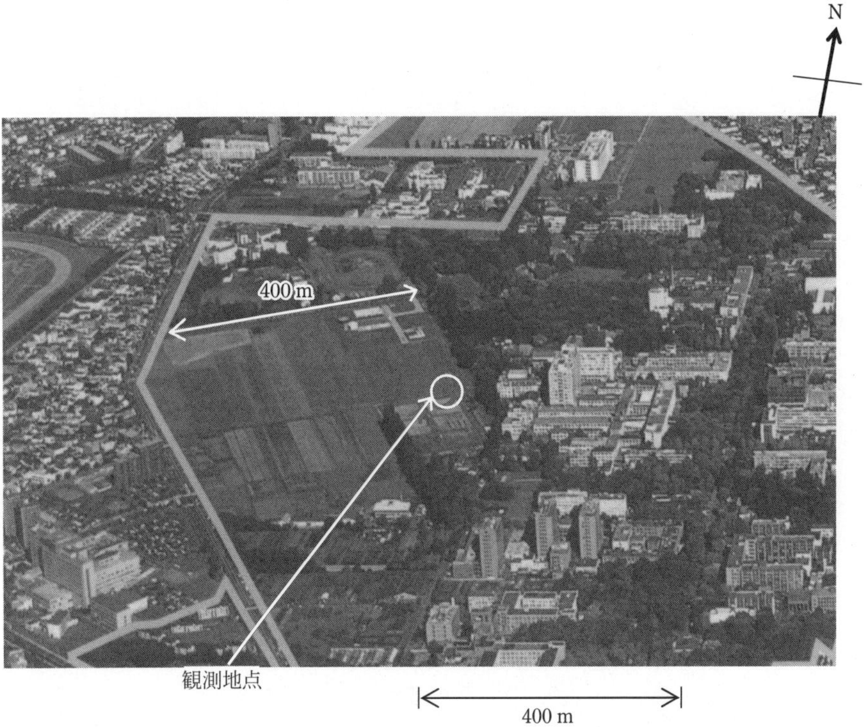

図 6.13　北海道大学農場の観測地点とその周辺の航空写真[19]

① NO_3^- も酸性成分として重要であるが，アンモニアや水との化学平衡があり，NO_3^- はそれらの濃度と温度の変化に伴う揮散や生成[12]を考慮する必要がある．一方，SO_4^{2-} は大気中ではエアロゾルとして安定であり，そのような問題を考慮する必要がないこと，

② SO_4^{2-} は質量基準で大部分が 0.3 ～ 1 μm の粒径範囲に存在し[21]，NO_3^- と違って粒径分布が単純であり，結果の解釈が容易になると考えられること，

からである．

観測高さを雪面上 1.5 m とし，サンプリング時間を 5 ～ 7 時間にして，2004 年 2 月 28 日～ 3 月 3 日に，合計 7 回の測定を行った．この期間は，主風系である北ないし北西の風が卓越しており，風速は 3 ～ 7 ms^{-1} であった．図 6.14 に

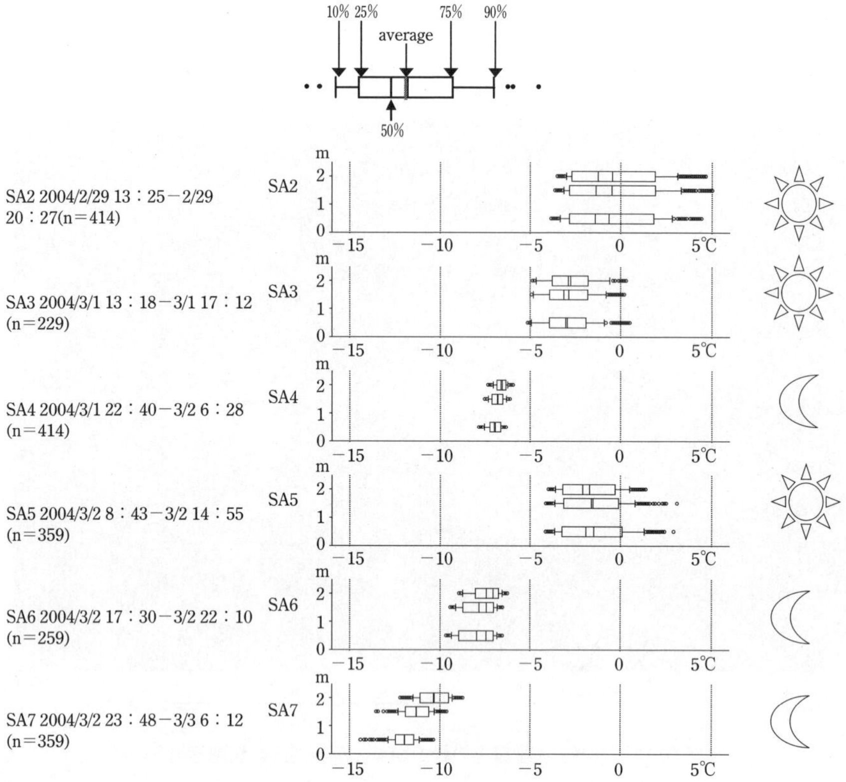

図 6.14　雪面上の気温のプロファイル[19)]
(SA2 ～ SA7 は観測における実験番号を表す．右端の太陽と月のマークはそれぞれ，日中と夜間の観測を意味する.)

0.5, 1.5, 2.0 m の 3 高度で測定した気温の鉛直プロファイルを示す．SA1 ～ SA7 は 7 回行われた観測のそれぞれの実験番号である．気温は，毎分 1 回測定したが，SA1 は欠測であった．同図では，観測時間内の全測定値を順番に並べ，全数の 25%～ 75%の範囲の値を棒グラフに，その外側に 10%と 90%の順位の値を示し，さらにその外側に後者から外れた値を●で示した．図から，日中は相対的に気温が高く 0 ℃ 近くまで上昇して，温度の変動幅も大きく，気温の鉛直勾配が小さいことが分かる．これらのことは，雪面上の 2 m 程度の範囲で日中，大気の上下混合が起こり，熱の輸送が活発に行われていることを示すものと思われる．これに対して，夜間は全体として気温が低く，特に SA6 と SA7 では雪

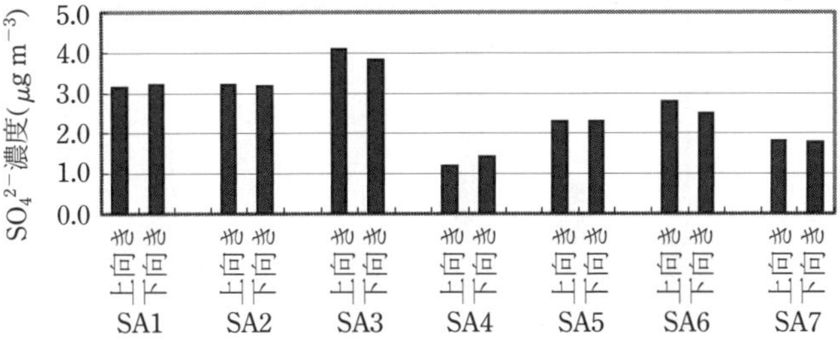

図 6.15　雪面上で観測された SO_4^{2-} の $\langle C\rangle_+$ と $\langle C\rangle_-$ [17]
（SA1 ～ SA7 は観測における実験番号．図 6.14 を参照．）

面直上で気温の逆転が認められる．これは，放射冷却によると思われる．

SO_4^{2-} の $\langle C\rangle_+$ と $\langle C\rangle_-$ を図 6.15 に示したが，東京農工大農場と同様に $\langle C\rangle_+$ と $\langle C\rangle_-$ の差は小さいことが分かる．分析値のばらつき（σ）はフィルタ上の硫酸塩の絶対量に依存するが，0.01 ～ 0.13 μg m^{-3} であった．図 6.15 で，SA5 と SA7 は（$\langle C\rangle_+ - \langle C\rangle_-$）が σ を下回った．σ_w は 0.09 ～ 0.49 m s^{-1} であった．b = 0.6 と仮定して，式（6.11）から計算したフラックスを図 6.16 に示す．有効な REA 測定 5 例のうち，3 例が「フラックスが上向き」で 2 例が「下向き」の結果になった．後者の 2 例について v_d を計算した結果，SA1 では約 0.8 cm s^{-1}，SA4 では 3.1 cms^{-1} となった．

これまでに，筆者らとは異なる方法でエアロゾルの v_d の測定が行われているが，サブミクロンエアロゾルに対する値は 0.1 ～ 0.5 cm s^{-1} 程度である [11] ので，今回得られた値は従来値に比べ 1 桁近く大きい．REA 法による測定例はもちろんなく，雪面上での測定の唯一の値が 0.16 cm s^{-1} とされている [11]．これは鉛のサブミクロン粒子とされるが，出典がなく，詳細は不明である．最近，Kumar ら [22] は，植物の葉への v_d は測定法により大きな幅があり，0.01 ～ 3.3 cm s^{-1} の範囲にあることを報告している．筆者らが得た値は平坦な雪面上の値であることを考慮すると，かなり大きな値といえる．しかし，実大気の微気象現象が数時間スケールで変化することを考慮すれば，測定の時間スケールが違うことが，観測結果の違いの一因とも考えられる．言い換えると，従来のエアロゾルの乾性沈着の研究，とりわけ，森林への沈着測定は測定原理の制約から数日スケールの観測から導かれたものと思われる．本節で紹介した場合のように短時間で

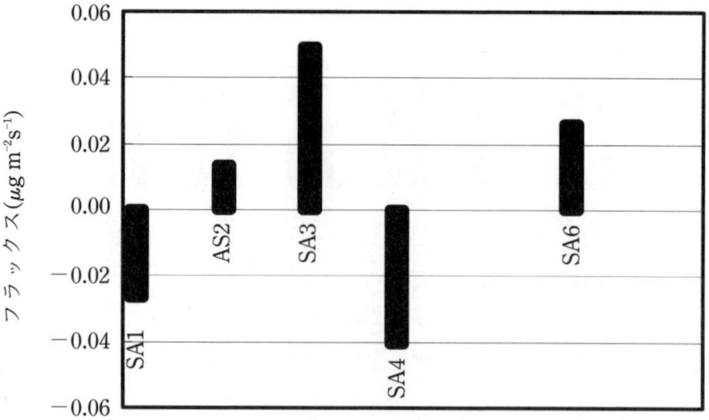

図 6.16　雪面上で観測された SO_4^{2-} のフラックス[17)]

測定できる方法の場合は，長時間の観測から算出される平均値と比較すべきであろう．得られた値の妥当性を判断するためには今後，観測を積み重ね，慎重に検討していく必要がある．

6.2.5　まとめ

大気成分の乾性沈着機構とそれに基づく抵抗モデルについて従来の考え方を説明した．次に，エアロゾルの乾性沈着量の測定法を概観し，フラックスを直接測定するための REA 法のメリットについて述べた．エアロゾルの乾性沈着量を濃度勾配法で測定することが困難であることを説明し，濃度勾配を原理的に仮定しない REA 法を用いて，その測定を試みた結果を述べた．乾性沈着研究はいまだ，発展途上にあり，今後の研究が待たれる状況にある．今後，観測事例を増やし，この方法が実際の沈着量測定に有効かどうか判断していく必要がある．この意味において，地表面への実際の沈着量を評価できる実験や研究方法を構築していく必要がある．

6.3 湿性沈着機構と湿性沈着量測定

6.3.1　湿性沈着機構

湿性沈着は，ガスや粒子状の大気汚染物質が，雨や霧（雲粒），雪などを介して地表に降下・沈着する現象を意味し，自然による最も重要な大気の浄化作用である．大気中で霧や雨が発生すると，これらの液滴中にガスや粒子状物質が，硝酸イオン（NO_3^-）や硫酸イオン（SO_4^{2-}），アンモニウムイオン（NH_4^+）などとして溶け込み，植物や構造物の表面に付着したり，地表に沈着し，土壌や湖沼・河川の酸性化や森林の枯死（衰退），植物影響など様々な環境被害を引き起こす．大気汚染物質が，霧や雲粒の生成過程で取り込まれる除去プロセスをレインアウト，また降雨に捕捉され取り込まれる除去プロセスをウォッシュアウトと呼ぶ．

レインアウト，ウォッシュアウトにおいては，汚染物質の取り込み量の違いとともに，雲粒や雨滴の衝突や併合，分裂，蒸発のため，液滴内の化学物質濃度は，一滴一滴が異なる組成・濃度を持っている[23]．雲粒や雨滴に含まれる化学物質や元素濃度の調査は数多く行われてきたが，従来の研究の多くは，霧粒や雨滴の化学分析においては，一定量の試料を採取したバルク試料を対象としたものであった．したがって，それらの分析結果は，液滴径や採取時間の異なる試料の平均化された値であり，個々の霧粒や雨滴に含まれる化学成分やそれらの濃度といった詳細な情報を得ることはできない[24]．一粒一粒の霧粒や雨滴の物理的な大きさと同時に化学的性状を測定することにより，レインアウトやウォッシュアウト機構の解明に新しい情報を得ることができるものと考えられる．

筆者らは，霧粒や雨滴などの液滴粒子を個別にサンプリングし，一粒一粒の元素組成分析が可能となる（サンプリング＋計測）法の開発・改良を行った．個別粒子サンプリング法としては，①シアノアクリレート法，②コロジオン法，③凍結法，④高吸水性ポリマーフィルム法の四つの方法について検討した．

第1の「シアノアクリレート法」[25]は，α－シアノアクリレートモノマーがOH基と重合化反応を起こし，短時間で硬化する性質を用い，個別に捕集した霧や雨滴，雪結晶を固形化し，PIXE法，Micro-PIXE法などにより元素分析を行う方法である．第2の「コロジオン法」[24] は，コロジオン膜上に形状を保持した個別霧粒・雲粒や雪の結晶レプリカを得，これらの個別液滴粒子痕に対しmicro-PIXE分析を応用し，化学的内部構造や混合状態などを分析する方法である．

ここでは，「凍結法」，「高吸水性ポリマーフィルム法」を応用し，一粒一粒の霧粒や雨滴試料から得られた霧や雨の物理・化学性状に基づく，酸性雨，酸性沈着機構解析結果，およびモデルによる計算結果との比較検討結果について述べる．

1）凍結法による個別・粒径別雨滴の性状特性

①液滴粒子の固形化と化学分析

凍結法は，降下する雨滴を液体窒素で瞬時に凍結させ雨滴を固形化する方法である．なお，液体窒素中を沈降する間に，1.7 mm，1.0 mm，0.7 mm，0.5 mm，バックアップの5段分級篩を用いて粒径別に分級し，固形化した雨滴試料を得る[24]．図6.17に雨滴捕集装置の模式図を示す．凍結法による雨滴サンプリングを2001年4月黄砂飛来時に京都大学宇治キャンパス本館屋上（地上約20 m）にて行った．

凍結法で捕集し氷結した雨滴は，シアノアクリレートにより完全に固形化した試料を作ることも可能であるが，ここでは室温で溶解させ4000 rpmで10分間遠心分離を行うことにより水溶性と不溶性に分けた．粒径別に採取し，かつ水溶性・不溶性成分に分離した雨滴試料は，荷電粒子励起X線放射（Particle Induced X-ray Emission，PIXE）法により化学分析を行った．

②結果および考察

バックアップ段（<0.5 mm）に捕集された雨滴に対する水溶性・不溶性成分のPIXEスペクトルを図6.18に示す．PIXEスペクトルから各元素のピーク幅における積算値を求め，感度で除することによりこれらの各元素の質量厚み求め，標準試料を用いて作成した感度曲線より元素濃度の定量化を行った．0.5 mm以下の雨滴に関しては，正確な大きさを測ることができなかったが，粒径別に捕集した雨滴に存在する不溶性粒子の顕微鏡観察により求めた個数粒度分布を

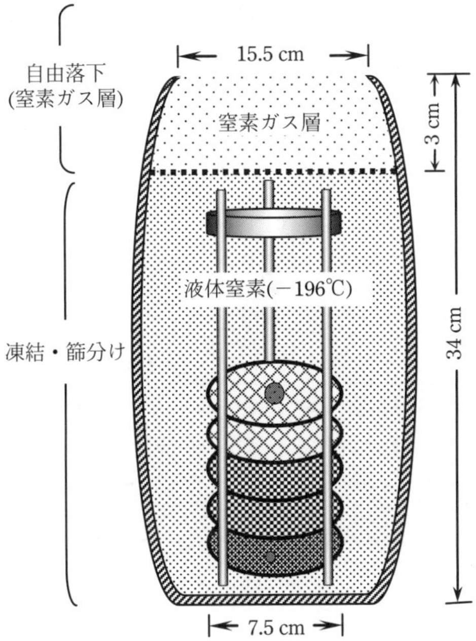

ジュワー瓶(JENCONS Co.)

図 6.17　雨滴捕集装置

図 6.19 に示す．個数粒度分布は 1 μm 付近にピークを持ち，3 μm から 4 μm の間にマイナーなピークが現れた．また，全ての雨滴で粒径 1 μm から 0.5 μm までの粒子個数が急激に減少したのは，取り込まれたガス状汚染物質からの 2 次生成微小粒子の大部分が水溶性のため，雨滴中で溶解したと考えられる．

PIXE 分析によって雨滴の大きさ別に水溶性・不溶性成分中の各元素濃度を求めた結果，多くの元素は雨滴が大きくなるとともに濃度は減少する傾向が見られた．

粒径別に採取した雨滴中の化学成分濃度の PIXE 分析結果を理論値と比較するため，ウォッシュアウト機構をモデル化したシミュレーションモデルを作成し，雨滴の大きさ別に各元素濃度を計算した．シミュレーションモデルは，雲底から地上までの一次元鉛直方向に空間座標を設定したオイラー型モデルで，大気は安定で静止し，上昇気流やその他の風速場によって起こる物質の移流や

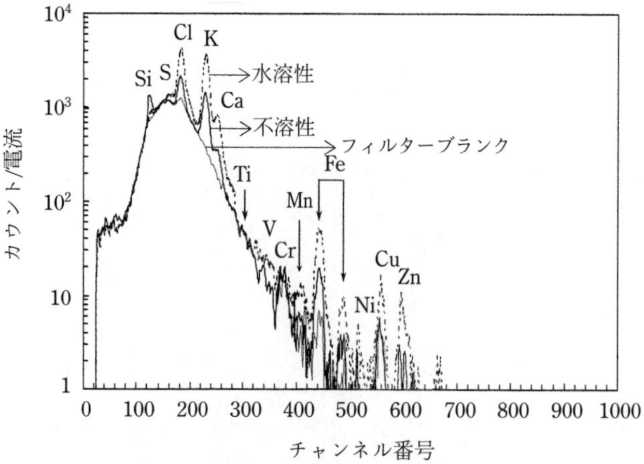

図 6.18　水溶性・不溶性成分の PIXE スペクトル

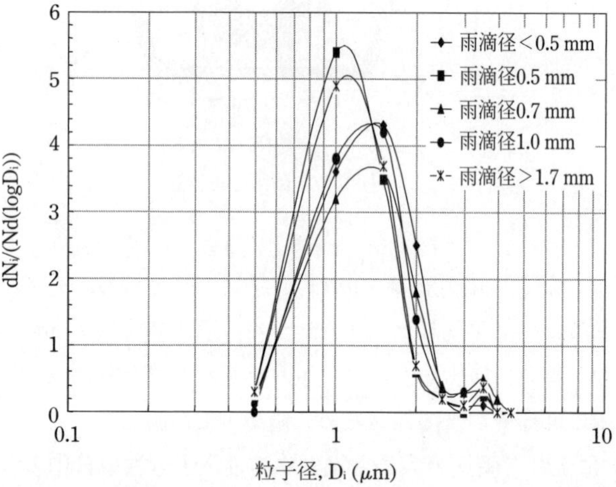

図 6.19　粒径別雨滴に取り込まれた不溶性粒子の個数粒径分布

拡散はないものと仮定した．また，雨滴は雨滴径に応じた終末速度で落下し，その間に雨滴の蒸発や併合は起こらず，エアロゾルを取り込むものと仮定した．エアロゾル粒子の捕集機構にはブラウン拡散，さえぎり効果，慣性衝突，熱泳動，拡散泳動，静電気力などが考えられるが，ここではその中でも主要な機構であるブラウン拡散 (E_{dif})，さえぎり効果 (E_{int})，慣性衝突 (E_{imp}) のみを考慮した

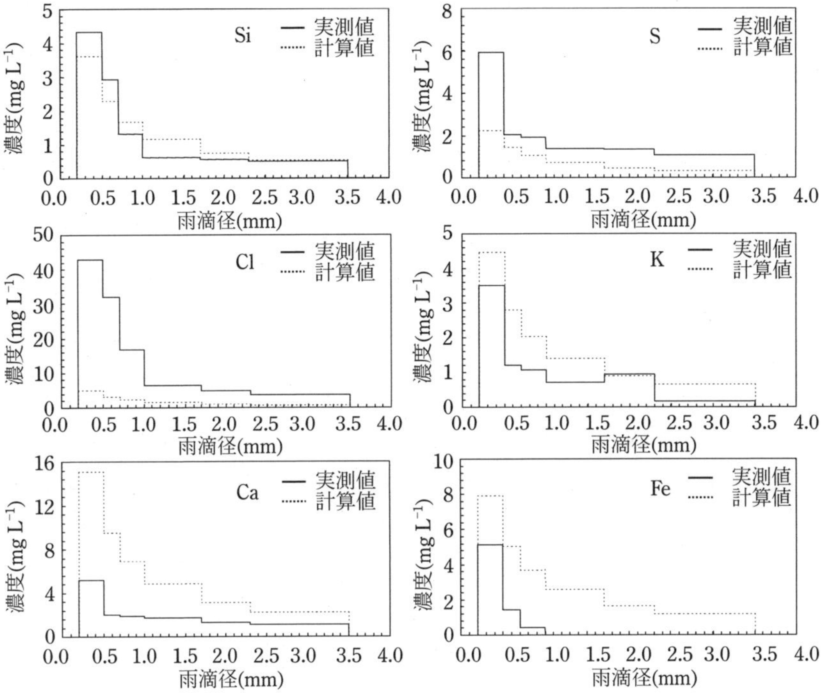

図 6.20　実測とシミュレーションモデルで求めた主要元素の雨滴粒径依存性

式（6.19）により全捕集効率（E）を求めた．

$$E=1-(1-E_{dif})(1-E_{int})(1-E_{imp}) \tag{6.19}$$

図 6.20 に主要元素の実測濃度とシミュレーションモデルによる計算値を比較し示した．ここで，エアロゾルの各元素別粒度分布は低圧アンダーセンサンプラによる実測値を，その質量濃度は地上から指数関数的に減少（スケールハイト 900 m）するとした．実測値とシミュレーションモデルから求めた雨滴中各元素濃度の雨滴粒径依存性には同様な傾向が見られる．Si に関しては実測値と計算値が比較的あっているが，S と Cl についてはシミュレーションモデルでは過小評価，一方 K，Ca，Fe については過大評価となっている．このような実測値とシミュレーションモデルとの間の濃度差の原因としては，シミュレーションモデルでは雲低から地上までの高度による実際の粒子濃度を考慮してい

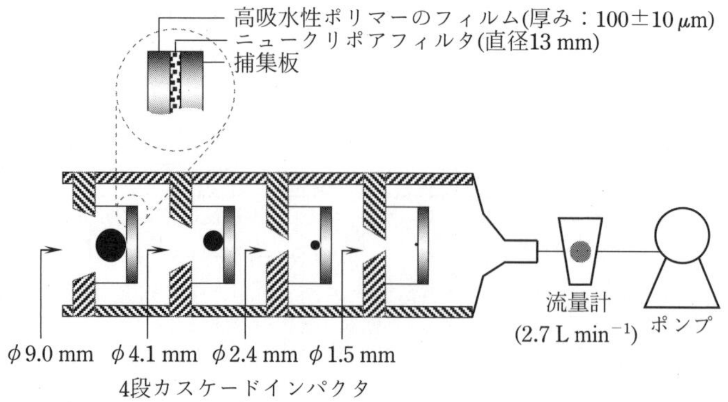

図 6.21　粒径別雲粒の捕集装置

ないこと，一方実測値では，雨滴の捕集時間と大気エアロゾル粒子の捕集時間とで時間分解能が大きく異なることが考えられる．

2）粒径別雲粒の測定に基づく黄砂粒子の湿性沈着評価

黄砂が飛来した 2002 年 3 月 22 日，京都府丹後半島弥栄町にある国設酸性雨観測所と近隣の太鼓山の山頂（海抜 683 m）において，雲粒を粒径別にサンプリングした．雲粒の粒径別サンプリングには，筆者らが新たに開発した高吸水性ポリマーフィルム[23] を，図 6.21 に示したように 4 段カスケードインパクタの各ステージにセットし，雲粒を分級捕集した．サンプリングにおいては，40 分間のサンプリングを 3 回連続して行った．分級捕集した雲粒は，捕集前後のポリマーフィルム重量の変化より雲水量を，また PIXE 分析法を用いて元素分析を行った．

粒径別に捕集した雲粒の PIXE 分析による主要元素濃度と雲水量（LWC）の粒度分布を図 6.22 に示した．捕集第 1 回目，第 2 回目においては，S と Cl は大粒径側の雲粒中で高い濃度を示しているのが分かる．一方，Si をはじめ Ca, Fe などの土壌成分元素は，小粒径側の雲粒中で高い濃度を示しているが，これは土壌粒子が雲粒生成において核なることができない，すなわち雲粒間粒子（Interstitial Particle）によるものと考えられる．第 3 回目の捕集においては，ほとんどの元素の粒度分布が前 2 回とは大きく変化していることが分かる．

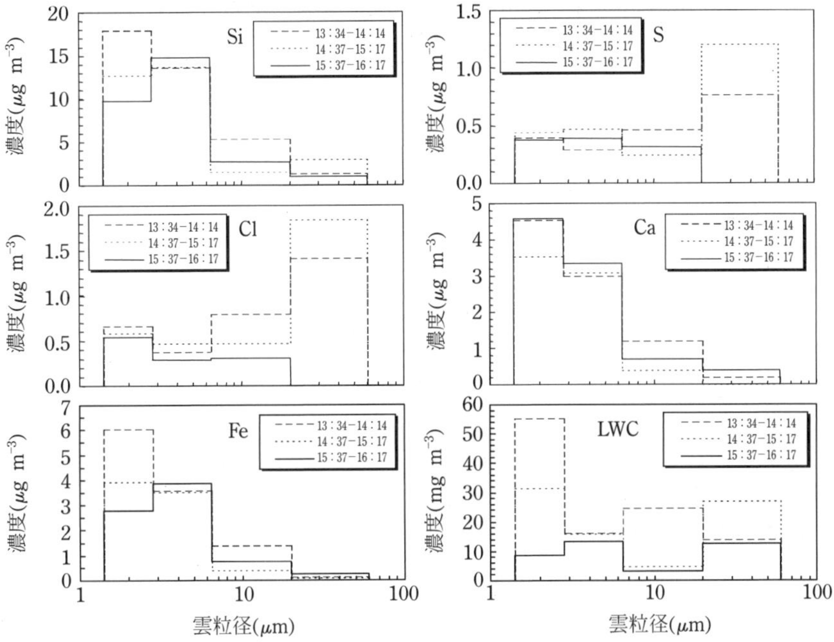

図 6.22　PIXE 分析により得られた主要元素と雲水量の粒径依存性

また，雲水量 LWC は，第 1 回目には全量として 0.11 g m^{-3} であったものが，第 3 回目のサンプリングにおいては 0.04 g m^{-3} まで減少しており，雲粒が蒸発したものと考えられる．

6.3.2　湿性沈着における霧水の寄与

化石燃焼から人為的に排出された二酸化硫黄や窒素酸化物は拡散しながら粒子化などの変質過程を経てそのほとんどが地表面や海面に沈着し大気中から除去される．世界および日本から排出される二酸化硫黄および窒素酸化物はそれぞれ年に 140 Tg-SO_2，596 Gg-SO_2，145 Tg-NO_2，869 Gg-NO_2 にも及び，地球表面を酸性化している．日本では森林面積が 251,200 km^2 あり，国土 377,920.64 km^2 の 67%を占めている．また，山地では霧の発生などにより降水以外の沈着量の占める割合が多いとされている[26]．本項では，このような背景のもと，霧と大気汚染物質との関係，山地の森林における沈着量，沈着量に及ぼす霧の寄与な

表 6.2　六甲山のスギ林における林内・外雨量と pH の標高分布

標高(m)	林内雨量(mm)	pH	林外雨量(mm)	pH
70	1064	6.07		
150			1494	4.91
240	1184	6.03		
300			1746	4.86
430	1863	5.15		
670	2528	4.77		
800	3934	4.41	1760	4.81

どについて述べる．

1）樹木による霧水の捕獲[27)]

霧が多く発生する山地では，大気からの沈着量に対する霧の役割は大きい．神戸市六甲山の標高の異なるスギ林における調査結果では，表 6.2 にみられるように林内の降水量は標高とともに増大し，霧発生の分岐点と見られている 430 m 以上では，林内雨量は林外降水量を上回り，標高 800 m では林外降水量の 2 倍以上に達すること，林内雨の pH が標高とともに低下し，670 m 以上では林外雨の pH を下回ることが示されている．このような標高依存性の主な要因は，霧水沈着によるものであると考えられ，数々のフィールド実験が行われている[26)]．

2）霧水・雨水・乾性沈着の割合

森林における沈着機構を理解しやすくするため，樹冠における水収支および物質収支の簡単なモデルを図 6.23 に示す．ここでは，化学物質の収支を調べる前に，沈着の基本量として水収支について先ず述べる[26,28)]．大気中からの供給量として林外雨量（W_p）と霧水付着量（W_c），樹木から林地への供給量を樹冠通過雨量（ここでは林内雨量 W_t），樹幹流下量 W_s，樹冠遮断量（W_i）とすると，水の収支は式（6.20）のように表現される．

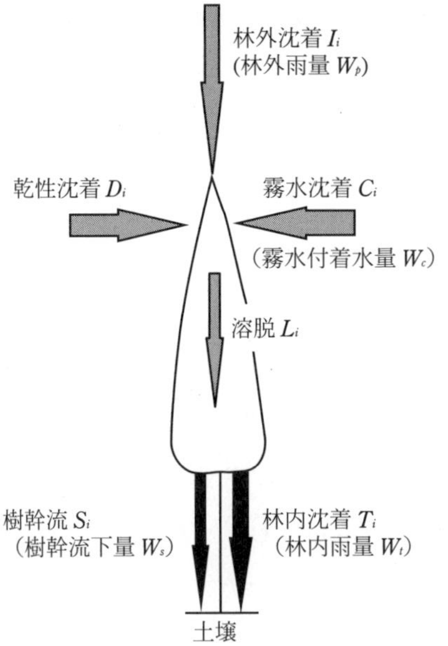

図 6.23　森林樹冠における沈着機構のフローチャート

$$W_p + W_c - W_i = W_t + W_s \tag{6.20}$$

なお，ここでは霧の付着による W_c は見込まれるが，蒸発に伴う損失である Wi は無視できるとする．また，W_s と W_t には一定の関係 $W_s = kW_t$ があり，神戸市の六甲山のスギ林では $k = 0.042$ とされている[29]．したがって，霧発生時には，式（6.21）により林外雨量，林内雨量を測定することにより霧水の寄与が推定できる．

$$W_c = (1+k)W_t - W_p \tag{6.21}$$

同様に，樹冠における化学成分 i について沈着量を，I_i：林外雨沈着量，D_i：乾性沈着量，C_i：霧水沈着量，L_i：溶脱量，T_i：林内雨沈着量，S_i：樹幹流下量とした場合の物質収支について考える．これらの沈着量のうち，容易に測定可能なものは I_i，T_i で，C_i は霧水の濃度測定は可能であるが水分量（W_c）の測定は困難である．しかしながら，実際は I_i，T_i の測定に伴って W_p，W_t が測定されているので，式（6.21）から W_c を得ることができる．

D_i と L_i は直接測定することが困難であるので，物質収支のモデルを用いて推定される．化学成分収支の初期条件として，①全ての成分について樹冠での蓄積は無い，②樹幹流下量は林内沈着量に係数 k_i で比例する[34]，また，③硫酸イオン（SO_4^{2-}）は溶脱しない，④化学成分間の濃度比が乾性沈着と林外沈着で同じとする仮定を置くと沈着量の関係は，①から基本式として，

$$T_i+S_i-L_i=I_i+D_i+C_i \tag{6.22}$$

となり，②から $S_i=k_iT_i$，③から成分 j を SO_4^{2-} としたとき $L_j=0$ となり，
式（6.22）を用いて 2 成分の乾性沈着量と霧水沈着量の合計の濃度比をとると

$$\frac{(1+k_i)T_i-L_i-C_i}{(1+k_j)T_j-C_j}=\frac{D_i+I_i}{D_j+I_j} \tag{6.23}$$

が成り立ち，④から $D_i/D_j=I_i/I_j=(D_i+I_i)/(D_j+I_j)$ であるので，式（6.23）の右辺が I_i/I_j に等しいと見なせるので，これを変形して溶脱量 L_i を次式により求めることができる．

$$L_i=(1+k_i)T_i-C_i-\frac{I_i}{I_j}\{(1+k_j)T_j-C_j\} \tag{6.24}$$

式（6.24）を式（6.22）に代入すれば，乾性沈着量 D_i は次式により推定できる．

$$D_i=\{(1+k_j)T_j-C_j\}\frac{I_i}{I_j}-I_i \tag{6.25}$$

六甲山の標高 800 m のスギ林における実測値をもとに，林外雨，霧水，林内雨の観測データから上記のモデル式を用いて霧水沈着，雨水沈着，乾性沈着の寄与率を求めた結果，表 6.3 に示すように，スギ林における各沈着量の割合は，SO_4^{2-} について霧水 58%，乾性 28%，雨水 13%，NO_3^- では霧水 48%，乾性 14%，雨水 6%の結果が得られ[30]，霧水沈着量は乾性沈着量の 2 ～ 3 倍，雨水沈着量の 4 ～ 8 倍と推定された．一方，H^+ や NH_4^+ については，霧水沈着量が乾性沈着量の 5 倍以上であるが，多くは樹冠の枝葉に吸着されていると考えられる．

表 6.3　スギの霧水沈着量，乾性沈着量，雨水沈着量及び溶脱量の比率

	総フラックス	割合（%）			
	（kg ha^{-1} y^{-1}）	霧水	乾性	雨水	溶脱*
SO_4^{2-}	258	58	28	13	0
NO_3^-	322	48	14	6	31
NH_4^+	34	166	30	16	−111
H^+	1.5	176	32	15	−122

* マイナスは吸着

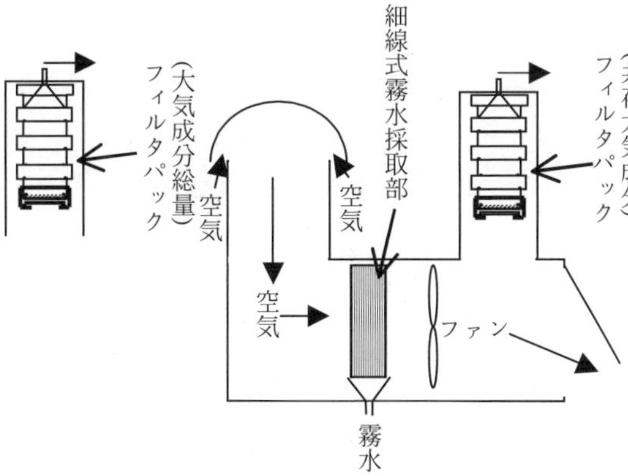

図 6.24　霧水・ガスエアロゾル採取装置

3）霧水成分の由来

森林地域の沈着物に大きな役割を持っている霧水成分はどこからくるのであろうか．霧水成分には凝結核のエアロゾル成分ならびに霧粒との衝突や吸収によるエアロゾルやガス状成分が含まれている．これらの関係を調べるため，図 6.24 の装置を考案し，霧の発生状況に応じてガス・エアロゾルを同時に採取して相互の関係を明らかにした[31, 32]．

測定対象は大気中のエアロゾル，二酸化硫黄 (SO_2)，アンモニア (NH_3)，硝酸ガス (HNO_3) および霧水で，エアロゾルおよび霧水は硫酸イオン (SO_4^{2-})，硝酸イオン (NO_3^-)，アンモニウムイオン (NH_4^+) などについて解析している．測定場所は霧の発生が頻繁に見られる六甲山の標高 800 m の地点で，測定期間は

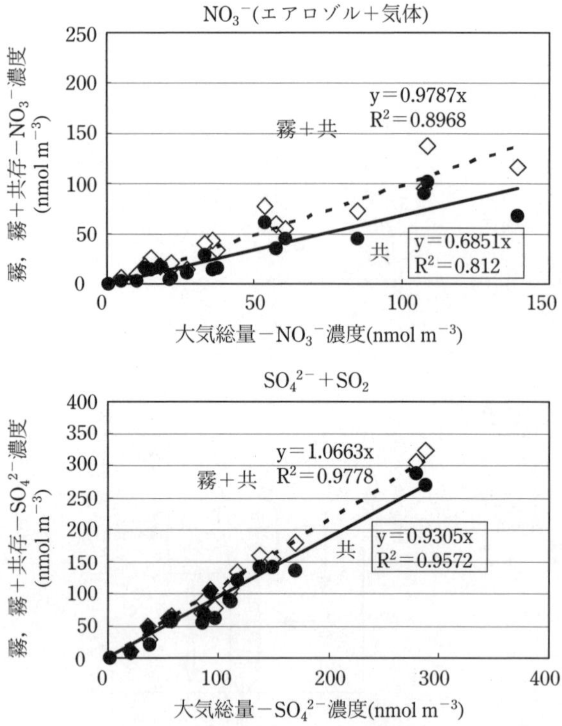

図 6.25　共存成分と大気総量の関係

2004 年 6 月 21 日から 8 月 31 日までである．本調査の特徴は，霧水採取前後の空気中のエアロゾル，SO_2，NH_3，HNO_3 を分析し霧水への取り込み量を大気の側から測定したことである．

4）霧分離採取で得た大気成分濃度[32)]

上記の測定によれば，霧発生時には霧水成分（以下，霧），霧と共存する大気成分（以下，共），霧もエアロゾルとして捕集した大気成分総量（以下，総）の 3 種類の試料を採取でき，各々について化学成分を分析することができる．これらの試料において，霧水中に取り込まれた場合に SO_4^{2-} となる成分および NO_3^- となる成分について大気成分総量との関係を調べた．図 6.25 の破線で示すように（霧＋共）は（総）とほぼ 1：1 の関係にあり，この 3 種類の試料間で物

表 6.4　大気成分濃度から推定した霧による除去係数

	SO_4^{2-}	NO_3^-	Cl^-	NH_4^+	Na^+	K^+	Mg^{2+}	Ca^{2+}
エアロゾル	0.27	0.17	0.14	0.10	0.29	0.21	0.10	0.34
ガス	0.05	0.40	0.33	0.23				
エアロゾル＋ガス	0.07	0.31	0.28	0.11				

質収支が取れていることが証明された．（共）と（総）とを比較すると HNO_3 (g)＋ NO_3^-(p) では 69％が霧水に取り込まれず，不活性な状態で大気中に存在していた．また，SO_2(g)＋ SO_4^{2-}(p) では 93％が霧に取り込まれていなかった．したがって，（総）と（共）の差は霧水への取り込み量となるので，大気成分側から推定される除去係数を以下のように定義して求めた．ただし，個々の測定値は大きな誤差を含んでいるので，ここでは，（共）と（総）との 1 次回帰式(図中実践に相当)より得た比率から霧によるエアロゾル•ガスの除去係数を算出する．また，ここではフィルタパックを用いて測定を行っているので，ガスとエアロゾルの測定値が別々に得られており，大気成分の除去係数をガス状とエアロゾル状それぞれに分けて評価することが可能である．

$$除去係数(大気側)＝1－共存大気成分／大気成分総量 \tag{6.26}$$

その結果，各化学成分の除去係数として表 6.4 に示す値が推定された．エアロゾルについては 0.1 ～ 0.34 の除去係数が得られ，特に Ca^{2+}，SO_4^{2-}，Na^+ の値が大きく除去されやすく，またガス状物質については，HNO_3，HCl が除去されやすい結果が得られた．物質総量として見た場合，エアロゾルとガスの合計の除去係数は NO_3^-，Cl^- が約 0.3 の高い値であり，大気中のこれらの成分が霧水沈着物に多く取り込まれている結果が得られた．

5) 霧水量（霧密度）と除去係数[32)]

多くの場合に霧水中化学成分濃度は霧密度と関係しており，霧の空間分布と濃度の関係から大気成分の霧水による除去係数について解析した．ここでは，霧水量の空間濃度である霧密度の測定結果を用いて，霧水中の化学成分濃度を，エアロゾルと同様の空間濃度に変換して霧水成分の空間濃度で解析した．具体

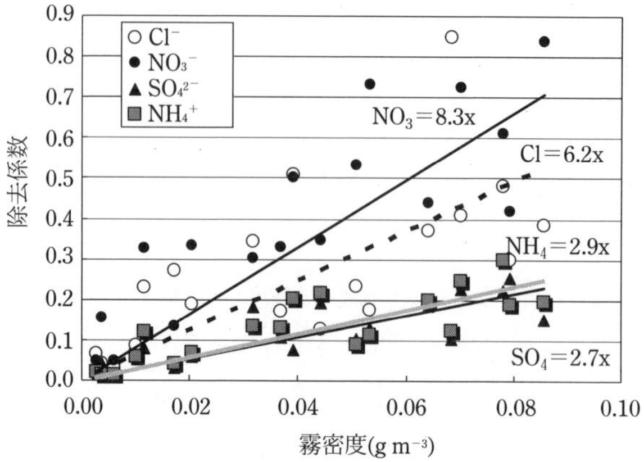

図 6.26　除去係数と霧水量の関係

的には，大気中でガス＋エアロゾルの大気成分と霧水との間で相互関係があると見て，霧水側からの除去係数を以下のように定義する．

除去係数＝(霧水成分濃度×霧密度)／大気成分濃度　　(6.27)

その結果，除去係数と霧水量との関係は図 6.26 に見られるように，霧密度の増加とともに除去係数が増加し，空間に占める霧水の量が多くなるほど大気中から霧水の中へ移動する化学成分量が多くなる傾向が見られる．しかし，除去係数は成分間で異なり，$NO_3^- > Cl^- > NH_4^+ = SO_4^{2-}$ の順となった．また，表6.3 で得た大気成分濃度から算出したエアロゾル＋ガスの除去係数は，図 6.26 の霧水量 0.04 $g\ m^{-3}$ での除去係数と一致しており，この調査期間の平均的な霧密度と一致していた．ここで検討した二つの方法で得た除去係数は，霧水による除去機構の二つの側面を解明したことになる．

また，ここでは霧水について検討したが，雲水でも同様の過程が生じており，レインアウトの基本的な除去機構についての知見を示した．また，雲から降水が生じる際の成長過程におけるガス・エアロゾルの取り込みも本調査と同じ除去過程が適用できる．

6.4 東アジア地域の湿性沈着

「酸性雨」という環境問題は単に雨が酸性になるということではない．科学的には，ガスやエアロゾルの形で存在する酸などの物質が大気から地表面へ沈着する現象，大気沈着（atmospheric deposition）である．物質が大気から沈着する過程は二つあり，風に乗ったまま地表に沈着する乾性沈着と，雨など水に溶けた状態で沈着する湿性沈着の二つである[33,34]．この「酸性雨」は今世紀の東アジアで重大な環境問題を引き起こす可能性がある．1993年に日本が提唱した東アジア酸性雨モニタリングネットワーク（Acid Deposition Monitoring Network in East Asia, EANET）では1998年4月から試行的な観測が行われ，2001年1月からは本格的な観測が始まった[35]．このモニタリングはガスやエアロゾルの測定と降水化学の観測など大気系の測定と，土壌・植生，陸水など地表生態系の調査からなる[35,36]．

2000年には以下の10カ国で湿性沈着のデータが得られた[35-38]．これは統一した方法による東アジア地域で初めての観測結果である：ロシア，モンゴル（この二カ国をNorthern Northeast Asia, NNEとする），中国（CHN），韓国（KOR），日本（JPN），フィリピン，インドネシア（この二カ国をMaritime Southeast Asia, MSA），タイ，マレーシア，ベトナム（この三カ国をContinental Southeast Asia, CSE）．その後，カンボジ，ラオス，ミャンマーが加わった

ここでは2000～2003年に得られたデータ[39-42]から，各測定地点における硫酸および硝酸イオンの年間沈着量を算出し，東アジアにおける大気沈着の描像を試みた．

6.4.1 モニタリングの方法

図6.27にEANETの測定地点を示す[36,37]．降水試料は降水時開放型捕集装置を用いて日単位（一部週単位）で捕集し，pHとしてのH^+を含む10種類のイオン濃度（H^+，NH_4^+，Ca^{2+}，K^+，Mg^{2+}，Na^+，NO_3^-，SO_4^{2-}，Cl^-）を測定しており[43-45]，イオンバランスや欠測に関する完全度などにより測定の精度の確保に努めている．表6.5に測定地点コードとともに2004年の各測定イオン成分

表 6.5　EANET の各測定地点における 2004 年の年間沈着量[44)]

国名	サイト名	サイト番号	SO_4^{2-} mmol $m^{-2}y^{-1}$	nss-SO_4^{2-} mmol $m^{-2}y^{-1}$	NO_3^- mmol $m^{-2}y^{-1}$	Cl^- mmol $m^{-2}y^{-1}$	NH_4^+ mmol $m^{-2}y^{-1}$	Na^+ mmol $m^{-2}y^{-1}$	K^+ mmol $m^{-2}y^{-1}$	Ca^{2+} mmol $m^{-2}y^{-1}$	nss-Ca^{2+} mmol $m^{-2}y^{-1}$	Mg^{2+} mmol $m^{-2}y^{-1}$	H^+ mmol $m^{-2}y^{-1}$
中国	重慶 1（都市域）	1	229	228	60.9	20.3	189	10.1	15.1	153	153	12.7	36.0
	重慶 2（田園地域）	2	166	165	55.9	19.5	160	18.7	17.8	107	107	5.39	39.3
	西安 1（都市域）	3	104	103	37.1	21.7	87.5	11.5	5.75	88.5	88.3	9.18	0.30
	西安 2（田園地域）	4	94.2	93.5	32.4	18.3	70.5	10.9	5.25	88.3	88.1	8.99	0.49
	西安 3（遠隔地）	5	56.3	54.7	26.9	15.1	37.8	25.5	8.65	89.7	89.1	16.9	0.79
	厦門 1（都市域）	6	73.6	70.3	53.1	64.1	48.8	53.7	7.70	89.1	88.0	12.2	20.6
	厦門 2（遠隔地）	7	53.3	51.8	38.5	32.5	74.4	25.5	9.96	12.5	12.0	2.81	48.3
	珠海 1（都市域）	8	25.0	22.4	29.6	48.8	67.9	96.6	10.3	24.1	22.0	8.51	22.1
	珠海 2（都市域）	9	34.3	30.4	31.9	75.1	75.9	120	28.9	31.5	28.9	10.8	29.6
インドネシア	ジャカルタ（都市域）	10	71.4	68.2	114	57.4	32.8	54.6	15.2	74.8	73.8	9.25	30.0
	セーポン（田園地域）	11	41.0	39.3	58.0	34.8	61.9	28.7	8.26	15.4	14.7	5.84	30.5
	コトタバン（遠隔地）	12	9.53	8.39	6.39	18.6	20.6	19.2	9.49	12.2	11.8	2.28	34.5
	バンドン（都市域）	13	24.8	24.2	25.2	15.6	32.9	9.66	2.95	16.3	16.1	2.93	8.31
日本	利尻（遠隔地）	14	27.0	13.9	11.0	242	16.2	217	5.68	8.13	3.46	24.9	13.6
	落石岬（遠隔地）	15	22.3	8.33	8.78	266	7.64	233	5.23	7.92	2.90	27.3	13.4
	竜飛崎（遠隔地）	16	39.8	21.1	24.2	360	22.8	310	7.66	12.3	5.69	36.7	37.4
	佐渡関（遠隔地）	17	27.2	14.7	17.3	236	15.5	208	5.48	7.23	2.90	24.1	30.4
	八方尾根（遠隔地）	18	30.9	29.7	29.8	28.8	28.5	20.9	2.20	8.25	7.81	5.02	43.5
	伊自良湖（田園地域）	19	49.5	44.6	51.1	102	51.0	81.6	3.95	8.73	7.03	10.4	77.3
	隠岐（遠隔地）	20	41.3	16.6	23.7	457	15.2	420	14.7	16.8	7.76	48.8	22.2
	幡竜湖（都市域）	21	34.4	22.5	27.0	232	19.5	197	5.25	9.20	4.97	23.0	34.7
	梼原（遠隔地）	22	27.3	19.9	19.7	143	18.4	122	4.50	7.72	5.08	14.1	41.7
	辺戸岬（遠隔地）	23	93.9	30.3	18.0	1200	22.9	1060	29.4	27.7	5.43	111	24.7
	小笠原（遠隔地）	24	19.5	3.75	4.03	300	5.74	277	6.31	6.29	1.14	27.9	8.27

マレーシア	ペタリングジャヤ（都市域）	25	54.5	53.5	89.4	22.2	39.4	17.0	4.91	15.1	14.8	2.66	142
	タナラタ（遠隔地）	26	9.74	9.48	11.1	5.86	5.77	4.42	3.68	5.60	5.51	0.75	33.1
モンゴル	ウランバートル（都市域）	27	1.84	1.81	1.32	0.67	3.86	0.48	0.24	3.60	3.59	0.49	0.03
	テレルジ（遠隔地）	28	2.75	2.67	3.34	1.85	7.37	1.31	0.97	3.36	3.33	1.07	0.34
フィリピン	メトロマニラ（都市域）	29	47.4	44.8	34.6	60.7	80.6	43.0	9.95	26.4	25.5	10.3	15.0
	ロスバノス（田園地域）	30	19.4	17.9	13.7	29.8	32.7	24.4	4.81	13.3	12.7	7.98	11.9
韓国	カンファ（田園地域）	31	39.3	37.6	36.1	48.9	66.4	28.5	10.0	12.3	11.7	4.82	23.8
	チェジュ（遠隔地）	32	26.8	22.9	27.9	88.9	40.4	64.9	9.11	8.66	7.25	8.17	20.5
	イムスル（田園地域）	33	19.9	18.6	24.8	32.2	34.0	21.6	6.90	8.16	7.70	2.89	14.2
ロシア	モンディ（遠隔地）	34	2.46	2.43	2.44	0.99	4.03	0.69	0.96	1.92	1.90	0.46	1.64
	リストビンスカヤ（田園地域）	35	10.6	10.4	10.9	2.72	6.74	2.57	1.30	7.80	7.74	1.76	6.67
	イルクーツク（都市域）	36	14.7	14.5	9.48	4.71	15.1	3.68	1.50	12.1	12.0	2.64	6.74
	プリモスカヤ（田園地域）	37	25.7	24.8	14.8	14.7	21.0	15.6	5.01	14.9	14.5	4.87	10.0
タイ	バンコク（都市域）	38	19.8	19.1	19.3	13.7	45.8	12.3	1.96	13.3	13.0	2.59	7.86
	サムプトプラカン（都市域）	39	20.7	19.5	12.3	16.2	43.5	20.8	6.15	9.88	9.43	2.36	4.29
	パトゥンタニ（田園地域）	40	17.1	16.6	23.4	13.9	33.2	8.72	1.16	11.1	11.0	1.55	13.3
	カンチャナブリ（遠隔地）	41	4.71	3.96	6.65	13.9	11.7	12.5	1.52	6.65	6.38	2.29	1.18
	チェンマイ（田園地域）	42	7.95	7.74	7.04	4.40	18.1	3.52	1.62	5.50	5.42	2.10	2.93
ベトナム	ハノイ（都市城）	43	58.3	57.5	39.7	23.2	83.0	12.7	4.65	39.3	39.1	5.98	3.56
	ホアビン（田園地域）	44	53.9	53.5	36.4	21.6	75.0	7.16	3.06	36.4	36.2	4.62	4.61

（網掛け）EANET の判定基準，%PCL < 80%または%TP < 80%，により棄却された年間値．ただし，%PCL，%TP は以下で定義されるデータの完全度の指標

%PCL ＝（対象期間の日数－降水量欠測の日数）／（対象期間の日数）× 100

%TP ＝（対象期間中における有効試料の降水量の合計）／（対象期間中の降水量の合計）× 100

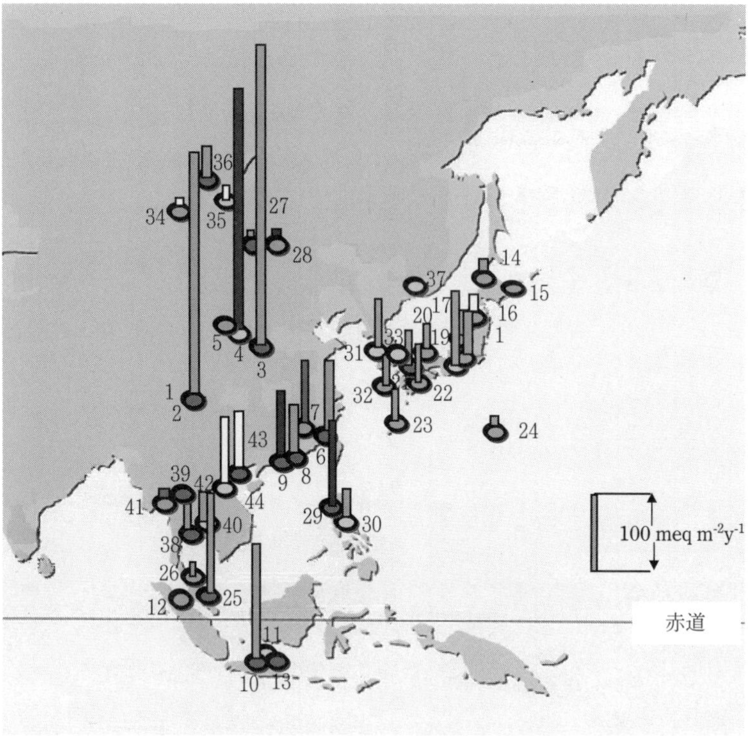

図 6.27　EANET の測定地点[36]

の年間沈着量をまとめた[39-42]．図 6.27 に各地点での nss-SO_4^{2-} の 2000 ～ 2004 の平均年間沈着量も加えた．中国が多く，遠隔地では少なく，他はその中間と見なせる．

6.4.2　硝酸イオンと硫酸イオンの沈着量

硫酸と硝酸は酸性雨に関わる主要な酸である．しかし，これらの酸は式 (6.28)，(6.29) に示したように水溶液中で水素イオンと硫酸イオン，硝酸イオンに解離する．つまり酸という分子は水溶液中では存在しないが，これらから生成する硫酸イオンと硝酸イオンの濃度はもとの酸の濃度に対応する．

$$H_2SO_4 \rightarrow 2H^+ + SO_4^{2-} \qquad (6.28)$$

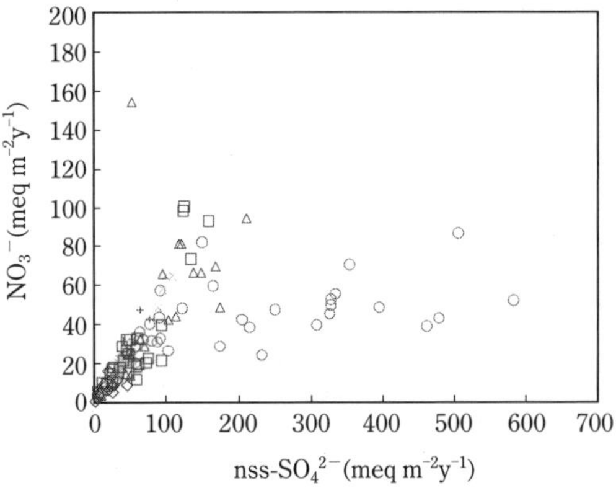

図 6.28　硝酸イオンと非海塩性硫酸イオンの年間沈着量（◇：NNE，○：CHN，＋：KOR，×：JPN，△：MSE，□：CSE）

$$HNO_3 \rightarrow H^+ + NO_3^- \qquad (6.29)$$

なお硫酸イオンは海塩粒子にも含まれるので，Na^+ イオンをトレーサーとして海塩性硫酸イオンを見積もり，硫酸に由来する非海塩性（non-sea salt）硫酸イオン nss-SO_4^{2-} を求めることができる．

各測定点で得られた nss-SO_4^{2-} イオンと NO_3^- イオンの沈着量の関係を 6 地域に分け図 6.28 にプロットした．中国（○）での非海塩性硫酸イオンの沈着量は他の地域に比べて非常に大きいことが認められる．中国以外の測定点では 150 ～ 200 meq $m^{-2}y^{-1}$ より小さいが，中国では 600 meq $m^{-2}y^{-1}$ にも達する地点がある．これは中国での二酸化硫黄の放出量が他地域に比べて大きいことに対応している．また NO_3^-/nss-SO_4^{2-} 当量比を見ると中国ではこの値は 0.1 ～ 0.5 であるが，中国以外の測定点ではこの当量比は大きくは変わらず 0.5 付近の値である．

沈着量は濃度と降水量の積で定まる量である．ここで nss-SO_4^{2-} と NO_3^- の沈着量と年間降水量の関係を見る．図 6.29 に nss-SO_4^{2-} の場合を示すが，EANET ではこの降水量は地域により大きく変動し 300 mm y^{-1} ～ 4000 mm y^{-1} 以上にわたる．ここでも沈着量と濃度の関係は中国の幾つかの地点と，その他の地点で分けることができる．最も沈着量が大きい地点は中国の地点であり，降水量が少ないにもかかわらず 200 ～ 600 meq $m^{-2}y^{-1}$ と大きく他を引き離している．濃

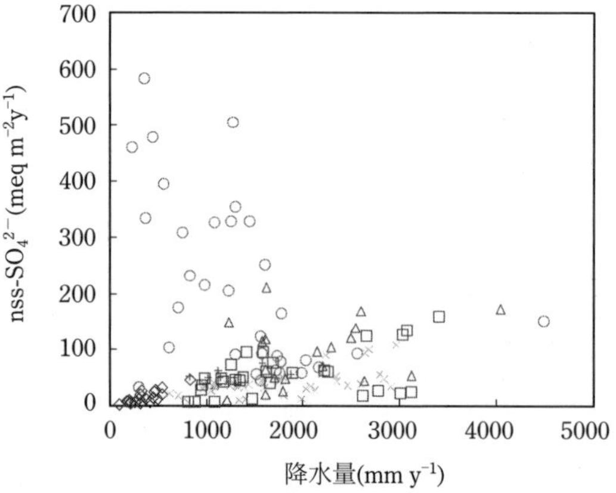

図 6.29　非海塩性硫酸イオンの年間沈着量と年間降水量（◇：NNE, ○：CHN, ＋：KOR, ×：JPN, △：MSE, □：CSE）

度はプロットの点と原点を結ぶ直線の傾きに相当するが，これら沈着量の大きい点は，降水量が小さくても濃度は極めて高いため沈着量が大きくなっていることが分かる．

NO_3^- の沈着量は図 6.30 にみられるように nss-SO_4^{2-} とは少し異なるパターンを示している．沈着量が大きいのはマレーシア，インドネシアの地点である．これらの地点の濃度は中国の地点に比べると低いが，降水量が大きいため沈着量が大きくなっている．

さらに欧州（European Monitoring and Evaluation Programme, EMEP）と米国（National Atmospheric Deposition Program, NADP）のデータを合わせて図 6.31 にプロットした．欧米での沈着量は EANET の多くの地点と同じレベルにあることが分かる．欧州で NO_3^- の沈着量の大きい地点では nss-SO_4^{2-} のそれより大きく，米国と対照的である．欧米の NO_3^-/nss-SO_4^{2-} 当量比は 0.7 程度で，NO_3^- イオンの影響が EANET の地点よりも相対的に大きいことが分かる．

6.4.3　アンモニウムとカルシウムイオンの沈着量

pH は酸と塩基のバランスで決まる．酸は式（6.28），（6.29）で示したように硫酸と硝酸を考えればよい．大気中の主要な塩基はアンモニアであり，式

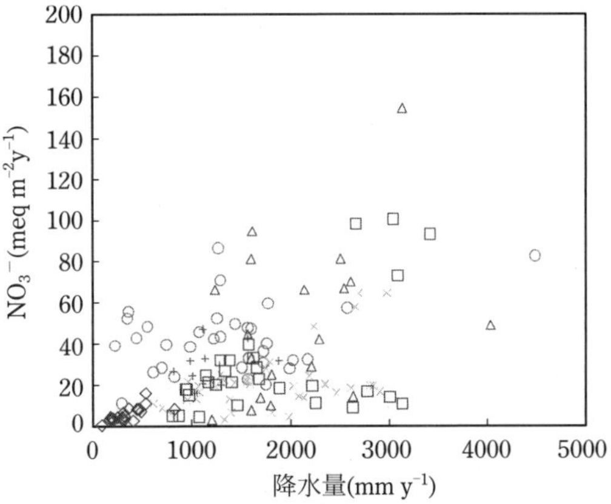

図 6.30　硝酸イオンの年間沈着量と年間降水量（◇：NNE，○：CHN，＋：KOR，×：JPN，△：MSE，□：CSE）

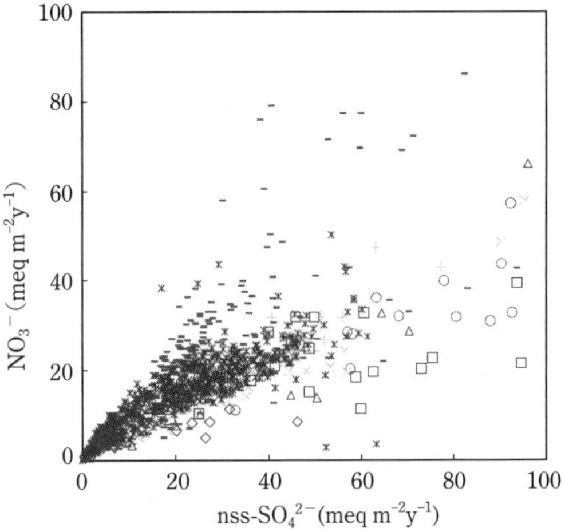

図 6.31　EANET における硝酸イオンと非海塩性硫酸イオンの年間沈着量と欧米のそれとの比較（◇：NNE，○：CHN，＋：KOR，×：JPN，△：MSE，□：CSE，-：EMEP，＊：NADP）

(6.30)，(6.31) のように OH^- を生成する．もう一つの主要塩基は塩基性のカルシウム塩であり，おそらく炭酸カルシウム，$CaCO_3$ であろう．これは式 (6.32) ～ (6.34) のように OH^- を生成する．この仮定を認めれば NH_4^+ と Ca^{2+} は当該

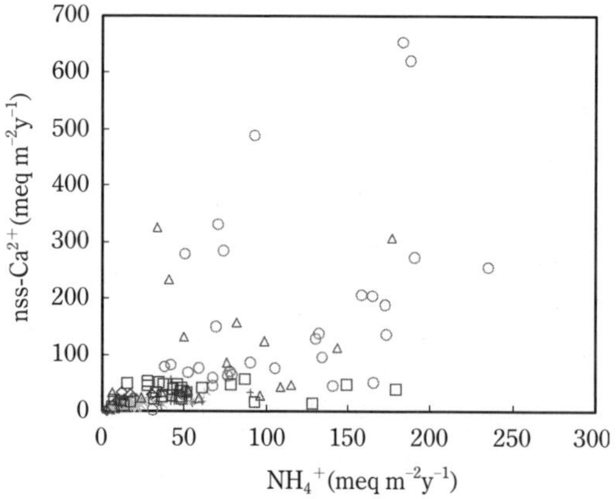

図6.32　カルシウムイオンとアンモニウムイオンの年間沈着量（◇：NNE，○：CHN，＋：KOR，×：JPN，△：MSE，□：CSE）

塩基の定量的な指標になる．なお，SO_4^{2-}と同様，海塩からのCa^{2+}の寄与があるので，やはりNa^+を基準にしてnss-Ca^{2+}を見積もることができる．

$$NH_3+H_2O \rightleftarrows NH_3\cdot H_2O \tag{6.30}$$

$$NH_3\cdot H_2O \rightleftarrows NH_4^+ + OH^- \tag{6.31}$$

$$CaCO_3 \rightarrow Ca^{2+}+CO_3^{2-} \tag{6.32}$$

$$CO_3^{2-}+H_2O \rightleftarrows HCO_3^- + OH^- \tag{6.33}$$

$$HCO_3^- + H_2O \rightleftarrows CO_2\cdot H_2O + OH^- \tag{6.34}$$

nss-Ca^{2+}イオンとNH_4^+の沈着量の関係を図6.32に示した．非海塩性硫酸イオンの場合と同様に中国の地点の中にはnss-Ca^{2+}イオンの沈着量が100 meq $m^{-2}y^{-1}$以上のところが多く，他の地点と比べて群を抜いて大きい．アンモニウムイオンの沈着量はほとんどの地点で100～150 meq $m^{-2}y^{-1}$以下で，nss-Ca^{2+}イオンに比べると沈着量は小さい．

6.4.4　水素イオン沈着量と有効水素イオン

大気中のアンモニアが降水に取りこまれると酸を中和するので“酸性雨を緩和させる”ことになる．しかし，土壌に沈着すると微生物の作用により硝酸に変換されるので，NH_4^+は土壌にとっては酸として作用する[46]．

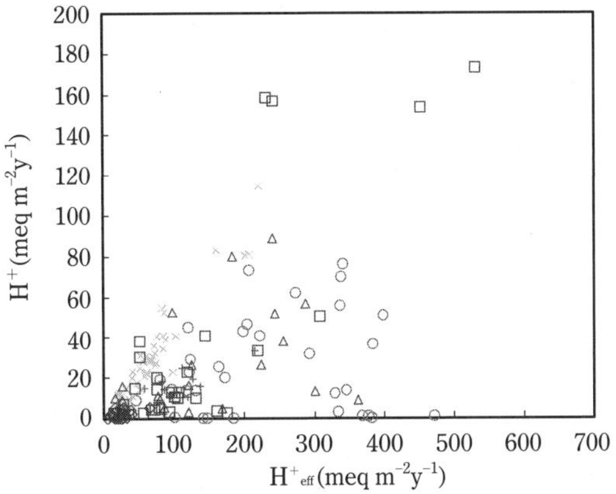

図 6.33　水素イオン（H^+）と有効水素イオン（H^+_{eff}）の年間沈着量（◇：NNE，○：CHN，＋：KOR，×：JPN，△：MSE，□：CSE）

$$NH_4^+ + 2O_2 \rightarrow 2H^+ + NO_3^- + H_2O \qquad (6.35)$$

これを考慮して，土壌に対する実質的な水素イオンの沈着量を評価するため，この硝化過程を考慮した有効水素イオン量，H^+_{eff}を定義する．ここで添え字の eff は有効な（effective）の意である．以下｛　｝はその中に書かれたイオン種の当量沈着量を示す．

$$\{H^+_{eff}\} = \{H^+\} + 2\{NH_4^+\} \qquad (6.36)$$

H^+の沈着量とH^+_{eff}の沈着量の関係は図 6.33 に見られるように，当然なことではあるがH^+_{eff}の方が大きい．しかし，アンモニアにより中和されて pH が高くなった場合は，有効な水素イオンの沈着量｛H^+_{eff}｝は｛H^+｝よりはるかに大きくなる．中国，マレーシアなどではH^+_{eff}の沈着量が 300 meq $m^{-2}y^{-1}$のレベルにあるところが認められ，影響を考える際には注意点の一つとして考慮せねばならない．

6.4.5　窒素飽和に関する沈着量

環境中の物質循環において元素としての窒素サイクルは，炭素や硫黄のそれとともに環境影響を広く考える場合の重要な概念である[47]．大気からの窒素化

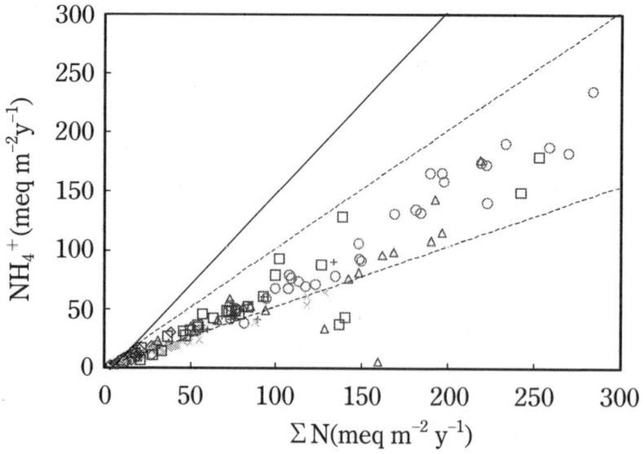

図 6.34　アンモニウムイオンと無機性窒素（Σ N）の年間沈着量（◇:NNE, ○：CHN, ＋：KOR, ×：JPN, △：MSE, □：CSE）

合物の沈着という観点から NH_4^+ と NO_3^- の沈着量の和，SN = {NH_4^+} + {NO_3^-} を定義し，{NH_4^+} との関係を見た．図 6.34 の実線が {NH_4^+} と {NO_3^-} とが 1:1 の線である．ほとんどの点はこの 1：1 の線の上側にあり，NO_3^- に比べ NH_4^+ の割合が大きいことを意味している．日本では {NO_3^-} が卓越していた．

中国の地点の多くでは窒素の沈着量が 200 meq m^{-2}y^{-1} から 300 meq m^{-2}y^{-1} のレベルにあるところがあり，今後 EANET 地域でも窒素循環における窒素沈着量の意義を検討する必要がある．

EANET 領域での沈着量分布図を描くには，現在の測定地点の数そのものが不十分である．さらに測定地点は都市域，田園域，遠隔域に別れ，分布図の作成に使用できる田園域，遠隔域の割合は多くない．しかし，限られた情報でも空間分布を考察できる表現方法を検討することが必要であり，現在の課題として取り組んでいる．

参考文献

1）藤田慎一（1996）．日本列島における硫黄酸化物の物質収支，環境科学会誌，**9**，185–199

2）尾保手朋子（2003）．森林における粒子状物質と微量ガスの乾性沈着に関する研究，京都大学大学院農学研究科学位論文，96 pp

3）泉　克幸（2004）．特集にあたって―大気エアロゾルの乾性沈着，エアロゾル研究，**19**，244

4）Wesely, M. L. and Hicks, B. B.（2000）. A review of the current status of knowledge on dry deposition. *Atmos. Environ*. **34**. 2261–2282
5）Arya, S. P.（2001）. *Introduction to Micrometeorology,* Second Edition, Academic Press, New York.
6）近藤純正（2000）.「地表面に近い大気の科学―理解と応用」，東京大学出版会
7）杉田倫明，青木正敏，塚本　修，開発一郎，林　陽生（2001）．地表面フラックス測定法，気象研究ノート，No. 199，pp. 57–104
8）文字信貴（2003）.「植物と微気象―群落大気の乱れとフラックス」，大阪公立大学共同出版会
9）福山　力，泉克幸，内山政弘（2004）．大気エアロゾルの乾性沈着―最近の文献拾い読み，エアロゾル研究，**19**，245–253
10）Seinfeld, J. H.（1986）. *Atmospheric Chemistry and Physics of Air Pollution*, Wiley-Interscience, New York
11）大喜多敏一（1996）.「酸性雨――複合作用と生態系に与える影響」，博友社，pp. 69–85
12）Seinfeld, J. H. and Pandis, S. N.（1998）. *Atmospheric Chemistry and Physics: From Air Pollution to Climate Change*, Wiley-Interscience, New York.
13）Businger, J. and Oncley, S.（1990）. Flux measurement with conditional sampling. *J. Atmos. Ocean. Technol*. **7**, 349–352.
14）Ammann C. and Meiner, F. X.（2002）. Stability dependence of the relaxed eddy accumulation coefficient for various scalar quantities. *J. Geophys. Res*. **107**（D8）, pp. ACL7.1–ACL 7.10, CiteID 4071
15）松本幸雄，内山政弘（2004）．緩和渦集積法（REA 法）における基礎方程式の統計的導出と係数 b の性質，エアロゾル研究，**19**，266–272.
16）内山政弘，松本幸雄，福山　力，泉　克幸，青木正敏（2003）．REA 法によるエアロゾル乾性沈着測定機器の開発，エアロゾルの乾性沈着と大気環境インパクト，科研費特定領域研究，平成 14 年度研究発表会公演要旨集（茨城県つくば市），pp. 41–42
17）内山政弘，松本幸雄，尾保手朋子，泉　克幸，福山　力（2004）．エアロゾル乾性沈着流束測定への新しい試み，エアロゾル研究，**19**，260–265
18）大原利眞，瀬野忠愛，泉　克幸，内山政弘，青木正敏，尾保手朋子，松本幸雄，福山　力（2004）．エアロゾルの乾性沈着と大気環境インパクト，科研特定領域（A）416，平成 15 年度研究成果報告書，pp. 141–150
19）泉　克幸，武藤　礼，内山政弘，松本幸雄（2005）．緩和渦集積法（REA 法）による大気エアロゾルの乾性沈着フラックス測定のための基礎技術，第 22 回エアロゾル科学・技術研究討論会要旨集（大阪府堺市），P16，179–180
20）大原利眞，泉　克幸，内山政弘，尾保手朋子，松本幸雄，瀬野忠愛（2005）．エアロゾルの乾性沈着と大気環境インパクト，科研特定領域（A）416，平成 16 年度研究成果報告書，pp. 125–132
21）泉　克幸，武藤　礼，内山政弘，松本幸雄，大原利眞，尾保手朋子，青木正敏（2004）．低圧アンダーセンサンプラーを用いた都市大気エアロゾルの粒径分布測定，第 21 回エアロゾル科学・技術研究討論会要旨集（札幌），I04，171–172
22）Kumar, R. K. *et al*.（2003）. Direct measurement of atmospheric dry deposition to natural surfaces in a semiarid region of north central India. *J. Geophys. Res*. **108**（D20）, ACL1–1–ACL1–12
23）Tenberken, B. and Bächmann, K.（1996）. Analysis of individual raindrops by capillary zone

electrophoresis. *J. Chromatograph A* **755**, 121–126.

24) Ma, C.-J., Tohno, S., Kasahara, M. and Hayakawa, S. (2004). The nature of individual solid particles retained in size-resolved raindrops fallen in Asian dust storm event during ACE-Asia, Japan. *Atmos. Environ*. **38**, 2951–2964.

25) Ma, C.-J., Kasahara, M. and Tohno, S. (2003). Application of polymeric water absorbent film to the study of drop size-resolved fog samples. *Atmos. Environ*. **37**, 3749–3756.

26) 小林禧樹・中川吉弘・玉置元則・平木隆年・藍川昌秀・正賀　充 (1999). 霧水沈着により森林樹冠にもたらされる酸性沈着の評価—六甲山のスギ樹冠における測定—. 環境科学会誌, **12**, 399–411.

27) 小林禧樹・中川吉弘・玉置元則・平木隆年・藍川昌秀 (1998). 六甲山におけるスギ樹冠への酸性沈着の標高分布. 兵庫県立公害研究所研究報告, 30 号, 41–50.

28) 服部重昭, 近嵐弘栄, 竹内信治 (1982). ヒノキ林における樹冠遮断量測定とその微気象学的解析, 林試研究報告 No. 318, 79–102.

29) 小林禧樹, 中川吉弘, 玉置元則, 平木隆年, 正賀　充 (1995). 森林樹冠への酸性沈着の影響評価—乾性沈着と溶脱の分別評価法の検討—. 環境科学会誌, **8**, 25–34.

30) 小林禧樹, 中川吉弘, 玉置元則, 平木隆年, 藍川昌秀 (2000). 森林樹冠への酸性沈着の影響評価 (3) —霧発生頻度が高い山地帯の森林樹冠における霧水沈着・雨水沈着・乾性沈着・溶脱 (吸着) の分別評価—. 兵庫県立公害研究所研究報告, 31 号, 87–92.

31) Hiraki, T., Tamaki, M., Aikawa, M., Kasahara, M., Ma, C. J., and Hara, H. (2004). Field study on acid rain at Mt. Rokko', Proceedings of 16th International Conference on Nucleation and Atmospheric Aerosols, Kyoto, Japan, 781–784.

32) Aikawa, M., Hiraki T., Suzuki M., Tamaki T. and Kasahara, M. (2006). Separate Chemical characterizations of fog water, aerosol, and gas before, during, and after fog events near an industrial area in Japan. *Atmospheric Environment*, doi: 10.10161/j.atomosenv.2006.10.049.

33) Schwartz, S. E. (1989). Acid deposition: unraveling a regional phenomenon. *Science* **243**; 753–763.

34) 原　宏 (1999). 大気汚染物質の増加と大気質変化. 「岩波講座　地球環境学 3. 大気環境の変化」(安成哲三, 岩坂泰信　共編), pp. 158–182, 岩波書店, 東京.

35) Interim Scientific Advisory Group of EANET (2000). Report on the Acid Deposition Monitoring of EANET during the Preparatory Phase.

36) Acid Deposition and Oxidant Research Center (2004). EANET — Acid Deposition Monitoring Network in East Asia —.

37) 原　宏 (2005). 東アジア酸性雨モニタリングネットワーク, 大気環境学会誌, **40**, A1–A15.

38) Hara, H., Bulgan, T., Cho, S. Y., Deocadiz., E. S., Khodzher, T., Khummongkol, P., Wang, F. L., and Tuan, V. V. (2005). Wet deposition in East Asia based on EANET measurements. Acid Rain 2005. 7th International Conference on Acid Deposition, Prague, Czech Republic, June 12–17, 2005. p. 337.

39) Network Center for EANET (2001). Data report on the acid deposition in the East Asian region 2000.

40) Network Center for EANET (2002). Data report on the acid deposition in the East Asian region 2001.

41) Network Center for EANET (2003). Data report on the acid deposition in the East Asian re-

gion 2002.
42) Network Center for EANET (2004). Data report on the acid deposition in the East Asian region 2003.
43) Interim Scientific Advisory Group (2000). Guidelines for acid deposition monitoring in East Asia.
44) Interim Scientific Advisory Group (2000). Technical documents for wet deposition monitoring in East Asia.
45) Interim Scientific Advisory Group (2000). Quality Assurance / Quality Control (QA/QC) Program for wet deposition monitoring in East Asia.
46) van Breemen, N., Burrogh, P. A., Velhorst, E. J., van Dobben, H. F., de Wit, T., Rider, T. B., and Reijnders, H. F. R. (1982). Soil acidification from atmospheric ammonium sulfate in forest canopy throughfall. *Nature* **299**, 548–560.
47) Galloway, J. N., Cowling, E. B., Seizinger, S. P., and Socolow, R. H. (2002). Reactive nitrogen: Too much of good thing? *Ambio* **31**, 60–63.

7 東アジア域におけるエアロゾルのシミュレーション

7.1 シミュレーションの概要

東アジア地域における大気エアロゾルの時空間分布や生成・変質・沈着過程を理解し，環境への影響やその将来変化を予測するためには，数値モデルを用いた大気エアロゾルのシミュレーションが有効である．

東アジア地域の各種発生源から排出されたガスやエアロゾル粒子は，風下方向に移流しながら水平および鉛直方向に拡散する．多くのガスや粒子は大気中において物理的化学的に変質し，新たな粒子を生成したり他の粒子に変化する．最終的に粒子は，雲や降水に取り込まれたり（湿性沈着），風の乱れ等によって地表面に運ばれたり（乾性沈着），重力沈降によって大気中から除去される．このように，大気エアロゾルのライフサイクルは，発生（排出），輸送（移流・拡散），生成・変質，除去の四つのプロセスからなり，大気エアロゾルのモデリングにおいてはこれらのプロセスのモデル化が中心課題となる．大気エアロゾルの時空間変化は，発生項，移流・拡散項，生成・変質項，除去項からなる微分方程式で表現され，この大気エアロゾルのモデル式を解くことによってエアロゾル濃度分布を計算することができる．

大気エアロゾルおよびその前駆物質を含むシミュレーションの概要をフロー図として図 7.1 に示す．シミュレーションするためには幾つかのデータを用意する必要があるが，中でも気象データと発生源データ（エミッション・インベン

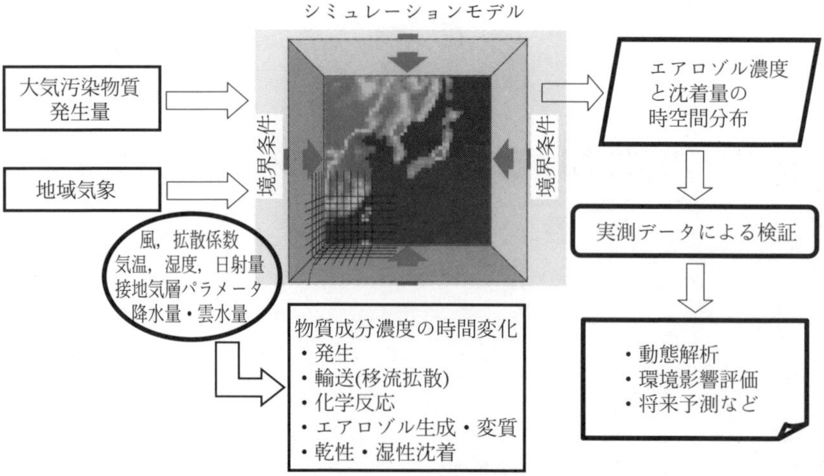

図 7.1　大気エアロゾル及びその前駆物質を含むシミュレーションのフロー

トリ）が重要である．気象データは，より広域の気象データ（グローバル気象モデル計算結果，ECMWF や NCEP などの解析データ）を境界条件として与え，数値気象モデル（RAMS や MM5 などの領域気象モデル）を使って計算されることが多い．一方，発生源データは，①各種発生源データを積み上げて推計する方法（ボトムアップ法）か，②活動量（エネルギー消費など）に関する国・省など行政単位の統計データと排出係数から推計する方法（トップダウン法）によって計算される．大気エアロゾルモデルは，これらのデータを入力してエアロゾルの発生，輸送，生成・変質，除去過程を計算し，大気中のエアロゾル濃度と地表への沈着量を計算する．これらのモデル計算結果を実測データと比較することによってモデル再現性を評価し，モデルがモデル解析に必要なクライテリアを満足しているかどうか判断する．その上で，モデルの特徴と誤差を踏まえつつ，各種のモデル解析（大気エアロゾルの時空間分布推計，生成・変質・沈着過程の解析，環境への影響やその将来変化の予測）に使用する．

大気エアロゾルを計算するためのシミュレーションモデルは，エアロゾル粒子の動態に関係する諸過程を計算する複数のサブモデル（気象モデル，移流・拡散モデル，沈着モデル，生成・変質モデル）によって構成される．気象モデルは，

表 7.1 東アジアスケールのシミュレーションに適用されたモデル例

モデル名	CMAQ[1]	CFORS[2]	電力中央研モデル[3]	HYPACT[4]
モデル分類	オイラー型	オイラー型	ハイブリッド型	オイラー型
主要目的	動態解析	予報, 動態解析	ソースリセプター 解析	ソースリセプター 解析
計算対象物質	ガス・粒子 (多成分)	ガス・粒子 (15 成分)	SO_2, SO_4^{2-}	SO_2, SO_4^{2-}, NO, NO_2, HNO_3, NO_3^-
気象モデル	RAMS	RAMS	気象実測データ	RAMS
化学反応・粒子 生成変質モデル	SAPRC99/ AERO3	擬一次反応	擬一次反応	擬一次反応
湿性沈着モデル	RADM	湿性沈着速度 定数	湿性沈着速度定数, 雲の取込み速度定数	同左
乾性沈着モデル	ガス：Wesely モデル 粒子：RPM	海陸別・物質 別の乾性沈着 速度定数	物質別・メッシュ別 の乾性沈着速度定数	ガス：Wesely モデル 粒子：Zhan モデル

地域気象データをもとにエアロゾル濃度計算に必要な各種の気象データや輸送計算パラメータを算出するモデルである．移流・拡散モデルは，ガスとエアロゾル粒子の移流・拡散過程を計算するモデルであり，計算速度と計算精度に応じて様々な計算アルゴリズムが提案されている．沈着モデルは，ガスとエアロゾル粒子の乾性沈着・湿性沈着による大気中からの除去量を計算するモデルである．一方，生成・変質モデルは大気中の二次粒子生成やエアロゾル粒子の蒸発・凝縮・化学反応・凝集などの諸過程を計算するモデルであり，一定の変換率を設定する簡略モデルから，粒子を複数の粒径幅に分割して粒子生成や化学反応，凝集などを計算する精緻なモデル（このモデルでは移流・拡散と沈着も粒径ごとに計算される）まで多数のモデルが提案されている．東アジアスケールのシミュレーションに適用されたモデル例を表 7.1 に示す．

本章では，7.2 節においてエアロゾル・シミュレーションに必要な東アジア域の排出量推計について，7.3 節において数値シミュレーションモデルによる黄砂（ダスト）や黒色炭素（ブラックカーボン）などのエアロゾルのシミュレーションについて，さらに，7.4 節において硫黄酸化物と窒素酸化物を対象とした酸性雨・酸性沈着のシミュレーションについて論説する.

7.2 東アジア地域におけるエアロゾル成因物質の排出量推計

7.2.1 東アジア大気汚染物質排出量推計研究の経緯

1）排出量推計を取り巻く状況

東アジア地域の大気汚染物質排出実態解明への研究は酸性雨問題の視点から広域の発生沈着収支を解明する基礎として関心が持たれてきた. たとえば日本では電力中央研究所が東アジア酸性降下物に関する総合的な研究を早くから行い[5, 6], 航空機観測, 長距離輸送大気モデル分析と原因物質排出量推計を行って来た[7]. また科学技術庁のプロジェクトでアジア地域の大気汚染物質排出量推計がなされた[8–10]. 欧州での酸性雨問題をきっかけにIIASAが開発した欧州酸性化総合モデルRAINS (Regional Acidification Information and Simulation). Europe[11]はアジア地域にも応用されRAINS. Asiaとして使われている[12, 13]が, その一部としてアジア各国の各種大気汚染物質排出量現況と将来予測値が公開されている[14]. 越境大気汚染による酸性雨対策のために開発されたRAINSモデルは, 欧州での広域総合大気汚染政策検討の基礎として使われるようになり, 1979年に締結された長距離越境大気汚染条約 (CLRTAP：Convention on Long-range Transboundary Air Pollution) は単に酸性化だけでなく複合大気汚染の同時解決を目指した広域総合大気保全行政手段として発展し, 複合効果・複合汚染物質議定書が1999年12月に締結され2005年5月から発効したが, その裏にはRAINS. Europeを使った政策検討と, CLRTAP条約に基づく国際運営組織EMEPのもとに各国の専門家が集まって整備した広域排出量推計データがある[15, 16]. 最近はPM特にディーゼル車排気ガス等の微小粒子の健康影響が問題視されRAINSモデルでもPMを追加したが[17], さらに気候変動問題をも取り込んだGAINSモデルが開発された[14]. それについて2004年8月にLondonで開かれた13th World Clean Air and Environmental Protection Congressでも発表されたが[18], Londonでの国際会議では大気を中心にした環境汚染問題と気候変動問題の相互関係が主題とされ，研究対象が大気汚染だけでなく気候変動，さらに資源利用について社会経済を含む総合視点からの包括的な取り組みに広がったことを強く感じさせた．London での国際会議でしばしば話題になったことはエアロゾルの温室効果影響であり，微小粒子の健康影響が重要視されると同時に，エアロゾルの気候変動影響を無視できない（しかし現象は複雑である.）ことから，ここに来て大気汚染研究と気候変動研究は境界なく結合し，世界の研究潮流は複合的な総合研究へと向かっていることが再確認された．欧州での RAINS モデルと CLRTAP についてやや詳しく述べたのは，酸性雨研究から出発した RAINS が GAINS に発展した経緯がこの約 20 年間の大気汚染研究の関心の発展を象徴しているからである．

最近は東アジアの大気汚染研究においてもエアロゾルへの関心が高まり，BC，OC 排出量推計がなされるようになって来た[19–21]．その研究動向については後で詳しく述べるが，世界的に見ても，特に中国とインドが主要な発生源地域とされ[22]，アジアの BC 排出量は世界の 4 割，中国は 2 割を占めている[21]．中国での BC，OC 排出は，農村でのバイオマス燃料消費，農業廃棄物の野焼き，農村だけでない広域的な石炭消費，特に燃焼管理が悪い中小煙源での排出など，その総量が大きいことから重要な研究対象である．

特に発生源として中国の住宅におけるバイオマス燃料と石炭消費量に伴う排出が大きいので，中国の住宅でのエネルギー消費実態とその排出実態を知ることが重要である．中国の農村住宅で厨房暖房用に使う農業廃棄物，薪のバイオマス燃料から大量の BC，OC が排出される．その気候変動への影響はバイオマス燃料のため CO_2 はゼロ評価されるが，BC が正，OC が負の温室効果を持ち，PM，CH_4，NMVOCs，CO も同時に排出されるので，その総合的気候変動影響については議論の的になっている[23]．同時に厨房家事労働時の室内空気汚染暴露の健康影響も大きいものと考えられ，PM fine（または $PM_{1.0}$ とも呼ぶ），小粒径粒子状汚染物質の健康影響が特に懸念されている[24]．一方で厨房用燃料として LPG の普及が始まっており，バイオマス燃料自給に依存したエネルギー使用は経済開発に取り残された望ましからざる姿として自覚され，農村部には脱バイオマス志向が強いとも言われる．LPG の購入は利便性は向上するが，家計支出の負担となる恐れがあり，石油資源が不足している中国では国家エネルギー政策上，貿易国際収支上，エネルギー輸送問題としても気候変動対策としても農村部LPG需要増は別の問題を引き起こす要因となる．都市部でも利用が多い石炭からもBC，OC他多様な汚染物質ともちろんCO_2も排出されるが経年的には減少傾向にある．東アジアのエネルギー需給とそれに伴う各種物質の排出は気候変動，大気汚染の両面が絡み合っており，またエネルギー供給問題として，特に中国での国内エネルギー輸送は物流問題としても影響が大きい．一方でその道路交通輸送体系が石油製品を中心に大きなエネルギー需要をもたらす面もあり，それらの総合的な分析は，エネルギー需給研究上の課題というだけでなく，バイオマス燃料利用を含めて21世紀のアジア地域の重要課題でもある．その一側面としてエアロゾル排出，関連大気汚染物質排出と温室効果ガス排出が，今後の燃料選択と相互に関係している．

2）含炭素粒子排出量研究の経緯

Streetsら[20]に研究の経緯がまとめられているので，それに従って主としてBC排出量推計について研究の経緯を述べる．含炭素粒子（Carbonaceous particles）排出量推計の初期の試みはたとえばTurcoら[25]であったが不確定要素が多いものであった．Pennerら[26]はBCとスモーク，SO_2の相対比の実測から地域別にBC/S比を求める手法を試み，同じ論文で直接にBC排出係数を与えた推計と比較した．この論文は初めて信頼できる全球BC排出量推計としてその後の研究に大きな影響を与えた．1996年に初めて詳細な燃料種類区分別，発生源種類別のBC排出係数を用いた全球BC排出量推計がCooke and Wilson[22]によってなされ，この研究は手法的には先進的なものであったが，バイオマス燃料を対象に含んでおらず，また石炭排ガス粒子組成の扱いが間違っており排出を過大に見積もっている欠陥があった．彼らはCookeら[27]において改訂計算結果を出したが，多くの欠陥が修正されないままであった．しかしCookeらの研究は多くのモデルに引用された．Streetsら[19]は燃料と技術について詳しく調査し，その中で燃焼専門家による微小粒子研究文献の徹底調査を行った結果に基づいて中国のBC排出量を推計した．この過程で利用可能な$PM_{2.5}$，PM_{10}排出係数と微小粒子成分比，含炭素微粒子成分比を整備し，各種の発生源について，より安定的な排出係数を用意することができるようになった．Streetsら[20]において新しいアジア地域の2000年値BC，OC排出量推計がなされた．この推計はStreetsら[19]による排出係数を用いており，アジア合計BC排出量は2.54 Tg，うち中国は1.05 Tg，インドは0.60 Tgであった．さらにStreetsらは中国，アジア地域の推計を拡張して全球推計に適用し，Bondら[21]はStreetsら[19]の排出係数を更新し1996年のIEA国別燃料消費量データに与えて100以上の発生源，燃料，技術種類別に全球BC，OC排出量の推計を行った．この推計によると全球BC排出量は8.01 Tg，うち1.48 Tgがバイオマス燃料，3.28 Tgがバイオマス野焼，3.23 Tgが化石燃料等による排出である．この結果は格段に従来推計値より小さいが，従来推計が不確定要素のために過大推計していたと考えるべきであろう．また一連のStreetsらの研究において発生源別に見た中国BC，OC排出量は必ずしも安定でなく推計のたびに異なった傾向の結果が示されているが，それはBC，OC排出量推計の困難さ，信頼できる排出係数情報の不足を物語っている．

3）東アジア排出量推計研究の経緯

ここで，筆者らの東アジア排出量推計研究の経緯と既存研究の最新動向について簡単に触れておく．東アジアの大気汚染物質排出量推計については多数の研究がなされてきた．外岡・三浦[28]は著者の推計の最初の試みであり，中国のSO_x排出量について発生源部門別・燃料種類別・省別に推計した．本節で後述する最新年推計に至る一連の推計の基礎的な手法はそこで開発されたものである．中国での初期の報告例として張[29]は中国のSO_2排出量を1984年について17 TgSO_2，NO_x排出量を5 Tgと言及している．なお，この論文ではその計算手法は明らかにされていない．Zhao[30]は1991年について中国のSO_2排出量を20.8 TgSO_2と推計している．また中国統計年鑑には1988年以来，SO_2排出量が掲載されているが，その値は他の推計例に比べて小さく，その理由は国営企業だけを集計したものであるためとされる．最近は工業系燃焼起源だけでなく，非燃焼系工業起源と生活系発生源も計上されるようになり，脱硫除去量も報告されているが，過小な傾向は変わらない．

Fujitaら[7]は著者らの二回目の推計で，外岡・三浦[28]の手法を発展させて仮想点源法により東アジアの1986年SO_2排出量について80 km角のグリッド別排出分布を推計した．結果は東アジア全域（モンゴル，シベリア含まず）で 11.54 TgS，中国計 9.85 TgS であった．(SO_2量としては 2 倍する)．この推計はその後石炭，重油中の S 分，硫酸製造工程等に関して改訂され 18.9 $TgSO_2$ となった．同様に 1986 年の東アジアの NOx 排出量について試算し，7.07 $TgNO_2$ と推計され，また経年動向について分析した[31, 32]．この推計では初めて大規模固定発生源を点源として扱うことができるようになった．前述の Kato と Akimoto[9] は IEA エネルギー統計を用いてアジア各国の SO_2 と NOx 排出量を推計したが，そこで中国の燃料中の S 分，硫酸製造工程での SO_2 排出についても調査している．東野・外岡ら[33, 34] は著者らの 4 回目の推計であり，1990 年の中国の SO_2, NOx，CO_2 排出量について推計した．排煙脱硫除去が一部に導入され初めたため燃料から計算された発生量を排出量とする単純な想定が成り立たなくなり，この推計では中国環境年鑑に示された脱硫除去量が初めて取り入れられた．その後，1995 年～ 1999 年推計を行った[35, 36] が 1996 年以降は中国のエネルギー統計の経年変化に疑問があり，特に石炭消費量が過小である問題への対処から推計者自身が確信を持てない推計結果となっている．中国エネルギー統計年鑑の新版 2000 - 2002 が 2004 年春に公刊されそれを用いた推計結果が著者らの最新成果であり，これについては次に詳しく述べるが，BC，OC についても推計した[37]．

7.2.2　中国のエネルギー消費動向と統計の問題点

1）1996 年以降の「能源統計」をめぐる議論

中国のエネルギー消費量は国家統計局工業交通統計司，国家発展改革委員会能源局編「中国能源統計年鑑」としてまとめられ公表されている．図 7.2 の棒グラフは1980年から2003年の動向を示したものである．1981年から1996年まで年々単調に増加してきたが 1997 年以降減少に転じ 2001 年から再び増大に転じている．この間，政府公表の経済統計によれば GDP は年率 7%以上の成長を続けており，この 1990 年代後半の消費量の低迷について，経済成長とあまりにも不釣り合いであるため実態より過小ではないのかという疑義が持ち出された[38, 39]．図 7.2 に書き込んだ参考値は政府公表の GDP から回帰分析したエネルギー消費動向である．Sinton[38] の考え方は GDP から推計して得た増大するエ

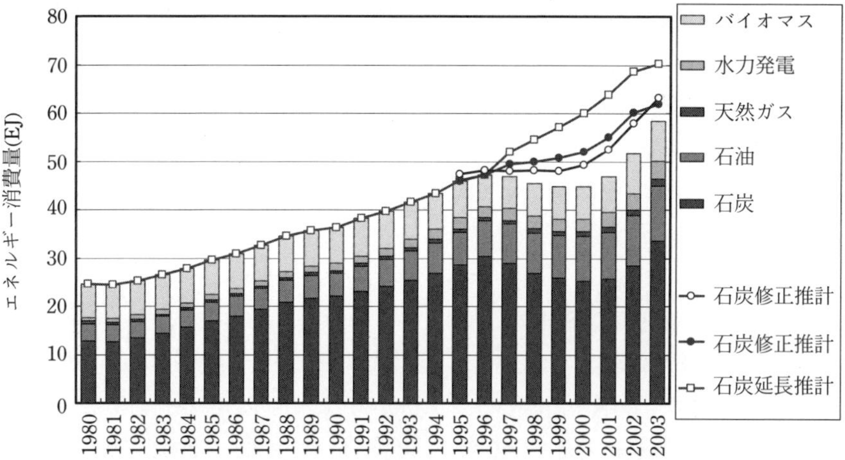

図 7.2　中国エネルギー消費量の経年動向 1980 ～ 2003 年

ネルギー消費動向が真値に近いもので能源統計は実態を反映していないとする．これを裏付ける説明が堀井からなされており，それは中小炭坑の政策的閉鎖に端を発するものである．

中国の改革・開放期において郷鎮炭鉱（郷鎮，村レベルの政府により投資，管理されている集団所有制炭鉱，個人炭鉱などから構成されている）は急激な成長を遂げてきたが，死亡事故，環境汚染，資源濫掘などの外部不経済性が増大するとともに，その安価な価格が市場を席巻するため，1996 年中国政府は小規模炭鉱の過剰参入を規制し，小規模炭鉱（その多くは郷鎮炭鉱）の強制閉鎖を断行した．しかし，規制を逃れて閉鎖対象である炭鉱と地域の小規模ユーザーとの間でかなり多くの取引が引き続き行われたと言われている．このような状況から政府統計上は石炭生産量，消費量が減少しているが，実際にはそれ以上の石炭消費があった可能性が指摘されている[39]．

一方でエネルギー消費統計等との不整合を理由に GDP が過大ではないかとする議論があり，Rawski[40, 41] はアジア通貨危機以後 1998 年から 2001 年の経済成長率は中国政府公表値よりかなり低かったのではないかと主張している．その一つの根拠にエネルギー消費量が低迷していることを挙げている．最近でも各地方政府が中国中央政府に報告する GDP が過大な傾向にあるとの主張も多く，GDP値を前提にしたエネルギー消費量の上方修正はかえって過大推計となる恐れがある．以上の二つの主張の両方ともに根拠があるものとすれば，真のエネルギー消費動向は能源統計を下限値，GDP推計を上限値とする巾の間にあると考えるのが妥当である．試みに石炭消費量について図7.2中に示すように両者の中間線を引いてみると1980年から1996年の動向を単調に伸長したような伸び率になる．仮の結論としてこの中間線近傍に真値があると考えておく．

2）全国表と省別表の不一致

以上から中国能源統計の全国表値は過小であることが確認されたが，同じ統計年鑑に省別エネルギー需給バランス表があり，その各省を合計したエネルギー消費量は全国表値とは一致しない．次に述べる2000～2002年排出量推計の基礎活動量として用いるエネルギー消費量をどの値とするかは推計結果に大きく影響するものであるため，以上の議論を踏まえて多面的に考察したが，2003年値は省別合計と推計中間線値とが近い値となっており，最終的には省別エネルギー需給バランス表をそのまま用いることにした．著者らの当面の理解では，おそらく中央政府に報告されたエネルギー消費量は大きな企業だけの集計値であり，各省政府がつかんでいるエネルギー消費量には中小郷鎮企業などの企業も計上されており，より実態に近い集計値となっていると解釈している．

7.2.3　中国のBC，OC排出量推計

1）エネルギー消費量と基礎活動量

排出量推計に当たって燃焼系発生源についてエネルギー需要部門別・燃料種類別燃料消費量を基礎活動量とする基本的な推計手法は各物質に共通である．中国の能源統計年鑑2000-2002によるエネルギー需要部門別燃料種類別，省別消費実績データを基礎資料として用いた．住宅部門については，省別だけでなく都市部・農村部別にも区分されたデータを用いた．またバイオマス燃料について薪，農業廃棄物，メタン消費量データがありそれを取り込んだ．なお燃料として家畜糞の消費も考えられるが，データが得られない．しかし量は少ないであろう．

エネルギー消費量は実消費量表と標準炭換算表があるが，発熱量は中国能源

統計の低位発熱量で換算し Joule 表示とした．BC，OC の排出係数として g（燃料 kg)$^{-1}$ 単位の係数を主に用いるので BC，OC 排出量推計には実燃料消費量 t，Nm^3 を基礎活動指標として用いた．

省別エネルギー需給バランス表では工業部門について業種別内訳が得られない．そこで省別詳細エネルギー需給バランス表を作成して用いた．工業部門を業種別に細区分し，窯業建材についてはセメント，ガラス，その他の窯業品に細区分した．また交通部門についても輸送手段別に細区分した．著者らは独自の手法で石炭消費についてボイラ規模形式別に配分推計し，それぞれの燃焼条件想定に基づいて各種汚染物質の排出係数設定を行っている．

2）BC，OC 排出量の推計手法

Streets ら[19] は中国の BC 排出量を推計し，そこでは基礎となる PM 排出係数と微小粒子割合，さらに微小粒子中の BC 割合の比率を設定するための基礎資料を精査しまとめている．その後，世界の 1996 年 BC，OC 排出量を同じ研究者らが同様の手法で推計した Bond ら[21] が出された．この論文では BC，OC 排出係数についてそれ以前の論文より詳しく検討記載されており，最新情報として参考にできる．次に述べるように処理対策除去前 PM 排出量から出発して粒径構成，小粒子中の BC，OC 割合と処理対策除去率から BC，OC 排出量を求める Streets ら[19] が確立した手法がこれらの論文に共通の推計手法であり，著者らの東アジア地域推計でもその手法と彼らの排出係数を主として参考にしている．そこで推計結果に大きな影響を与えるのが PM 排出係数，粒径構成，処理除去率である．これらについては Streets ら[19] の他にも参考にできる研究資料があり，それらも参考にして排出係数の再検討を行った．たとえば欧州の PM 排出量について推計した Klimont ら[42] は Bond ら[21] より想定が細かく精度が高い推計を行っている．また欧州での最新研究報告例や，それらを総括して最近まとめられた小規模発生源排出係数データブック（CORINAIR）[43] も参考になる．しかしこれらは欧州に関する推計であり東アジア諸国の実態に適用するには地域差を考慮しなければならない．そこで重要な資料として中国国内での実測データが参考になる．中国の関係研究者の協力を得て限られた情報ではあるが PM の発生源濃度実測例と集塵処理状況のデータを収集し参考にした．

また発生源規制値も制定されているのでそれらも参考にした．日本では固定発生源のばいじん排出規制基準は最近特に見直し強化はなされていないが，集塵処理除去が十分普及しており日本の排出係数は下限値として参考になる．

Streets ら[19] の推計手法は下式による．集塵機等排出抑制技術による排出削減率を与えて実排出水準を想定する．排出係数の単位は投入燃料重量当たり排出量 g kg^{-1} (fuel) を用いている．

$$EF_{BC} = EF_{PM} \cdot F_{fine} \cdot F_{BC} \tag{7.1}$$

EF_{BC}：BC 排出係数　g kg^{-1} (fuel)
EF_{PM}：PM 排出係数　g kg^{-1} (fuel)
F_{fine}：PM_{fine}/(Total PM) 比
F_{BC}：BC/PM_{fine} 比

$$NetEF_{BC} = EF_{BC} \cdot (1 - Rr) \tag{7.2}$$

$NetEF_{BC}$：排出抑制システム後のネットの BC 排出係数　g kg^{-1} (fuel)
Rr：排出抑制システムによる排出削減率

$$BC_{emission} = Fuel_{Input} \cdot NetEF_{BC} \tag{7.3}$$

$BC_{emission}$：BC 排出量　g
$Fuel_{Input}$：投入燃料重量　kg

以上は BC について示したが，OC についても同様に推計する．

石炭の BC，OC 排出係数は Bond ら[21] の設定では炭種により大きく異なる．褐炭 (brown coal, lignite) は BC 排出係数が小さいが，瀝青炭 (bituminous) は BC，OC ともに排出係数が大きい傾向がある．中国での石炭種類構成を調べたが，家庭用石炭は全て瀝青炭と想定して排出係数を設定することにした．中国農村部でのバイオマス燃料の使用は大量の BC，OC 発生をもたらすが，その排出係数を Bond ら[21] より BC 農業廃棄物 1.0 g kg^{-1}，薪 1.4 g kg^{-1}，OC 農業廃棄物，3.3 g kg^{-1}，薪 7.8 g kg^{-1} とした．これは IIASA の EU 地域設定値と比べて大きな差はなく，OC 排出係数について EU より中国設定値がやや大きい傾向は妥当

表7.2　中国における主要な発生源のBC，OC排出係数

燃料およびボイラ規模型式	発生源	BC排出係数 g kg^{-1}fuel	OC排出係数 g kg^{-1}fuel
石炭大規模微粉炭	火力発電	0.001	0.000
石炭大規模微粉炭	工業	0.006	0.060
石炭中規模ストーカー	火力発電	0.010	0.060
石炭中規模ストーカー	工業	0.200	0.060
石炭中規模固定火格子	工業	0.300	0.060
石炭小規模固定火格子	工業	0.300	1.200
石炭流動床	工業	0.001	0.000
石炭かまど暖厨房	住宅	3.700	5.700
石炭ブリケット	住宅	0.150	0.010
コークス	工業	0.030	0.010
ガソリン	自動車	0.170	2.700
灯油	工業	0.140	0.040
ジェット燃料	航空	0.100	0.030
軽油	農業	3.700	1.200
軽油	貨物車	3.400	1.100
軽油	バス	2.300	0.740
軽油	鉄道	1.600	0.510
重油	工業	0.040	0.015
重油，軽油	船舶	1.100	0.340
薪	農業	0.550	0.550
薪	農村住宅	1.400	7.800
農業廃棄物	農村住宅	1.000	3.300

であると考えた．この前提となった家庭用燃焼機器のPM排出係数は14 g kg^{-1}であり，その根拠にはZhangら[44]の中国での改良かまど実測例最大値14.5 g kg^{1-}が含まれているが，それ自身と近い値になっている．このような手順で設定されたBC，OC排出係数のうち主要な発生源について表7.2に示す．住宅厨房，暖房用かまどでのバイオマス燃料，石炭，交通部門，農業機械のディーゼル機関等の排出係数が大きい．これに比べて大規模固定発生源の排出係数は低く火力発電用・大規模微粉炭ボイラのBC排出係数を0.001 g kg^{-1}，OCは排出無しとした．

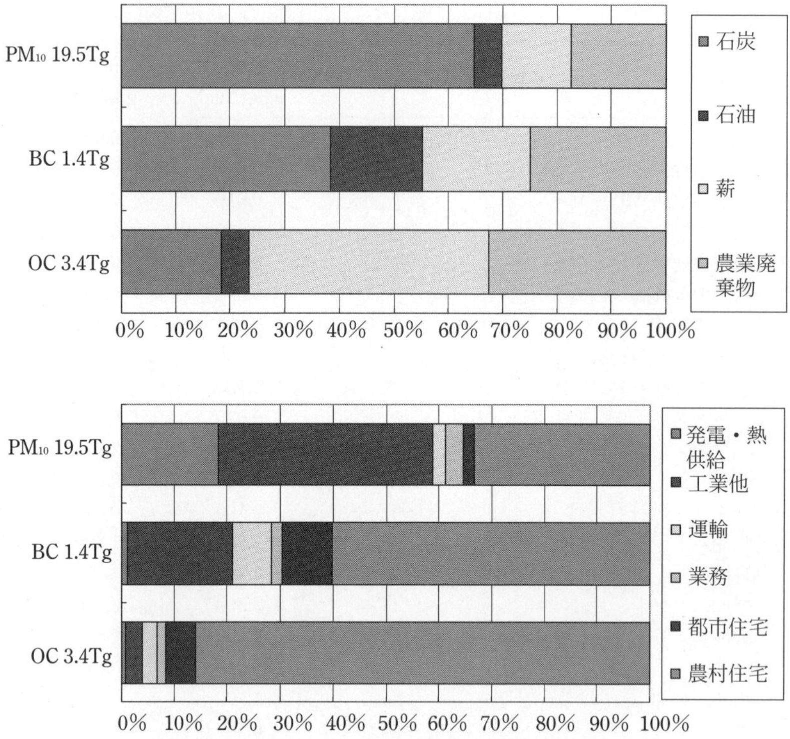

図 7.3　中国の BC，OC，PM 排出量構成　2002 年

3）BC，OC 排出量推計結果

2002 年の中国 BC 排出量は 1.4 Tg，OC 排出量は 3.4 Tg と推計された．その基になった PM 排出量は 19.5 Tg である．図 7.3 に示すように PM では発電所，産業用の石炭ボイラの排出寄与が大きいが，BC では 6 割が農村住宅，OC では 9 割近くが農村住宅であり，主として石炭燃焼機器から排出が大きい都市部住宅を含めて住宅での暖房厨房機器からの排出が BC で 7 割，OC では 9 割以上を占めている．BC については産業部門からの排出が 2 割ある．中国では交通部門からの排出寄与は小さく BC 排出の 7%が最大であった．

7.2.4　中国の大気汚染物質排出量推計

1）エネルギー消費量と基礎活動量

SO_2，NO_x，CO，NMVOCs，PM について推計した．燃焼系発生源の基礎活動量として用いたエネルギー消費量は BC，OC 排出量推計と同じである．NO_x については熱量当排出係数を用い，低位発熱量換算した燃料消費量から推計する．蒸発系 NMVOCs 発生源については石油化学製品生産量や石油製品取扱量等を基礎活動指標として中国工業経済統計年鑑等から引用して用いた．

2）SO_2 排出量

1　SO_2 排出量の推計手法

燃焼系 SO_2 排出量は燃料中硫黄（S）含有率に依存する．石炭以外の燃料については燃料別に平均 S 分を設定した．石炭については産炭地と消費地の関係から省別に異なる消費地平均 S 分推定値を適用した．燃料中の S 分のうち大気に放出される割合（排出比率）を石炭については発生源部門別に設定した．

近年は中国でも大規模発電所等で脱硫装置が導入されており，燃料中 S 分から計算された SO_2 発生量から脱硫除去量を差し引いて排出量を求める．脱硫除去量は中国環境年鑑に省別と業種別の工業系燃料燃焼系脱硫除去量が報告されており，これを引用する．省別・業種別マトリックス脱硫量は得られないがフレーター法で推計した．脱硫対象発生源は石炭ボイラとした．

非燃焼系生産工程からの SO_2 排出量推計については，独自に推計するための基礎統計値を入手することは困難である．幸い近年は中国環境年鑑に省別と業種別の工業系非燃焼生産工程 SO_2 排出量（脱硫後）が報告されており，これを引用する．脱硫除去量と同様に省別・業種別マトリックス排出量は得られないがフレーター法で推計した．

石炭中 S 分含有率について以前の推計手法は，産炭地の代表炭種の S 分を生産地域と消費地の省間石炭輸送マトリックスを用いて加重平均して消費地平均石炭 S 分を想定していたが，最近は中国でも Web 情報が充実し，発電用石炭中の S 分を省別に示したデータが公開されている．ところが一部には異常値とも思われる値も混じっており，適宜従来設定値等で補正補足して用いた．

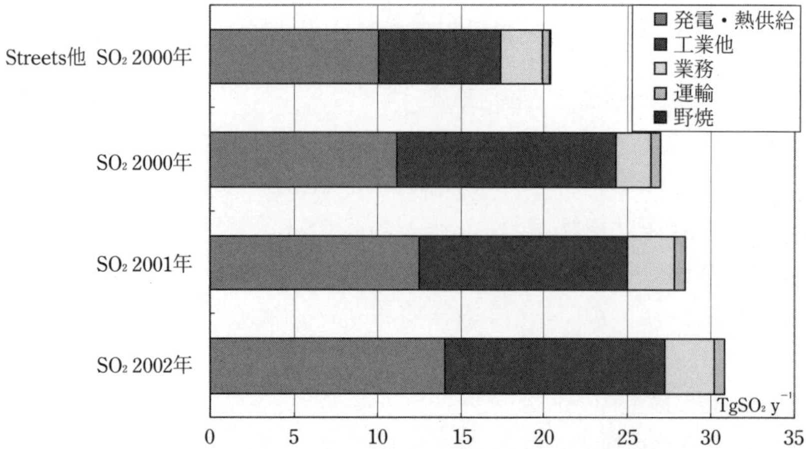

図 7.4　中国の SO_2 排出量推計結果　2000 ～ 2002 年

2　SO_2 排出量推計結果

近年の高度経済成長を受けて中国では鉄鋼，セメントなど重化学工業の生産量も増大しており，エネルギー消費量も（ここで用いている省別値では）増大している．したがって SO_2 排出量も図 7.4 に示すように増大しており 2002 年は 30.8 $TgSO_2$ と推計された．脱硫前発生量は 37.8 $TgSO_2$ である．2000 年について中国環境年鑑は 19.95 $TgSO_2$，Streets ら[20] は 20.39 $TgSO_2$ としている．著者らの推計はこれらより 4 割大きいが前者は集計対象範囲が限られているため小さく，後者は前提となるエネルギー消費量が 2 割小さいが，それ以上の差は S 分の想定の違いであろう．

3）その他の大気汚染物質排出量

紙面の制約から推計手法や排出係数について詳しくは述べない．著者らはたとえば NOx 排出係数について中国での火力発電所ボイラ排ガス実測事例を調査し石炭ボイラ規模別に排出係数を設定した．しかし基本的には Streets ら[20] や RAINS. Asia 等既往の推計例と同様の手法によっており，NOx については推計結果にそれほど大きな食い違いはない．NMVOCs については Streets ら[20] が 14.6 Tg としているのに対し，著者らは EU での最新の排出係数からバイオマス燃料の排出係数を 28.4 7 g kg^{-1} とかなり高めに設定した結果，2000 年値が 21.6 Tg と 1.5 倍近い大きな排出量となった．CO については著者らの推計は Streets ら [20] とほぼ一致していたが，その後の研究で Streets[45] は小規模ボイラ等の排出係数を上方修正し 1999 年について 140 Tg, 2001 年について 160 Tg に改訂した．本推計での 2001 年値は 121 Tg であり，もとになるエネルギー消費量が著者らの値より低いことを考えると CO 排出係数の設定が Streets[45] の改訂値はかなり高めである．

7.2.5　地域別排出分布

東アジアにおいて中国での排出量が突出して大きいため，中国について詳しく述べたが日本を含め東アジア全体の排出分布について推計した．地域配分の手法についてはいつくかのやり方があるが，著者らが従来採用してきたのは都市活動指標で省別排出量を都市別排出量に分解推計し，都市の位置を経緯度で与えてグリッド化する仮想点源法であった．中国の都市は郊外を含む広域であることが多く，仮想点源法ではグリッド規模を細かくすると特定のグリッドに排出が集中することになる．BC，OC，CO，NMVOCs のように農村部の排出が大きい発生源もあり，都市人口と農村人口に分けた人口データもあるので市，県（中国の県は日本の郡に相当する小分割された行政区域）別行政区域ポリゴン・データを用いた地域配分推計によりグリッド化した排出分布図を作成した．口絵 13 はインドまでを含むアジア地域について示す．東アジア以外の地域については Streets ら [20] の推計結果に基づくものである．地域的な分布として中国の沿岸部とインドの東北部に排出が集中している．

7.2.6　まとめ

中国を中心に東アジアのエアロゾル成因物質の排出量推計を行った．各種物質全般に整合的な推計になるよう留意して共通の基礎指標を用い最新年次として 2000 ～ 2002 年の推計を行った．燃焼系発生源推計の基礎となる石炭消費量等エネルギー統計が 1996 年以降実態と乖離している可能性が大きいため，排出量推計に際しエネルギー統計それ自体に関する検討にかなりの労力を要したが，最終的に省別エネルギー・マトリックスを補正せずに使う方針を固めそれに基づく排出量推計を行った.

炉の規模，形式，燃焼管理状況により各種物質の排出量が大きく変化すると考えられるため排出係数の設定に当たりそれらの諸条件をできる限り反映させた推計手法を開発試行した点に本推計の特色がある．まずエネルギー需要部門を詳細に区分することでそれぞれの生産工程の燃焼技術的特性を反映した排出係数設定を可能にし，さらに発電，熱供給，工業用石炭ボイラについては業種，地域によりボイラ規模と形式を想定してそれにより格差をつけた排出係数を設定した．NO_2 排出係数については中国各地での実測事例データを取り込んだ係数設定を試みた．また，特に農村部の家庭での厨房暖房用燃料消費はトウモロコシの茎，葉，芯や麦わらなどの農業廃棄物，小枝，木葉などを含めた薪等のバイオマス燃料が各地で多用されており，燃焼管理条件も悪く各種物質の排出係数も大きいと想定されており，重点的な推計対象として現地調査を行い詳しく検討した．中国以外の地域については既に各国推計がある場合にはそれらを引用し，ない部分については独自推計を行った.

これらの推計手法により主要な発生源地域である中国を中心に従来推計より信頼性の高い推計が実現できたと考えられる.

7.3 東アジアスケールの数値シミュレーション

アジア域は，人為起源の大気汚染物質（硫酸塩，含炭素粒子など）や，自然起源の土壌性ダスト（以下，ダスト）など，多くのエアロゾルが発生し大きな環境問題となっている．たとえば，ダストの全球での発生量は年間1000–2000 Tgと推定されている[46]．アジア域では概ね10分の1の発生量があると見られている．しかし，アジア域のダストには季節性が大きく，その大部分は春季に発生し，大気放射の変化や視程の悪化，健康影響などの大きな経済的・人的影響を与えている.

一方，アジア域での SO_2 排出量は2000年推計で34.3 Tg[47] であり，その増加率は，北米や欧州のそれを上回っている．さらに，アジア域では，人間活動や焼き畑・森林火災に伴う大量の含炭素エアロゾル（黒色炭素BCと有機炭素OC）の発生が知られている．Streets ら[47] によると，アジア域での年間排出量はBC

で2.54 Tg，OCで10.42 Tgに達している．BCは，年間値の18%が焼き畑，64%が生活系から発生しているが，ここで特筆すべきは，春季に焼き畑起源のBC，OCの寄与が人為起源の発生量に匹敵することである．

これらのエアロゾルは地球温暖化や大気環境評価に重要である．CO_2などの温暖化ガスによる放射強制力は比較的よく理解されているのに対して，これらのエアロゾルによる放射強制力の見積もりには不確実性が非常に大きく，IPCC第3次報告書[46]でも指摘されている．さらに，これらのエアロゾルの多くは，大気中を輸送され，地上に乾性・湿性作用により沈着する．中でも，ダストは，カルシウム，鉄等の微量重金属を含むため，SO_2等から大気中の化学反応で生成される酸性物質（SO_4等）への中和作用[48]とともに，施肥効果を通じて，海洋生態系に大きなインパクトを与える．

これらの物質の大気中の振舞は，人為・自然起源の発生強度・地域分布，総観スケールの大気運動による輸送，大気境界層内の鉛直拡散，化学反応，沈着除去等の多くの物理・化学的要因で決まっている．アジア域は熱帯から亜寒帯までの広緯度にわたり，チベットやヒマラヤに代表される複雑な地形的背景を持ち，アジアモンスーンによる明瞭な雨期と乾期の気候的な特徴を示す地域や日本のように四季の変化が特徴的な地域が混在している．そのため，各地域の気候・気象変化を反映した精密な気象モデルを用いることが化学輸送モデルの適用に重要である．

以上の背景をもとに，大気中に漂うダスト（黄砂）や汚染物質である含炭素粒子や硫酸塩粒子などの物質の流れを再現できる対流圏物質輸送モデルをアジア域に適用し，人為起源汚染物質（一酸化炭素，二酸化硫黄，硫酸塩粒子，燃焼による含炭素エアロゾル）と自然起源物質（ダスト，海塩粒子，ラドン，火山ガス）等の大気中の約20の化学成分の流れを，アジア域を対象としてシミュレーションした．本節では，モデル構成，アジア太平洋地域のエアロゾル国際共同観測(ACE-Asia)[49]の際のBCとダストの観測データを用いた検証結果について示し，モデルの完成度と問題点を示す．

7.3.1　対流圏物質輸送モデルの構成

上記の観点から，地域気象モデルとオンラインで結合した化学輸送モデル

(Chemical Transport Model; CTM) を人為起源・自然起源の物質の輸送を予報・解析するために開発した．ここで，気象モデルには，コロラド州立大学で開発された領域気象モデリングシステム RAMS[50] を用い，3 次元の気象成分（温度，水蒸気，風速・風向，降水，降雪，雲など）の時間変化をシミュレートする．CTM は，これらの気象情報をモデル内でオンラインに利用して，化学物質の輸送，拡散，反応，除去過程を計算し，CFORS (Chemical weather FORecasting System)[51] と命名された．CFORS の概要は以下の通りである．

基本方程式は

$$\rho_{air}\left\{\frac{\partial}{\partial t}q_a+div(q_a\cdot \mathrm{v})\right\}=F_{diff}+F_{grav}+F_{react}+F_{emis}+F_{dry}+F_{wet} \qquad (7.4)$$

であり，ρ_{air} は空気の密度，q_a はトレーサーの重量混合比，v は 3 次元の風速ベクトル，F_{diff}，F_{grav}，F_{react}，F_{emis}，F_{dry}，F_{wet} はそれぞれ，乱流拡散，重力沈降，化学反応，発生，乾性沈着，湿性沈着を意味する．重力沈降はエアロゾルの質量収支に重要なダストと海塩について考慮した．エアロゾルは全て外部混合を仮定し，粒子の凝集・併合による成長は無視している．

トレーサーの格子点配置には，Arakawa C グリッドを用い，移流拡散の計算は，RAMS に組み込まれた正定符合の移流スキームを用いる．水平拡散係数は数値的な拡散を最小にするように気象変数とは別に設定した．積雲対流は物質の鉛直輸送・拡散に大きな効果がある．そのため，RAMS の Kuo 積雲スキームで診断された雲底・雲頂間の拡散係数を擬似的に大きく設定し，鉛直混合を調整した．

CTM で扱う成分を表 7.3 に示す．表では一次反応速度で近似できるものを対象としている．また，乾性沈着速度，降水による洗浄係数は，表 7.3 に示したように成分・粒径ごとに一定値を用いた．濃度は初期値をゼロとし，流出境界条件はゼロ勾配で与えた．地上からのガス・エアロゾルの発生は，境界層内部に混合比が一定になるように行った．ここで，境界層高度は RAMS の温位の鉛直プロファイルから診断した．CFORS では，エアロゾル濃度だけでなくて，500 nm の光学的厚さと単一散乱アルベドも Takemura ら[52] に従って算出し，地上濃度成分のみではなく，衛星センサやライダーで観測された光学的な特性の検証も考慮している．

表 7.3　RAMS/CFORS モデルで取り扱う化学成分と反応速度定数，乾性沈着速度，洗浄係数

成分名	1次反応速度（% hr^{-1}）	沈着速度（海上/陸上）（m s^{-1}）	洗浄係数（s^{-1}）	発生源に関するデータ
SO_2	−1.0（to SO_4）	$3\times10^{-3}/3\times10^{-3}$	$2\times10^{-5}\times Pr$	S
SO_4	＋1.0（from SO_2）	$1\times10^{-3}/2\times10^{-3}$	$5.5\times10^{-5}\times Pr^{0.88}$	
黒色炭素	-	$1\times10^{-4}/1\times10^{-3}$	-	S
有機炭素	-	$2\times10^{-4}/2\times10^{-3}$	$1\times10^{-6}\times Pr$	S
CO- 人為起源	−0.08	0/0	-	S
CO- バイオマス	−0.08	0/0	-	S
Slow HC（エタン）	−0.045	0/0	-	S
Fast HC（アルケン）	−1.44	0/0	-	S
海塩				オンライン（G）
微小（<2.5 μm）	-	$1\times10^{-3}/1\times10^{-3}$	$5\times10^{-5}\times Pr$	
粗大（>2.5 μm）	-	$5\times10^{-3}/5\times10^{-3}$	$6\times10^{-5}\times Pr^{0.83}$	
^{222}Rn	−0.7	0/0	-	オンライン
雷光 NO_x	−3.3	$1\times10^{-3}/1\times10^{-3}$	-	オンライン
NO_x	−3.3	$1\times10^{-3}/1\times10^{-3}$	-	S
ダスト				オンライン
D_p<1 μm	-	$5\times10^{-4}/5\times10^{-4}$	$1\times10^{-5}\times Pr$	
1 μm<D_p<2.5 μm	-	$3\times10^{-3}/3\times10^{-3}$	$1\times10^{-5}\times Pr$	
2.5 μm<D_p<10 μm	-	$1\times10^{-2}/1\times10^{-2}$	$6\times10^{-5}\times Pr^{0.83}$	
10 μm<D_p	-	$1\times10^{-1}/1\times10^{-1}$	$6\times10^{-5}\times Pr^{0.83}$	

Pr：降水強度（mm h^{-1}），S: *streets et al.*[47]，G: *Gong et al.*[54]

自然起源のエアロゾルとしては，ダスト（黄砂）と海塩が挙げられる．ダストは 12 粒径を考え，半径で 0.1 〜 0.16，0.16 〜 0.25，0.25 〜 0.40，0.40 〜 0.63，0.63 〜 1.00，1.00 〜 1.58，1.58 〜 2.51，2.51 〜 3.98，3.98 〜 6.31，6.31 〜 10.0，10.0 〜 15.85，15.85 〜 25.12 μm の粒径区分を用いた．

ダストの発生源強度は，土地利用区分，地上の摩擦風速，大気安定度，地表面での積雪の有無を気象モデル内で診断して与える．すなわち，ダスト鉛直輸送フラックス F_{dust} (kg m^{-2} s^{-2}) は砂漠域・半砂漠域で，積雪と降水が無く，地上の摩擦風速 u_* が設定値 $u_{*,th}$ を超えた時に，

$$F_{dust}=C\cdot C_s\cdot C_W\cdot u_*^4\left(1-\frac{u_{*th}}{u_*}\right)\ (u_*>u_{*th}),\qquad(7.5)$$

で与える[53]．ここで，u_*はRAMSの陸面モデルで計算する値を毎時間ステップ毎に用いた．Cは次元定数でここでは，7.5×10^5に設定した．C_sは積雪被覆率による係数（0–1の範囲），C_wが土壌水分量の係数である．

一方，海塩は粗大粒子の代表であり，海洋上で広範囲に発生することから大気放射に大きな寄与を有する．海塩の発生は，Gongら[54]に従って，発生は12粒径（0.005–20.5 μm半径）を風速の関数として与え，発生した海塩粒子を0.005–2.5 μmと2.5 μm以上の二つの粒径に集約して輸送・拡散計算を行った．

前述の自然起源物質以外の人為的な成分については，その地域的な発生源強度の推定がCTMの正否に関わる重要な課題である．人為起源汚染物質の発生源は，米国アルゴンヌ国立研究所Streetsとアイオア大学Carmichaelらの作成した緯度経度1°×1°分解能の推計値[47]を用いた．焼き畑に伴う大量のBC，OC等の発生はアジア域のエアロゾルの輸送解析に不可欠である．Wooら[5]はAVHRRのホットスポットデータをもとに，焼き畑に伴うCO，BC，OCの日単位の発生量をACE-Asia観測期間について求めている．本節で示すCFORSの計算結果には，ACE-Asia観測期間の解析にはWooら[55]の結果を用いた．

CFORSは陸上起源のトレーサーとしてラドンの発生・輸送をモデル化している．ラドンの発生は積雪のない陸上から一定の発生割合で発生させ，半減期3.8日で減衰させた．

RAMSは領域型の気象モデルであるため，初期・境界条件には，気象庁アジア域モデル（JMA-ASM），全米環境予測センターNCEP（National Center for Environmental Prediction）のAVNモデルの予報結果やECMWFの全球再解析データを用いる．これらの気象データをRAMSモデルの外側の境界条件として用いているが，主計算領域内については，RAMSの物理過程で再計算している．そのため，気象庁やNCEPなどの結果は時間（6時間）と水平方向（約1度）と鉛直方向（1000 m程度）の比較的粗い分解能しか持たないのに対して，RAMS/CFORSは，時間・空間分解能の両者において高分解能になっている．

モデルの範囲は口絵13に示した東アジア域を全て含む東西8000 km，南北7200 km（80 km格子）の範囲で構成されている．鉛直方向には対流圏を全て含む上空23 kmまでを鉛直層23層で分割し，アジア域の対流圏内の物質輸送の特徴を網羅する．口絵13には，2001年春についてのダストと焼き畑起源のBC発生量の分布，Matsumotoら[56]によるVMAP観測点も同時に示す．以下では，RAMS/CFORSをECMWF再解析データ（1度分解能，6時間ごと）と海水表面温度（SST）の週平均解析値で事後解析（計算期間は2001年2月20日から4月30日）した結果を示す．

7.3.2 観測データ

地上の主な観測値としては，VMAP地上測定局での測定結果[56]を用いた．VMAP観測点は，概ね東経140線に沿って，北緯25°Nの父島，八丈島，佐渡，北緯45°Nの利尻島まで4島に設置されている．これらの4島は直線距離で約2000 kmあり，それぞれが異なる気候帯に属し，越境汚染の程度も大きく異なっている．ここでは，黒色炭素BC，有機炭素OC，非海塩性硫酸塩nss-SO_4，トレース金属，CO，^{222}Rnなどの成分が連続して測定された．分析方法の詳細はMatsumotoら[56]とUnoら[57]に述べられている．ここでは，BCの3時間ごとの測定結果をモデルとの比較のために利用した．

ダストの観測値としては，国立環境研グループの展開しているミー散乱ライダーネットワーク観測値[58]を用いた．CFORSによるダストシミュレーションの検証に用いた観測データの詳細はUnoら[59]を参照されたい．

これらの観測データは春季のアジア域のエアロゾル濃度と輸送パターンの動態解析に非常に重要であり，以下では，CFORSモデルで再現されたエアロゾル濃度分布と観測結果の比較を示すとともに，アジア域での発生・輸送・沈着の収支解析の結果も示すことにする．

7.3.3 地上観測とモデル結果の比較

図7.5, 7.6に，それぞれ，利尻島と八丈島の2001年4月のダスト（観測はAl），nss-SO_4，^{222}Rn，CO（利尻のみ）の観測とモデル結果の比較を示す．図中の黒丸が観測値，実線がモデル濃度，Alはダスト中の重量濃度8%を仮定して変換してプロットしている．モデルでは^{222}RnやCOについて初期濃度と境界濃度が重要であり，Unoら[51]に示された方法で補正している．Alは，ダストのトレーサー

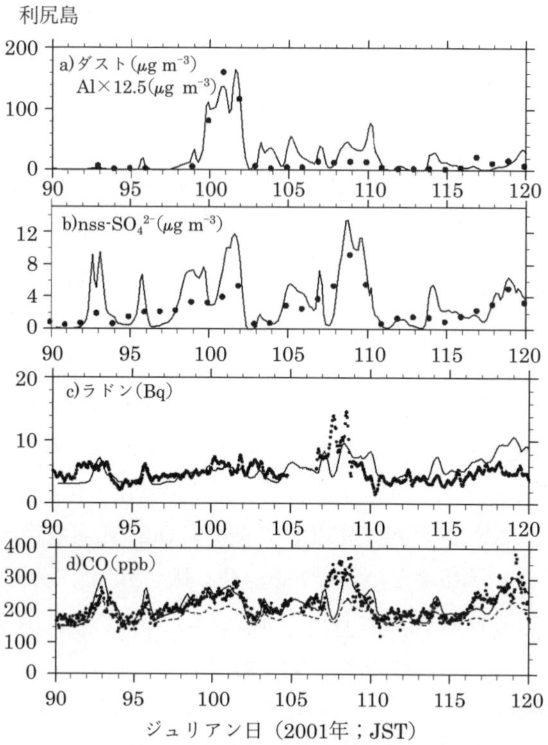

図7.5　2001年4月についての利尻島でのVMAP観測とCFORSモデルの比較（●が観測結果，実線がモデルの結果）.

であり，CFORSは利尻，八丈の両島について，その流れ出しのタイミングを正確に再現し，利尻では濃度レベルもほぼ一致している．図に示されたように$nss\text{-}SO_4$の再現性もよいが，ダストとの相関性はケース毎に異なっている．大きなダストの輸送は，利尻で99日（4月9日）に，八丈では103日（4月13日）に捕らえられている（観測もモデルも）．これらの大規模なダストの輸送時には，$nss\text{-}SO_4$も越境大気汚染の影響を受けて，濃度の上昇がシミュレートされている．しかし，$nss\text{-}SO_4$濃度のみの上昇のケースは，日本国内の人為汚染や三宅島などの火山排出ガスの影響を受け，必ずしもダスト濃度と同期はしない．陸上起源のラドンについても，CFORSは濃度変動を極めて正確に再現できている．その一致性は八丈島で特に高い．

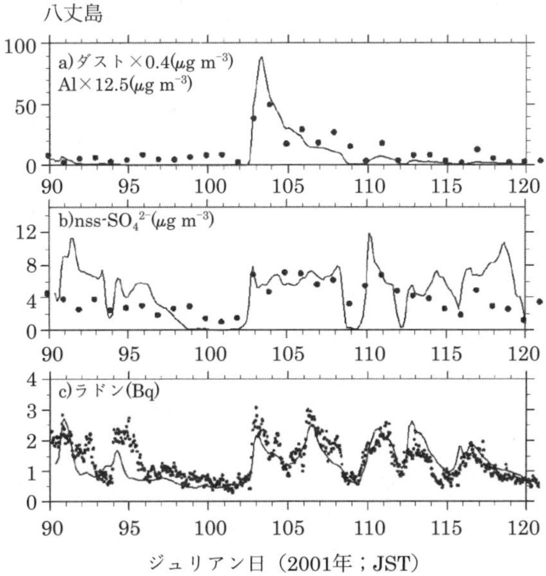

図7.6　2001年4月についての八丈島でのVMAP観測とCFORSモデルの比較（●が観測結果，実線がモデルの結果）．

図7.5，7.6の濃度時系列から利尻では99日から102日，八丈では102日から105日に大規模なダストと硫酸塩などの越境輸送が考えられる．口絵14には，同期間の越境輸送の水平分布を示す．図中のトーンは境界層中の平均ダスト濃度，コンター線は平均硫酸塩濃度，ベクトルは地上500 mの風向・風速を示す．また，図中のMは三宅島起源の硫酸塩の寄与の大きな領域を示す．図から，非常に大きなダストの気塊が寒冷前線の背後に広く分布し，低気圧と前線の東進に伴い大陸から順に朝鮮半島，日本列島に流れ出す様子が明瞭に把握できる．ダストの気塊の東進は高緯度ほど早く，西日本ではその到来が利尻よりも1～2日程度遅い．

ダストの高濃度域の前面に硫酸塩の高濃度域の存在がシミュレートされ，観測とモデルの結果を解析することで，黄砂が硫酸塩に数時間の遅れを持って日本に飛来することが鮮明に示された．図中のMで示された領域は，三宅島からの SO_2 排出に起因する硫酸塩高濃度域であり，日本南部を東進する低気圧に吹

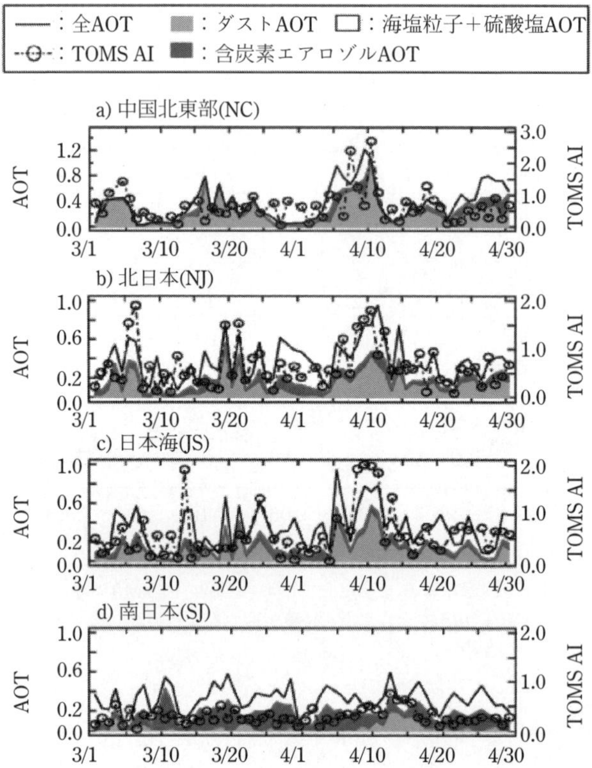

図 7.7　モデルによる各エアロゾル成分の光学的厚さと TOMS-AI の a）中国北東部，b）北日本，c）日本海，d）南日本の日変化.

き込む東風域に入り，日本海を西進していく様子が明らかである．この火山性の硫酸塩の高濃度は長崎県の福江島でも観測され，三宅島の火山性ガスの影響が気象条件によっては非常に広範囲に及ぶことが判る．

図 7.7 は a）中国北東部，b）北日本，c）日本海中央部，d）南日本における TOMS-AI (TOMS Aerosol Index) と CFORS モデルによるダスト，硫酸塩＋海塩粒子，含炭素エアロゾルの光学的厚さ (AOT; Aerosol Optical Thickness) と全 AOT の 3 ～ 4 月における日変化を示した．図では，モデルによって示された個々のエアロゾル成分の AOT をそれぞれ，グレースケールの濃淡を用いて表現している．TOMS-AI とは紫外域に放射吸収特性を持つエアロゾル（ダストや火山灰,

スス等）を探知する衛星搭載センサによって計測されたエアロゾル指数であり，比較は衛星の軌道による欠損値を考慮して，対象領域の空間的な平均値を用いて行った．図 7.7 から，全ての領域で，TOMS-AI と全 AOT の日変化が非常によく一致していることが分かる．特に，後述の三つの大規模なダストストーム時（3 月 1–7 日，3 月 18–25 日，4 月 6–12 日）や，含炭素エアロゾルの影響を受けた時の TOMS-AI と全 AOT の日変化の相関は非常に高く，光学特性を含めてモデルがアジア域の春季のエアロゾル分布を正確に捉らえていることが示された．

図 7.7 から全体として，北京を含む中国北東部の領域に関して，モデルによる全 AOT への寄与はダストによるものが大部分を占める．これに対して，北日本や日本海，南日本領域での全 AOT への寄与はダストだけでなく，硫酸塩＋海塩粒子や含炭素粒子による寄与も増大している．重要な特徴は，北日本領域や日本海領域では，ダストや，硫酸塩＋海塩粒子や含炭素エアロゾルの 3 成分がほとんど同時期に輸送され，光学的厚さの非常に高い領域を形成する期間が間欠的に見られることである．これは主に，大陸で発生したダストや硫酸塩，含炭素エアロゾルが，高・低気圧波動に伴い，大陸から流出し，日本域に輸送されてきたものと考えられる．このようなほとんど同時期にダストと他のエアロゾルが越境輸送されるといった現象は，春季アジア域におけるエアロゾル輸送の重要な特徴の一つと考えられ，またそれらの光学的厚さが非常に高い点から，春季のエアロゾル輸送が，北日本領域や日本海領域上空の大気放射場に大きな影響を与えていると考えられる．

7.3.4 黒色炭素 BC の解析

図 7.8 には，全ての発生源からの排出を含む（CNTL ラン；実線）の結果と，バイオマス燃焼系の発生量をゼロ（BOFF ラン；点線）とした結果を，VMAP 観測結果（○シンボル）とともに示す．図には気象モデル RAMS が計算した各観測地点上空 500 m での風向（一点鎖線）とアメダス降水量（棒グラフ）も示す．モデルと観測との比較を表 7.4 に示し表中には，モデル計算結果に占めるバイオマス燃焼起源の BC の割合（BIO_{frac}）も示している．ここで，BIO_{frac} は

$$BIO_{frac} = (BC_{CNTL} - BC_{BOFF})/BC_{CNTL} \times 100(\%) \tag{7.6}$$

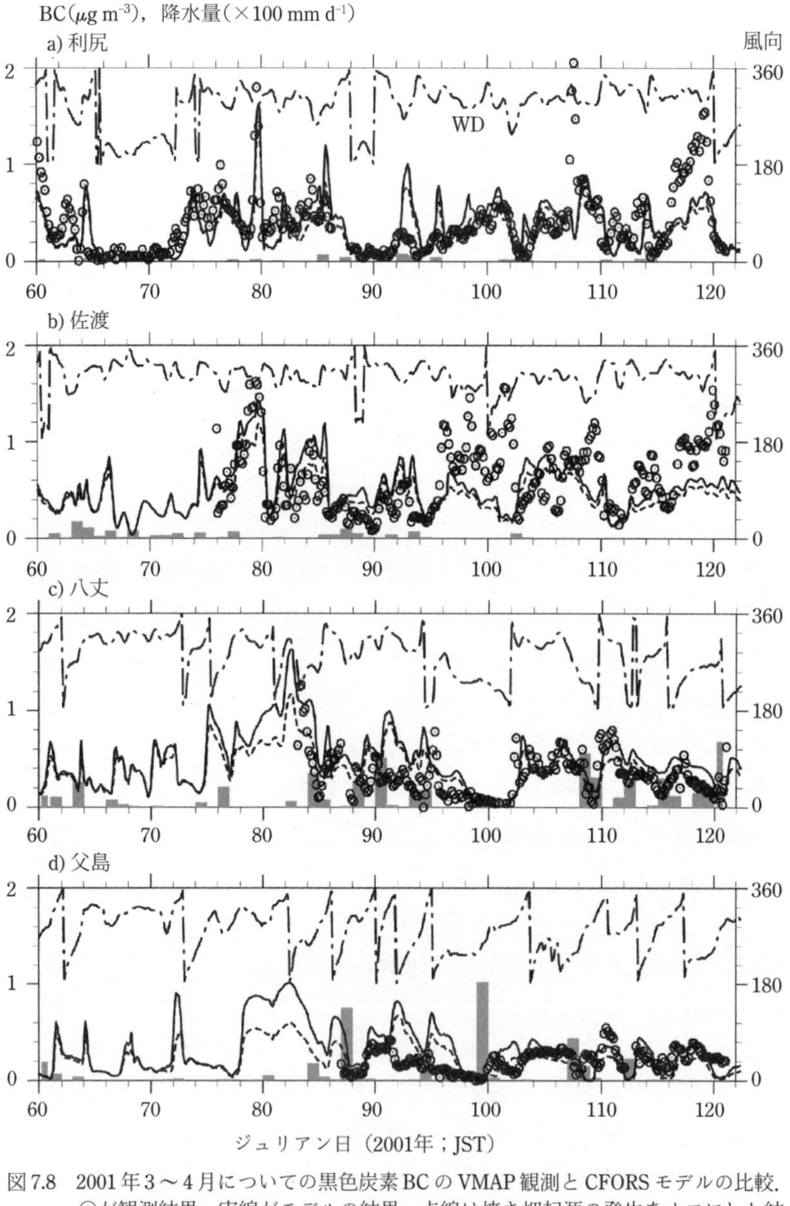

図7.8　2001年3～4月についての黒色炭素BCのVMAP観測とCFORSモデルの比較．○が観測結果，実線がモデルの結果，点線は焼き畑起源の発生をオフにした結果，一点鎖線は気象モデルによる風向，棒グラフはAMeDAS観測の日積算降水量を示す．

表 7.4　観測地点，観測期間，観測とモデルの平均濃度，バイオマス燃焼起源の BC の割合と降水量

観測地点	緯度，経度	観測期間	観測値 BC(μg m⁻³)	モデル値 BC(μg m⁻³)[1)]	バイオマス割合	降水量 (mm)[2)]
利尻	45.12° N	2001 年 3 月	0.36	0.30（0.36）	16%	27(44)
	141.20° E	2001 年 4 月	0.43	0.41	19%	45(26)
佐渡	38.25° N	2001 年 3 月 17 日–4 月 30 日	0.63	0.53（0.57）	14%	103(109)
	138.40° E			0.50	20%	18(7)
八丈	33.15° N	2001 年 3 月 24 日–4 月 30 日	0.33	0.57（0.46）	21%	215(79)
	139.75° E			0.40	34%	337(183)
父島	27.07° N	2001 年 3 月 28 日–4 月 30 日	0.21	0.37（0.29）	32%	114(52)
	142.22° E			0.28	53%	244(165)

1）上段はモデルによる 3 月の平均値，下段は 4 月の平均値，カッコ内は観測期間の平均値
2）気象庁 AMeDAS による降水量，カッコ内は気象モデル RAMS による計算値

で算出した．

図 7.8 から CFORS による BC の計算結果は観測された BC の時間変化の特徴をよく捉えていることが自明であり，特に，高濃度ピークの再現性は非常に高い．一つの重要な結果は，アジア大陸からの汚染質の間欠的な流れだしに伴う高濃度ピークが佐渡と利尻で再現されている点である．これらの観測点での時間変化はほぼ同期しており，これらの二島はほぼ同じ総観規模の気象条件下に置かれていたことを示している．このような条件では，BC の濃度レベルをコントロールする主要な総観規模気象の特徴は，寒冷前線の前面に位置する温暖域内の南西気流と前線通過後の北西の季節風内の流れだしに伴う汚染質の輸送である．このような輸送過程の重要さは既に指摘されていたが，VMAP の観測結果と今回のモデル結果は，このような総観気象システムが BC で汚染された気塊の北西太平洋地域までの流れ出しに重要であることを確認している．VMAP で測定された時間変動を詳細に比較すると，八丈島と父島では類似した時間変動が確認されるが，北に位置する二つの島（佐渡と利尻）とは挙動が一部異なっている．たとえば，北の観測点の BC レベルは 115 ～ 120 日にかけて急激に上昇するが，南側では低下しており，総観気象システムの大きさにより観測されるスケールが異なることを示している．

一方，シミュレートされた佐渡でのBC濃度は時々系統的に過小評価になっていることが判る．この傾向は風向が東から南の時に顕著であり，日本上空を経由する際に濃度の過小評価が生じていることを示唆している．このモデルの結果は，利用しているBCの発生源強度が日本域について過小である可能性を示唆しており，今後，BCの発生源インベントリの再検討の必要性を意味している．

反面，モデルの結果が濃度ピークを過大に評価する場合も見られる．これは，たとえば，利尻での93日や八丈島での91日が相当する．これらの日には，図7.8に示したように，このような時には観測点では比較的強い降水がある．この傾向はVMAP観測点の南側で顕著であり，モデルでは降水による洗浄の効果の導入に再検討の可能性を示している．

図7.8に示した二つの感度解析の結果は南部ほど，バイオマス燃焼に伴うBC濃度に寄与が大きいことを示している．利尻では地上濃度と鉛直カラム濃度の双方ともバイオマス燃焼起源のBCの割合は表7.4に示したように16～19%程度であるが，八丈島では21～34%，父島では32～52%に達しており，観測地点の南部ほど，東南アジアから中国南部起源のバイオマス燃焼のBCの寄与が大きいことが示される．

7.3.5 ダストの解析

2001年春季には数度の大規模なダストストームが発生し，それらの多くがACE-Asia集中観測網によって様々な視点から捉えられた．特に4月の初旬から中旬にかけてのダストストームは‘PDS; Perfect Dust Storm’として認識され，比較的高い濃度を維持したまま，北太平洋を横切り，アメリカ大陸まで輸送された．ここでは地上・衛星観測結果との比較を行い，モデルの検証を行うとともに2001年春季のアジア域におけるダスト輸送の特徴についてまとめる．

口絵15に中国，北京におけるライダー観測によって得られたダストの消散係数とCFORSモデルによって得られたダストの消散係数と温位の時空間プロットを示す[59]．ここで，ライダー観測による消散係数はShimizuら[58]によって提供されたものを使用している．彼らはACE-Asia観測期間中に北京，長崎，つくばの3点でミー散乱ライダーを用いて，鉛直上方からの後方散乱光強度と偏光解消度を連続的に観測しており，ここで示した消散係数はそれらをもとに算出されたものである．なお，口絵15の3月9～15日，4月6～11日の上空におけるライダーの欠損値は境界層内でのエアロゾル濃度が非常に高く，ライダーシグナルが上空まで到達しなかったことによる．

図から北京では，モデルによるダストの消散係数の再現性が非常に優れていることが分かる．特にダストの到来のタイミングやその鉛直プロファイルの再現性は非常に高い．しかしながら，幾つかの不一致もまた示されている．たとえば，3月9～15日や4月2日から4日に，ライダー観測結果は比較的高い消散係数を境界層内で捉えているが，モデルではそれらが示されていない．これはこの期間，北京で観測されたオングストローム指数が比較的高い値を示していることから，局地的な大気汚染の効果によるものと考えられ，今回用いている水平解像度80 kmのCTMでは正確に再現することが困難であろう．2001年春季の間に観測結果から，少なくとも三つの大きなダストストーム（3月1～7日：DS1, 3月18日から25日：DS2, 4月6日から12日：PDS）があったことが分かる．口絵14には，PDSの期間の一部のダストの水平輸送の形態を既に示している．

モデル解析によると，これらの期間の上空10 kmまでのダストによる光学的厚さ（AOT）の平均値は，DS1に対して0.27，DS2に対して0.30，PDSに対して0.70であった．これらの結果からPDSでのAOTは，DS1，DS2と比較して非常に大きなものであったことが分かる．また口絵15では，PDS期間中に地表から上空約9 kmにまで高レベルの消散係数が見られ，この期間中に，非常に濃いダスト層が北京上空の境界層から上部対流圏までの間に幾つか存在していること示していた．境界層中だけでなく，上空にも同時に濃いダスト層が見られたという特徴は，主にPDS期間に見られ，このようなダストの多層構造がPDS期間における高レベルAOTの原因の一つである．

7.3.6　ダストと含炭素エアロゾルの水平輸送フラックスと収支解析

アジア域には様々なエアロゾルの発生ソースがあり，エアロゾルの輸送は前節で示したように複雑である．ここでは，ダスト，含炭素エアロゾルについての収支について示す．

口絵17には，2001年3〜4月平均の境界層内とモデル上端までの鉛直カラムについての平均濃度と水平輸送フラックスの分布をダストと含炭素エアロゾル（BC＋OC）について示す．ここで，東西，南北方向のフラックス（HFX_xとHFX_y）とその絶対値（HFX）（μg m^{-2} s^{-1}）は

$$HFX_x = \frac{1}{T}\int^{T} u \times C_{aero}\, dt \tag{7.7}$$

$$HFX_y = \frac{1}{T}\int^{T} v \times C_{aero}\, dt \tag{7.8}$$

$$HFX = \sqrt{(HFX_x)^2 + (HFX_y)^2} \tag{7.9}$$

を用いて算出し，uとvはそれぞれ，東西，南北方向の風速（m s^{-1}），C_{aero}はエアロゾル濃度（μg m^{-3}），Tは時間（s）を意味する．口絵16の左側のカラムは境界層内（1000 m）での平均濃度とHFXの水平面分布を，右側のカラムには鉛直方向の全領域において平均された濃度とHFXの水平面分布を示し，ベクトルはエアロゾルの輸送方向とフラックスの大きさを表現している．図より平均濃度場が，発生源付近で非常に顕著な値を示していることが分かる．たとえば，ダストは中国内陸部のタクラマカン砂漠や，ゴビ砂漠付近において卓越した値を持ち，含炭素エアロゾルは，活発な人間活動の影響に伴い中国の中心部から沿岸部にかけて高濃度を示す．また，含炭素エアロゾルがラオスやタイ，ミャンマーの国境近辺で顕著な値を示しているのは焼畑活動によるものである．これらの平均濃度場は，個々のエアロゾル成分が南北に濃度勾配を持つことをはっきりと示している．図からダストは，計算領域の北緯35度から45度の間を中心とした濃度分布を持つことが特徴的である．

一方，水平方向輸送フラックスの分布からは，春季における平均的な輸送の特徴が詳細に把握できる．たとえば，ダスト鉛直断面は図示しないが，水平輸送フラックスが主に高度2 kmから4 kmを中心にピークを持ち，またその水平面分布が東に伸びていることから，中国内陸部の砂漠で発生したダストは主に北緯40〜45度の自由大気を中心に東へ輸送される傾向を持つことが分かる．含炭素エアロゾルに対しては，東経130度断面図において，北緯35度から45度の境界層内と北緯30度付近の自由対流圏内で二つのピークが示される．

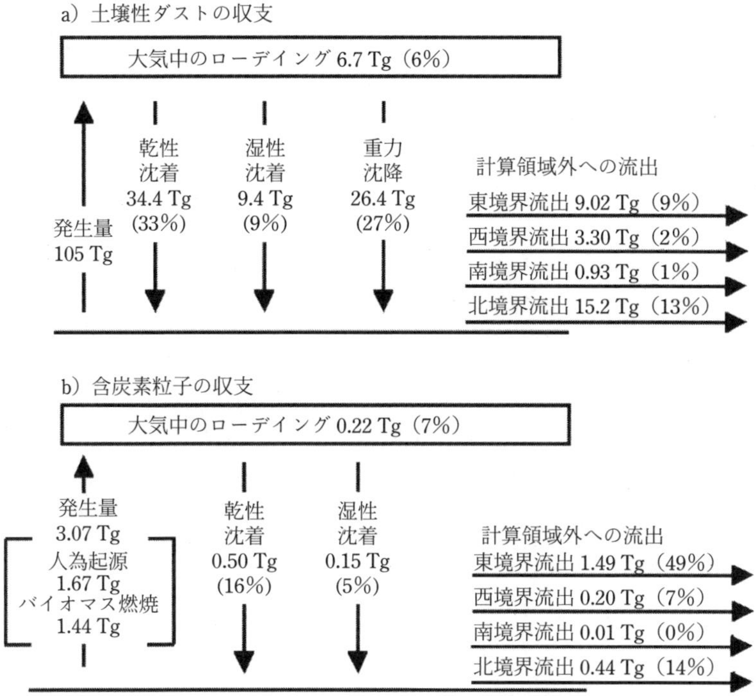

図 7.9　2001 年 3 ～ 4 月のダストと含炭素エアロゾルの収支（口絵 13 の計算領域について計算）.

1000 m 以下の高度の水平方向輸送フラックスの平均分布は大陸から北東に，一方鉛直方向の全領域にわたる水平方向輸送フラックスの平均分布は北緯 30 度を中心に東へ伸びていることから，含炭素エアロゾルは境界層内で北緯 35 ～ 45 度を中心に北東へ，また自由対流圏内で北緯 30 度を中心に東へ輸送される二つの輸送経路を持つことがわかり，自由対流圏での含炭素エアロゾルの大部分はバイオマス燃焼起源のものと考えられる.

図 7.9 には同期間の発生・輸送・沈着の収支を示す.

ダストについては，期間中直径 40 μm 以下の粒子について，105 Tg (105 Mton) の発生があり，そのうち 33%が乾性沈着，27%が重力沈降，9%が湿性沈着で除去されている．湿性沈着量が少ないのは，期間中のダスト発生域を含む中国北東部にかけて，降水が少ないためである．計算領域の東側の境界を越えて 9%

のダストが北西太平洋に輸送されている（口絵 13 の計算領域の境界を越えて全発生量の 25%が流れ出している）.

含炭素エアロゾル（TC＝BC＋OC）については，発生量が 3.07 Tg（人為起源で 1.63 Tg，焼き畑で 1.44 Tg）あり，乾性沈着で 16%が，湿性沈着で 5%が除去される．乾性沈着量が少ないのは，発生量の 47%を占める焼き畑起源の TC が自由大気に流入し上空を輸送されるためである．そのため，東側の境界を越えて北西太平洋に 50%の TC が輸送され，自由対流圏内での輸送が，アジア域における含炭素エアロゾルの最も重要な輸送プロセスの一つであることが分かる．

7.3.7 まとめ

領域気象モデル RAMS とオンラインで結合した化学輸送モデル CFORS の概要と VMAP 観測を用いた検証結果を示した．CFORS は，VMAP 測定網で観測されたエアロゾルの時間・空間変動を極めて正確に再現していることが明らかにされた．CFORS を用いたモデル研究から，東南アジアの焼き畑に伴う含炭素エアロゾルが日本域に輸送されることが明らかにされた．特に，ダスト（黄砂）と同時にアジア域の人間活動に伴って排出される大気汚染物質が流れてくることがモデルで明瞭にシミュレートされ，春季のアジア域の大気環境の把握に重要な結果であることが示された．なお，これらのモデルを用いたアジア域の研究成果は Uno ら[51, 57, 59] と Satake ら[60] に系統的にまとめられている．

7.4 酸性雨・酸性沈着のシミュレーション

東アジアにおける人為的な発生源から排出される大気汚染物質は 1980 年代後半から著しく増加しており，東アジアスケールで酸性雨，エアロゾルや対流圏オゾンの増加などの環境問題を引き起こしている．アジア大陸の風下に位置する日本列島は，その影響を強く受けており，東アジアにおける越境大気汚染の動態，とりわけ汚染の発生源寄与を把握し，対策を講じることが急務となっている．

東アジアにおける硫黄酸化物を対象とし，シミュレーションによってソース・リセプター関係（発生地域と沈着地域の関係）を推計した研究はこれまで多数ある．しかしながら，これらのモデル研究によって推計されたソース・リセプター関係は研究者によって大きく異なり[61]，たとえば，1990年前後における日本列島全域の年間沈着量に対する中国の寄与率はIchikawaら[62]が25%であるのに対して，Carmichael and Arndt[63]は10%，Huangら[64]は3.5%といった結果を報告している．このような違いが生じる原因は必ずしも明確ではないが，不確定性を生じる要因の一つとして物質輸送計算時の気象水象パラメータ設定の問題が考えられる．すなわち，これらの研究では気象庁やヨーロッパ中期気象予報センターECMWFなどの気象機関が提供する気象解析データを用いているが，これらの解析データに含まれるのは風速，気温，湿度，気圧などで，鉛直拡散係数，湿性沈着過程に重要な雨水量・雲水量の時空間分布，乾性沈着過程に重要な接地気層パラメータなどは含まれていない．一方，Carmichaelら[65]はモデル相互比較研究（MICS-ASIA）の結果をもとに，モデル計算結果に違いが生じる大きな原因としてモデル構造の違いを指摘している．これらのことから，東アジアにおける硫黄酸化物の動態を高精度で計算するためには，物質輸送計算に必要な各種の気象水象パラメータをきめ細かく計算できる地域気象モデルと構造的に結合した物質輸送モデルを用いて計算することが重要と考えられる．一方，アジアにおける窒素酸化物を対象としたソース・リセプター研究は，池田・東野[66]，Hollowayら[67]だけであり，硫黄酸化物に比べ非常に少ない．

本節では，硫黄酸化物と窒素酸化物の東アジアにおける発生・輸送・沈着過程をシミュレーション計算し，その結果をもとにソース・リセプター解析した結果について紹介する．

7.4.1 シミュレーションモデルと計算条件

数値シミュレーションモデルとして，地域気象モデルRAMS（Regional Atmospheric Modeling System）Ver.4.3（Pielkeら[68]）と物質輸送モデルHYPACT（Hybrid Particle And Concentration Transport Model）Ver.1.2.0（Walkoら[69]）を組み合わせたモデリングシステムを用いた（片山ら[70]）．まず，地域気象モデルRAMSによって地域スケールの気象を計算する．水平グリッド間隔は80 km，水平グリッド数は60 (x)× 55 (y) であり，高度20 kmまでを鉛直23層に分割した（計算領域は図7.12参照）．シミュレーション期間は1995年1月から12月の1年間であり，ヨーロッパ中期気象予報センターECMWFの全球客観解析データ（経緯度2.5度，12時間間隔）を用いて境界条件を設定した．RAMSによって計算された風速，鉛直拡散係数，雲水量，気温，降水量，接地気層パラメータ（摩擦速度，日射量，モーニン長など）などの気象要素を物質輸送モデルHYPACTで使用する．

次に，RAMSで計算される各種の気象水象データと発生源データをもとに，物質輸送モデルHYPACTによって硫黄酸化物と窒素酸化物の大気中濃度と乾性・湿性沈着量を計算する．HYPACTはRAMSと同一の座標系と計算スキームを使用した物質輸送モデルであるが，オリジナルのHYPACTには反応・沈着過程が含まれていないため，硫黄酸化物についてはIchikawaら[62]とCarmichaelら[65]，窒素酸化物についてはBrodzinskyら[71]の反応・沈着モデルを付加した．ただし，筆者らは乾性沈着と湿性沈着の計算にRAMSの結果を活用し，乾性沈着速度はRAMSで計算された接地気層パラメータをもとに，ガスについてはWesely[72]，エアロゾルについてはZhangら[73]に従って算出し，湿性沈着速度はRAMSによる雲水量・降水量を使って計算した．HYPACTの計算領域は外側1グリッドを除いたRAMS計算領域と同じである．

SO_2，NO_x排出量は，中国，日本，南北朝鮮，台湾，モンゴルの人為起源排出量についてはKlimontら[74]による1995年推計結果，その他の国と海上の人為起源排出量はEDGAR 3.2[75]による1995年推計結果を使用し，火山起源排出量は藤田ら[76]の結果をもとに設定した．なお，ソース・リセプター解析においては発生源を50区分（49地域と火山）に分割して各区分ごとの発生量と沈着量の関係をきめ細かく推計した．

7.4.2　モデル再現性

図7.10は，電力中央研究所（Fujitaら[77]）によって鹿島（石川県）と福江（長崎県）で測定された湿性沈着量とモデルによる計算結果の比較を示す．両地点で測定された湿性沈着量は明瞭な季節変動を示すが，モデルはこれらの季節変動の特徴を再現している．図7.11は，環境庁第3次酸性雨対策調査（環境庁[78]）と電力中央研究所（Fujitaら[77]）による全国の非海塩性SO_4^{2-}（nss-SO_4^{2-}）とNO_3^-の年間湿性沈着量とモデル計算値の比較結果を示す．モデルは，nss-SO_4^{2-}をやや

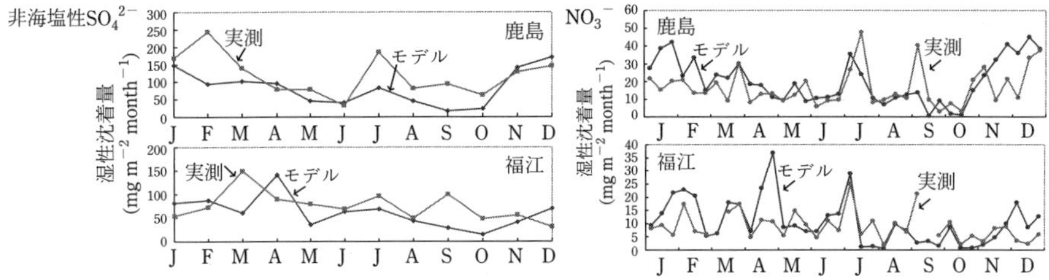

図 7.10　鹿島（石川県）と福江（長崎県）における湿性沈着量の実測とモデルの比較

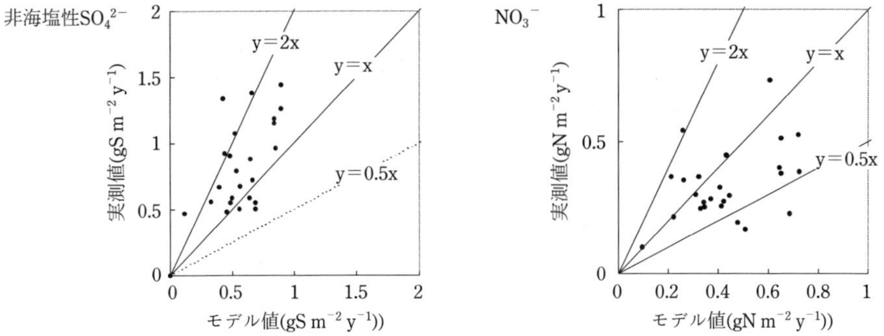

図 7.11　全国の年間湿性沈着量の実測とモデルの比較

過小，NO_3^-をやや過大に評価しているが，ほぼファクター 2 の範囲内で実測と整合しており，実測値の地域代表性とモデルの水平分解能を考慮すると，ほぼ妥当な再現性が得られていると考えられる．

7.4.3　沈着量分布

図 7.12 は，非海塩性 SO_4^{2-} と NO_3^- の湿性沈着量，乾性沈着量，全沈着量の年間分布を示す．湿性沈着量は降水量に強く依存するため，アジアスケールでは中国大陸内部の発生源地域に比較的近い多雨地域において湿性沈着量が多い．また，日本周辺では日本海地域および九州西部地域等において湿性沈着量が多い．これは冬季の北西季節風によって，中国大陸で大量に排出された SO_2 および NO_x が長距離輸送され，降雪によって日本列島の日本海側に沈着するためと考えられる．一方，乾性沈着量は発生源地域で多く，その地域から離れるに

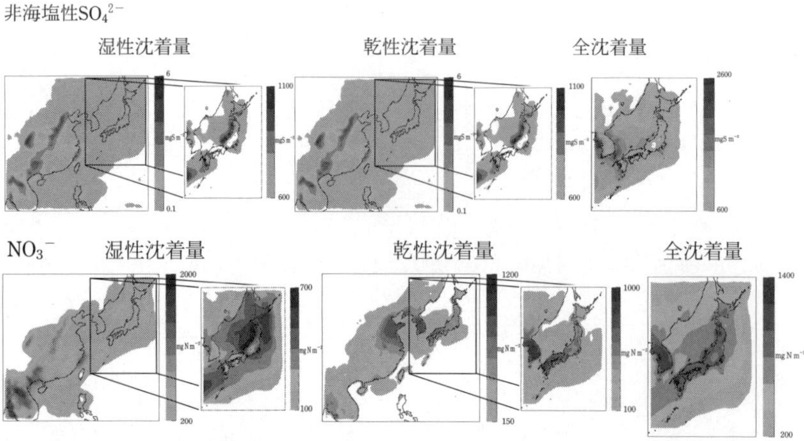

図 7.12　非海塩性 SO_4^{2-} と NO_3^- の湿性沈着量，乾性沈着量，全沈着量の年間分布

従って減少する．この他の非海塩性 SO_4^{2-} 沈着量の特徴としては，総沈着量分布は湿性沈着量分布に類似していること，中国の発生源近傍地域や内陸の乾性沈着速度が大きな地域では乾性沈着が湿性沈着よりも卓越するが日本付近では湿性沈着の割合が 50 ～ 70％であり乾性沈着よりも湿性沈着がやや多いことなどが挙げられる．また，日本域における NO_3^- 沈着量の特徴としては，北海道と中部山岳域を除くほぼ全域で 1 gN $m^{-2}y^{-1}$ 以上の窒素酸化物が沈着していること，湿性沈着量が日本海地域と東北太平洋岸地域で多いのに対し，乾性沈着量は発生源地域や西日本地域で多いことが挙げられる．

7.4.4　日本の発生源地域別寄与率

図 7.13 は，日本の非海塩性 SO_4^{2-} 沈着量の発生源別割合を示す．全国の沈着量の発生源地域別割合は，中国が 49％と最も多く，次いで日本 21％，火山 13％，朝鮮半島 12％の順となっている．このように，日本における沈着量のうち半分は中国からの寄与であり，中でも中国華北の寄与が 20％と非常に高い．また，日本と同様に，朝鮮半島においても中国からの寄与が 52％と高い．次に，日本国内を地域別に見ると，北海道や東北では中国からの寄与率がそれぞれ 63％，54％と高く半分以上の寄与を占める．また，SO_2 発生源地域を含む関東・中部

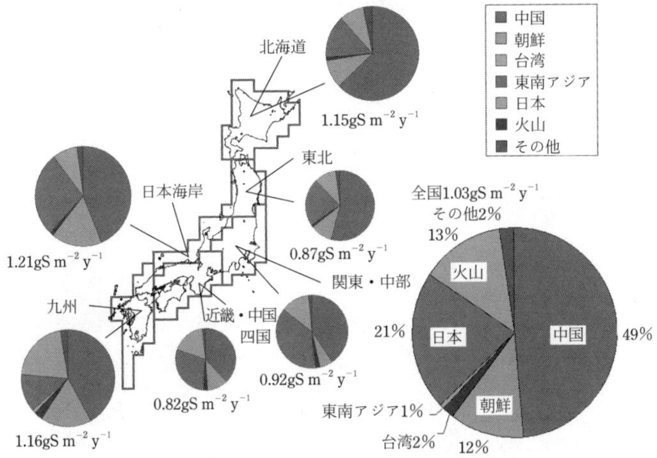

図 7.13　非海塩性 SO_4^{2-} 沈着量の発生源地域別割合

や近畿・中国・四国では日本の寄与が高く，その寄与率は 36% と 28% である．一方，九州や近畿・中国・四国では桜島等の九州の活火山の影響を受けるため火山の寄与が高く，その寄与率は約 20% である．

図 7.14 は，日本の NO_3^- 沈着量の発生源別割合を示す．全国の沈着量の発生源地域別割合は，日本 39%，中国 34%，朝鮮半島 18%，その他 9% であり，中国の寄与は非海塩性 SO_4^{2-} に較べると小さいが，それでも約 1/3 を占める．特に，北海道，日本海岸地域，九州では，中国と朝鮮半島を合わせた寄与率が半分以上となる．

日本列島における沈着量の国別寄与率を既往研究結果と比較して表 7.5 に示す．筆者らが示した国別寄与率は，既往結果に較べて中国の寄与が大きく，国内人為排出量の寄与が小さい点に特徴がある．この原因は明らかでないが，寄与率の違いを論じる場合に幾つかの点について注意する必要がある．第一に，筆者らの研究と既往モデル研究によって計算された総沈着量は大きく異なる．たとえば，日本域の非海塩性 SO_4^{2-} 年間沈着量は，筆者らの場合 1.03 gS m^{-2} であるのに対して，池田・東野[66] では 0.75 gS m^{-2}，Ichikawa ら[79] では 0.62 ～ 0.71 gS m^{-2} である．これまで，既往研究間の国別寄与率の違いについてしばしば議論されてきたが，ベースとなる沈着量が異なるため寄与率だけを単純に比較する

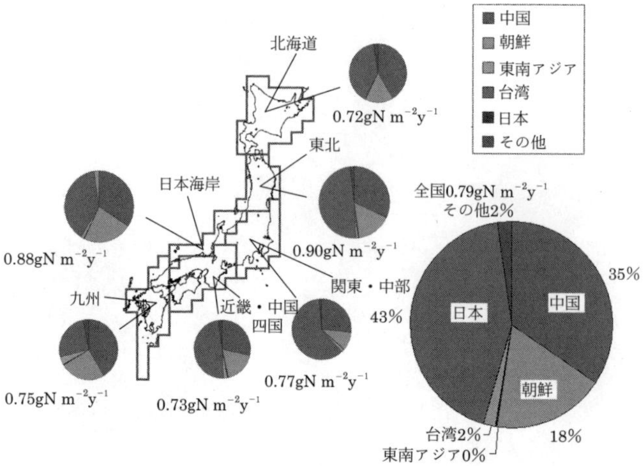

図 7.14　NO_3^-沈着量の発生源地域別割合

表 7.5　日本の沈着量の発生源地域別寄与率の比較

	研究者	基準年	モデル種類	寄与率（%）				
				日本	火山	中国	朝鮮	その他
非海塩性 SO_4^{2-}	Ichikawa *et al.*[62]	1988–1989	ハイブリッド	40	18	25	16	1
	Ichikawa *et al.*[79]	1990	トラジェクトリィ	27～30	25～31	24～27	17～19	1～2
		1995		26～29	24～32	29～32	12～13	1～2
	池田・東野[66]	1988	グリッド	37	28	25	10	0
	Carmicheal & Arndt[63]	1990	トラジェクトリィ	38	45	10	7	0
	Huang *et al.*[64]	1989	グリッド	94		3	2	1
	筆者ら	**1995**	**グリッド**	**21**	**13**	**49**	**12**	**5**
NO_3^-	池田・東野[66]	1990	グリッド	76	-	13	11	1
	Holloway *et al.*[67]	1990	トラジェクトリィ	65	-	18	15	2
	筆者ら	**1995**	**グリッド**	**39**	**-**	**34**	**18**	**9**

ことには注意を要する．第二に，筆者らの研究は対象年が1995年であるのに対し，大部分の既往モデル研究の対象年が1990年頃であることも考慮する必要がある．図7.15は，排出インベントリREAS[80]によって推計された1980～2003年のアジア域排出量の推計結果を示す．この排出量と1995年のソース・リセプターマトリックスを使って，日本域の沈着量の寄与率を推計した．その結

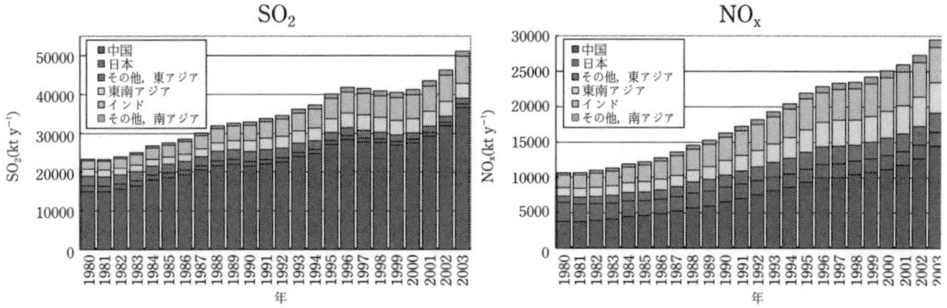

図 7.15　1980 ～ 2003 年のアジア域排出量変化

果によれば，1990 年から 1995 年の 5 年間に中国の排出量は SO_2 が 20%，NOx が 41%増加したのに対し，日本の排出量は SO_2 が 17%，NOx が 9%減少し，これに伴って日本域の沈着量に対する中国の寄与率が，43%から 49%（非海塩性 SO_4^{2-}），27%から 34%（NO_3^-）にそれぞれ増加している．なお，1980 年から 20 年間の変化に着目すると，非海塩性 SO_4^{2-}については 1980 年には日本と中国の寄与率がほぼ同じであったが，その後，中国の寄与率が上昇，日本の寄与率が低下し，1995 年以降，中国の寄与率は日本の約 2 倍の水準で推移している．また，NO_3^-沈着量についても 1980 年には中国の寄与率 18%に対して日本の寄与率は 67%と高かったが，1995 年以降，中国と日本の寄与率はほぼ同じになっている．

7.4.5　まとめ

地域気象モデル RAMS と結合した物質輸送モデル HYPACT を用いて，東アジアにおける硫黄酸化物と窒素酸化物の動態をシミュレートし，1995 年の年間のソース・リセプター関係を定量化し，日本の沈着量の発生源地域別寄与率を評価した．本節で用いたモデルは，従来のソース・リセプター解析用モデルとは異なり，地域気象モデルで計算された時空間分解能の高い気象水象データを活用することにより物質輸送モデルで必要とする各種の気象パラメータを精緻に与えているところに特徴がある．変質・沈着プロセスを組み込んだ HYPACT は国内各地で観測されたガス・エアロゾル地上濃度および湿性沈着量を良好に再現する．このモデルを使って計算された日本領域における年間沈着量は，硫黄酸化物（非海塩性 SO_4^{2-}）0.84 TgS（1.03 gS m^{-2}），窒素酸化物（NO_3^-）0.62 TgN

(0.79 gN m^{-2}) である．また，発生源地域別寄与率は，非海塩性SO_4^{2-}については中国49%，日本21%，朝鮮半島12%，火山13%，その他5%，NO_3^-について日本39%，中国34%，朝鮮半島18%，その他9%となり，いずれの物質も中国からの寄与が非常に多いことを示した．筆者らが示した中国の寄与率は既往研究結果に比べて最も高く，感度解析やモデル相互比較によって，この原因を明らかにする必要がある．さらに，モデルの改良（変質・沈着モデルの精緻化，山岳部における降水量の空間変動や露・霧等の影響の取り込み，水平分解能の向上など）も大きな課題である．とりわけ，本節で用いたモデルでは，窒素酸化物の変質過程を簡略に扱っているため，その改良が重要である．なお，硫黄酸化物に関する研究成果は井上ら[81]にまとめられている．

参考文献

1）Yamaji, K., *et al.* (2006). Analysis of seasonal variation of ozone in the boundary layer in East Asia using the Community Multi-scale Air Quality model: What controls surface ozone level over Japan? *Atmos. Environ.* **40**, 1856–1868.

2）Uno, I., *et al.* (2003). Regional Chemical Weather Forecasting System CFORS: Model descriptions and analysis of surface observations at Japanese island stations during the ACE-Asia experiment. *J. Geophys., Res.* **108**, 8668, doi:10.1029/2002JD002845.

3）Ichikawa, Y., *et al.* (1998). A long-range transport model for East Asia to estimate sulfur deposition in Japan. *J. Appl. Meteorology* **37**, 1364–1374.

4）片山学，大原利眞，村野健太郎（2004）東アジアにおける硫黄化合物のソース・リセプター解析　―地域気象モデルと結合した物質輸送モデルによるシミュレーション―，大気環境学会誌，**39**，200–217.

5）CRIEPI (1985). Data Report on the Inland Sea Region Acid Deposition Project.

6）電力中央研究所（1994）．酸性雨の影響評価，電中研レビュー No. 31.

7）Fujita, S., Ichikawa, Y., Kawaratani, R., Tonooka, Y. (1990). Short communication - preliminary inventory of sulfur dioxide emission in east Asia. *Atmos. Environ.* **25A**, 1409–1411.

8）科学技術庁科学技術政策研究所，加藤信夫，小川芳樹，小池俊也，坂本保，坂本進（1991）アジア地域のエネルギー消費構造と地球環境影響物質（SO_x，NO_x，CO_2）排出量の動態分析，NISTEP Report21.

9）Kato, N. and Akimoto, H. (1992). Anthropogenic emissions of SO_2 and NO_x in Asia: Emission Inventories. *Atmos. Envion.* **26**, 2997–3017.

10）Akimoto, H. and Narita, H. (1994). Distribution of SO_2, NO_x and CO_2 emissions from fuel combustion and industrial activities in Asia with 1° × 1° resolution, *Atmos. Envion.* **28**, 213–225

11）Alcamo, J, *et al.* (1990). *The RAINS Model of Acidification: Science and Strategies in Europe,* Kluwer Academic Publishers.

12) Foell, W., *et al*, eds. (1995). *RAINS-ASIA: An assessment model for air pollution in Asia,* World Bank.
13) Amann, M., *et al.* (2000). Integrated analysis for acid rain in Asia: Policy implications and results of RAINS-Asia Model, in Annual review of energy and the environment, 25: 339–376.
14) IIASA. TAP Web. site; http://www.iiasa.ac.at/rains/index.html.
15) McCormic, J. (1997). *Acid Earth*, Earthscan.
16) UN. ECE Web.site; http://www.unece.org/env/lrtap/.
17) Amann, M., *et al.* (2000). An integrated assessment model for fine particulate matter in Europe, *Acid Rain 2000*, Tsukuba.
18) Amann, M. (2004). Synergies and trade-offs between air pollution control and greenhouse gas mitigation, *13th World Clean Air and Environmental Protection Congress*, London.
19) Streets, D., *et al.* (2001). Black carbon emission in China. *Atmos. Environ*. **35**, 4281–4286.
20) Streets, D., *et al.* (2003). An inventory of gaseous and primary aerosol emissions in Asia in the year 2000. *J. Geophys. Res*. **108** (**D21**), 8809, doi:10.1029/2002JD003093.
21) Bond, T. C., Streets, D. G., *et al.* (2004) A technology- based global inventory of black and organic carbon emissions from combustion. *J. Geophys. Res*. **109**, D14203, 10.1029/2003JD003697.
22) Cooke, W. F. and Wilson J. J. N. (1996). A global black carbon aerosol model, *J. Geophys. Res*. **101**, 19, 395–19, 409.
23) Penner, J. E., Zhang, S. Y., Chuang, C. C. (2003). Soot and smoke aerosol may not warm climate. *J. Geophys. Res*. **108** (**D21**), 4657, doi:10.1029/2003JD003409.
24) Pope, C. A. and Dockery, D. W. (1992). Acute health effects of PM10 pollution on symptomatic and asymptomatic children. *American Review of Respiratory Disease* **145**, 1123–1128.
25) Turco, R. P., *et al.* (1983). The global cycle of particulate elemental carbon, in Precipitation Scavenging, Dry Deposition, and Resuspension, edited by H. R. Pruppacher, R. G. Semonin, and W. G. N. Slinn, pp. 1337–1351, Elsevier Sci., New York.
26) Penner, J. E., Eddleman, H., Novakov, T. (1993). Towards the development of a global inventory for black carbon emissions. *Atmos. Environ*. **27**, 1277–1295.
27) Cooke, W. F., Liousse, C. and Cachier, H. (1999). Construction of a 1° ×1° fossil fuel emission data set for carbonaceous aerosol and implementation and radiative impact in the ECHAM4 model. *J. Geophys. Res*. **104**, D18, 22, 137–22, 162.
28) 外岡　豊，三浦秀一 (1986). 東アジアの SO_x 排出，大気汚染学会　第27回大会（京都).
29) 張　耀民 (1987). 我国大気汚染対農業環境的影響及其経済損失費用的估算，環境科学，7, 6, 82–86.（中国語）
30) Zhao, D. (1993). Unpublished paper on estimation of SO_2 emissions in China.
31) CRIEPI (1992). Acid deposition in Japan, report#ET91005.
32)（財）計量計画研究所 (1992). 原因物質発生源調査，電力中央研究所委託.
33) 東野晴行，外岡　豊，柳澤幸雄，池田有光 (1995). 東アジア地域を対象とした大気汚染物質の排出量推計─中国における硫黄酸化物の人為起源排出量推計─，大気環境学会誌，**30**, 374–390.
34) 東野晴行，外岡　豊，柳澤幸雄，池田有光 (1996). 東アジア地域を対象とした大気汚染物質の排出量推計（II）─中国における NO_x，CO_2 排出量推計を中心とした検討─，大気環境学会誌，**31**，262–281.

35）Tonooka, Y., *et al.*（2001）NMVOCs and CO emission inventory in East Asia. *Water Air and Soil Pollution* **130**, 199–204.

36）神成陽容，外岡　豊，村野健太郎（2003）．東アジア地域における大気汚染物質発生源インベントリーの開発，環境研究，**129**，35-46.

37）外岡　豊，寧　亜東，東野晴行，田中恭子，深澤大樹（2005）．東アジアにおける温室効果ガス排出削減対策―中国住宅バイオマス・エネルギー消費とエアロゾル排出抑制，エネルギー・資源学会研究発表会講演論文集第 24 回.

38）Sinton, J.（2001）. Accuracy and reliability of China's energy statistics. *China Economic Review* **12**, 373–383.

39）堀井伸浩（2001）．中国におけるエネルギー消費減少の背景：石炭流通の実態からの一考察，コール・ジャーナル，第一号.

40）Rawski, T. G.（2001）. What is happening to China's GDP statistics? *China Economic Review* **12**, 347–354.

41）Rawski, T. G.（2002）. How fast is China's economy really growing? *The China Business Review* March-April.

42）Klimont, Z., *et al.*（2002）. Modeling particulate emissions in Europe- A framework to estimate reduction potential and control costs. *Interim Report*, IR–02–076, IIASA

43）CORINAIR（2004）. Emission inventory guidebook, small combustion installations.

44）Zhang, J., Smith, K. R., Ma, Y., Ye, S., Jiang, F., Qi, W., Lui, P., Khall, M. A. K., Rasmussen, R. A., Thorneloe, S. A.（2000）. Greenhouse gases and other airborne pollutants from household stoves in China: a database for emission factors. *Atmos. Environ*. **34**, 4537–4549.

45）Streets, D.（2005）. Emissions inventory issues for MICS-Asia phase II, 7th Workshop on the transport of air pollutants in Asia,（MICS Asia phase II）at IIASA, Laxenburg.

46）IPCC（the Intergovernmental Panel on Climate Change）（2001）. *Climate Change 2001: The Scientific Basis*, J. T. Houghton, Y. Ding, D. J. Griggs, M. Noguer, P. J. van der Linden, D. Xiaosu, K. Maskell, and C. A. Johnson（Eds.), 896 pp. Cambridge Univ. Press, New York.

47）Streets, D. G., T. C. Bond, G. R. Carmichael, *et al.*（2003）. A-year 2000 inventory of gaseous and primary aerosol emission in Asia to support TRACE-P modeling and analysis. *J. Geophys. Res*. **108**, 2002JD003253.

48）Wang, Z.-F., H. Akimoto and I. Uno（2002）. Neutralization of soil aerosol and its impact on the distribution of acid rain over East Asia: Observational evidence and model simulation. *J. Geophys. Res*. **107**, 4389, doi:10.1029/2001JD001040.

49）Huebert, B., T. Bates, P. Russell, *et al.*（2003）. An overview of ACE-Asia: strategies for quantifying the relationships between Asian aerosols and their climatic impacts. *J. Geophys. Res*. **108**, 8633, doi:10.1029/2003JD003550.

50）Pielke, R. A., W. R. Cotton, R. L. Walko, *et al.*（1992）. A comprehensive meteorological modeling system -RAMS. *Meteorol. Atmos. Phys*. **49**, 69–91.

51）Uno, I., G. R. Carmichael, D. G. Streets, *et al.*（2003）. Regional chemical weather forecasting system CFORS: Model descriptions and analysis of surface observations at Japanese island stations during the ACE-Asia experiment. *J. Geophys. Res*. **108**, 8668, doi:10.1029/2002JD002845.

52）Takemura, T., H. Okamoto, Y. Maruyama, *et al.*（2000）. Global three-dimensional simulation of aerosol optical thickness distribution of various origins. *J. Geophys. Res*. **105**, 17853–17873.

53) Gillette D. and R. Passi (1988). Modeling dust emission caused by wind erosion. *J. Geophys. Res*. **93**, 14233–14242.
54) Gong, S. L., L. A. Barrie and J.-P. Blacnchet (1997). Modeling sea-salt aerosols in the atmosphere 1. Model development. *J. Geophys. Res*. **102**, 3805–3818.
55) Woo, J.-H., D. Streets, G. R. Carmichael, *et al*. (2003). The contribution of biomass and biofuel emissions to trace gas distributions in Asia during the TRACE-P experiment. *J. Geophys. Res*. **108**, 8812, doi:10.1029/2003JD003200.
56) Matsumoto, K., M. Uematsu, T. Hayano, *et al*. (2003). Simultaneous measurements of particulate elemental carbon on the ground observation network over the western North Pacific during the ACE-Asia compaign. *J. Geophy. Res*. **108**, 2002JD002744.
57) Uno, I., G. R. Carmichael, D. Streets, *et al*. (2003). Analysis of surface black carbon distributions during ACE-Asia using a regional-scale aerosol model, *J. Geophys. Res*. **108**, 8636, doi:10.1029/2002JD003252.
58) Shimizu A., N. Sugimoto, I. Matsui, K. Arao, I. Uno, T. Murayama, N. Kagawa, K. Aoki, A. Uchiyama, A. Yamazaki (2004). Continuous observations of Asian dust and other aerosols by polarization lidars in China and Japan during ACE-Asia. *J. Geophys. Res*. **109**, D19S17, doi:10.1029/2002JD003253.
59) Uno, I., S. Satake, G. R. Carmichael, Y. Tang, Z. Wang, T. Takemura, N. Sugimoto, A. Shimizu, T. Murayama, T. Cahill, S. Cliff, M. Uematsu, S. Ohta, P. Quinn, and T. Bates (2004). Numerical study of Asian dust transport during the springtime of 2001 simulated with the CFORS model. *J. Geophys. Res*. **109**, doi: 10.1029/2003JD004222.
60) Satake, S., I. Uno, T. Takemura, *et al*. (2004). Charactersitics of Asia aerosols transport simulated with the regional scale chemical transport modeling during the ACE-Asia period. *J. Geophys. Res*. **109**, D19S22, doi:10.1029/2003JD003997.
61) 市川陽一 (1998) 酸性物質の長距離輸送，大気環境学会誌，**33**，A9–A18.
62) Ichikawa, Y., *et al*. (1998). A long-range transport model for East Asia to estimate sulfur deposition in Japan. *J. Applied Meteorology* **37**, 1364–1374.
63) Carmichael G. R. and R. L. Arndt (1995). Chapter 5, ATMOS module, Long range transport and deposition of sulfur in Asia (Rains-Asia: An assessment model for air pollution in Asia, Foell, W. *et al*., Report on the World Bank Sponsored Project "Acid Rain and Emission Reductions in Asia"), V51–V58.
64) Huang, M., *et al*. (1995). Modeling studies on sulfur deposition and transport in east Asia. *Water, Air, & Soil Pollution* **85**, 1921–1926.
65) Carmichael G. R., *et al*. (2001). Model intercomparison study of long range transport and sulfur deposition in east Asia (MICS-ASIA). *Water, Air, & Soil Pollution* **130**, 51–62.
66) 池田有光，東野晴行 (1997). 東アジア地域を対象とした酸性降下物の沈着量測定 (II) ―発生源寄与を中心とした検討―，大気環境学会誌，**32**，175–186.
67) Holloway, T., *et al*. (2002). Transfer of reactive nitrogen in Asia: development and evaluation of a source-receptor model. *Atmos. Environ*. **36**, 4251–4264.
68) Pielke, R. A., *et al*. (1992). A comprehensive meteorological modeling system - RAMS. *Meteorol. Atmos. Phys*. **49**, 69–91.
69) Walko, R. L., *et al*. (1995). The hybrid particle and concentration transport model Version 1.0,

User's guide.
70) 片山　学，大原利眞，村野健太郎（2004）．東アジアにおける硫黄化合物のソース・リセプター解析―地域気象モデルと結合した物質輸送モデルによるシミュレーション―，大気環境学会誌，**39**，200–217.
71) Brodzinsky R., *et al.* (1984). A long-range air pollution transport model for Eastern North America -II. Nitrogen oxides. *Atmos. Environ*. **18**, 2361–2366.
72) Wesely, M. L. (1988). Improved parameterizations for surface resistance to gaseous dry deposition in regional-scale numerical models, EAP/600/3-88/025.
73) Zhang, L. *et al*. (2001). A size-segregated particle dry deposition scheme for an atmospheric aerosol module. *Atmos. Environ*. **35**, 549–560.
74) Klimont, Z., *et al.* (2001). Projections of SO_2, NOx, NH_3 and VOC emissions in East Asia up to 2030. *Water, Air, & Soil Pollution* **130**, 193–198.
75) National Institute of Public health and the Environment (2003). Emission database for global atmospheric research (EDGAR) 3.2, http://arch.rivm.nl/env/int/coredata/edgar/.
76) 藤田慎一，外岡　豊，大田一也（1992）．わが国における火山起源の二酸化硫黄の放出量の推計，大気汚染学会誌，**27**，336–343.
77) Fujita S., *et al*. (2000). Precipitation chemistry in East Asia. *Atmos. Environ*. **34**, 525–537.
78) 環境庁(1999)環境庁第3次酸性雨対策調査　大気系，http://www.adorc.gr.jp/jpn/docjp_f.html.
79) Ichikawa, Y., *et al*. (2001). Forecast sulfur deposition in Japan for various energy supply and emission control scenarios. *Water, Air, & Soil Pollution* **130**, 301–306.
80) REAS (2006). http://www.jamstec.go.jp/forsgc/research/d4/emission.htm.
81) 井上雅道，大原利眞，片山　学，村野健太郎（2005）．数値シミュレーションモデル RAMS/HYPACT による東アジアにおける硫黄化合物の年間ソース・リセプター解析，エアロゾル研究，**20**，333–344.

8
東アジア域におけるエアロゾルの気候影響

8.1 エアロゾルの気候影響：概論

近年，人間活動の拡大に伴い大気エアロゾルの濃度が世界的に増加している．このエアロゾルの気候影響としては，①太陽放射を散乱吸収することにより地表面への太陽放射の到達量を変化させ，気候を変化させる効果（直接効果），②水溶性のエアロゾルが雲粒生成の核となるため，エアロゾル数の増加が雲粒数を増加させ，雲の日射反射率を増加させて，地球を冷却する効果（間接効果），③黒色炭素粒子（またはスス，Black carbon とも呼ぶ）が雪氷面上に沈着することにより雪氷面の日射反射率を低下させ，雪氷域の気候を温暖化させ，融雪を促進し水循環を変化させる効果，あるいは④吸収性のエアロゾル（ススや土壌粒子）が大気中で太陽放射を吸収することにより大気を加熱し，その結果大気の安定度をより安定化させて，大気大循環を変化させ，気候を変化させる効果，などが挙げられる．

8.1.1 大気エアロゾルの物理化学と放射特性

大気エアロゾルは粒径が 0.003 μm から 100 μm にまで及ぶ多分散粒子集合体であるが，その粒径分布は体積表示で粒径 2 μm 付近を境として二山の分布で表される．このうち粒径が 2 μm 以下の領域のエアロゾルを微小粒子（fine particle），2 μm 以上の領域のエアロゾルを粗大粒子（coarse particle）と呼ぶ．微小粒子は，数が多く，さらに太陽放射エネルギーの最も大きい波長0.4～0.5 μm の領域において，最も効率よく光散乱を生じる粒子群である．そのため，大気エアロゾルの光散乱過程を通しての気候影響を考える上では，この微小粒子による影響が最も重要となる．

大気エアロゾルは，粒径が様々に異なるだけではなく，その成分（化学組成）もまた様々に異なった粒子の集合体である．筆者が札幌において微小粒子の組成分析結果を行ったところ，微小粒子は，主として黒色炭素，有機物，硫酸イオン，硝酸イオン，塩素イオン，アンモニウムイオン，海塩陽イオン，土壌粒子および水分によって占められており，それらの総計は，TPM（相対湿度30％のもとで測定された総重量濃度）の 90 ～ 116％であった．すなわち大気中の微小粒子は，ほぼこれらの 9 成分で構成されていると考えられる．

これらのうちで吸収性の黒色炭素および土壌粒子は，太陽放射を吸収することから，その増加により地球－大気系の受け取る放射量（熱量）を増加させて地球を温暖化する傾向があり，一方，硫酸塩エアロゾル（硫酸粒子および硫酸アンモニウム粒子）や有機エアロゾル，硝酸アンモニウム粒子，海塩粒子などは透明で太陽放射を散乱するため，それらの増加により地球－大気系が受け取る太陽放射量を減少させて地球を冷却する作用を持つ．そのため，大気エアロゾルの気候影響においては，エアロゾルの総量の増加も問題となるが，エアロゾルのうちで，吸収性の成分と非吸収性の（透明な）成分との存在割合，すなわちエアロゾルの化学組成の把握も重要となる．今後の東アジアにおける工業化の進展に伴う気候影響の予測評価においては，以上のことから，エアロゾルの排出量の予測の他に，エアロゾルの化学組成の変化をも予測評価していくことが重要である．

8.1.2　大気エアロゾルの直接効果

IPCC は 1996 年の報告書において，過去百年間の硫酸エアロゾルの増加に伴う直接効果が，温室効果気体の増加に伴う地球の温暖化を約半分程度抑制してきた可能性があると述べている．すなわち，過去百年間に地球の平均気温は 0.45±0.15 ℃ 上昇したが，過去百年間の温室効果気体の増加量に基づき算出された上昇量はこの実測値を上回っており，これに対して硫酸エアロゾルによる直接効果を考慮すると，ほぼ実測値を再現できるとしている．しかしながら，この直接効果の算定においては，用いられている二酸化硫黄の地域別発生量や二酸化硫黄から硫酸への酸化速度，二酸化硫黄と硫酸の降雨や雲による大気中からの除去率などの値が，確定されたものではないこと，また大気エアロゾルには上で述べたように硫酸エアロゾル以外にも有機物や黒色炭素粒子等の成分粒子も多量に存在するが，これらの成分粒子の寄与が考慮されていないことなど，定量性に疑問がある．将来の気温の上昇量は，温暖化による影響の評価や対策（費用）に直接関わる基本的な数値であることから，できるだけ正確な予測評価が望まれており，この直接効果の評価は第一に検討されなければならない重要な課題である．

この直接効果を評価するためには，エアロゾルの存在する混濁大気中の太陽放射の伝達方程式を解かなければならないが，そのためにはエアロゾルの放射特性（単一散乱アルベドおよび散乱位相関数）と，光学的厚さが与えられなければならない．なおこの放射特性すなわち単一散乱アルベドと散乱光の角度分布関数については，エアロゾルの粒径分布と複素屈折率が与えられれば，ミー散乱理論に基づき計算により求めることができる．以上の観点から，様々な地域における季節ごとのエアロゾルの放射特性を実測により決定することが，重要な課題となっている．

以上のことから，筆者および塩原，兼保らは，小笠原諸島・父島等において，エアロゾルの放射特性と光学的厚さの経年測定，および冬季における放射特性と化学組成の集中観測を行った．さらに南極観測船しらせの訓練航海に乗船して，日本周辺海域のエアロゾルの放射特性，化学組成および光学的厚さの測定を行った．8.2 に，それらの測定結果が述べられている．なお，大気エアロゾルの光学的厚さの広域分布については，これまで人工衛星リモートセンシングにより求められており，その結果については，既に第5章で述べられている．

これらの測定・解析データは，東アジア域におけるエアロゾルの直接効果算定のための基礎的な資料となるものである．

8.1.3 大気エアロゾルの間接効果

これまで，大気エアロゾルの間接効果のうち，特にエアロゾルの雲粒生成能

(雲核化特性）については，主として実験室において各種の水溶性エアロゾルを溶液噴霧法により発生させ，熱拡散型雲粒生成実験装置に導き，雲粒が生成される臨界過飽和度を決定することにより，その雲核生成能が検討されてきた．しかし，これらの実験は，熱拡散型実験装置の上板と下板の温度がそれぞれ一定で，常に相対湿度が100%に保たれているという定常的な条件下で行われているのに対し，実際の大気中では，非定常，非平衡な過程で雲粒が形成されている．すなわち，実際の大気中においては，乱流が存在するため，過飽和度の分布は空間的に不均一で時間的にも変動しており，そのため活性化される水溶性エアロゾルの最小粒径も空間的，時間的に異なる．また，常に周囲から熱と水蒸気を十分に補給されている熱拡散型の室内実験装置とは異なり，実大気中では，ある大きさの水溶性エアロゾルが活性化した場合（粒径の大きいものほど活性化しやすい），その雲粒の生成により周辺の水蒸気が多量に消費されるため，過飽和度が下がり，周囲に存在するより小さい水溶性エアロゾルは，より活性化しにくくなる．すなわち，実験室での測定結果とは異なり，実大気中での雲粒生成においては，ある過飽和条件下で，果たしてどのような大きさ（粒径）でどの程度の個数の粒子が実際に活性化されるのか，定量的には不明である．これらの問題点を明らかにするために，筆者らは，鉱山の立坑を用い，立坑内を上昇する気流による雲粒の生成過程について実験を行い，実規模での雲粒生成過程についての研究を行った．

なお，この水溶性エアロゾルの雲核生成能に関する研究としては，これ以外に，山岳地域において，山腹を上昇する気流により生成される雲粒と，その風下および雲層内でのエアロゾルの同時観測を行うこと，なども有効であろう．

8.1.4　エアロゾルの分布モデル

東アジア域は，今後急速な工業化によりエアロゾルの排出量が増加するものと考えられ，そのためエアロゾルの濃度増加と化学組成の変化（その結果，放射特性の変化をもたらす）が予想される．さらに，東アジアにおいては，黄砂をはじめとする土壌粒子が大量に発生し，輸送される．そのため，エアロゾルの気候影響の評価においては，各種のエアロゾルの現時点での発生源データの収集と，将来の発生量の予測，および発生したエアロゾルの輸送モデルの開発が必要である．8.4では，その研究結果について述べる．

8.1.5　大循環モデルを用いたエアロゾルの放射強制力の評価

今須らは，これまでに得られた衛星リモートセンシングによる解析データおよび地上測定データを基に，それらを大気大循環モデルに組み込んで，現時点で存在するエアロゾルの直接効果による放射強制力，および現時点と2021年との放射強制力の変化についての予測評価計算を行った．その結果は8.5で述べられるが，最もエアロゾル濃度が高かった2000年4月の東シナ海の日本周辺域でのデータを用い，一か月間同じ高濃度が持続したものとして計算している．そのため得られた結果は過大評価ではあるが，放射強制力は，中国の南部海岸地域の上海付近において大きな負の値（地表を冷却する効果）となった．また，2000年と2021年の放射強制力の比較を行ったところ，2021年には2000年に比べて中国北部から日本にかけて，現在よりもある程度冷却効果が大きくなるが，上海付近の放射強制力は，現在とほとんど変わらないことが分かった．これは，エアロゾルのうちで，黒いスス（黒色炭素）成分と透明な有機物や硫酸エアロゾルの濃度分布およびその濃度増加状況が異なるためである．すなわち，気候影響の評価のためには，エアロゾルの総量だけではなく，その成分粒子ごとの濃度（組成）の地域ごとの変動も把握していくことが重要であることが示されている．

8.1.6　大気エアロゾルの気候影響評価の今後の課題

以上の結果を受けて，東アジア域におけるエアロゾルの気候影響評価の今後の課題として，以下のことが挙げられる．

(1) これまでほとんど測定されていないユーラシア大陸内部でのエアロゾルの光学的厚さの季節別の広域分布の継続的な測定（地上観測および衛星リモートセンシング）
(2) これまでほとんど得られていないユーラシア大陸内部でのエアロゾルの季節別の放射特性の把握（地上観測）
(3) 水溶性エアロゾルの季節別の広域分布の継続的な測定（地上観測によるエ

アロゾルの化学成分の測定）

(4) 水溶性エアロゾルの雲粒生成能の定量的な評価（立坑実験，山岳での雲とエアロゾルの同時観測，航空機による観測）

8.2 エアロゾルの光学・化学特性

大気中のエアロゾルについては科学的興味ばかりでなく人間生活への影響評価という社会的要請により様々な研究形態がとられている．ここでは，エアロゾルの光学特性・化学特性を研究対象としているが，それはエアロゾルの気候影響という視点に立つものである．エアロゾルが気候変化に及ぼす影響は直接効果と間接効果に大別して議論されることが多い．ここではエアロゾルの直接効果について述べる．エアロゾルの直接効果はすなわち放射効果でありエアロゾルの性状により大きく異なる．エアロゾルの直接効果を定量的に見積もり，正確な温暖化予測に寄与するためには，まず，地球規模でのエアロゾルの実態の把握が重要であり，地域あるいは季節により特徴的なエアロゾルについて，散乱・吸収係数や位相関数，光学的厚さ等の光学特性を知る必要がある．ここでは，筆者らが主力を注いだ小笠原諸島父島におけるエアロゾルの光学・化学特性の地上観測結果と南極観測船「しらせ」による日本周辺洋上のエアロゾルの光学・化学特性の船舶観測結果を中心に述べる．

8.2.1 父島におけるエアロゾルの光学的特性の観測

1）目　的

人為起源大気エアロゾルの気候影響を予測・評価する研究において，東アジア－太平洋岸地域は世界の実験場となると考えられる．それは，現時点で世界最大の石炭消費地域であり，また，21 世紀中も SO_2 等のエアロゾル前駆物質発生量が大幅に増大する地域であると考えられるからである．

人為起源エアロゾルの気候影響評価を行うためにはまず「人為起源でない」エアロゾルの状況を押さえておく必要がある．つまり，産業革命以前の大気エアロゾルの濃度・分布を初期状態とし，それに対して現状の，または将来予測から得られたエアロゾル汚染による影響との差を求める作業が必要となる．この過程では，数値モデル的に産業革命以前の時期の大気エアロゾルを再現することが必要となるが，計算には多数の仮定を設ける必要があり，容易ではない．しかし，非常に清浄なバックグラウンド気団中の大気エアロゾルの放射強制力を実測により評価することで，これとの比較により，現状のアジア大陸起源のエアロゾルの放射強制力を評価することが可能となる．

小笠原諸島・父島は東京から南方1000 km，北緯27°に浮かぶ亜熱帯性気候の島で，中緯度偏西風帯と貿易風帯の境に位置するため，アジア大陸起源の気団と太平洋中心部の北太平洋高気圧から吹き出す清浄な気団に季節によって交代で支配される．筆者らは，海洋性バックグラウンドおよび大陸性（あるいは人為汚染）エアロゾルの特徴を捉え，アジア大陸起源エアロゾルの放射強制力評価を行うことを目的として，小笠原父島において長期観測を行った．

2）研究方法

観測は父島の脊梁山地中腹の海抜240 mの地点において実施した．大気エアロゾル中の黒色炭素（BC）濃度1時間値をアセロメータ（Magee Scientific AE-16U）により，また散乱係数（scattering coefficient, σ_s）を積分型ネフェロメータ（TSI 3351）により測定している．アセロメータによるBC重量濃度測定値は，880 nmでのフィルタの吸光測定値からメーカー既定の機器固有質量吸収係数により計算されている．エアロゾル光学的厚さ（optical depth）はサンフォトメータ（Eko MS-110）により，エアロゾル粒子の個数濃度（粒径0.3 μm以上）はパーティクルカウンタ（Kanomax TF-500）により，10分ごとの積算値として測定した．2002年8月からは，粒径2.5 μm以下の大気エアロゾルを10日の吸引時間でフィルタ捕集し，多環芳香族炭化水素類（PAHs）等，有機物の測定を行っている．

2004年には，父島において通年で測定している観測項目に加え，大気エアロゾルの光学的特性を得る際に問題となっていた項目に主眼を置き，大陸からの汚染物質輸送が卓越する冬季（2月9～20日）に短期集中観測を実施した．雲底高度計（Ceilometer, Vaisala T-25K）により上空のエアロゾルの分布を測定するとともに，吸収光度計（Particle/Soot Absorption Photometer, PSAP, Radiance Re-

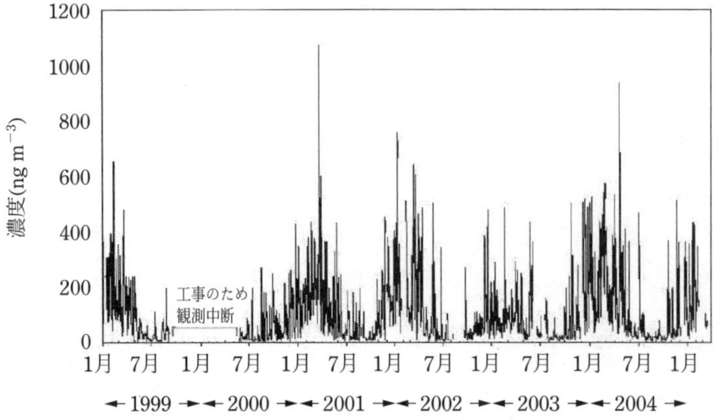

図 8.1　父島における黒色炭素濃度の季節変化

search）とアセロメータを同時運転し，さらに散乱係数の相対湿度依存性試験，インパクタによる粒径別エアロゾル組成観測等を実施した．

3）結果・アジア大陸起源汚染気塊の間欠的輸送パターン

一般にアジア大陸辺縁におけるBC濃度の季節変化は，冬に高く夏に低い傾向を示すが，高時間分解である本測定では，高濃度のBCが比較的短時間（1日～数日）現れては濃度が再び低下する状況が明確に捉えられている（図8.1）．これは，Kaneyasuら[1)]で示された汚染物質の間欠的輸送パターン，すなわち寒冷前線に引き連れられた帯状汚染気塊として大陸起源物質が次々と輸送されている状況を定点において観測したものである．冬季は高濃度の気塊流入の頻度が高く，ベースとなる濃度も高くなる一方，夏期においても頻度は低いながら高濃度の気塊が流入していることが分かる．

4）結果・海洋境界層内エアロゾルの光学的特性

① 単一散乱アルベドの季節変化

大気境界層内における幅の狭い汚染物質輸送の状況は，父島におけるエアロゾル散乱係数σ_sの測定値にも明確に現れている．清浄時のエアロゾル散乱係数は1×10^{-6} m^{-1}程度の値であるが，汚染気塊通過時には2×10^{-5}から10^{-4}

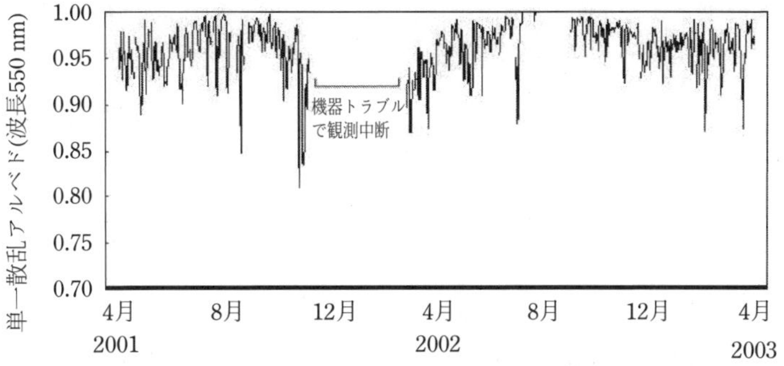

図 8.2　父島におけるエアロゾル単一散乱アルベドの季節変化（2001 年 4 月～ 2003 年 4 月）

m^{-1} レベルの高い散乱が生じる．

σ_a と σ_s から計算された単一散乱アルベド（single scattering albedo, ω_0）を図 8.2 に示す．汚染気塊の輸送に同期して数日の周期で上下を繰り返す状況が捉えられている．平均的には，夏季の海洋性気団中で高く（0.98 以上），冬～春の大陸起源気塊の輸送シーズンで 0.9 程度に下がる状況が見えている．ただし，ここでは積分型ネフェロメータの測定値に対して測定不能角度領域の補正はなされておらず，また相対湿度変化による σ_s の補正もなされていないため，同図は父島における海洋境界層内エアロゾルの光学的特性の大まかな傾向を示すものである．

② 測定値の再解析および複素屈折率の算出

ネフェロメータの測定値に対する測定不能角度領域補正のため，Yabuki ら.[2] の方法により，パーティクルカウンタの測定データを併せてミー散乱計算を用いて再解析を行った．図 8.3 に 2002 年 12 月から 2003 年の 1 月にかけての北東季節風による輸送シーズンを対象とした単一散乱アルベド ω_0 および複素屈折率虚数部 n_i の再解析値を示す．

この時期，汚染気塊通過時には ω_0 は 0.87 程度まで低下し，都市大気汚染と同程度に吸収性の強いエアロゾルが輸送されていることが分かる．また，この際の n_i の値 0.013 は，WMO WCP－55 エアロゾルモデルの“大陸型（Continental Type）”として採用されている 0.01 と比較してもやや大きい値となっている．

③ 散乱係数の相対湿度依存特性

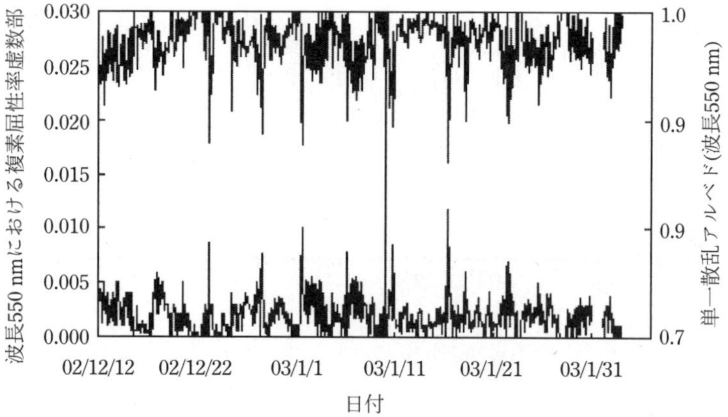

図 8.3　父島におけるエアロゾル単一散乱アルベド再解析値と複素屈性率虚数部の時間変化（2002 年 12 月～ 2003 年 2 月）

大気エアロゾルの多くは水溶性粒子であり，相対湿度の増加に応じて膨潤することから，光散乱係数も増加する．積分型ネフェロメータの内部は白熱光源に照らされて加熱されており，多くの場合外気より低湿度状態となっているため，現実のエアロゾルの散乱係数を求めるためには補正が必要である．この補正曲線を得るため，積分型ネフェロメータの外気導入ラインに加湿器を装着し，2004 年 2 月 12，13，および 17 日にそれぞれ二回ずつ導入空気の相対湿度を変化させて測定を行った．図 8.4 に示す測定結果は，相対湿度 30% の時の散乱係数によって正規化して表示してある．三日間とも BC 測定値が 300 ng m^{-3} 以上，乾燥状態（通常の積分型ネフェロメータの測定値）での

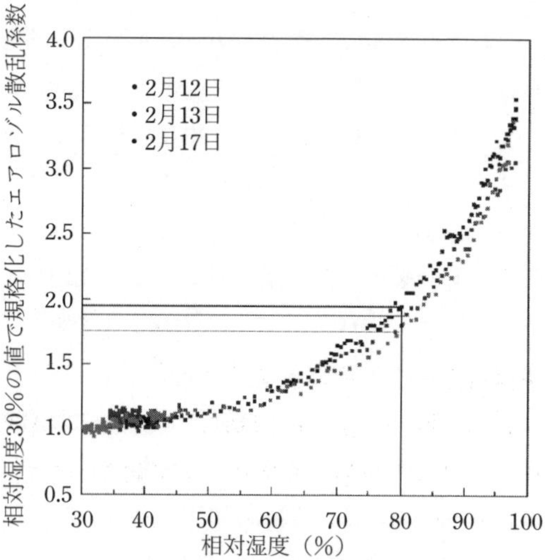

図 8.4　父島における冬季エアロゾルの散乱係数（λ = 550 nm）の湿度依存特性

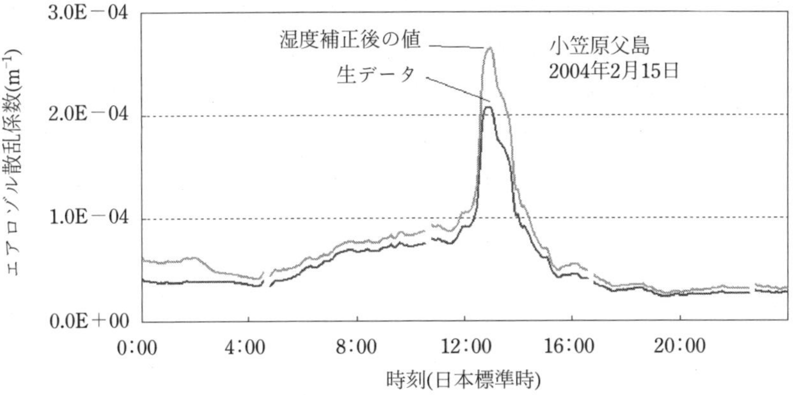

図 8.5　父島における 2004 年 2 月 15 日のエアロゾル散乱係数 σ_{sp} の経時変化（λ ＝550 nm）

エアロゾル散乱係数が 5×10^{-5} m^{-1} 程度と比較的高い濃度の汚染状態での結果であるが，散乱係数の湿度依存特性はお互いに非常に近い曲線となった．相対湿度 80％時と 30％時の散乱係数の比を f(80/30) で示すと，f(80/30)＝1.75 ～ 1.95 となり，ほとんどが海塩で占められていたと推測される ACE-I 期間中の Cape Grim での値～ 4.0 [3] より大幅に低く，IPCC (2001) で“汚染－大陸型 (Polluted-Continental)”として挙げられている 2.0±0.3 と近い値が得られた．今回の 3 日間の測定で得られた散乱係数の湿度依存特性は比較的一定していたが，これがアジア大陸起源汚染気団中のエアロゾル一般について当てはまるのかどうかについては，さらに測定を重ねて検討する必要がある．

ここで得られた補正曲線を用いて，2004 年 2 月 25 日に父島を通過した汚染気塊中のエアロゾル散乱係数を補正したものが，図 8.5 で“湿度補正後の値”と記される線である．汚染気塊通過時に伴う散乱係数の増加時には，生データの 30％程度の補正値が加わっており，湿度効果は無視できないレベルのものであることが分かる．

8.2.2　船舶観測に基づく日本周辺洋上のエアロゾルの光学・化学特性

1) 概　要

ここでは，前述の父島観測とは異なり，短期間であるが広域的な実態把握を目的として実施した船舶観測に基づく日本周辺海域でのエアロゾルの光学・化学特性について述べる．船舶観測には南極観測船「しらせ」を用いた．「しらせ」は毎年南極への本航海を前に約1か月間（9月）日本列島を反時計回りに周回する訓練航海を行う．筆者らはその訓練航海を利用して，船上エアロゾル観測を実施した．ここでは，特に2002年[4]および2003年[5]の観測結果から，特徴的な光学・化学特性について述べる．

2）測　定

しらせ船上で用いられた光学測定器は，パーティクルカウンタ（Optical Particle Counter: OPC），積分型ネフェロメータ（Integrating Nephelometer: IN），および吸収光度計（Particle Soot/Absorption Photometer: PSAP）である．OPC（Rion, KC-01D）は半径0.15，0.25，0.5，1.0，および2.5 μm以上の粒子数濃度を，IN（Radiance Research, M903）は波長530 nmの散乱係数を，PSAP（Radiance Research PSAP）は波長565 nmの吸収係数を各々測定した．排煙の影響を考慮して，船首に対する相対風向が60から240°のデータ，およびINの測定値における10分の標準偏差が10%を下回るデータは汚染されたデータとして全て除外した．エアロゾルの化学成分分析のため，3段式Mid-Volume Impactor（MVI），バックアップフィルタ，2段アルカリ含浸ろ紙を使用して，エアロゾル粒子・酸性ガス成分の捕集を行った．試料捕集に際しては，サンプラーを艦橋上部露天甲板前方中央部に設置し，ウィンドセレクターを使用して相対風向が前方180度（左右90度ずつ）からの風が吹く時にのみ大気吸引をするようにした．捕集した試料は分析まで冷凍保管し，超純水による抽出操作の後に水溶性エアロゾル成分や酸性ガス成分をイオンクロマトグラフィにより定量した．非水溶性エアロゾルの測定については，ポアサイズ0.4 μmのニュークリポアフィルタを用い，サンプリングは1日単位で行われた．粒径分布の測定にはコールターカウンタ（Beckman-Coulter Inc., Multisizer Ⅲ）を使用した[6]．

図8.6に2002年および2003年の観測航路を示す．このうち，特に特徴的な結果が見られた航行領域A，B，Cを中心に化学特性および光学特性について述べる．

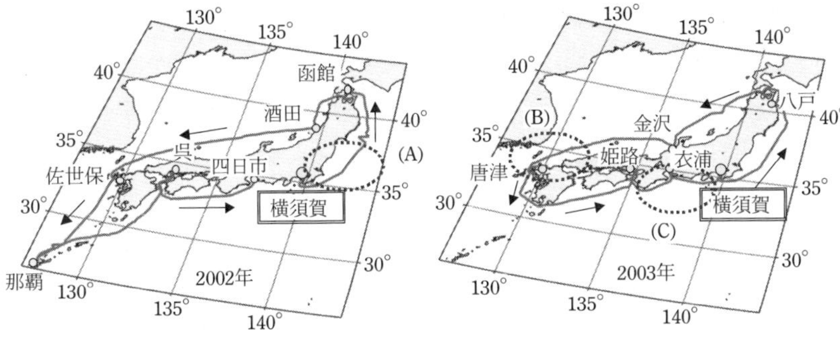

図 8.6　2002 年および 2003 年の観測航路

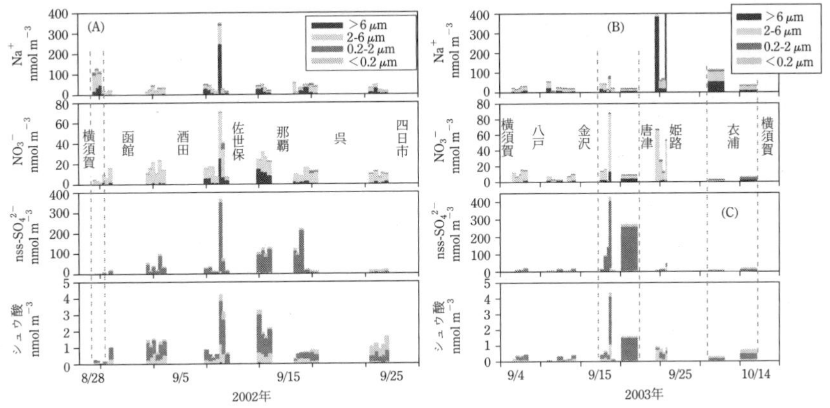

図 8.7　2002 年および 2003 年の航海中の主な化学成分の粒径別濃度
（上から，ナトリウムイオン，硝酸イオン，非海塩性硫酸イオン，シュウ酸）

3）化学特性

図 8.7 に 2002 年および 2003 年の航海で得られた主な化学成分の粒径別定量結果を示す[4,5]．両航海を通して一般的に言える特徴は，海塩性粒子と硝酸塩粒子は主に粗大粒子域に見られ，一方，非海塩性硫酸粒子は直径 2 μm 以下の微小領域および Aitken 領域に見られることである．とりわけ，2002 年の観測領域 (A) では，特に海塩粒子が支配的で，人為起源成分はあまり検出されなかった．これは，この観測期間の気塊が清澄な太平洋遠方に起源を持つことを示す流跡線解析の結果と一致しており，典型的な海洋性エアロゾルを観測したものであ

るといえる．

2002年と2003年とで共通して顕著な化学特性は観測領域（B）に対応する九州西方海上を航行中に観測された多量の人為起源成分である．図7には人為起源成分の代表的なものとして，非海塩性硫酸イオン，硝酸イオン，およびシュウ酸の各濃度を示した．これらの人為起源成分のうち，硫酸塩やシュウ酸は特に微小粒子領域に多く見られた．これらの観測期間には，中国沿岸部や朝鮮半島を経由して気塊が輸送されている様子が流跡線解析から明瞭に見られ，輸送過程において，これらの地域での人間活動によって汚染された結果であると結論された．

4）光学特性

2002年の航海および2003年の航海で得られたエアロゾルの光学特性の結果をそれぞれ口絵17および口絵18に示す[7]．このうち，特に先に示した三つの観測領域A，B，Cについて注目して結果を述べることにする．

観測領域（A）では，消散係数の値が相対的に小さく，大小粒子数濃度比から分かるように相対的に大粒子が多い．単一散乱アルベドはほぼ1に近い．観測領域（B）では消散係数の値が両年の航海を通して最大となった．また，小粒子が卓越しているのも特徴的である．単一散乱アルベドも大きく（0.94～0.98），吸収性の低い粒子で構成されていることが分かる．この時，視程が極度に悪く数km以下となるような顕著なヘイズ現象が観測された．観測領域（C）では，（B）と同様に人為起源エアロゾルの化学成分が多く検出されたが，光学的に見た場合はやや異なり，微小粒子はそれほど卓越してはいない．むしろ，単一散乱アルベド値が相対的に低く（0.85～0.94），光吸収性粒子の存在を示している点がこの領域の特徴で，日本沿岸部の大都市域での燃焼性物質の混入の可能性を示唆している．

上述の光学測定の結果をもとに，Yabukiら[2]に示された解析方法を用いて，エアロゾルの複素屈折率を求めた．その結果，航路（A）については，実数部1.38～1.40，虚数部0～－0.001，航路（B）については，実数部1.51～1.57，虚数部－0.001～－0.004，航路(C)については，実数部1.37～1.47，虚数部－0.004～－0.015という値がそれぞれ得られた[7]．これらの値は化学成分の測定結果から推定される屈折率と概ね一致していると言える.

8.2.3　まとめ—日本周辺海域におけるエアロゾルの光学・化学特性

南極観測船しらせの訓練航海を利用したエアロゾル船上観測から日本周辺海域におけるエアロゾルの光学・化学特性について特徴的な結果が得られた. すなわち, 太平洋気団に覆われた海域では清澄な海洋性エアロゾルの特徴である海塩粒子が多く観測された. 一方, 大陸起源の空気塊が卓越していた九州西方沿岸を航行中には, 大陸沿岸部や朝鮮半島の人間活動の活発な地域で汚染されたと思われる人為起源エアロゾルの特徴をしめす化学成分が多く観測され, これらに対応するエアロゾルの単一散乱アルベドや複素屈折率等の光学特性を得ることができた.

8.3　エアロゾルの雲粒生成能の立坑実規模実験

8.3.1　雲粒生成の実験の背景

雲の生成・成長を扱う学問分野は「雲物理学」と呼ばれ, 私たちの関心事「降水」を主な興味の対象とした気象学の一部であった. そこでは雲粒発生の理論として, 代表的なエアロゾル成分である硫酸アンモニウムや塩化ナトリウムなどの無機塩が, 純粋な物質として存在した場合,「ある湿度下でどの程度の粒径になるか」が考察されている. エアロゾル粒子が湿度の上昇に伴い水蒸気を吸収して濃厚な微小水溶液滴になると, その平衡水蒸気圧は純水の水滴の場合よりも低くなる. これは液滴がエアロゾルを構成していた塩類を溶かし込んでいるためである. 一方, 液滴表面は曲がっているため平衡水蒸気圧は水平面に対するものよりも高くなる. 結局, エアロゾル粒子は乾燥状態で持っていた粒径に対応した一定の過飽和度 ((相対湿度－100) %) 以上の環境に置かれると, 微水滴上に水蒸気の凝縮が連続して起こり, 成長し続け雲粒まで成長する. 雲粒生成の芯となったエアロゾルを雲核, その雲核が雲粒に成長するために必要な最低の過飽和度を臨界過飽和度と呼ぶ.

近年，これまでの雲物理学を越えて雲を理解しようという機運が高まってきている．この背景には，エアロゾルが直接太陽放射を散乱吸収することを通してだけでなく，雲を介しても気候変動に関与しており，地球温暖化を理解するためにはエアロゾルと雲との関係について科学的知見を蓄積しなければならないという認識がある．現在，世界中で様々な観測がなされている．経済的に成長を続けている東アジア域で発生するガスやエアロゾル，そしてそれらの影響を受け変化する雲などの観測を行い，気候へ与える影響を評価するためプロジェクト研究（Asian Brown Cloud East Asia Region Experiment2005- ABCEAREX05）はその一例である．そこでは，地上観測・航空機観測・衛星観測など様々な手法を用いてガス・エアロゾル・雲の観測がなされ，得られたデータは気候モデルに取り込まれ，シミュレーション計算がなされている．

様々な観測や実験が進むにつれ，新たな問題が明らかになってきている．たとえば，従来雲核と考えられていた硫酸アンモニウムや塩化ナトリウムに加え，様々な有機化合物も大気中で雲核として作用しているとの指摘がなされている．また，そもそも雲核が硫酸アンモニウムなどの塩類や有機化合物などの単一成分と考えて十分なのかという疑問もある．そして問題は雲核の成分に関わるものだけに限られず，雲粒が成長する過程にも及んでいる．従来の雲物理学では，ある過飽和度のもとでは臨界粒径以上の粒径を持つ雲核は全て活性化し，それら全てが雲粒まで成長するとされてきた．しかし，雲中の過飽和度がエアロゾル上への水蒸気の凝縮とともに変化することを考慮すると，エアロゾルがいったん成長し始めても，その後他の雲粒に水蒸気を奪われ，一部の雲粒はエアロゾルに戻る可能性も指摘されている．

私たちは現在，地球温暖化という人類的な課題に直面し，その理解そして解決策を見出す必要性に迫られている．その中で，温暖化の原因物質と見られている温暖化ガスばかりでなく温暖化機構に関与するエアロゾルや雲に関する知見を蓄積するため，現在精力的に研究が進められているといえよう．

8.3.2　実際の雲・霧の観測と人工雲実験施設

エアロゾルと雲は実際どのように関わっているのだろうか．この疑問に答えるためには，どのようなエアロゾルが雲核として作用したか，どの程度のエアロゾルが雲核として作用したか，などの答えを大気中にできた実際の雲で，その場観測するしかない．実際の雲の下・雲中・雲の上で捕集されたエアロゾル・雲粒についてその組成と粒径分布を明らかにするなど，実際の雲核化学組成に関する情報が得られ始めている．このようなフィールド観測ではエアロゾルの組成や粒径分布が地域的にも時間的にも変化するため，世界各地でケーススタディを地道に積み重ねていくことが必要となる．

上空に発生した雲に比べ，文字通り「地に足のついた」雲である霧は，継続的に観測できるなどのメリットを持っている．ヨーロッパの研究者が共同で行ったGround-based Cloud Experiment（GCE）はその代表例である．イタリア，ドイツ，イギリスで行われた観測の報告はそれぞれ雑誌の特集号に詳細が掲載されている．航空機観測に比べると地上での霧観測は，使用可能な観測機材の電源容量や大きさ等をはじめとする様々な制限から解放されるというメリットを持っている．しかし，航空機が目的の雲に向かって移動できるのとは対照的に，霧の観測はいったん観測地点を決めたら後はひたすら霧が出るのを待たざるをえないというのが最大の弱点である．結局待っていた霧は現れずにバックグラウンド観測のみに終わることも稀ではない．このような雲・霧観測の限界を打開し，雲生成の実像に迫りたいという思いが，人工雲実験施設（Artificial Cloud Experimental System, ACES）の構築に結実した．北海道上砂川町（三井砂川炭坑）における人工雲実験は1992年に開始され，立坑が閉鎖された1993年までの2年間に計5回行われた．その後，ACESは釜石鉱山の廃鉱となった日峰（にっぽう）中央立坑に移され1995年から2006年までの12年間，年1回のペースで実験が行われている．雲を定常的に観測できるこのような実験施設は世界中にここだけで，極めて貴重なものである．

日峰中央立坑内に設置されたACESは図8.8のようになっている．坑内平均断面は3.05×5.71 mで，観測可能高度は標高250 m（坑底）から680 m（坑頂）までの430 mにもわたる．坑頂に設置されたファンを稼働させ立坑内に上昇流を発生させることにより，いつでも雲を発生することが可能である．現在坑頂のファンは2機あり，それらを組み合わせて使用することで上昇風速を段階的に制御できる．

立坑内の気塊は上昇するとともに気圧低下により膨張するが，周辺環境からの熱流入が相対的に遅く断熱膨張過程となるため気塊の温度が低下する．その結果，水蒸気が過飽和状態になり，気塊中に存在したエアロゾル上に凝縮し始める．釜石鉱山内のACESでは，気塊の上昇し始める坑底が地下水によって湿度がほぼ100%になっているため，30 m程度上昇するだけで雲粒が目視可能な状態となっている．2005年観測時の立坑内温度分布を図8.9に示す．坑底から30 m程度までは乾燥断熱減率，70 m程度以上は湿潤断熱減率で温度が低下しているが，30 ～ 70 mでは過飽和状態が破れ，水蒸気の凝縮による潜熱が放出されているため，気温の減率は小さくなっている．この温度プロファイルは坑底で人為的にエアロゾルを発生させた場合も大きく変化せず，様々な条件で発生する生成直後の雲を連続してその場観測することが可能になっている．

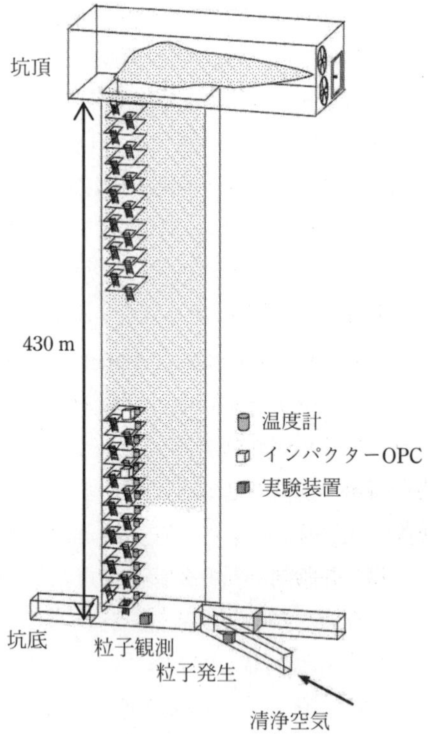

図8.8　釜石鉱山日峰中央立坑内に構築された人工雲実験施設

立坑内には昇降可能なはしごが設置してあり，3.5 m毎に踊り場があるため，各高度での機器観測が可能である．1995年の実験開始から数年間は立坑内に設置され上昇・下降可能なゴンドラに機器を搭載し観測を行っていたが，立坑内の落石など，安全面からゴンドラは使用できなくなると同時にはしご部分の昇降もできなくなった．2000年から立坑内の整備が始まり，再びはしご部の昇降が可能となると同時に，立坑に流入する空気の清浄化，立坑内に存在する幾つかの横坑からの流入空気の低減がなされ，人工雲実験施設の条件は格段に向上した．立坑内バックグラウンドエアロゾル濃度の低減により実験室用粒子発

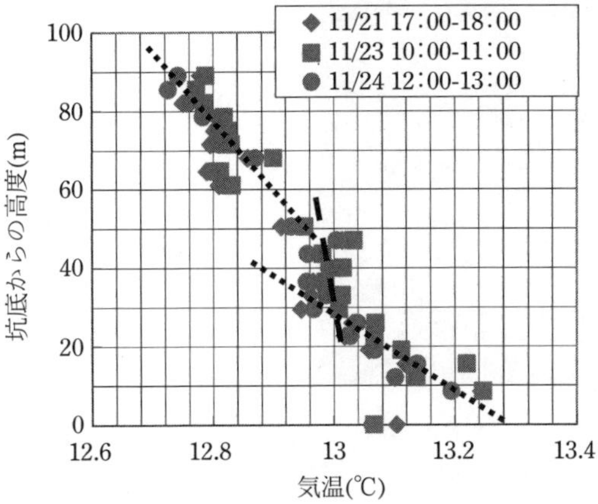

図 8.9　ACES 内部の温度プロファイル例(2005 年観測)
北海道大学低温科学研究所雲物理分野の測定

生装置を利用した実験が可能となり，発生粒子を制御できるようになった．現在このような環境で，エアロゾル数濃度が雲粒個数濃度や粒径に与える影響の評価，雲粒の沈着量評価，雲水内の同位体分布などの実験が行われている．

8.3.3　これまで立坑実験で得られた結果

ACES 整備後，人工雲実験施設 ACES で行われた中心的な研究は，エアロゾル量が生成する雲粒に与える影響を評価するものである．これは最初に述べたように地球温暖化のパラメータとして重要なものでありながら，ほとんど理解の進んでいない領域である．この実験では，気塊中に存在する硫酸アンモニウム粒子を濃度変化させながら発生させ，生成した雲粒の個数濃度を観測することを基本としている．水蒸気凝縮が始まった気塊中で雲粒粒子をスス上に衝突捕集させた雲粒の痕跡およびその粒径分布を図 8.10 に示す．このような方法で雲粒一つ一つの計測を行い，その粒径分布を作ることは非常に時間を要するが，雲の生成している高度に設置したパーティクルカウンタ（OPC）でも雲粒の検出が可能なことが分かった．ただし，OPC はサンプル空気を相対的に温度の高い測定器内部に引き込んで粒子数を計測しているため雲粒水分の一部が蒸発し，図に示すように粒径分布が変化してしまう．したがって OPC によって得られ

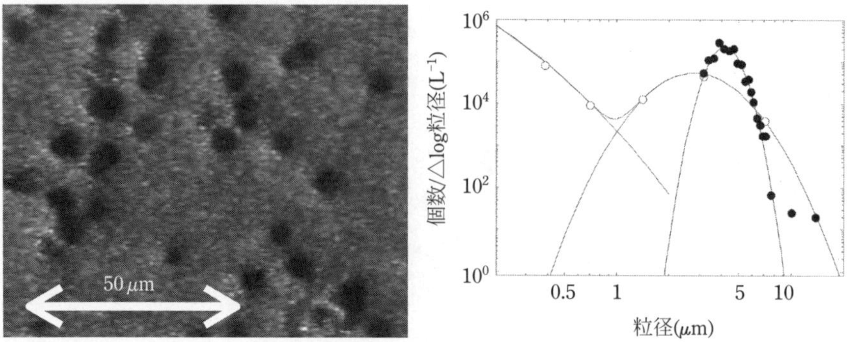

図 8.10　ACES で捕集された雲粒の痕跡およびそこから得られた雲粒粒径分布と OPC から得られたデータ（●：痕跡から求めた粒径，○：OPC から求めた粒径）

た雲粒データには補正が必要である．一方，OPC は連続自動観測が可能なため，ここから得られる雲粒データを使用することで，より信頼性の高い結果を得ることができる．図 8.11 は ACES 内の雲の生成している 2 高度（alt.3: 57 m, alt4: 71 m）で OPC によって得られた観測結果である．データのバーは同一条件における最大値，最小値であるが，1 μm 以上に検出されている雲粒数の増加が明らかである．

このような結果は実大気中で得られる観測結果と比較検討することが可能なものであるが，立坑という独自の環境であるために可能な観測もある．その一つは，ある地点における雲粒数の時間的変動，すなわち上昇している気塊中での雲粒の空間分布に関するものである．OPC を用いて 2 秒間隔で雲粒濃度の測定を行うと，雲粒を検出している大粒径粒子（>5 μm）と雲粒間に残ったエアロゾルを測定している小粒径粒子（>0.3 μm）の間で時間変化が全く異なっていることが分かった．（図 8.12 参照）これは ACES が静的な過飽和状態ではなく，空気が流れ，乱れが生じている状態で過飽和を実現しているために，乱流プロセスを反映した過飽和度の空間的非一様性が現れているものと考えられる．この結果はこれまで雲物理の前提である平衡論的考え方に変更をせまるものとなっている．すなわち，従来の雲物理学での雲粒成長理論では，同一化学種・同一粒径のエアロゾルは雲の中で平等に扱われており，全て活性化して雲粒になるか，全て活性化することなく雲粒間エアロゾルとして残存するかのどちらかで

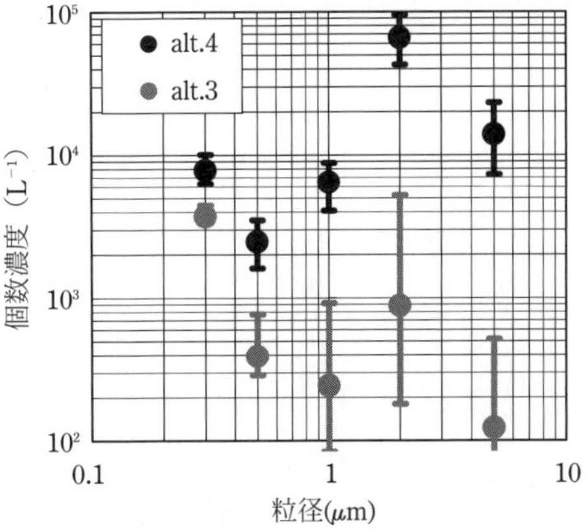

図8.11　ACES 内の 2 高度で OPC によって観測された雲粒数（中央大学理工学部）

あった．ここで得られた過飽和度の空間的非一様性はこれらの考え方が成り立たず，乱流プロセスを考慮した新しい理論を要請するものとなっている．現在，雲中過飽和度の時間変化を考慮する必要性は指摘されているが，雲内部過飽和度の非一様性は考慮されていない．制御された空間内で気塊が上昇しながら断熱膨張により冷却され雲が発生するという雲実験システムでこそ実現可能な結果である．ACES でこれ以外にも雲粒への SO_2 ガス吸収・酸化過程の評価，雲粒内への土壌粒子の取り込み，雲・霧の沈着量の測定，水蒸気凝縮プロセスの同位体効果測定，雲粒間微粒子の測定などがなされた．

8.3.4　今後の課題と ACES の果たすべき役割

雲が気候に与える影響は非常に大きいと考えられているが，現時点ではその不確定性も大きい．したがって雲に関する科学的知見を蓄積することは，地球温暖化という人間活動が地球全体に及ぼしている可能性の高い環境問題を正しく理解するために不可欠となっている．人工衛星による地球全体の観測，航空機による上空の雲のその場観測，地上における霧のその場観測，室内におけるエアロゾルと水蒸気との相互作用の結果もたらされる雲粒の実験など，これまで繰り広げられてきた雲に関わる実験・観測が今後も推進されなければならないが，これらの間を取り持ち，制御された実規模空間内での雲を実現する場と

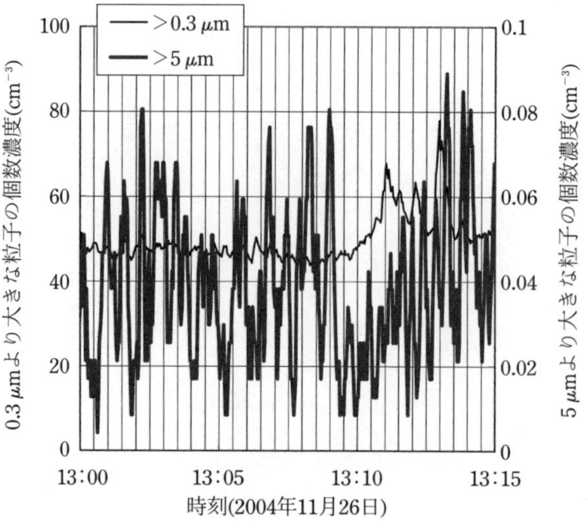

図 8.12　雲中で測定された雲粒（> 5 μm）および雲粒間エアロゾル（> 0.3 μm）の時系列データ

してのACESは研究分野において一つの重要な役割を果たすことになるであろう．

ACESの可能性は大きいが限界もある．上空の雲では周囲の気塊が巻き込まれるエントレインメントと呼ばれる現象が起き，雲がその影響を受けているが，立坑ではこれが全くない．しかし，見方を変えれば，現実の雲では不可能な「全くエントレインメントのない雲生成実験」を行っていることになる．この条件での現象を十分理解した上で，立坑内に存在する横坑から気塊を制御しながら導入すれば，エントレインメントの持つ意味についても理解が深まるであろう．

ACESが持つ様々な利点から，地底に雲観測施設を作ろうという動きがアメリカでも進行中である．そこでは，DUSEL (Deep Underground Science and Engineering Laboratory) と称する施設を設置し，雲物理実験を行うことが計画されている．DUSELは日本のカミオカンデのような地下に設置される粒子物理実験施設であるが，大きな予算を必要とすることから，他の研究分野にも地下施設の利用が打診され，雲物理グループがこれに応える形で計画が進行している．

ここではアメリカだけでなく，イギリス，ドイツ，イスラエル，日本，アルゼンチン，中国，ロシアから研究者が参加し，大規模プロジェクトが進められようとしている．釜石鉱山に構築されたACESはこれに先立つものであり，他の雲観測・実験方法で得られた結果を検証するばかりでなく，ACESでなされる様々な実験・観測から新しい問題提起がなされ，雲の科学的理解に貢献することが期待される．

8.4　気候影響評価のためのエアロゾル分布モデルの開発

エアロゾル粒子には，地球の温暖化に対して抑制の効果があると認識されているが，その定量的評価には，大きな不確定性がある．その一つの原因は，エアロゾル粒子の粒径・組成（複素屈折率）・混合状態の違いによる，(1) 太陽放射に対する“直接効果”の違い，(2) 凝結核としての作用（能力）の違いに基づく雲生成の違い（放射に対する“間接効果”）にある．筆者らは，上記の研究の基礎とするため，人為，自然の各種の排出源のこれらのエアロゾルの組成に対する寄与を，東アジアを主対象に，全球スケールの中で明らかにすることを目的に全球エアロゾルモデル（広域モデル[8)] の全球への拡張版[9)]）を開発した．

モデル開発・検証のために，2001年2–4月にかけて行われたTRACE-P観測の期間に合わせて化学輸送計算を行い全球エアロゾルモデルのパフォーマンスを検討した．北京，上海，ウルムチ，ラサ，太原，西安，合肥，昆明，アモイ，ハルビンなど中国国内の多数の地上観測点（図8.13参照）でのTSP（Total Suspended Particulates）濃度と計算エアロゾル濃度を比較検討し，計算による組成推定を行った．人為の燃焼起源物質については，排出源に季節性を仮定した．

8.4.1　全球化学輸送計算

全球輸送計算は，2001年2月20日00Z～3月31日10Zまで行った．流れ場はECMWF（European Centre for Medium-Range Weather Forecasts）の格子長2.5°×2.5°，鉛直23層（上端10 hPa）のデータである．輸送化学種は30，化学反応（97化学反応；ラジカル種については定常状態近似を適用），移流拡散，乾性・湿性沈

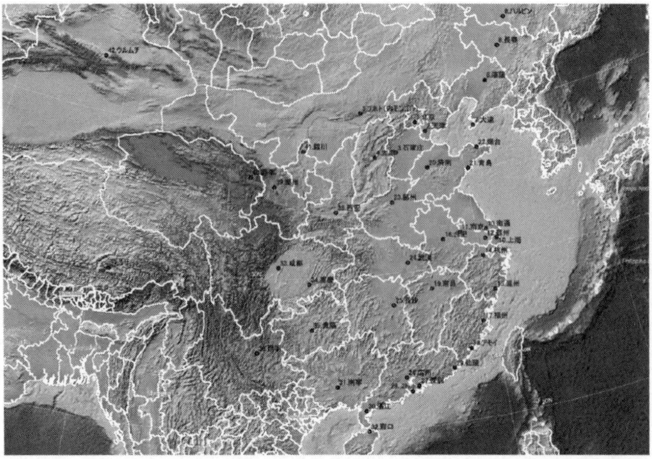

図 8.13　中国の TSP 等観測点

着等を含む．タイムステップは輸送 30 分，化学反応 12 秒である．化学反応モデルは，領域モデル[10] の簡略版である．

8.4.2　排出源

1）人為排出源

口絵 19 は年平均の NOx 排出源分布 (Emission Database for Global Atmospheric Research, EDGAR) を示す．人為排出量は燃料使用量が冬季に増えるため大きな変動幅を示す．たとえば，図 8.14 は年平均月使用量を 1 とした場合の灯油等の月別変動の例を示す．冬季の係数としては，札幌，東京，全国平均等いずれも大差がないことが知られる．図 8.15 は，2 月の日平均気温 (図 8.16) とこれら燃料使用の月間変動を考慮して推定した 2 月の排出係数分布の例を示す．

2）バイオマス火災による排出源

衛星によるファイアスポットの観測データ (図 8.17) を用いてバイオマス火災による大気化学物質の排出源分布を 3 日単位で推定した．格子面積あたりのファイアスポット数をカウントし，排出源強度分布を求めた．EDGAR および GEIA の全球推定排出量をファイアスポット数密度に応じて分配した．

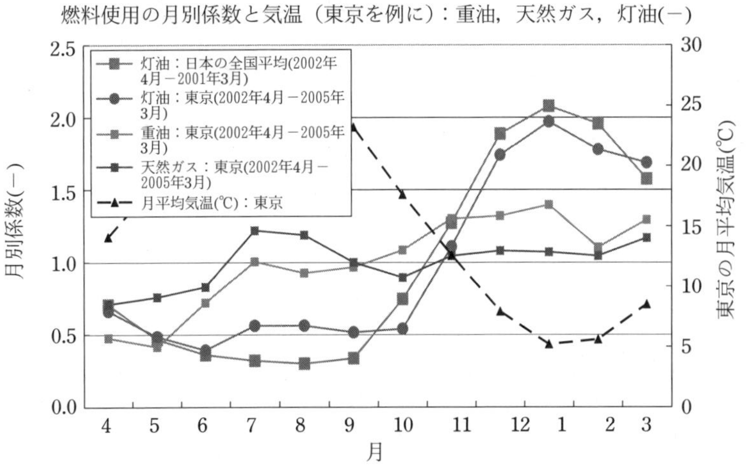

図 8.14　日本における灯油等燃料使用量月別指数（年平均月使用量を 1 で表す）

3）土壌粒子の排出フラックスの推定

土壌粒子の排出フラックスについては，幾つかのモデルが提案されており[10)]，いずれも摩擦速度（u_*），土壌の状態（土壌粒子の粒径分布，土壌水分など）等が関与するファクターとして取り上げられている．ただ，大気輸送モデルにサブモジュールとして導入する時，これらのファクターはモデルの格子長にも依存せざるをえず，したがって，モジュールに含まれる係数は経験的（あるいは，結果を観測と適合させるための）パラメーターの要素を持たざるをえないと考えられる．常用されるに u_* 関する 4 乗モジュール[11)]，および Shao[11)] に引用されている土壌フラックス観測データにフィットさせた 3.75 乗のモジュール（式 (8.1)）をテストした．いずれも臨界摩擦速度（$u_{*,CR}$）は，土壌によらず 0.25 m s^{-1} と仮定した．

$$F_{soil} = 2.09 \times 10^{-6} u_*^{3.75} (1.0 - u_{*,CR}/u_*) \ \ (\mathrm{kg\ m^{-2}\ s^{-1}}) \qquad (8.1)$$

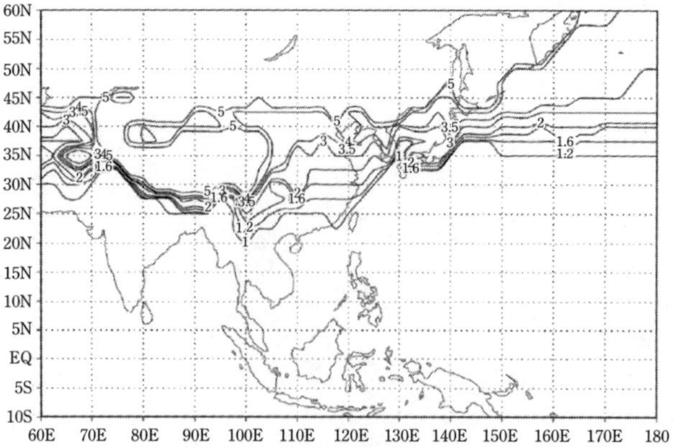

図 8.15　2 月の燃料使用季節指数分布の一例

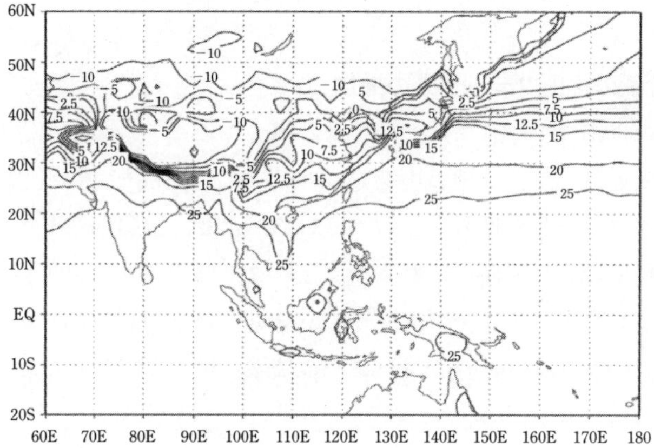

図 8.16　2001 年 2 月の平均気温分布

8.4.3　TRACE-P 観測時の全球化学輸送計算：中国各地のエアロゾル濃度比較

1）2001 年 3 月

図 8.18 の北京等中国北部・東北部諸都市（上段）および上海等東部諸都市（下段）の汚染物質濃度に示されているように，中国域では，2001 年 3 月 1 ～ 8 日および 20–22 日を中心とする数日に TSP の高濃度エピソードがあった．いずれ

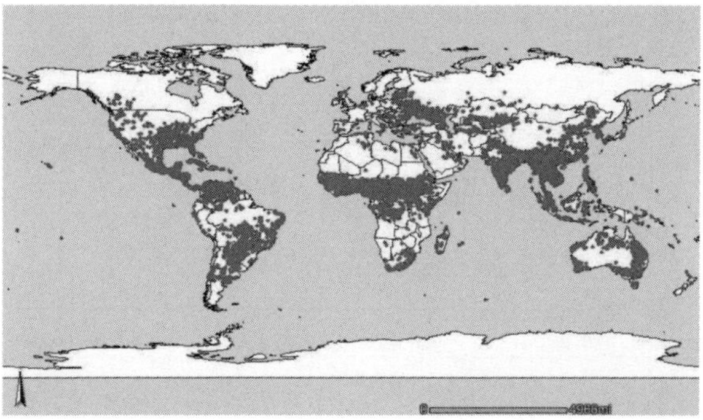

図8.17　2001年3月のファイアスポット全球分布（Web Fire Mapper）.

も巻き上げられた土壌粒子（"黄砂"）が汚染の大きな原因であるが，土壌粒子排出源に近い北京等の北部諸都市と排出源から離れた上海等の東部諸都市では，高濃度の主因（組成）に違いがある場合がある．たとえば，3月20～22日は，上海付近では18～21日まで連続して気圧傾度が小さく（南に高，北に低気圧），東部諸都市の高濃度は，三日分の人為汚染物質の滞留が大きな原因と考えられるのに対して，一方，北京等の北部の諸都市の高濃度は，北方に中心を持つ強い低気圧に伴う強風から20日に発生した土壌粒子の巻き上げが主因であった．

2）全球化学計算と中国の観測点での比較

図8.19（a），（b）はそれぞれ北京，上海での観測TSPと計算SPMの比較を示す．図中，●および□が観測のTSPを表し，組成を示した棒グラフの総和が土壌粒子を含めた全粒子の計算値を示す．棒グラフのうちSOIL-COARSEとSOIL-FINEが，それぞれ粗大（直径2 μm以上12 μm以下）と微小（直径2 μm以下）の土壌粒子を表し，その他の部分が人為起源分を表す．北京については，計算濃度のピークの時期は観測値にかなりよく追随しているがピーク時の絶対値が過大評価である．また，3月22～24日の高濃度時には逆に過少評価である．図から，超高濃度現象のほとんどが，土壌粒子の寄与によることが推測される（図8.19（a））．

一方，上海の場合は，3月3～7日の超高濃度には土壌粒子の寄与が大きいことが推測できるが，3月19～22日の高濃度にはむしろ人為起源粒子の影響が

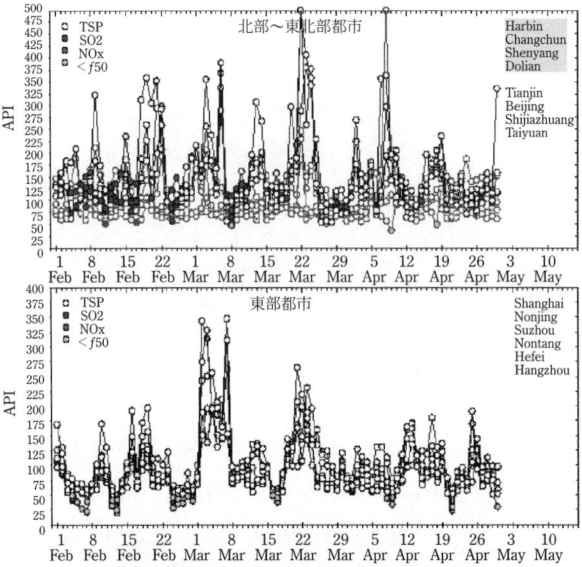

図 8.18　北京等中国北部・東北部都市（上段），上海等東部都市（下段）の 2001 年 2 月–5 月大気汚染濃度変化（Zhong Guo, Uanbaoju Wang, 2001- TRACE-P web site[12)] より）．API は大気汚染指数を表し，大気質の状態を 5 段階評価：優 0 ～ 50，良 50 ～ 100，可 101 ～ 200，不可 201 ～ 300，重度汚染 300

強く，高濃度現象後半の 23, 24 日になって土壌粒子さらに海洋起源粒子の影響が推測される．この後半部分のピーク値が観測に比べて，やや低く，海洋起源粒子のモデルへの導入の必要性を示唆する．

モデルのエアロゾル粒子分布の再現性を広域に見るために，図 8.20（a）～（f）に，土壌粒子の発生源に近い西安，南の昆明，沿岸部のアモイ，東北のハルビン，日本の東京・大阪について，TSP 観測値（●；日本については PM_{10}）と計算全粒子（棒グラフの和）および，そのうちの SO_4，NO_3，BC，OC 等寄与分（ほぼ人為起源粒子；ただし，バイオマス火災，火山排出，植生起源 OC を含む）を比較した．比較の結果，（1）土壌粒子の排出源に近い西安での観測（TSP）と計算（SPM< 直径 12 μm）の一致はほぼよいと考える．（2）昆明の濃度変動のフェーズは大体よく，バイオマス燃焼および植生起源の有機炭素粒子（OC）の寄与が

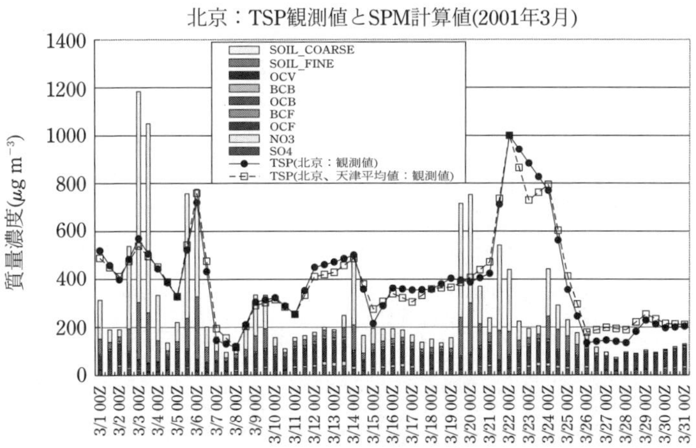

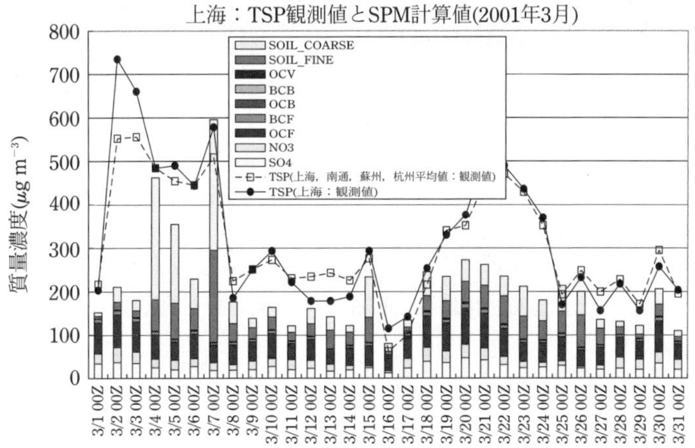

図 8.19　2001 年 3 月 1 ～ 31 日の微小粒子状物質の観測値（TSP，●及び□）と計算値の比較：(a) 北京，(b) 上海．OCV：植生起源有機炭素，BCB：バイオマス火災黒色炭素，OCB：バイオマス火災有機炭素，BCF：化石燃料黒色炭素，OCF：化石燃料有機炭素，NO_3：硝酸イオン粒子，SO_4：硫酸イオン粒子．

大きいのが特徴である．(3) 台湾海峡に面した沿岸都市アモイもほぼ観測値の時間変動に追随している．(4) ハルビンは過小評価であるが，計算結果は，土壌粒子がほとんどなくおおむね人為起源粒子であることを示唆している．実際，ハルビンには黄砂がほとんど見られなかったことを中国のデータは示している

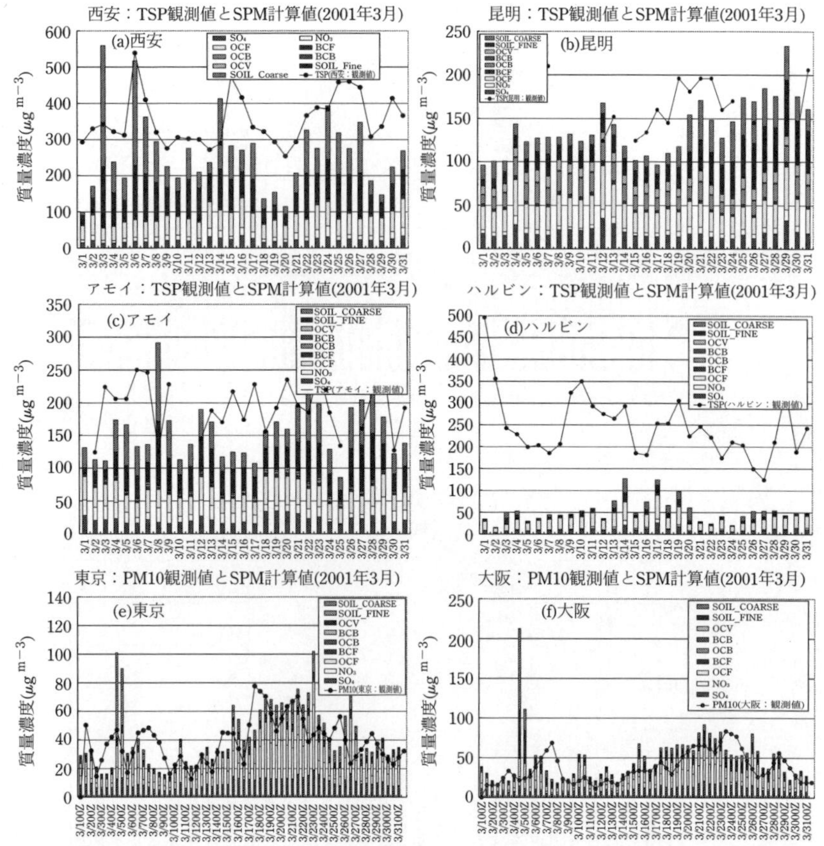

図 8.20　TSP 観測値（折れ線）と計算値（棒グラフ）．ただし，東京，大阪の観測値は PM10 であり，それぞれ約 100 点の平均値を示す．

ので，冬季の燃料使用の過小評価等を考える必要もある．(5) 東京，大阪については人為起源がほとんどを占めるが，観測と計算の一致は良好である．

8.4.4　全球エアロゾルモデルのまとめ

開発した全球エアロゾル化学輸送モデルについて，中国および日本の地上観測を利用して広域の評価を行った．その結果，現状の格子長 (2.5 × 2.5 度) のもとでの全球モデルとしては，ほぼ妥当な結果を与えていると評価できる．土壌粒子の粒径別発生比率の見直し，海洋起源粒子の導入等の検討が必要と考えられる．また，局所的には，ハルビン，長春，瀋陽等の中国東北部の再現性がよくなく検討を要する．

8.5 大循環モデルを用いたエアロゾルによる地球気温変化の推定

8.5.1 大気大循環モデル中でのエアロゾルの扱い

第７章で取り上げたエアロゾルのシミュレーションでは，エアロゾル，あるいはその起源物質が地上から放出される量を仮定し，移流，拡散により輸送され，乾性沈着，湿性沈着で大気中から除去される一連のプロセスを考慮した計算を行うことで，最終的にエアロゾルの濃度分布を求めることができた．一方，求められたエアロゾルの濃度分布をもとに，エアロゾルが大気放射場に与える影響や水循環に与える影響，つまり，気候影響を評価するためには，気候場の計算を目的に開発された大気大循環モデル（AGCM: Atmospheric General Circulation Model）を用いる必要がある．

エアロゾルの気候影響として最も重要なものは大気放射場に与える影響である．これまで一般にエアロゾルは太陽放射を遮ることで，温室効果気体による地球温暖化を弱める働きがあるとされてきた．つまり，地球の平均気温を下げる効果である．しかし，その効果を定量的に表すためには，気候モデルを長期間動かし，地球の平衡気温を求めることが必要となる．この計算には多大な計算機資源を必要とし，かつ計算結果にはモデル依存性が大きいなどの問題もあるため，エアロゾルの気候に与える影響を評価する量として，瞬間的な影響の強さを表す放射強制力が用いられることが多い．この放射強制力は，気候に影響を及ぼす因子（この場合，エアロゾル）の有る場合と無い場合における圏界面高度における正味放射フラックスの変化量で定義され，平衡状態に達した時の気温変化量によい近似で比例する量であるとされている．また，エアロゾルによる放射効果で最も顕著なものは日射の遮蔽による冷却効果であり，その効果を直接的に表す量として，地上における正味放射フラックス量の変化で定義される放射の強制力を用いる場合もある．これらの強制力は放射場についての量であるが，気温変化により近い量として大気加熱率や大気冷却率を用いて表現される場合もある．

放射強制力の計算は，エアロゾルの成分ごとの光学特性と粒径分布，粒子の混合形態，それに濃度の空間分布が分かれば計算することができる．しかし，大気の力学過程，水循環過程，放射過程など非常に多くの物理過程を計算する必要のあるAGCMにおいて，エアロゾルの成分ごとの効果や厳密な放射計算を行うことは極めて難しい．また，AGCM中では，放射計算コード自体も簡略化されている．そのため，AGCM中にエアロゾルの効果を取り入れるためには，その光学特性などを，簡略化された放射計算コードに合わせて焼き直した形でデータを導入して計算を行う必要がある．たとえば，東京大学気候システム研究センターと国立環境研究所が共同で開発したモデルであるCCSR/NIES GCM[13] においては，雲を含む粒子系物質による放射計算のためには，体積消散係数 C_e，体積吸収係数 C_a，体積散乱係数 C_s×非対称散乱因子 g，および，体積散乱係数 C_s×前方散乱因子 f の主に四つのパラメータで表される量を用いて計算が行われる．粒子の複素屈折率（単一散乱アルベド）の効果は，主に体積吸収係数 C_s に，また，散乱の位相特性は $C_s \times f$ に反映される．これらのパラメータについて，18の波長バンド，雲を含む10種類の粒子タイプ，8種類のモード半径のそれぞれについて事前に計算された光学量に関するデータテーブルが用意され，雲やエアロゾルの情報を元にそれらのテーブルから最適なデータを求めて放射場の計算が行われる．放射計算は δ-Eddington 法に基づき，adding 法で多重散乱計算を行っている．また，粒子による散乱計算の背景となるガスによる吸収，射出計算は k 分布法により計算が行われている．

第7章で述べたエアロゾル輸送モデルの多くは，いわゆる客観解析データと呼ばれる解析値である気象場を用いて移流計算等を行うモデルと，AGCMの出力を用いて行うものに分けられる．AGCM側からエアロゾル輸送モデルへ渡されるデータとしては，風（輸送計算用），気温（化学反応計算用），水蒸気量（膨潤計算用），雨（除去量計算用）などが一般的である．一方，通常のAGCM計算においてはエアロゾルに関する量は季節を考慮した固定値が用いられるが，エアロゾルの効果をより動的に取り入れることは，エアロゾル輸送モデルの出力をAGCM側に引き渡すことで実現する[14,15]．このように，エアロゾルの輸送モデルとAGCMとの間で相互にデータのやり取りをしながら計算を進める方法をオンライン計算と呼ぶが，これには非常に膨大な計算機資源を必要とする．しかし，近年の計算機能力の向上により，このオンライン計算も可能となってきた[15]．たとえば，CCSR/NIES AGCMの場合，エアロゾル輸送モデル側からAGCMに引き渡されるデータとしては，エアロゾルの質量混合比と数密度，海塩粒子についてはモード半径である．エアロゾルの第2間接効果として影響の現れる雲粒の数と平均粒径については，通常はAGCM中で雲水量などからある仮定のもとに計算されている．しかし，より積極的にこの第2間接効果を評価しようとする場合には，エアロゾルの数密度の関数として雲粒の数密度などがAGCM側で計算されるようにプログラミングされている．

上述の通り，放射強制力はある変動を受けた気候システムが平衡状態に達した時の地表気温の変化量に比例する量であり，気候に与える強制力の強さを表す最も明快なパラメータであると言える．しかし，そのような強制力があった場合に，具体的にどの地域でどのくらい気温や降水量が変化するかということが，一般的には知りたいことである．そのためには，やはりAGCMによるシミュレーションが有効である．しかし，放射強制力があった場合に，数週間から数か月以内に放射平衡が実現する成層圏とは異なり，水循環システムを含む複雑なプロセスの多い対流圏では，強制力を受けてから平衡に達するまでには数年から十年の単位の時間が必要となる．特に地球温暖化現象については，海洋との相互作用が極めて重要である．一般に大気のみの大循環プロセスを考慮したAGCMだけでは，100年後の気温変化予想といった計算はほとんど意味を持たない．海洋の大循環モデル（OGCM: Ocean GCM）と結合した計算により，初めて信頼できる気候変動予測計算が可能となる．しかし，大気と海洋を結合したモデルによる計算には膨大な計算機資源を要する．そのため，基準となる温暖化シナリオを前提に結合モデルを走らせ，その結果として得られる海面水温情報などを別途保存しておき，それらを用いて，大気だけのGCMを走らせるなどの便宜的な方法が採られることも多い．また，比較的応答の速い海洋混合層のみと結合させたAGCMを用いる場合もある[16,17]．このようなモデルを用いた研究により，産業革命以来の温室効果気体の放出に伴う地球の温暖化作用の何割かはエアロゾルによる冷却効果で弱められているとされている．IPCCの報告書でも過去100年余りの気温上昇は約0.5℃とされているが，エアロゾルの増加がない場合にはさらに0.4～0.5℃ほど上昇していたとされている．しかし，同じ光学特性を持つエアロゾルが大気中に浮遊していても背景となる大気の状態が異なれば気温変化としての影響は異なり，気候特性の地域性を考慮すると地球全体への気候影響は非常に複雑なものとなる．たとえば，平衡に達した後の地上気温の変化量と放射強制力との比で定義される気候感度と呼ばれる量を，ヨーロッパのエアロゾルによる効果に対して求めた研究などがあるが[18]，その値は他の地域には当てはまらず，全球平均値とも異なる．近年，黒色炭素が温室効果気体と同様に大気を加熱する作用が大きいとして注目されているが，その放射強制力や気候感度の地域特性を見積もると，北半球に於ける気候感度の方が南半球における値よりも1桁大きいというような報告もある[17]．ただし，これらのモデルを用いた研究においてはモデルそのものの不確定性やモデル間の違いの問題が依然解決されておらず，定量的な議論には慎重さが必要である．たとえば，近年，経済発展に伴うエアロゾル放出量の増大が懸念されているインド付近の大気環境についてエアロゾル増加による気温変化を見積った場合，モデル中での雨のパラメタリゼーション手法の変更によっても，モンスーン活動と関連する大気の安定度の変化を通じて，エアロゾルによる気温変化のパターンが変わってしまうなどの点が指摘されている[19]．気候モデル中におけるエアロゾルの取り扱いの厳密化と合わせ，気候モデル自体の適正化が引き続き進められていく必要がある．

8.5.2　東アジア域におけるエアロゾルの放射強制力の特徴

近年，アジアにおけるエアロゾルの気候影響を調べるための集中観測プロジェクトが様々な組織によって行われてきた．たとえば，Aerosol Characterization Experiment-Asia (ACE-Asia)[20]，Asian Atmospheric Particle Environmental Change Studies (APEX)[21]，Atmospheric Environmental Impacts of Aerosols in East Asia (AIE)，Indian Ocean Experiment (INDOEX)[22]などである．また，アジアに特化したわけではないが，対流圏エアロゾルの放射影響に焦点を当てた研究Tropospheric Aerosol Radiative Forcing Experiment (TARFOX)[23]なども活

発に成果を出してきている．これらの研究結果は，東アジア地域における大気環境をより定量的に評価する一方で，これまでの報告とは異なる結果を示すものも多く，今後も継続的に研究を進める必要性があることを示している．以下，研究成果のうちで重要な点を幾つか挙げてみる．

一般にエアロゾルは温室効果気体の増加による地球温暖化の作用を弱める（つまり，地球を冷却する）働きがあるとされている．これは，太陽放射を反射する効果により，地上に到達する放射量を減少させる作用による．しかし，エアロゾル自身が放射に対して強い吸収性を示す場合には，逆に大気を加熱する場合も出てくる．この作用が最も顕著なのは黒色炭素である．特に，地表面アルベドの高い（つまり，上向き放射の強い）地域に吸収性のエアロゾルが浮遊していると，放射の吸収効果が卓越して大気を加熱する効果の方が勝る場合がある．これは，本来，地表面で反射され宇宙に散逸するはずであった放射が，大気中で余分に吸収されるためである．一方，アルベドの低い海洋上では，海面に到達する放射が減少する効果が卓越して大気を冷却する．放射強制力としては，それぞれ正の効果と負の効果である．このように，黒色炭素による放射影響の評価をモデルで行う場合，背景の放射場によりその放射強制力が敏感に影響を受けるため，その評価結果は研究者間でかなりバラツキがある．一例として，エアロゾル輸送モデル SPRINTARS[14] と CCSR/NIES AGCM[13] とを用いて計算した結果を示す．口絵 20 は 2002 年 3 月のある日の瞬間的な全エアロゾルの光学的厚さを，また，口絵 21 には含炭素エアロゾルによる放射強制力を示す．この図からも分かるように，含炭素エアロゾルの放射効果は背景の海陸分布などとも関係して非常に複雑となっている．

さらに，モデル計算においては，発生源インベントリの違いの影響も大きい．第 7 章でも指摘されている通り，東南アジアにおけるバイオマス燃焼と中国大陸上での化石燃料の消費に起因する黒色炭素の発生量の見積もりについては，各種データベース間で数倍の違いがある場合もあり，そのうちのどれを用いてシミュレーションを行ったかによって，東アジア地域全体での黒色炭素の放射強制力の見積もり値が大きく異なる．硫酸エアロゾルによる負の放射強制力の効果と，黒色炭素の正の放射強制力がほぼ打ち消しあうという報告もあり，観測データに根ざしたインベントリの検証が不可欠となっている．さらに，地表面アルベドの空間分布や黒色炭素の放射特性の波長依存性などの基礎データの違いも放射強制力の見積もり値に影響を与えるため，それらについても地域特性としての値の確立が望まれる．このように放射強制力が地域特性を持つことは観測データからも指摘されている．たとえば，エアロゾルの光学的厚さと放射強制力との関係を表す散布図からは，プロット点の傾きの違いとして地域特性が表されることが指摘されている[21]．

一方，東アジア地域の大気環境を特徴づける重要なものは土壌起源のエアロゾルであるダスト（黄砂）である．このダストは，これまでは高反射率な光学特性に起因した大気の冷却作用が強調されてきたが，その鉱物質的な特性によっては，放射の吸収性が重要となり，強い加熱効果を示す場合がある．地表面アルベドの高い陸上と，アルベドの低い海上において，それぞれ正と負の放射強制力を示す場合がある特徴は黒色炭素の場合と似ている．また，近年，サハラや西アジアの砂漠地域におけるダストの鉱物質的な違いが放射強制力の違いとして表れることが報告されているが[24]，東アジア地域のダストは鉱物学的にはさらに異なることが予想される．東アジア地域におけるダストの気候学的な影響を正確に評価するためには，巻き上げられるダストの量ばかりではなく，起源ごとの鉱物質的な違いと光学特性の正確な把握が必要であり，それらを再現できるようにエアロゾル輸送モデルを改良した上で，その結果をAGCMによる気候変化計算に導入できるようにする必要がある．

エアロゾルの放射影響を考える時，単にバルク的な組成比や粒径分布ばかりではなく，それらの混合形態，つまり，粒子として一体となった内部混合形態なのか，粒子としては独立して浮遊している外部混合形態なのかの違いが重要である．一般に都市大気などでは黒色炭素と硫酸エアロゾルが混合体の形で大気中に浮遊している場合が多いが，そのような場合に内部混合の方が外部混合の時よりも黒色炭素による放射の吸収効果が高まるとされている．また，ダストと黒色炭素の混合体を考える時，それらが単に外部混合している場合と，ダストの表面に黒色炭素が付着している場合とでは，後者の方がより放射の吸収効果が高いことが報告されている．しかし，これらのエアロゾルの混合形態の違いまでをも考慮してAGCMによりエアロゾルの気候影響を評価した例は極めて少ない[17]．今後，何らかのパラメタリゼーションの方法が検討されるべきであろう．

このように，エアロゾルはタイプによりその放射特性が異なるが，実際の大気中では様々なタイプのエアロゾルが様々な形態で混合して存在している．このような実際の大気中でのエアロゾル全体としての放射特性は，原理的には個々のエアロゾルの光学特性と混合形態が分かれば理論的に計算できるはずである．しかし，これまでの研究では，化学的に同定されたエアロゾル成分とその粒径分布や混合形態の測定結果から，バルクとしての放射特性，特に，単一散乱アルベドなど吸収性に関する特性は必ずしも十分な精度で再現できなかった．近年，上記のような研究プロジェクトの中でもこのような試みは続けられ，特に含炭素エアロゾルの混合形態の取り扱いを正確にすることで，単一散乱アルベドの再現性をよくできるようになるなどの報告が相次いでいる[25-26]．今後，エアロゾル輸送モデルで再現された化学組成の情報に，混合形態の違いによる影響をパラメタライズして付加することで，モデルによる放射強制力の再現性，ひいてはAGCMによる気候影響評価の信頼性を向上できるものと期待される．

エアロゾルの気候影響のうちで最も不確定性の高いものは，雲粒の変化を介して影響する，いわゆる間接効果である．これはエアロゾル数の増加により雲粒数が増加し，雲の反射率の増加により地球を冷却する効果と，雲粒の増加が雲からの降水効率を低下させ，雲の寿命を延ばすことで大気を冷却する効果とがあるとされている．前者を第1間接効果，後者を第2間接効果と呼んでいる．これらの効果をAGCM中で再現するためには，エアロゾル数と雲粒数の関係式が必要となるが，それらを実験や観測に基づいて求める試みが数多く行われ，得られた結果をAGCM中に導入して雲のアルベド変化や雲水量の変化などを調べる研究も進められている[27-29]．国内でも北海道大学の研究グループが鉱山の立坑を利用して行った雲の凝結実験の結果から大気中のエアロゾル数密度：N_aと凝結によりできる雲粒数密度：N_cとの新たな関係式を導出している．それをCCSR/NIES AGCMの既存式に置き換える形で導入し，生成される雲粒数，および，それに伴う放射強制力の違いを計算した結果の例が口絵22と口絵23である（計算式の提供は北大・山形定氏のご好意による）．これらの図は標準的な4月の1か月平均の値であるが，エアロゾルのわずかな濃度差によっても雲粒数密度が大きく変化していることや，エアロゾル高濃度地域の付近では，その影響は放射強制力にして数 10 W m^{-2} という大きな値にまで達することが分かる．N_a-N_c 式の微妙なパラメータの違いが，放射場に大きな違いを生じさせることを示す一例である．また，より高解像度な AGCM を用いた竹村ら[15] による計算では，アジア地域においても産業革命以降のエアロゾルの効果により，第 2 間接効果の影響として，降雨の減少と雲水量の増加などが起きていることなどが指摘されている．さらに，東アジア地域では海陸分布などの特徴を反映して，大気の二次循環を介して地域的な気象場の変化が起きていることなども指摘されている．このような，間接効果や直接効果の影響も含め，東アジア地域全体では，全球平均と比べて約 10 倍の規模のエアロゾルによる気候インパクトがあるのではないかと推定している研究もある[21]．

8.5.3　観測データの利用方法

一般に観測データに基づいてエアロゾルの濃度分布シミュレーションや気候変動予測計算の精度を向上させるという言い方がされる．しかし，具体的にどのように観測データをモデル計算に反映させるかという問題になると，これは非常に難しい問題である．ここでは，観測データの扱い方として以下の三つのカテゴリーに分けて考えてみる．

1）モデル中で定数として扱われている基礎データの改良
2）エアロゾルの輸送や化学反応などプロセスの取り扱い方の改良
3）特定の地域や期間におけるインパクトを調べるための同化用データとしての利用

具体的には 1）はエアロゾルタイプ別の光学特性など基礎データの改良などであり，ダストの放射吸収特性を観測データから得る場合などがこれにあたる．このような場合，エアロゾルに関連するパラメータが最終的にどの程度放射強制力などに影響してくるか興味深い．一つの方法として，AGCM の放射計算コードの中でエアロゾルに関するパラメータを微少に動かしてみることで，そのような感度を知ることができる．このような計算を全パラメータについて行うことで，放射強制力に与える各パラメータの感度が分かり，放射強制力計算の精度評価が行えるほか，重点的に観測を行うべきパラメータの選定などにも役立つ情報が得られる．口絵24には，エアロゾルの質量混合比を一定に保ったまま平均粒径を変化させた場合の地表における放射強制力の変化を計算した例を示す．もともとの光学的厚さが厚いほど，粒径変化の影響が大きいことが分かる．2）は発生メカニズムや乾性，湿性などの除去プロセスのモデルへの導入方法の変更であり，間接効果を表現するエアロゾル数と雲粒数の関係式の変更などもこれに含まれる．3）は衛星データから得られたエアロゾル濃度分布のモデル計算値との融合などが該当する．このうち，1）と2）については，ある地域や季節などに普遍的なデータやプロセスが解明されれば，それをモデル中に取り込むことはたやすい．しかし，そのような普遍的なデータを得たり，統一的なプロセスを明らかにしたりすること自体はたやすいことではない．一方，3）については，地域や期間を限定してのエアロゾル濃度や光学特性の観測データを得ることにさほど大きな困難はない．しかし，得られたデータは連続観測データであっても特定地点における観測だけであったり，衛星観測のように広域のデータであっても時刻や地域に制限があったりと，モデル計算から得られるような時空間的に整ったデータセットが得られるわけではない．単にモデル計算結果と観測データを比較するだけであれば，観測データに合わせてモデル計算結果を時間的，空間的に合わせて切り出すことで比較を行うことができる．実際，そのような方法で取り出したデータを並べて，モデル計算結果が観測データと合う合わないという議論が行われている．しかし，観測データに基づいてモデル計算の方法や入力データの変更などを論理的に系統立てて考察する方法については，これまでほとんど議論が及んでこなかった．モデル計算結果と観測データを適切に融合することで，ある瞬間的な時刻におけるエアロゾル濃度や光学特性などについて，より信頼度の高いデータセットが得られるのであれば，評価対象地域におけるエアロゾルの気候影響をより正確に把握することができることになる．

このような観測データとモデル計算結果とを融合する手法については，気象予報におけるいわゆるデータ同化と呼ばれる手法が歴史的にも技術的にも非常に先行している．この手法は，エアロゾルに関する観測データの利用についても，原理的には同じように用いることができるはずである．しかし，いわゆる気象要素を扱う気象予報の場合と，物理的，化学的により複雑なエアロゾルを扱う場合とでは，大きく異なる点がある．気象予報においては，物理量の時間発展等を計算する大気モデルそのものは完全であり，予報値と観測値との差は，観測誤差を除いては全て初期値のせいであるとする．そして，ある時点におけるモデル計算値（予報値）とそれ以降の観測値とを組み合わせ，ある時刻における尤もらしい初期値（解析値）を作ることに問題を帰着させている．一方，エアロゾルの予測計算においては，濃度や組成を求めるために導入している各種計算プロセスそのものが完全であるとは決して言えない．つまり，エアロゾルの輸送，反応に関わるモデル自体が不完全であり，それらは初期値と同様に観測データにより適正化されるべき対象であるといえる．

とは言うものの，現状では多くのモデル計算と衛星観測の間には，光学的厚さ一つ取っても系統的に違いがあり，各種放射パラメータの地上観測値などとの比較のためにも，よりよいデータセットを作成する目的で，モデル計算値と衛星観測値とを融合する試みが始められている．Yu ら[30,31]は米国NASAのエアロゾルモデルであるGOCARTと衛星搭載センサーであるMODISのデータとを組み合わせ，世界各地における地上観測との系統的なズレを補正した上で，全球的なエアロゾル量の季節変化などを議論している．同種の手法を地域を限定して適用し，エアロゾルの気候影響などを評価している研究としては，インドにおける解析を進めているCollins ら[32]の研究や，アジア域に適用したChin ら[33]の研究などがある．対象となるエアロゾルのタイプを絞り解析している研究としては，バイオマスバーニングに伴うエアロゾルを扱うZhang ら[34]の研究，ダストの発生源を議論しているGinoux ら[35]の研究，アジア域における黒色炭素の発生量を求めているChai ら[36]の研究などが特徴的である．Sandu ら[37]によるデータ同化手法そのものの理論的な定式化と問題点の洗い出しは，次世代のエアロゾル同化手法の発展に大きく貢献している．

日本においてもエアロゾルデータの同化の試みが始められている．図8.21は，2002年8月のある期間について，エアロゾル輸送モデルSPRINTARSにその時の気象場を組み合わせて計算した結果と，米国の衛星搭載センサーSeaWiFSのデータを日本で受信し解析した結果（東海大学福島甫教授提供）とをナッジング法と呼ばれる方法を基礎に，これまでの手法では考慮されていなかった粒径分布に関する情報も導入して融合計算した例である[38]．この図は日

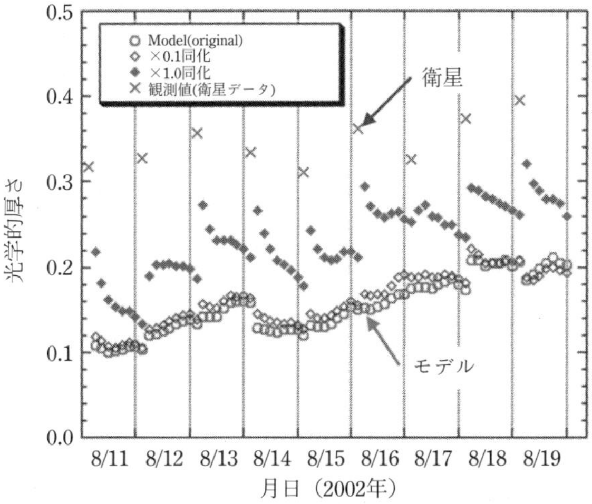

図 8.21 エアロゾル輸送モデル（SPRINTARS）による計算値と人工衛星（SeaWiFS）による観測値を同化して得られたエアロゾルの光学的厚さの時間変化[38]．データは 2002 年 8 月の 9 日間の日本付近におけるある領域内の平均値．（衛星データ提供：東海大・福島甫教授）

本付近の領域全体でのエアロゾルの光学的厚さの平均値の時間変化である．この図から，もともとモデル計算結果と衛星観測結果とは 2 倍以上の開きがあるが，1 日に 1 度の衛星データを同化することで，融合直後は値が観測データに近づく様子が示されている．同化結果が時間とともにモデルのみによる計算結果に徐々に戻っていることから，同化された気塊が解析領域から流出することによる影響と合わせ，エアロゾル起源物質の発生量そのものやエアロゾルの除去過程に違いを生じさせる原因があることも示唆される．いずれにしても，衛星データとモデル計算結果のそれぞれの誤差評価を正確に行うことが重要であり，筆者らの研究も，それら誤差の時間発展も考慮されるカルマンフィルターと呼ばれる手法へと展開させつつある．

気象予報においては，近年，それまでの“最適内挿法”と呼ばれる手法に代わって 3 次元 (3D)，あるいは 4 次元変分法 (4D-VAR) という手法が主に用いられている．これは，観測誤差と予報誤差とを定量的に評価した目的関数 (確率密度関数) が最大となる初期値データセットを見つけるために，各種パラメータの初期値の微少変化量（変分）に対する目的関数の変化量を指標に，より適する初期値を求める方法である．このような変分法の考え方をエアロゾルのデータ同化手法に導入し，しかも初期値以外の計算プロセスに関わるパラメータによる変分も可能であると考えるならば，その最適化されるべき対象としては，1）乾性，湿性沈着係数，2）鉛直拡散係数，3）化学反応プロセス（SO_2の大気寿命など）4）発生源強度（ある意味で初期値）などが挙げられる．このようないわゆる初期値問題としてのデータ同化手法をモデルパラメータの最適化の問題にも拡張することが可能か，現在，盛んに研究が進められている．これが実現されれば，エアロゾルの正確な時空間分布のみならず，それを用いて計算される放射強制力や気候影響の評価の精度が格段に向上するものと期待されている．

参考文献

1）Kaneyasu, N., *et al*. (2000). Outflow patterns of pollutants from East Asia to the North Pacific in the winter monsoon. *J. Geophys. Res*. **105**, 17, 361–17,377.

2）Yabuki, M., *et al*. (2003). Optical properties of aerosols in the marine boundary layer during a cruise from Tokyo, Japan to Fremantle, Australia, *J. Meteor. Soc. Japan* **81**, 151–162.

3）Carrico, C. M., *et al*. (1998). Aerosol light scattering properties at Cape Grim, Tasmania, during the first aerosol characterization experiment (ACE 1). *J. Geophys. Res*. **103**, 16,565–16,574.

4）塩原匡貴，他（2003）．エアロゾルの直接的地球冷却化効果．東アジアにおけるエアロゾルの大気環境インパクト（文科省科研費特定領域研究（A）416）平成14年度研究成果報告書：領域代表者・笠原三紀夫，pp. 195–206.

5）塩原匡貴，他（2004）．エアロゾルの直接効果に関する野外実験：「しらせ」船上観測及び父島地上観測．東アジアにおけるエアロゾルの大気環境インパクト（文科省科研費特定領域研究（A）416）平成15年度研究成果報告書：領域代表者・笠原三紀夫，pp. 207–222.

6）Kobayashi, H., *et al*. (2007). High-resolution measurement of size distributions of Asian dust using Coulter Multisizer. *J. Atmos. Ocean. Technol*., in press.

7）Yabuki, M., *et al*. (2004). Optical properties of aerosols in the marine boundary layer around Japan. *Nucleation and Atmospheric Aerosols 2004: 16th Int'l Conf*., Eds. M. Kasahara and M. Kulmala, Kyoto Univ. Press, pp. 772–775.

8）Kitada, T., *et al*. (2001). Numerical simulation of the transport of biomass burning emissions in Southeast Asia: September and October, 1994. *J. Global Environment Engineering* **7**, 79–99.

9）Kitada, T., *et al*. (2006). Predicted aerosol concentrations in East Asia and evaluation of relative importance of various emission sources by global chemical transport model. *Air Pollution Modeling and Its Application., XVIII*, in press.

10）Kitada, T., and R. P. Regmi (2003). Dynamics of air pollution transport in late wintertime over Kathmandu valley, Nepal: As revealed with numerical simulation. *J. Applied Meteorology* **42**,

1770–1798.

11) Shao, Y. (2000). *Physics and Modelling of Wind Erosion*, Kluwer Academic Publishers, 393p.

12) TRACE-P web site (2002). ftp://ftp-gte.larc.nasa.gov/pub/TRACEP/

13) Numaguchi, A., M. Takahashi, T., T. Nakajima, and A. Sumi (1995). Development of an atmospheric general circulation model, in *Climate System Dynamics and Modeling*, edited by T. Matsuno, pp.1–27, Cent. for Clim. Syst. Res., Univ. of Tokyo, Tokyo.

14) Takemura T., H. Okamoto, Y. Murayama, A. Numaguchi, A. Higurashi, and T. Nakajijma (2000). Global three-dimensional simulation of aerosol optical thickness distribution of various origins. *J. Geophys*. Res. **105**, 17853–17873.

15) Takemura, T. Nozawa, S. Emori, T. Y. Nakajima, and T. Nakajima (2005). Simulation of climate response to aerosol direct and indirect effects with aerosol transport-radiation model. *J. Geophys. Res*. **110**, doi: 10.1029/2004JD005029.

16) Roberts, D. L. and A. Jones (2004). Climate sensitivity to black carbon aerosol from fossil fuel combustion. *J. Geophys. Res*. **109**, doi: 10.1029/2004JD004676.

17) Chung, S. H. and J. S. Seinfel (2005). Climate response of direct radiative forcing of anthropogenic black carbon. *J. Geophys. Res*. **110**, doi: 10.1029/2004JD005441.

18) Ekman, A. M. L. and H. Rodhe (2003). Regional temperature response due to indirect sulfate aerosol forcing: impact of model resolution. *Climate Dynam*. **21**, 1–10.

19) Chakraborty, A., S. K. Satheesh, R. S. Nanjundiah, and J. Srinivasan (2004). Impact of absorbing aerosols on the simulation of climate over the Indian region in an atmospheric general circulation model. *Annales Geophys*. **22**, 1421–1434.

20) Hubert, B. T., T. Bates, P. B. Russell, G. Y. Shi, Y. J. Kim, K. Kawamura, G. Carmichael, and T. Nakajima (2003). An overview of ACE-Asia: Strategies for quantifying the relationships between Asian aerosols and their climatic impacts. *J. Geophys. Res*. **108** (D23), 8633, doi: 10,1029/2003JD003550.

21) Nakajima, T., M. Sekiguchi, T. Takemura, I. Uno, A. Higurashi, D. Kim, B. J. Sohn, S-N. Oh, T. Y. Nakajima, S. Ohta, I. Okada, T. Takamura, and K. Kawamoto (2003). Significance of direct and indirect radiative forcing of aerosols in the East China Sea region. *J. Geophys. Res*. **108**, doi: 10.1029/002JD003261.

22) Ramanathan, V. et al. (2001). Indian Ocean Experiment: An integrated analysis of the climate forcing and effects of the great Indo-Asian haze. *J. Geophys. Res*. **106**, 28,371–28,398.

23) Russel, P. B, P. V. Hobbs, and L. L. Stowe (1999). Aerosol properites nad radiative effects in the United States east coast haze plume: An overview of the TARFOX. *J. Geophys. Res*. **104**, 2213–2222.

24) Quijano, A. L., I. N. Sokolik, and O. B. Toon (2000). Radiative heating rates and direct radiative forcing by mineral dust in cloudy atmospheric conditions. *J. Geophys. Res*. **105**, 12,207–12,219.

25) Chou, C. -K, T. -K. Chen, S. -H. Huang, and S. C. Liu (2003). Radiative absorption capability of Asian dust with black carbon contamination. *Geophys. Res. Lett*. **30**, doi: 10.1029/2003GL017076.

26) Lohmann, U., J. Feichter, J. Penner, and R. Leaitch (2000). Indirect effect of sulfate and carbonaceous aerosols: A mechanistic treatment. *J. Geophys. Res*. **105**, 12,193–12,206.

27) Erlick, C., L. M. Russel, and V. Ramaswamy (2001). A microphysical-based investigation of the

radiative effects of aerosol-cloud interactions for two MAST Experiment case studies. *J. Geophys. Res*. **106**, 1249–1269.

28) Rotstayn, L. D. (1999). Indirect forcing by anthropogenic aerosols: A global climate model calculation of the effective-radius and cloud-lifetime effects. *J. Geophys. Res*. **104**, 9369–9380.

29) Adhikari, M., Y. Ishizaka, H. Minda, and R. Kazaoka (2005). Vertical distribution of cloud condensation nuclei concentrations and their effect on microphysical properties of clouds over the sea near the southwest islands of Japan. *J. Geophys. Res*. **110**, doi: 10.1029/2004JD004785.

30) Yu, H., R. E. Dickinson, M. Chin, Y. J. Kaufman, B. N. Holben, I. V. Geogdzhayev, and M. I. Mishchenko. (2003). Annual cycle of global distributions of aerosol optical depth from integration of MODIS retrievals and GOCART model simulations. *J. Geophys. Res*. **108**, doi: 10.1029/2002JD002717.

31) Yu, H., Y. J. Kaufman, M. Chin, G. Feingold, L. A. Remer, T. L. Anderson, Y. Balkanski, N. Bellouin, O. Boucher, S. Christopher, P. Decola, R. Kahn, D. Koch, N. Loeb, M. S. Reddy, M. Schulz, T. Takemura, and M. Zhou. (2006). A review of measurement-based assessments of the aerosol direct radiative effect and forcing. *Atmos. Chem. Phys*. **6**, 613–666.

32) Collins, W. D., P. J. Rasch, B. E. Eaton, B. V. Khattatov, J. -F. Lamarque, and C. S. Zender. (2001). Simulating aerosols using a chemical transport model with assimilation of satellite aerosol retrievals: Methodology for INDOEX. *J. Geophys. Res*. **106**, 7313–7336.

33) Chin, M., P. Ginoux, R. Lucchesi, B. Huebert, R. Weber, T. Anderson, S. Masonis, B. Blomquist, A. Bandy, and D. Thornton. (2003). A global aerosol model forecast for the ACE-Asia field experiment. *J. Geophys. Res*. **108**, doi: 10.1029/2003JD003642.

34) Zhang, S., J. E. Penner, and O. Torres. (2005). Inverse modeling of biomass burning emissions using Total Ozone Mapping Spectrometer aerosol index for 1997. *J. Geophys. Res*. **110**, doi: 10.1029/2004JD005738.

35) Ginoux, P., M. Chin, I. Tegen, J. M. Prospero, B. Holben, O. Dubovik, and S. -J. Lin. (2001). Sources and distributions of dust aerosols simulated with the GOCART model. *J. Geophys. Res*. **106**, 20255–20273.

36) Hakami, A., D. K. Henze, J. H. Seinfeld, T. Chai, Y. Tang. G. R. Carmichael, and A. Sandu. (2005). Adjoint inverse modeling of black carbon during the Asian Pacific Regional Aerosol Characterization Experiment. *J. Geophys. Res*. **110**, doi: 10.1029/2004JD005671.

37) Sandu, A., W. Liao, G. R. Carmichael, D. K. Henze, and J. H. Seinfeld. (2005). Inverse Modeling of Aerosol Dynamics Using Adjoints: Theoretical and Numerical Considerations. *Aerosol Sci. Technol*. **39**, 677–694.

38) 新井　豊，今須良一，竹村俊彦，福島　甫．(2006)．SeaWifsからの光学的厚さとオングストローム指数を用いたエアロゾルデータ同化解析，第23回エアロゾル科学・技術研究討論会，福岡，予稿集，pp. 241.

あとがき

本書はエアロゾルによる大気汚染や酸性雨の状況，二次粒子の生成・成長のメカニズム，エアロゾルの測定法，東アジアにおけるエアロゾルの性状特性と空間分布，湿性・乾性沈着測定法，輸送・沈着・反応を伴うエアロゾルシミュレーション手法，シミュレーションによる東アジア域における酸性沈着と気候変動に関わる放射強制力評価等について述べたものである．

まえがきにも触れたように，その内容は従来の研究に加え，平成13年度〜平成17年度文部科学省科学研究費特定領域研究「東アジアにおけるエアロゾルの大気環境インパクト」で得られた成果に基づいており，その後の知見も含めている．上記特定領域研究に参画ならびに関連した多くの研究者，大学院生等の方々の御協力に感謝するとともに，研究者のネットワークをより一層広げ今後の研究の発展に資するため，特定領域研究の研究課題名と参画された方の氏名を次頁の表1，2に示す．

本書の発刊に当たっては文部科学省科学研究費補助金研究成果公開促進費・学術図書の援助をうけた．ここに記して謝意を表する．また，編集にあたってご助力いただいた畠山史郎氏，奥山喜久夫氏，大原利眞氏，太田幸雄氏に感謝するとともに，編集，校正にご苦労いただいた京都大学学術出版会の鈴木哲也氏に厚く御礼申し上げる．

2007年2月

笠原三紀夫，東野　達

表1　計画研究班の研究課題名，研究代表者・分担者の氏名・所属

表中，研究班欄の上段は平成14～15年度，下段は平成16～17年度，Pは計画研究，Kは公募研究.

研究項目・研究班		研究課題名	研究代表者（○），研究分担者
A01	A01	東アジアにおける大気エアロゾルの空間分布	研究調整：畠山史郎（国立環境研）
	P01	地上観測と航空機観測によるエアロゾル性状の空間分布測定	○畠山史郎（国立環境研），酒巻史郎（名城大），長田和雄（名古屋大），坂東 博（大阪府立大），河村公隆（北海道大），高見昭憲，佐藤 圭，猪俣 敏（国立環境研究所）
	P02	船舶観測による海洋エアロゾル性状の空間分布測定	○三浦和彦（東京理科大），植松光夫（東京大），児島 紘（東京理科大）
	P03	ライダーによるエアロゾル性状の空間分布測定	○杉本伸夫，清水 厚（国立環境研），柴田 隆（名古屋大），村山利幸（東京海洋大）
	P04	衛星センサーおよびゾンデによるエアロゾル性状の空間分布測定	○林 政彦，白石浩一（福岡大）
	K05 P21	可視域データを用いた東アジア域エアロソル時空間分布の解析	○福島 甫，虎谷充浩（東海大），小林 拓（山梨大）
A02	A02	大気エアロゾルの性状と二次粒子生成	研究調整：奥山喜久夫（広島大）
	P05	無機エアロゾル測定法の開発と性状特性の解明	○東野 達（京都大），早川慎二郎（広島大）
	P06	含炭素エアロゾル測定法の開発と性状特性の解明	○坂本和彦，石原日出一（埼玉大），溝畑 朗，伊藤憲男（大阪府立大）
	P07	二次粒子生成・成長機構の解明	○奥山喜久夫，島田 学（広島大），幸田清一郎（上智大）
A03	A03	東アジアにおける大気エアロゾルの輸送と酸性雨・酸性沈着	研究調整：大原利眞（国立環境研）
	P08	エアロゾルの乾性沈着と大気環境インパクト	○大原利眞（国立環境研），瀬野忠愛（静岡大），内山政弘（国立環境研），泉 克幸（東洋大）
	P09	エアロゾルの湿性沈着と大気環境インパクト	○笠原三紀夫（中部大），村山留美子（京都大），馬 昌珍（福岡女子大），原 宏（東京農工大），玉置元則，平木隆年（兵庫県立健康環境科学研究センター）
	P10	エアロゾルとその成因物質の排出量推計	○外岡 豊（埼玉大），田中恭子（埼玉大），東野晴行（産業技術総合研）
	P11	変質を伴うエアロゾルの長距離輸送と乾性・湿性沈着量評価	○鵜野伊津志（九州大），菅田誠治（国立環境研）
A04	A04	大気エアロゾルの地球冷却化効果	研究調整：太田幸雄（北海道大）
	P12	エアロゾルの直接的地球冷却化効果	○塩原匡貴（国立極地研），兼保直樹（産業技術総合研），矢吹正教（国立極地研）
	P13	エアロゾルの間接的地球冷却化効果	○太田幸雄，村尾直人，山形 定（北海道大），佐野到（近畿大）
	P14	温暖化評価のための地球規模エアロゾル分布の推定	○北田敏廣，倉田学児（豊橋技術科学大），山本浩平（京都大）
	P15	大気大循環モデルによる地表気温変化の推定	○今須良一（東京大），前田高尚（産業技術総合研）
	K14 P22	衛星及び地上から観る大気エアロゾル（偏光データとスペクトル情報を用いて）	○向井苑生（近畿大），岡田靖彦（神戸大），溝渕昭二，中口 譲（近畿大学）
	K16 P23	東アジア域の雲・エアロゾル相互作用の解明とその放射収支への影響に関する研究	○早坂忠裕，河本和明（総合地球環境学研），久慈誠（奈良女子大学）

表２　公募研究班の研究課題名，研究代表者・分担者の氏名・所属
表中，研究班欄の上段は平成14〜15年度，下段は平成16〜17年度

研究項目・研究班		研究課題名	研究代表者（○），研究分担者
A01	K01 K01	自由対流圏のガスおよび大気エアロゾルの化学成分に関する観測的研究	○赤木 右，片山葉子（東京農工大），五十嵐康人（気象庁），土器屋由紀子（江戸川大）
	K02 K02	東シナ海および長崎県上空における黄砂粒子の3次元的空間分布	○荒生公雄，石坂丞二（長崎大）
	K03 —	西日本に飛来する黄砂粒子の変質程度と人為起源物質との関係	○張 代洲（熊本県立大）
	K04 —	微量金属をトレーサーに用いた東アジアからのエアロゾル輸送の解明と発生源の推定	○田中 茂，奥田知明（慶應義塾大）
	— K21	東アジア大陸における元素状炭素および有機炭素の動態の解明	○近藤 豊，小池 真，宮崎雄三（東京大）
	— K22	多環芳香族炭化水素類及び微量金属の同時分析によるエアロゾルの輸送過程と発生源推定	○奥田知明，田中 茂（慶應義塾大）
A02	K06 —	炭素同位対比を指標に用いた有機二次粒子の起源と生成・成長機構の解明	○角皆 潤（北海道大）
	K07 —	減圧場大気汚染物質ガスからの紫外光反応による二次粒子生成・成長メカニズム解明	○空閑良壽，藤本敏行（室蘭工業大）
	K08 —	多粒子系連立放物型過程の非平衡・動的平衡論とその硫酸系エアロゾル解析への応用	○飯沼恒一（東北工業大），内田俊介，佐藤義之（東北大）
	K09 K09	クラスターイオンからナノ粒子への成長過程の観測：ドリフトチューブ法の応用	○長門研吉（高知工業高等専門学校）
	— K10	エアロゾル個別粒子の化学状態分析のためのマイクロ化学状態分析システムの開発	○松山成男，石井慶造，山崎浩道，菊池洋平（東北大）
	— K23	化学イオン化質量分析法を用いたエアロゾル前駆気体濃度測定装置の開発	○廣川 淳（北海道大）
	— K24	高時間分解能エアロゾル組成測定装置の系統的な相互比較に基づく高精度化	○駒崎雄一，竹川暢之（東京大）
	— K25	大気汚染ガスからのイオン誘発核生成の定量評価	○足立元明，津久井茂樹（大阪府立大）
A03	K10 —	広領域エアロゾル動態測定のためのミニステップサンプラーの開発	○松山成男，石井慶造，山崎浩道（東北大）
	K11 —	大気汚染ガス吸収による酸性雲粒生成過程のモデル化	○芝 定孝（大阪大）
	K12 K12	エアロゾルの降水による沈着の促進と山岳部と都市部における乾性沈着量の比較	○井川 学，松本 潔（神奈川大），大河内博（東京都立科学技術大）
	K13 K13	能登半島における大気微量成分の沈着量の標高に対する依存性の評価	○皆巳幸也（石川県立大）
	— K26	東アジアの汚染物質長距離輸送予測のための海上降水量推定手法の開発	○片谷教孝（山梨大）
A04	K15 —	エアロゾルの変質過程と雲物理降水過程に関するレーダー観測とモデリング	○植田洋匡，石川裕彦，林 泰一，堀口光章（京都大），薩摩林 光（長野県衛生公害研究所）

索　引

［カ行］

著者紹介

［編　　者］

笠原三紀夫（かさはら　みきお）京都大学名誉教授，中部大学総合工学研究所教授

関心領域と学会活動：エアロゾルを中心とした大気環境問題．大気環境学会会長，元日本エアロゾル学会会長，大気エアロゾル国際委員会委員等を歴任．

主要著書：『明日のエネルギーと環境；及びその続編』（共著）　日本工業新聞，1998，2001年．『エアロゾル用語集』（編著）　京都大学学術出版会，2004．

［1.1　エアロゾルとは］
［1.2　エアロゾルの発生・生成］
［1.3　エアロゾルの性状と環境影響］
［1.6　東アジアにおけるエアロゾルの大気環境インパクト］
［6.1　乾性沈着，湿性沈着：概要］

東野　達（とうの　すすむ）京都大学大学院エネルギー科学研究科助教授

関心領域と学会活動：大気環境場におけるエアロゾルの挙動と個別粒子化学組成分析．日本エアロゾル学会編集委員，総務委員長等を歴任．

主要著書：『バイオマス・エネルギー・環境』（共著）　アイピーシー，2001．

［3.2　個別粒子中の無機成分分析］

［著　　者］

足立元明（あだち　もとあき）大阪府立大学大学院工学研究科教授
［2.2　イオン誘発核生成］

新井　豊（あらい　ゆたか）東京大学大学院理学系研究科博士後期課程学生
［8.5　大循環モデルを用いたエアロゾルによる地球気温変化の推定］

泉　克幸（いずみ　かつゆき）東洋大学工学部教授
［6.2　乾性沈着機構と乾性沈着量測定］

今須良一（います　りょういち）東京大学気候システム研究センター助教授
［8.5　大循環モデルを用いたエアロゾルによる地球気温変化の推定］

植松光夫（うえまつ　みつお）東京大学海洋研究所教授
［4.2　船舶観測］

鵜野伊津志（うの　いつし）九州大学応用力学研究所教授
［7.3　東アジアスケールの数値シミュレーション］

太田幸雄（おおた　さちお）北海道大学大学院工学研究科教授
［5.1　人工衛星によるエアロゾル観測：概論］
［8.1　エアロゾルの気候影響：概論］

大原利眞（おおはら　としまさ）国立環境研究所アジア自然共生研究グループ広域大気モデリング研究室長
［7.1　シミュレーションの概要］
［7.4　酸性雨・酸性沈着のシミュレーション］

奥田知明（おくだ　ともあき）慶應義塾大学理工学部助手

〔1.5　中国におけるエアロゾル汚染〕

奥山喜久夫（おくやま　きくお）広島大学大学院工学研究科教授

〔2　（まえがき）〕

〔3　（まえがき）〕

〔3.1　エアロゾルのサイズ計測〕

〔3.4　含炭素複合標準粒子の発生〕

兼安直樹（かねやす　なおき）産業技術総合研究所環境管理研究部門主任研究員

〔8.2　エアロゾルの光学・化学特性〕

河村公隆（かわむら　きみたか）北海道大学低温科学研究所教授

〔4.1.4　航空機観測による中国上空エアロゾル中の水溶性有機物の空間分布〕

北田敏廣（きただ　としひろ）豊橋技術科学大学エコロジー工学系教授

〔8.4　気候影響評価のためのエアロゾル分布モデルの開発〕

空閑良壽（くが　よしかず）室蘭工業大学工学部教授

〔2.1　光化学反応による粒子生成〕

幸田清一郎（こうだ　せいいちろう）上智大学理工学部教授

〔2.3　気体状化学種と水・氷表面の相互作用〕

駒崎雄一（こまざき　ゆういち）独立行政法人海洋研究開発機構地球環境フロンティア研究センター大気組成変動予測研究プログラム・サブリーダー

〔3.5　リアルタイムエアロゾル計測—AMS と PILS-IC，カーボン計との相互比較—〕

坂本和彦（さかもと　かずひこ）埼玉大学大学院理工学研究科教授

〔1.4　国内におけるエアロゾル汚染〕

〔2.4　有機成分の凝縮と粒子成長〕

佐竹晋輔（さたけ　しんすけ）人間文化研究機構総合地球環境学研究所　日本学術振興会特別研究員

〔7.3　東アジアスケールの数値シミュレーション〕

塩原匡貴（しおばら　まさたか）国立極地研究所極域研究資源センター助教授

〔8.2　エアロゾルの光学・化学特性〕

島田　学（しまだ　まなぶ）広島大学大学院工学研究科教授

〔3.1　エアロゾルのサイズ計測〕

杉本伸夫（すぎもと　のぶお）国立環境研究所大気圏環境研究領域室長

〔4.3　ライダーによる空間分布の観測〕

竹川暢之（たけかわ　のぶゆき）東京大学先端科学技術研究センター助教授

〔3.5　リアルタイムエアロゾル計測—AMS と PILS-IC，カーボン計との相互比較—〕

外岡　豊（とのおか　ゆたか）埼玉大学経済学部教授

〔7.2　東アジア地域におけるエアロゾル成因物質の排出量推計〕

馬　昌珍（ま　ちゃんじん）福岡女子大学人間環境学部助教授

〔6.3.1　湿性沈着機構〕

畠山史郎（はたけやま　しろう）国立環境研究所アジア自然共生研究グループアジア広域大気研究室長

〔4　（まえがき）〕

〔4.1　エアロゾルおよびその前駆体の航空機観測〕

早川慎二郎（はやかわ　しんじろう）広島大学大学院工学研究科助教授

[3.2　個別粒子中の無機成分分析]
早坂忠裕（はやさか　ただひろ）人間文化研究機構総合地球環境学研究所教授
[5.4　東アジア域の雲・エアロゾル相互作用と日射量]
原　宏（はら　ひろし）東京農工大学農学部教授
[6.4　東アジア地域の湿性沈着]
平木隆年（ひらき　たかとし）兵庫県立健康環境科学研究センター大気環境部主任研究員
[6.3.2　湿性沈着における霧水の寄与]
福島　甫（ふくしま　はじめ）東海大学開発工学部教授
[5.2　可視域データを用いたエアロゾル分布解析]
藤本敏行（ふじもと　としゆき）室蘭工業大学工学部助手
[2.1　光化学反応による粒子生成]
三浦和彦（みうら　かずひこ）東京理科大学理学部講師
[4.2　船舶観測]
溝畑　朗（みぞはた　あきら）大阪府立大学先端科学イノベーションセンター教授
[3.3　含炭素粒子測定と評価]
向井苑生（むかい　そのよ）近畿大学理工学部教授
[5.3　偏光情報を用いたエアロゾル・雲分布解析]
山形　定（やまがた　さだむ）北海道大学大学院工学研究科助手
[8.3　エアロゾルの雲粒生成能の立坑実規模実験]

エアロゾルの大気環境影響

2007年2月20日　初版第一刷発行

編者　笠原　三紀夫
　　　東野　達
発行人　本山　美彦
発行所　京都大学学術出版会
京都市左京区吉田河原町15-9
京大会館内（〒606-8305）
電話（075）761-6182
FAX（075）761-6190
URL　http://www.kyoto-up.or.jp
振替　01000-8-64677

ISBN 978-4-87698-698-9
Printed in Japan
印刷・製本　㈱クイックス東京
定価はカバーに表示してあります